E. Christophers M. Ständer

Haut- und Geschlechtskrankheiten

Enno Christophers Markward Ständer

Haut- und Geschlechtskrankheiten

Unter Mitarbeit von Kathleen Wüste

7. Auflage

Mit 175 Abbildungen und 74 Tabellen

URBAN & FISCHER
München · Jena

Zuschriften und Kritik an:
Urban & Fischer, Lektorat Pflege Karlstraße 45, 80333 München

Prof. Dr. med. Dr. h. c. Enno Christophers, Direktor der Hautklinik der Universität Kiel, Klinik für Dermatologie, Venerologie und Allergologie, Schlittenhelmstraße 7, 24105 Kiel
Dr. med. Markward Ständer, Chefarzt Klinikbereich Psoriasis – Dermatologie, Fachklinik Bad Bentheim, 48455 Bad Bentheim

Bibliografische Information Der Deutschen Bibliothek
Die Deutsche Bibliothek verzeichnet diese Publikation in der Deutschen Nationalbibliografie; detaillierte bibliografische Daten sind im Internet über http://dnb.ddb.de abrufbar.

1. Auflage 1973
6. Auflage 1997
7. Auflage 2003

03 04 05 06 07 5 4 3 2 1

Konzept: Barbara Fischer, Regina Pappers, München
Lektorat: Stephanie Engelhardt, Augsburg; Regina Pappers, München
Herstellung: Christine Kosel, München
Repro, Satz, Druck und Bindung: Kösel GmbH & Co. KG, Kempten
Umschlaggestaltung: Spiesz-Design, Neu-Ulm
Titelfoto: J. Pumfrey, Getty Images Deutschland

Printed in Germany
ISBN 3-437-26710-8

Vorwort zur 7. Auflage

Schon mit seiner 1. Auflage 1973 wurde dieses Buch für Pflegende und Lernbeflissene geschrieben, um Grundlagenwissen in der klinischen Dermatologie zu vermitteln. Während sich der Titel „Praxis der Haut- und Geschlechtskrankheiten“ ab der 5. Auflage in „Haut- und Geschlechtskrankheiten“ geändert hat, behält das Buch bis zu der nun 7. Auflage seine praxisnahe Darstellung bei.
Mit der Neuauflage von „Haut- und Geschlechtskrankheiten“ war es unser Ziel, die Grundlagen von Diagnostik und Therapie der Hauterkrankungen noch verständlicher zu machen, ohne allzu viel an bewährten Inhalten aufzugeben. Damit hat sich der Umfang leicht vergrößert, bedingt vor allem durch Fortschritte in den wissenschaftlichen Grundlagen der Dermatologie und den vielen neuen therapeutischen Möglichkeiten. Erweitert wurde auch der Themenbereich „Pflege der Haut“, denn auch hier sind neue Methoden und Mittel hinzugekommen. Alles in allem soll diese Ausgabe unseres Buches wiederum möglichst umfassend informieren, das Erlernen manch schwieriger Zusammenhänge wie auch der einzelnen Erkrankungen erleichtern und das Interesse für die Haut des Menschen wecken und wach halten.

Prof. Dr. Dr. h.c. Enno Christophers
Dr. med. Markward Ständer

Abkürzungsverzeichnis

8-MOP	8-Methoxypsoralen
Abb.	Abbildung
ACTH	Adrenocorticotropes Hormon
AG	Antigen
AHA	Alpha-Hydroxysäure
AIDS	Acquired Immunodeficiency Syndrome
AK	Antikörper
ALM	akrolentiginöses malignes Melanom
ARA	American Rheumatism Association
ARC	AIDS related Complex
ATL	Aktivitäten des täglichen Lebens
AVK	arterielle Verschlusskrankheit
BMZ	Basalmembranzone
BSG	Blutsenkungsgeschwindigkeit
C	Komplement
CDC	Center for Disease Control
CLL	chronische lymphatische Leukämie
CMT	Cardiolipin-Mikroflockungstest
CMV	Cytomegalie-Virus
CT	Computertomographie
CVI	chronische venöse Insuffizienz
d	Tag
EBA	Epidermolysis bullosa acquisita
EBV	Epstein-Barr-Virus
ELISA	Enzyme-linked Immunosorbent Assay
evtl.	eventuell
FSME	Früsommer-Meningoenzephalitis
FTA	Fluoreszenz-Treponema-Antikörper-Test
FTA-ABS	Fluoreszenz-Treponema-Antikörper-Absorptions-Test
ggf.	gegebenenfalls
HIV	humanes Immundefizienz-Virus
HLA	Human Leukocyte Antigen
HPV	humane Papillom-Viren
HSV	Herpes-simplex-Virus
HZV	Varicella-Zoster-Virus
i.d.R.	in der Regel
KBR	Komplementbindungsreaktion
KO	Körperoberfläche
KOH	Kalium hydroxydatum (= Kalilauge)
LA	Lebensaktivitäten
LAS	Lymphadenopathie-Syndrom
LE	Lupus erythematodes
LMM	Lentigo-maligna-Melanom
LPCB	Lactophenolcotton-Blue (-Lösung)
LRR	Lichtreflexionsrheographie
LTT	Lymphozytentransformationstest
MSH	melanozytenstimulierendes Hormon
Min.	Minuten
N.	Nervus
NHL	Non-Hodgkin-Lymphome
NMM	(primär) noduläres malignes Melanom
PCR	Polymerase-Kettenreaktion
PCT	Porphyria cutanea tarda
p.o.	per os
PPD	Paraphenylendiamin
PUPP	Pruritic Urticarial Papules of Pregnancy
PUVA	Photochemotherapie + UV-A
RAST	Radio-Allergo-Sorbent-Test
Re PUVA	Retinoid + PUVA
SSM	Superficial Spreading Melanome
STD	Sexually Transmitted Disease
SUP	selektive Ultraviolett-Phototherapie
Tab.	Tabelle
TNM	Tumor-Nodus-Metastase
TPHA	Treponema-pallidum-Hämagglutinationstest
TPI	Treponema-pallidum-Immobilisationstest
u.a.	und andere
Ung.	Unguentum (Salbe)
v.a.	vor allem
V.a.	Verdacht auf
VDRL	Veneral Disease Research Laboratory Test

Inhaltsverzeichnis

Wegweiser durchs Buch

Wichtige Hinweise zu Krankheitbild, Diagnostik, Therapie und Pflege werden mit Hilfe dieser Merkemarkierung nochmals zusammengefasst und hervorgehoben.

Mit dem Begriff **Vorsicht** werden Warnhinweise eingeleitet, um auf Gefahren, Komplikationen und mögliche Notfälle während der Behandlung hinzuweisen.

Grüne Überschriften weisen auf besonders pflegerelevante Inhalte hin.

Um den Textfluss nicht zu stören, wurde bei Patienten und Berufsbezeichnungen die grammatikalisch maskuline Form gewählt. Selbstverständlich sind in diesen Fällen immer Frauen und Männer gemeint.

Abbildungsnachweis

Unter den Abbildungen wird am Ende der Legendentexte in eckigen Klammern auf die Abbildungsquelle verwiesen. Alle nicht besonders gekennzeichneten Fotos © E. Christophers, Kiel und Grafiken © G. Raichle, Ulm.

A300: Reihe Klinik- und Praxisleitfaden, Urban & Fischer Verlag
A300-190: G. Raichle, Ulm, in Verbindung mit der Reihe Klinik- und Praxisleitfaden, Urban & Fischer Verlag
A400: U. Bazlen, T. Kommerell, N. Menche und die Reihe Pflege konkret, Urban & Fischer Verlag
A400-157: S. Adler, Lübeck, in Verbindung mit U. Bazlen, T. Kommerell, N. Menche und der Reihe Pflege konkret, Urban & Fischer Verlag
A400-190: G. Raichle, Ulm, in Verbindung mit U. Bazlen, T. Kommerell, N. Menche und der Reihe Pflege konkret, Urban & Fischer Verlag
B116: A. Schäffler, I. Altekrüger: Kurzlehrbuch Mikrobiologie und Immunologie, 7. Auflage, Jungjohann Verlag Ulm und Lübeck, 1992
K155: O. Ungerer, Kirchheim
K183: E. Weimer, Würselen
M111: U. Amon, Hersbruck
M123: Th. Dirschka, Bochum
O147: H. Regener, Erzhausen
T195: R. Bühler, Giengen/Brenz
U127: E. Tosse & Co. mbH, Hamburg
U153: Alk-Scherax Arzneimittel GmbH, Hamburg
U210: Lederle Arzneimittel, Cyanamid GmbH, München
V204: Hermal Kurt Herrmann GmbH & Co., Reinbek
V220: Paul Hartmann AG, Heidenheim

I Einführung und Grundlagen

1 Anatomie und Physiologie der Haut

Die Haut ist das größte Organ des menschlichen Körpers. Ihr Aufbau ist kompliziert, um die wesentlichste Leistung, nämlich den Schutz des Organismus vor der Außenwelt, zu verwirklichen. Sie verfügt über ein hoch entwickeltes Nervengeflecht und besitzt empfindlich reagierende Mechanismen zur Regulation des Wärmehaushalts: die Gefäße und die Schweißdrüsen.

Hautschichten

Die Haut besteht aus drei Gewebeschichten, die von außen nach innen gesehen folgendermaßen bezeichnet werden (☞ Abb. 1.1):

- **Epidermis:** Eine etwa 0,05 mm dicke gefäßlose Schicht, die zur Hälfte aus lebenden, zur Hälfte aus den toten (verhornten) Zellen des Stratum corneum besteht.
- **Korium (Dermis):** Eine dicht gepackte Bindegewebslage (Lederhaut), die von nur wenigen Zellen durchsetzt ist. Sie besteht zu 75 % aus Kollagen (Bindegewebe), das von Fibroblasten gebildet wird. Neben der sog. Grundsubstanz (Glucosaminoglykane, ca. 15 %) ist das Korium von einem hoch entwickelten Gefäßsystem durchzogen. Darin eingebettet liegen Gefäße und Nerven.
- **Subkutanes Fett (Subkutis):** Eine dicke Gewebelage, die fast ausschließlich aus Fettzellen besteht (Speicherfett).

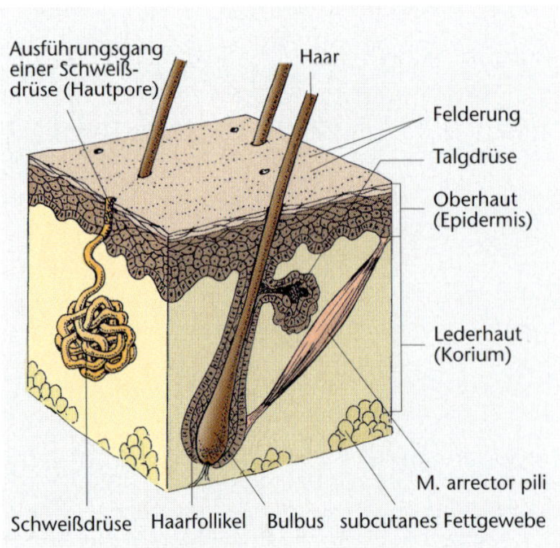

Abb. 1.1: Schematische Darstellung der Haut mit Hautanhangsgebilden (Haar, Talgdrüse und Schweißdrüse).

Adnexe

Hinzu kommen die **Hautanhangsgebilde** (Adnexe): ekkrine Schweißdrüsen, apokrine Schweißdrüsen, Haarfollikel, Talgdrüsen, Nägel sowie die Sinnesrezeptoren für Temperatur-, Schmerz- und Tastreize.
Im Gegensatz zur Epidermis, die sich während des ganzen Lebens ständig erneuert, werden die Adnexe, sobald sie einmal angelegt sind, nicht mehr neu geformt. Ihr Wachstum und ihre Funktion vollziehen sich weitgehend unabhängig von der Haut; sie stellen somit eigene Organeinheiten dar.

Hautlinien

Bei oberflächlicher Betrachtung erkennt man Hautlinien **(Langer-Linien),** die einen bestimmten Verlauf aufweisen. Es sind Dehnungslinien, und bei dermatochirurgischen Maßnahmen soll die Schnittführung entlang dieser Linien erfolgen. An den Händen und Sohlen zeigen sich weiterhin die bekannten **Handlinien,** die für jede Person ein charakteristisches Muster haben und durch die besondere anatomische Anordnung von Bindegewebspapillen bedingt sind („Fingerabdruck").

Besonderheiten

Die Hautdicke und auch ihre „Ausstattung" mit Anhangsgebilden variieren je nach Körperregion etwas. In Kenntnis ihrer anatomischen und funktionellen Gegebenheiten wird verständlich, dass ein und derselbe Krankheitsprozess zu unterschiedlichen klinischen Bildern führen kann, wenn er an verschiedenen

Körperarealen auftritt, z. B. an den Handtellern oder an den Augenlidern. Die Haut ist außerdem nicht lediglich ein Schutzschild des menschlichen Körpers zur Außenwelt, sondern steht in einem dauernden Austauschprozess mit dem Blut und damit auch mit den inneren Organen. So gibt es innere Erkrankungen, die an der Haut Symptome hervorrufen, ohne dass die Haut selbst erkrankt wäre (☞ 22).

Aufgaben der Haut
- Physikalischer Schutz gegen Umwelteinflüsse („Schutzschild")
- Wärmeschutz durch Fettschicht, Schweißdrüsen, Gefäßsystem und ggf. Haarkleid
- Barrierefunktion: Schutz vor Wasserverlust und Austrocknung, Schutz vor dem Verlust körpereigener Substanzen (Eiweiß, Elektrolyte u. a.)
- Antimikrobielle Abwehr

1.1 Epidermis

Aufbau und Erneuerung

Die Epidermis (oberste Hautschicht, Oberhaut) ist ein dünnes, ausschließlich aus Zellen bestehendes Gewebe, das wiederum eingeteilt werden kann:
- in einen Abschnitt mit lebendern Zellschichten **(Stratum Malpighii)** und
- in einen Abschnitt mit abgestorbenen Zellen **(Stratum corneum, Hornschicht).**

Die Epidermis erneuert sich kontinuierlich, was man mit bloßem Auge oftmals an Schuppenbildung erkennen kann. Die unterste Zellschicht der Epidermis **(Basalzellschicht)** besteht aus teilungsfähigen Zellen, die durch Kontaktpunkte (sog. Halbdesmosomen) mit der darunter liegenden Dermis verbunden sind. Nach erfolgter Zellteilung in der Basalzellschicht wandern die Tochterzellen langsam in Richtung Hautoberfläche, wobei sie beim Übergang von der lebenden in die tote epidermale Zellschicht vollständig verhornen, abflachen und im Stratum corneum einen zusammenhängenden, widerstandsfähigen Zellverband bilden (☞ Abb. 1.2). Zuvor

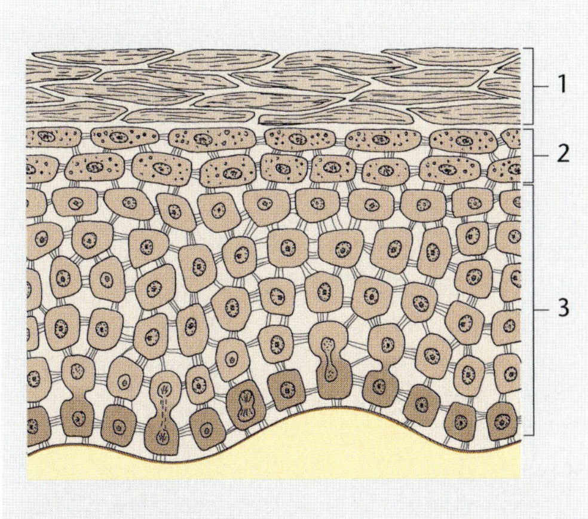

Abb. 1.2: Epidermis.
Schematische Darstellung mit Hornschicht (1), Körnerschicht (2), Stachelzellschicht (3) und Basalzellschicht.

haben sie ein Stachelzell- und ein Körnerzellstadium durchlaufen. Die entsprechenden Bereiche in der lebenden Zellschicht heißen **Stratum spinosum** und **Stratum granulosum**. Der ganze Erneuerungsprozess vom Beginn der Zellwanderung aus der Basalzellschicht bis zu ihrem Abstoßen als Hautschuppe dauert an der menschlichen Rumpfhaut etwa vier Wochen (☞ Abb. 1.3), variiert aber von Region zu Region sehr (etwa 14 Tage an Kopf- oder Gesichtshaut).

Hornschicht

Während der Wanderung durch die lebende Epidermis findet in der Zelle (Keratinozyt) eine sehr stoffwechselaktive Synthese von Hornsubstanzen (Keratin) statt. Diese treten danach in eine Umverteilungsphase ein, und damit stirbt die Zelle. Dabei gehen der Zellkern wie auch alle anderen mikroskopisch sichtbaren Zellstrukturen verloren; es bleibt eine hochgradig abgeflachte, im Inneren mit einer homogenen Masse ausgefüllte Zelle übrig: die Hornzelle (☞ Abb. 1.3).
Die Bildung dieser widerstandsfähigen, undurchlässigen und doch flexiblen Hornschicht ist Hauptaufgabe der Epidermis. Dadurch ist ein Schutz gegenüber mechanischen, chemischen oder physikalischen Schäden gewährleistet.

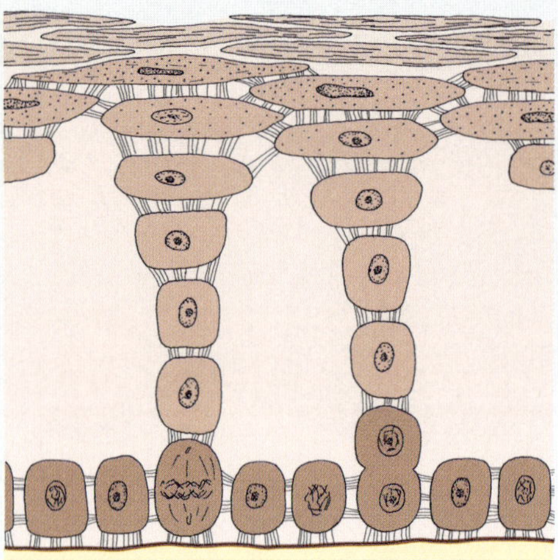

Abb. 1.3: Durch mitotische Zellteilung im Basalzelllager wird der Zellnachwuchs für die differenzierenden und verhornenden Epidermisabschnitte bereit gestellt. Die Zellen ordnen sich im oberen Stratum spinosum und im Stratum granulosum säulenförmig an, wodurch eine enge Verzahnung der Hornschicht erfolgt.

Zwei wesentliche Komponenten bilden die Voraussetzung für die hohe Widerstandsfähigkeit der Hornschicht:
- der unlösliche Zellinhalt (Keratin) und
- die sehr festen, miteinander verbackenen Zellmembranen.

Durch enzymatische Auflösung der interzellulären Kittmasse lösen sich die Zelllagen an der Oberfläche ab (Schuppung). Sie werden durch von unten sich nachschiebende neue Hornzellen ersetzt. Während die lebende Epidermis etwa 70–80 Gew. % Wasser enthält, liegt der Wassergehalt der Hornschicht zwischen 10 und 15 %. Naturgemäß wechseln diese Werte mit dem Wassergehalt und der Temperatur der Umgebung. So ist es verständlich, dass bei trockener Haut nicht etwa Fettmangel die entscheidende Rolle spielt; es ist vielmehr das mangelnde Wasser, das die Hornschicht brüchig und rau macht.

Weitere Zellen und Aufgaben

Die Epidermis besteht zu über 90 % aus Keratinozyten. Darüber hinaus sind vier weitere Zelltypen nachweisbar:

- Melanozyten (Dichte: 1000–1500 pro mm^2).
- Langerhans-Zellen: Langerhans-Zellen (Dichte: etwa 500 pro mm^2) befinden sich in der oberen lebenden Epidermis (Stratum spinosum) in gleichmäßigen Abständen zueinander. Wie Melanozyten besitzen sie lang ausgezogene Zellfortsätze (Dendriten). Langerhans-Zellen stellen den periphersten Teil des Immunsystems dar. Ihre Aufgabe ist die Antigenerkennung und Antigenpräsentation. Sie spielen bei immunologischen Erkrankungen wie auch bei der immunologischen Überwachung eine wichtige Rolle (☞ 10.1).
- Merkel-Zellen: Diese sind periphere Nervenzellen im Stratum basale (Dichte: wechselnd, bis zu 300 pro mm^2).
- Lymphozyten: Einzelne Lymphozyten durchwandern vermutlich im Sinne einer Immunüberwachung kontinuierlich die Epidermis.

Keratinozyten der Epidermis sind in der Lage, eine bestimmte Gruppe von Signalsubstanzen (Zytokine) zu sezernieren, besonders bei Infektion und Wundheilung (z. B. Il-1, TNF-α, Il-8, Defensine u. a.) und tragen damit entscheidend zur Immunabwehr bei.

1.2 Haare

Haare entspringen schlauchförmigen Epitheleinschlüssen und sind in unterschiedlicher Dichte über den ganzen Körper verteilt, mit Ausnahme der Handflächen und Fußsohlen. Die gesamte Haut des menschlichen Körpers enthält etwa 5 Mill. **Haarfollikel,** davon allein etwa 1 Mill. am Kopf, 100 000 Haare stehen durchschnittlich an der behaarten Kopfhaut. Die Haarfollikel werden während des Embryonalwachstums angelegt und können sich im späteren Leben nicht mehr neu bilden. Zerstörte Haarfollikel (Narbengewebe!) werden also nicht wieder ersetzt.

Wachstum und Erneuerung

Abhängig von dem Körperareal wachsen Haare in unterschiedlicher Dichte, unterschiedlicher Dicke (☞ Abb. 1.4), Schnelligkeit und Pigmentierung. Das Normalhaar am Kopf wächst etwa 0,35 mm pro Tag, durchläuft insgesamt einen **Haarzyklus,** der beim Kopfhaar 2–6 Jahre dauert (☞ Tab. 1.1). Nach dieser aktiven Wachstumsperiode **(Anagenphase)** entwickelt sich die Haarzwiebel **(Matrix)** zurück, das Haar wird kleiner und fällt aus **(Katagenphase).** Die jetzt folgende Ruhephase **(Telogenphase)** dauert etwa 6 Monate und geht dann wiederum über in die aktive Wachstumsphase (Anagenphase) mit der Entstehung eines neuen Haares (☞ Tab. 1.2). Die Zellneubildung in der Haarmatrix ist jetzt hochgradig gesteigert und reagiert naturgemäß außerordentlich empfindlich gegenüber allen äußerlichen wie auch innerlichen Störungen (besonders Medikamenten!).

Haarfarbe

Die Haarfarbe hängt von der Zahl und Aktivität der Melanozyten in der Haarzwiebel ab, die das Kopfhaarpigment **(Melanin)** bilden, das im höheren Alter langsam verloren geht: Die Haare werden weiß.

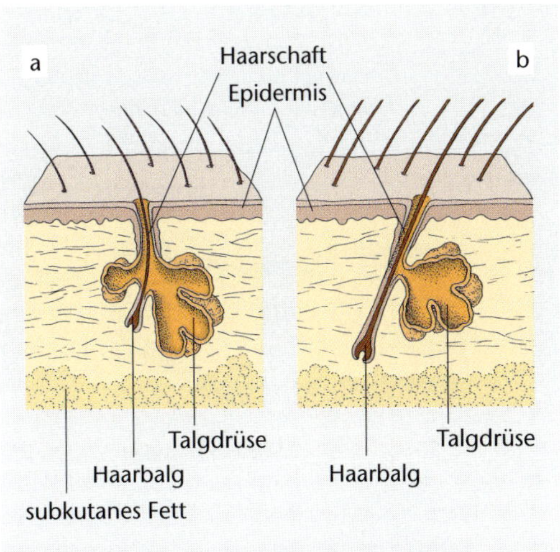

Abb. 1.4: Abhängig von der Körpergegend sind Haarfollikel, Haarschaft und begleitende Talgdrüse unterschiedlich stark ausgestaltet.
a Im Bereich des Gesichtes sind die Haare dünn (Lanugohaare) und die Talgdrüsen durchweg sehr groß („dünne Haare, dicke Drüsen").
b Im Bereich der Kopfhaut (Kapillitium) sind Drüsenkörper wie auch Haarfollikel und Haarschaft durchweg stark ausgebildet.

Hormoneinfluss

Verschiedene Typen von Haaren unterstehen dem Einfluss von Hormonen: Das **Testosteron** ist das wichtigste Hormon; es stimuliert das Bartwachstum wie auch die Ausbildung der Schambehaarung und ist mitverantwortlich für die Entstehung der männlichen Glatze.

Physiologischer Haarausfall und Wachstumsveränderungen

Von den 100000 Haaren der Kopfhaut befinden sich etwa 15–20 % in der Ruhephase, der Rest in der aktiven Anagenphase. Der normale Haarverlust liegt aus diesem Grunde bei etwa 80 Haaren pro Tag, eine Tatsache, die oft übersehen wird und besonders bei langen

Zyklusphase	Wurzelformen	Dauer
Wachstumsphase (Anagenphase)	85–90 %	2–6 Jahre
Übergangsphase (Katagenphase)	1 %	2 Wochen
Ruhephase (Telogenphase)	10–15 %	2–6 Monate

Tab. 1.1: Haarzyklus und prozentuale Verteilung der Wurzelformen.

Durchschnittliches Wachstum	0,35 mm/Tag
Männliches Haar	Wächst schneller als weibliches
Wachstumsgeschwindigkeit	Schwankt abhängig von Tages- und Jahreszeit
Maximum der Wachstumsgeschwindigkeit	Zwischen 15. und 30. Lebensjahr
Abnahme der Wachstumsgeschwindigkeit	Zwischen 50. und 60. Lebensjahr
Haarwachstum	Erfolgt asynchron-zyklisch
Haardicke	0,1–0,025 mm
Anzahl der Kopfhaare	Ca. 100000
Haardichte	175–300/cm^2
Physiologischer täglicher Haarverlust	Zwischen 80 und 100 Haare

Tab. 1.2: Kopfhaarwachstum beim Erwachsenen (Normalwerte).

Haaren evtl. zu beträchtlicher Sorge Anlass gibt.
Häufig wird z.B. nach Geburt eines Kindes, nach Absetzen der „Pille" oder nach einer schweren Erkrankung über einen stärkeren Haarausfall geklagt. Hier handelt es sich um einen erhöhten Übergang von Haaren in die Ruhephase (= verstärkte Kolbenhaarbildung). Diese Art von Haarausfall geht vorüber und wird innerhalb von sechs Monaten durch das Auftreten neuen Haarwachstums in den nicht dauernd geschädigten Haarfollikeln ersetzt. Auch Haarausfall infolge psychischer Stress-Situationen, Mangelernährung oder bei Neugeborenen („Babyglatze") gehört zu diesen Formen.
Länger dauernde Allgemeinerkrankungen können sich sehr unterschiedlich im Haarwachstum spiegeln: Es kann eine vermehrte Zahl von Ruhehaaren gebildet werden, das Wachstum als Ganzes kann sich verlangsamen, und die Haare können dünner werden. Insgesamt gesehen handelt es sich auch hierbei jedoch um reversible Vorgänge.

1.3 Nägel

Nägel wachsen kontinuierlich während des ganzen Lebens. Sie bestehen aus hartem **Keratin,** und im Gegensatz zur Hornschicht der Oberhaut schuppen sie nicht, d.h. die Zellen lösen sich nicht voneinander. Ihre Wachstumsrate liegt bei etwa 0,1 mm pro Tag, wobei die Fingernägel schneller wachsen als die Fußnägel. Es dauert 3–4 Monate, bis ein Nagel vollständig nachgewachsen ist.

Aufbau

Die **Nagelplatte,** die individuell unterschiedlich dick ist, entspringt einem breiten Epithelpolster, der **Nagelmatrix.** Diese wiederum beginnt unterhalb des proximalen **Nagelfalzes** und schiebt sich als **Lunula** (Halbmond) bis unter die sichtbare Nagelplatte vor. Die Matrixzone geht in das viel dünnere Epithel des **Nagelbetts** über, das eine Hornschicht bildet, die mit der vorschiebenden Nagelplatte fest verbacken ist. Erst beim Übergang des Nagelbetts in die Haut der Finger- oder Zehenspitzen wird eine andere Hornart gebildet, wodurch sich die Nagelplatte lösen kann (☞ Abb. 1.5).

Veränderung von Nagelfarbe und -wachstum

Das Nagelbettepithel ist ebenso wie das Matrixepithel frei von Melanin; jede **Verfärbung** der Nagelplatte entsteht deshalb durch andere Pigmentstoffe, die nicht primär dem Nagel angehören: z.B. Hämatome, Splitterblutungen, Nävi (Male), eingenommene Medikamente (z.B. Tetracyclin).
Systemische Einflüsse auf das **Nagelwachstum** zeigen sich in erster Linie in Veränderungen der **Nagelplatte.** Ebenso wie beim Haar kann bei schweren Erkrankungen
- das Nagelwachstum verzögert sein
- die Nagelplatte brüchig werden, leicht splittern oder Querrillen (Beau-Reil-Furchen) aufweisen.

Alle Erkrankungen des **Nagelbetts** dagegen stören das Wachstum der Nagelplatte zunächst nicht, sondern rufen Ablösungen der Nagelplatte hervor mit vermehrter Produktion

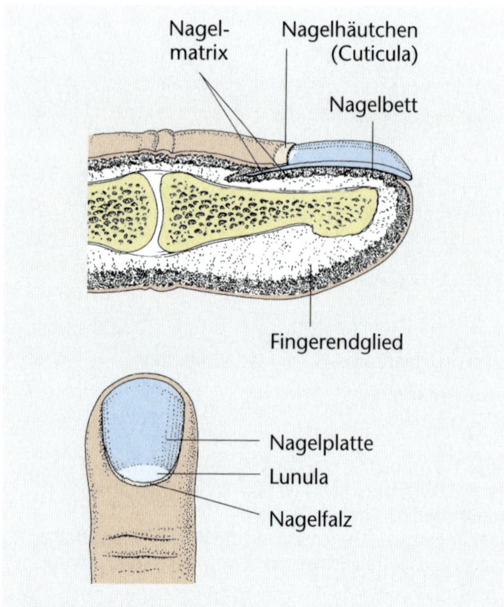

Abb. 1.5: Schematische Darstellung des Fingerendgliedes mit Nagelmatrixzone, Nagelbett und Nagelplatte.

von Horn im Nagelbett (z.B. Pilzinfektionen). Erst wenn entzündliche Erkrankungen auch an die Nagelmatrix vorgedrungen sind, kommt es zu einem gestörten Nagelplattenwachstum. Das Ausmaß der krankhaften Veränderungen in der Nagelmatrix führt zu unterschiedlichen Bildern in der Nagelplatte:

- Ist nur ein kleiner Bereich der proximalen Nagelmatrixteile erkrankt (z.B. bei Psoriasis), so gibt es die charakteristischen Tüpfelungen: stecknadelkopfgroße Grübchen in der Nageloberfläche.
- Erst wenn die gesamte Matrix befallen ist, kommt es zur Bildung krümeliger Hornmassen, die leicht zerfallen.
- Ist der vordere distale Teil der Nagelmatrix oder auch das Nagelbett befallen, so kommt es zu Defekten an der Unterseite der Nagelplatte, die sich z.B. bei Psoriasis als sog. Ölflecken zeigen: gelblich-bräunliche Verfärbungen der Nagelplatte (☞ 3.2.2, 9.7).
- Besonders bei Pilzinfektionen erscheinen die Nagelplatten abschnittsweise gelblich verfärbt – eine Folge der vermehrten Hornproduktion im Nagelbett (☞ Abb. 3.1).

1.4 Pigment

Das Pigment der Haut ist schwarz: **Melanin.** Es ist ein relativ großes Eiweißmolekül, das von besonderen Zellen, den **Melanozyten,** gebildet wird. Der Grad der Hautpigmentierung jedes Menschen ist durch die Menge von Melanin in der Epidermis bedingt. Besonders gut sichtbar ist dies im Vergleich hell- und dunkelhäutiger Menschen.

Melanozyten

Die Melanozyten wandern während der Embryonalentwicklung aus dem sog. Neuralrohr in die Basalzellschicht der Haut ein. Sie liegen dort verstreut zwischen den Basalzellen und sind mit langen Ausläufern ausgestattet, die kontinuierlich die Melaningranula an die Epidermiszellen abgeben (☞ Abb. 1.6).

Anzahl und Verteilung: Die Zahl der Melanozyten in den einzelnen Körperarealen variiert erheblich: Besonders die lichtexponierten Areale Kopf, Hals und distale Extremitätenabschnitte sowie die Genito-Inguinalregion

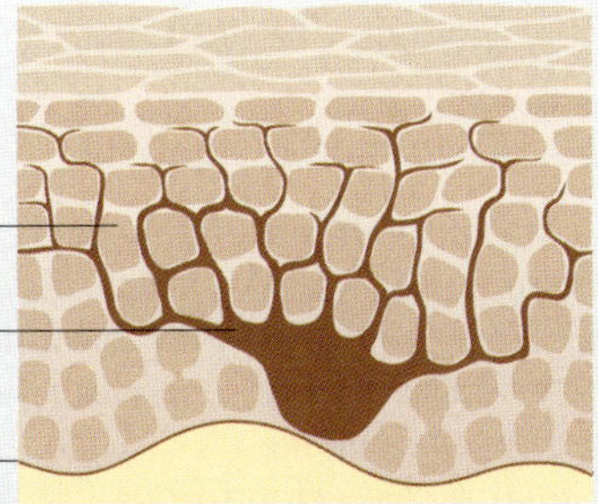

Abb. 1.6: Melanozyten liegen intraepidermal in der Basalzellschicht und vermitteln die Melaningranula durch Zellfortsätze in die umgebenden Epidermiszellen.

enthalten viele Melanozyten. Interessanterweise ist die Zahl der Melanozyten bei Farbigen wie bei Hellhäutigen etwa gleich. Der unterschiedliche Pigmentierungsgrad wird also ausschließlich durch die produzierte Menge an Melanin bedingt: Bei Farbigen sind die Melanozyten größer und produzieren mehr Melanin.

Einflussfaktoren auf die Melaninproduktion

Ultraviolettes Licht B **(UV-B-Strahlen)** ist der stärkste Anreiz für die Melaninproduktion. Dabei wird ein Enzym (Tyrosinase) aktiviert, das die Bildung von Melanin aus der Aminosäure Tyrosin bewirkt. Der Vorgang wird gleichfalls durch **unspezifische Entzündungen** der Haut gesteigert, was man an zurückbleibenden dunklen Flecken nach Abheilung der Entzündung erkennen kann. Auch **Hormone** können die Melaninsynthese steigern, besonders das weibliche Geschlechtshormon Östrogen: So werden bei schwangeren Frauen meist die Mamillen dunkler, und es zeigen sich evtl. fleckförmige oder flächenhafte Hyperpigmentierungen im Gesicht (Chloasma). Letztere können auch nach Einnahme von Antikonzeptiva auftreten.

Melanozyten reagieren empfindlich auf ein spezifisches Hormon, das **melanozytenstimulierende Hormon (MSH).** Besonders bei der Addison-Erkrankung (☞ 22.5.4) wird mit dem vermehrten Ausstoß von ACTH auch MSH aus der Hypophyse ausgeschüttet, und es kommt zu einer gleichmäßig dunklen Hyperpigmentierung der Haut.

Nävus und Melanom

Angeborene Fehlbildungen der Haut (Nävi) enthalten sehr viel Melanin. Bei oberflächlicher Lage haben sie eine bräunliche Farbe; je tiefer diese Nävi in der Haut liegen, umso blauer erscheinen sie.
Der gefährlichste Hauttumor, das maligne Melanom oder der schwarze Hautkrebs, produziert in den meisten Fällen exzessive Mengen von Melanin, die sich in den Tumorzellen befinden und dadurch die braune Farbe dieser Veränderung kennzeichnen (☞ 12.2.3).

1.5 Drüsen der Haut

Man unterscheidet:
- Talgdrüsen
- Apokrine Schweißdrüsen
- Ekkrine Schweißdrüsen.

Talgdrüsen

Talgdrüsen gibt es am ganzen Körper mit Ausnahme der Fußsohlen und Handteller. Sie sind fast immer mit dem Haarfollikel verbunden und entleeren ihren talgigen Inhalt **(Sebum)** durch Drüsenschläuche in die trichterförmige Einsenkung des Haarfollikels. Gelegentlich trifft man Talgdrüsen auch in der Mundschleimhaut, die sich dort als kleine gelbliche Stippchen zeigen (Fordyce-Status).
Talgdrüsen zeigen, abhängig von der Körperregion, starke Größenunterschiede: die größten Drüsen findet man am Rücken, die größte Zahl von Drüsen/cm^2 Hautoberfläche liegt im Gesicht vor (☞ Tab. 1.3). Geradezu gigantische Talgdrüsenlappen führen zu einer erheblichen Schwellung der Haut (wenn sie in großen Arealen auftreten), z.B. beim Rhinophym (☞ 17.2).
In den basalen Abschnitten der Talgdrüsenläppchen teilen sich kontinuierlich die dort liegenden Basalzellen, die langsam verfetten und größer werden. Nach über zwei Wochen sind diese Zellen vollständig ausgereift, die Zellmembran platzt dabei, und es ergießt sich ein Strom von fettigem Material durch den Talgdrüsenausführungsgang auf die Hautoberfläche. Besonders bei jugendlichen Personen wird dieser Talgfluss an der Hautoberfläche als feiner, glänzender Fettfilm sichtbar **(Seborrhö)**.
Talgdrüsen reagieren empfindlich auf androgenes (männliches) Hormon (Testosteron). Mit der steigenden Androgenproduktion während der Pubertät vergrößern sich die Talgdrüsen sehr stark, und die Produktion von Talg nimmt gegenüber der Kindheit um ein Erhebliches zu. Östrogene dagegen wirken gegenläufig und führen vor allem im Experiment zu einer Verkleinerung der Talgdrüsen.

	Durchschnittswert pro cm^2	Rel. Dichte in %
Kopf	980 ± 10	58
Rumpf	270 ± 10	16
Arm	250 ± 10	15
Bein	190 ± 10	11

Tab. 1.3: Regionale Dichte der Hautadnexe (Haarfollikel und Schweißporen, nach Szabo).

Apokrine Drüsen

Apokrine Drüsen treten am menschlichen Körper nur in besonderen Arealen auf: den Axillen, der Perianal- und Perigenitalregion und in der Umgebung des Nabels (☞ Abb. 1.7). Die Drüsen produzieren geringe Mengen einer milchigen, zunächst geruchlosen Flüssigkeit, die an der Hautoberfläche rasch von Bakterien zersetzt wird. Ihr Ausführungsgang endet immer in einem Haarfollikel; ihre größte Bedeutung besitzen diese Drüsen wohl für die Herstellung eines spezifischen, individuell verschiedenen Körpergeruches, der durch die bakterielle Zersetzung des „apokrinen Schweißes" entsteht. Auch diese Drüsen werden durch androgene Hormone stimuliert, ihre eigentliche Sekretionstätigkeit setzt somit während der Pubertät ein.

Ekkrine Schweißdrüsen

Ekkrine Schweißdrüsen sind außerordentlich wichtig für die Aufrechterhaltung einer regelrechten Thermoregulation, unter extremen

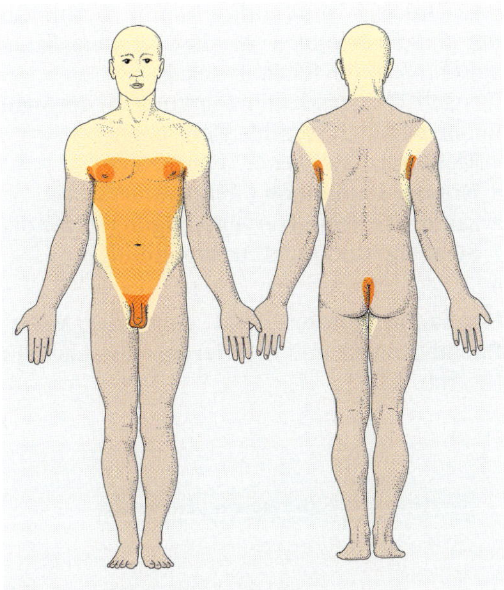

Abb. 1.7: Verteilung der apokrinen Drüsen.

Bedingungen (Tropen) können sie bis zu mehrere Liter Schweiß pro Tag produzieren. Andererseits bedingt das angeborene Fehlen von Schweißdrüsen bei einem seltenen Krankheitsbild (ektodermale Dysplasie) einen völlig ungenügenden Wärmehaushalt, der sich vor allem bei Kindern in schweren Überhitzungssymptomen zeigen kann.
Die größte Dichte von ekkrinen Schweißdrüsen ist an der Stirn (☞ Tab. 1.3), an den Handflächen und Fußsohlen anzutreffen.
Im Gegensatz zu den anderen Drüsen unterliegen die ekkrinen Schweißdrüsen nicht einer hormonellen Steuerung, sondern einer **nervösen Regulation.** Über zentralnervöse Zentren im Stammhirn wird die Aktivität der ekkrinen Schweißdrüsen kontinuierlich reguliert. **Hitze** ist der stärkste Stimulus zum Schwitzen, jedoch können Stress oder auch der Genuss scharfer Speisen (gustatorisches Schwitzen) zu einer erheblichen Steigerung der ekkrinen Schweißproduktion führen.
Der wesentliche Bestandteil des ekkrinen Schweißes ist **Kochsalz.** Bei stärkerem Schwitzen sinkt der Kochsalzgehalt des Schweißes, während bei geringem Schwitzen mehr Kochsalz ausgeschieden wird. Bei einer Erkrankung wird der Kochsalzgehalt des Schweißes als führendes Symptom messbar verwertet, nämlich bei der Mukoviszidose. Hier sind die Natriumchloridkonzentrationen im Schweiß erheblich höher als bei vergleichbaren Normalpersonen.

1.6 Dermis (Korium)

Das Korium ist der Hauptbestandteil der Haut und besteht zu 90 % aus festem Bindegewebe. Drei wesentliche Bestandteile machen das Korium aus:
- Bindegewebszellen
- Bindegewebsfasern (Kollagen und Elastica)
- Grundsubstanz.

Wie die übrigen oben besprochenen Bestandteile der Haut wechselt auch die Ausstattung des Koriums von einem Hautareal zum anderen. Es wechseln die Dicke, der Gehalt an Zellen, die Menge an Grundsubstanz, die Ausrichtung der kollagenen Faserbündel.

Gefäße

Eingebettet in dieses Gerüst liegt ein weit verzweigtes, sich bis in feinste Gefäße (Kapillaren) aufsplitterndes Gefäßnetz (☞ Abb. 1.8). Dieser Gefäßplexus reagiert außerordentlich empfindlich auf alle unspezifischen Reize, die die Haut treffen. Hier finden die entzündlichen Reaktionen der Haut statt, und dank der rasch

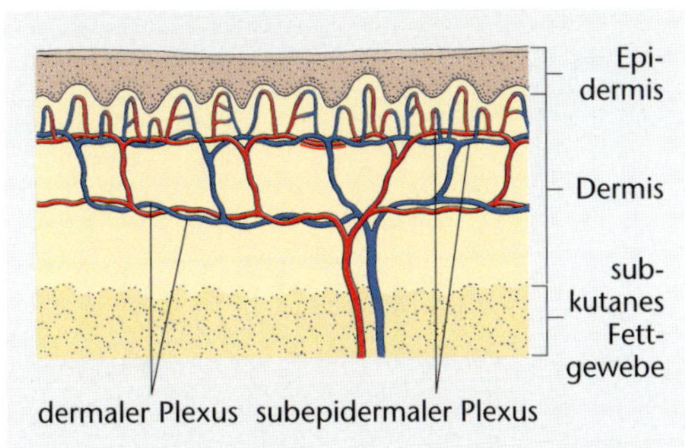

Abb. 1.8: Zonenaufbau der Haut mit Darstellung des Gefäßsystems. Dicht unterhalb der Epidermis befindet sich der subepidermale Gefäßplexus mit aufsteigenden haarnadelförmigen Kapillaren. Er steht in Verbindung mit dem dermalen Gefäßplexus, der sich als zweites horizontales Gefäßgeflecht oberhalb des subkutanen Fettgewebes darstellt.

wirksam werdenden Regulation kann hier durch vermehrte Durchblutung oder durch Drosselung der Blutzufuhr der **Wärmehaushalt** des Körpers empfindlich kontrolliert werden.

Nerven

Ein weiterer, sehr hoch entwickelter Bestandteil der Dermis ist ihr Nervensystem, das sich gleichfalls bis in feinste Nervenfäserchen aufspaltet und somit eine der Hauptaufgaben der Haut – nämlich die Übermittlung der Empfindungsqualitäten (Wärme, Kälte, Schmerz und Druck) – durchführen kann. Besonders um die Haarfollikel ist das Nervengeflecht außerordentlich fein entwickelt.

Je nach der speziellen Funktion findet man unterschiedlich sensible Rezeptoren:

- **Meissner-Tastkörper** (Berührung)
- **Krause-Endkolben** (Temperatur) sowie
- zahlreiche **freie Nervenendigungen** für die Schmerz- und Juckreizempfindung.

Mechanorezeptoren sind auch die **Vater-Pacini-Körper** und die **Merkel-Tastscheiben** (☞ Abb. 1.9).

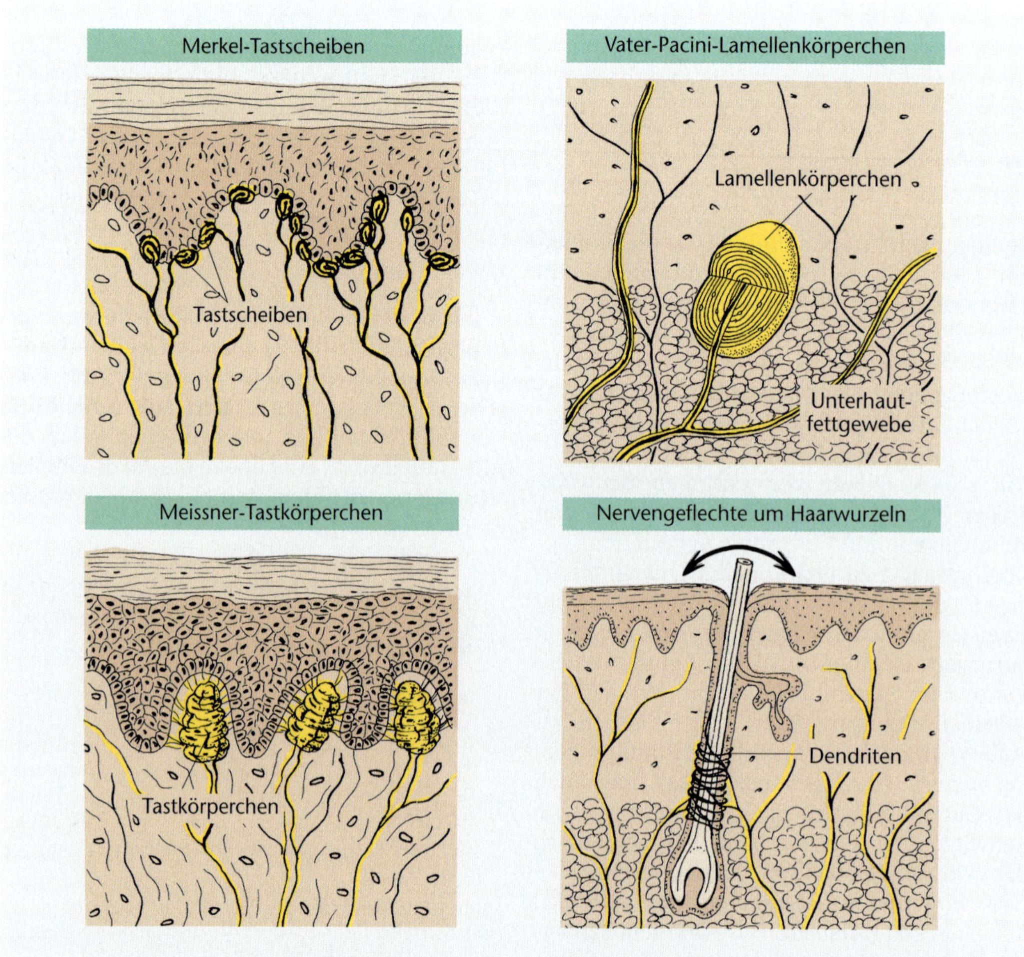

Abb. 1.9: Zonenaufbau der Haut mit Darstellung der Nervenversorgung. Dicht unterhalb der Epidermis befinden sich die sensiblen nervalen Endorgane, während Mechanorezeptoren (Vater-Pacini-Körper) in der tieferen Fettschicht liegen.

2 Effloreszenzenlehre

In der gesamten Medizin werden die Erkrankungen des Menschen grundsätzlich anhand von zwei Kriterien eingeteilt:
- entweder nach dem **Aussehen (Morphe)** oder
- nach der **Ursache (Ätiopathogenese).**

Die beschreibende (morphologische) Form ist die ältere, die ursächliche Form ist die modernere. Mit dem Anwachsen der medizinischen Kenntnisse gewinnt die Letztere naturgemäß an Boden.
Die krankhaften Veränderungen der Haut bieten sich dem Auge unmittelbar dar, und es ist deshalb verständlich, dass man für die Einteilung der Erkrankungen zunächst eine **morphologische Klassifikation** bevorzugt. Zudem stoßen wir bei vielen Erkrankungen hinsichtlich ihrer Ursachen an die Grenzen des medizinischen Wissens.

Ursachen

Von der Häufigkeit her sind Infektionserkrankungen, allergische und immunologische Erkrankungen, zirkulationsbedingte Störungen sowie tumoröse Neubildungen sicher die häufigsten, ätiopathogenetisch gut abtrennbaren Dermatosen. Hinzu kommen hormonelle und metabolische Veränderungen der Haut, genetische Erkrankungen sowie Fehlbildungen. Zudem begegnen wir einer großen Zahl von in ihrer Ursache ungeklärten Affektionen, die durch ihr unterschiedliches Aussehen, durch ihren Krankheitsverlauf wie auch durch ihre Prognose ein bestimmtes Bild liefern.
Alle sichtbaren Veränderungen der Haut nennt man Effloreszenzen. Man unterscheidet primäre von sekundären Effloreszenzen.

Primäreffloreszenzen

Zu den Primäreffloreszenzen zählt man:
- Fleck (Makula)
- Papel, Höcker, Knötchen (Papula, Tuber, Nodulus)
- Quaddel (Urtica)
- Bläschen, Blase, Pustel (Vesicula, Bulla, Pustula)
- Zyste

Beschreibung der Primäreffloreszenzen:
- **Makula** (☞ Abb. 2.1): Farbänderung im Hautniveau, bedingt durch
  - Erweiterung der Blutgefäße (z. B. Entzündung)
  - Vermehrte Pigmenteinlagerungen (Hämoglobin, Fremdstoffe, Melanin)
  - fehlende Pigmente (Leukoderm, Vitiligo).
- **Papula:** ein über das Hautniveau ragendes, bis erbsgroßes Knötchen, das durch Zunahme fester Bestandteile (Zellen oder Zellprodukte) mit oder ohne Epidermisverdickung (☞ Abb. 2.2) hervorgerufen wird.
- **Tuber:** Knoten, etwas größer als ein Kirschkern.
- **Nodulus:** kleiner harter Knoten.
- **Urtika** (☞ Abb. 2.3): beetartige Hauterhebung durch Austritt von Serum mit Entwicklung eines umschriebenen Ödems in Epidermis und Korium.
- **Vesicula** (☞ Abb. 2.4): Abhebung der oberen Hautschicht mit Bildung eines flüssigkeitsgefüllten Hohlraums.
- **Bulla** (☞ Abb. 2.4): großflächige Abhebung der Epidermis mit Bildung eines flüssigkeitsgefüllten Hohlraumes.
- **Pustula:** Eiterbläschen.
- **Papulopustel:** Papel mit zentraler eitriger Einschmelzung (z. B. bei Acne vulgaris).
- **Zyste:** Ein mit Epithel ausgekleideter Hohlraum.

Aus den Primäreffloreszenzen gehen oft im weiteren Verlauf des Krankheitsprozesses die Sekundäreffloreszenzen hervor.

Sekundäreffloreszenzen

Zu den Sekundäreffloreszenzen zählt man:
- **Schuppe** (Squama = Horn, ☞ Abb. 2.5)
- **Kruste** (Crusta = Blut, ☞ Abb. 2.6)

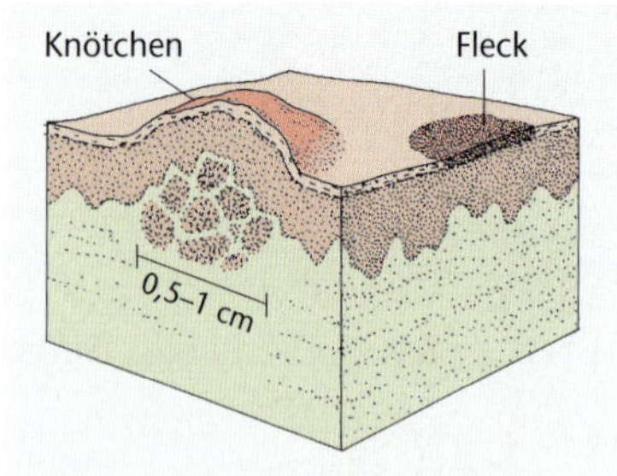

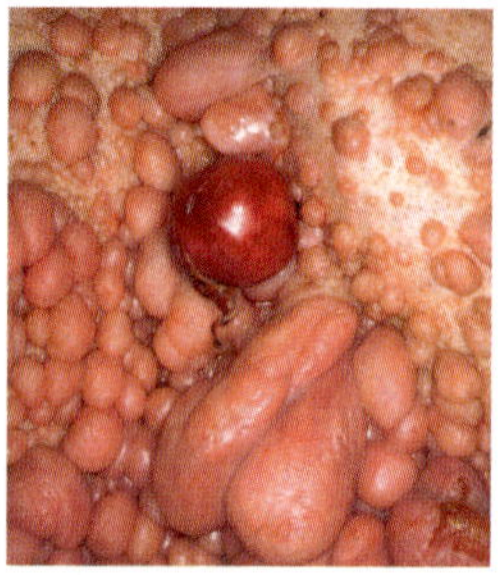

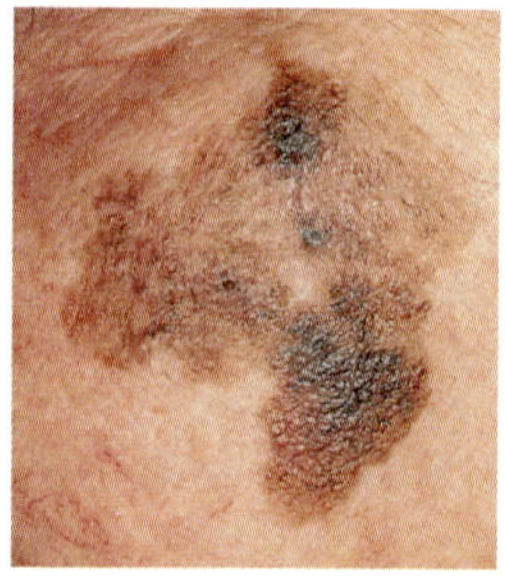

Abb. 2.1: Makula [A400-190, M123].

Knötchen

Makula

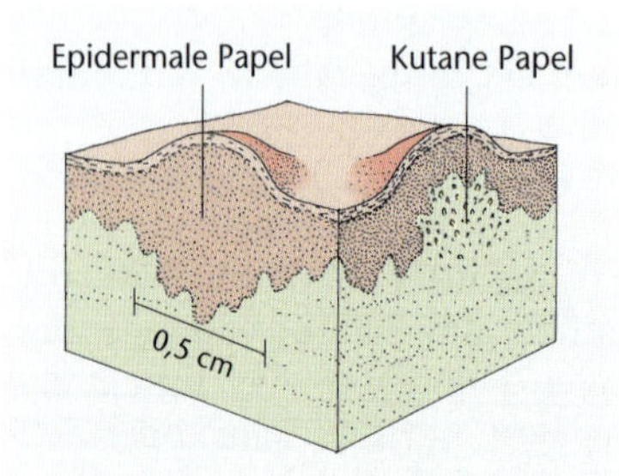

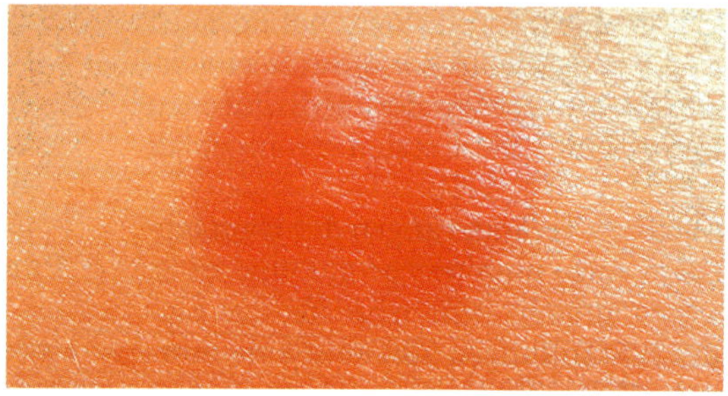

Abb. 2.2: Papula mit und ohne Epidermisverdickung [A400-190, U210].

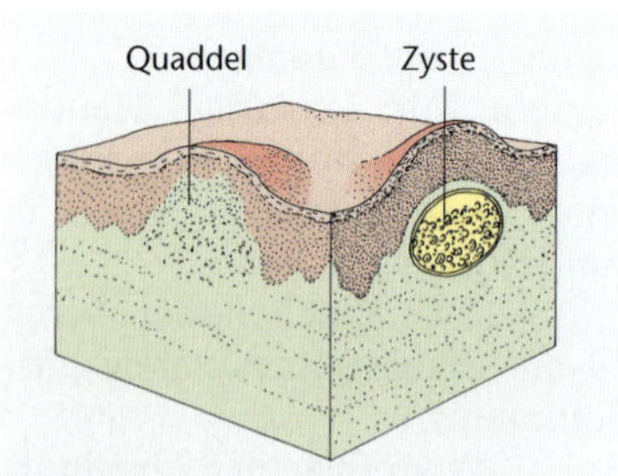

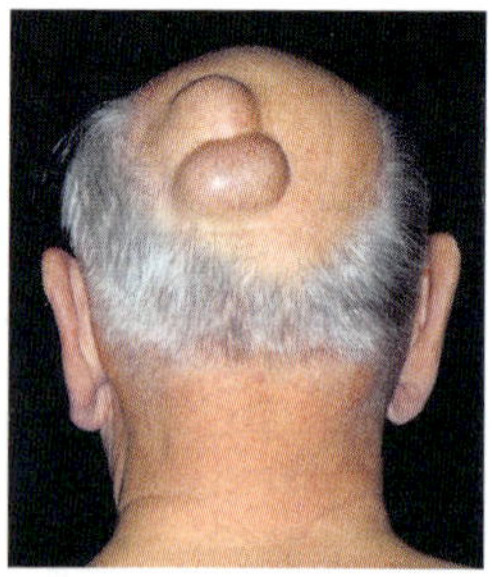

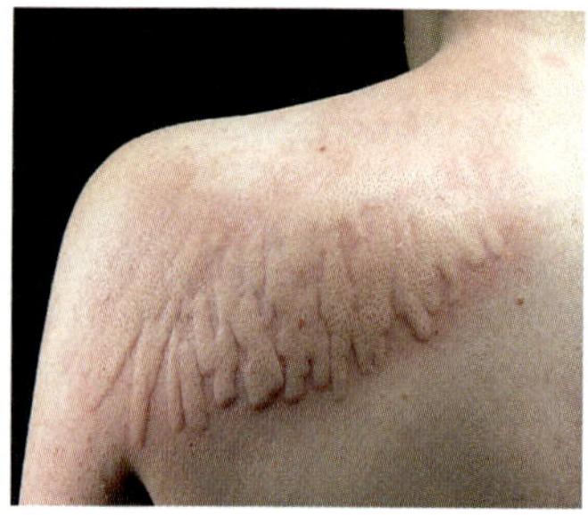

Abb. 2.3: Urtika [A400-190, M111].

Zyste

Quaddel

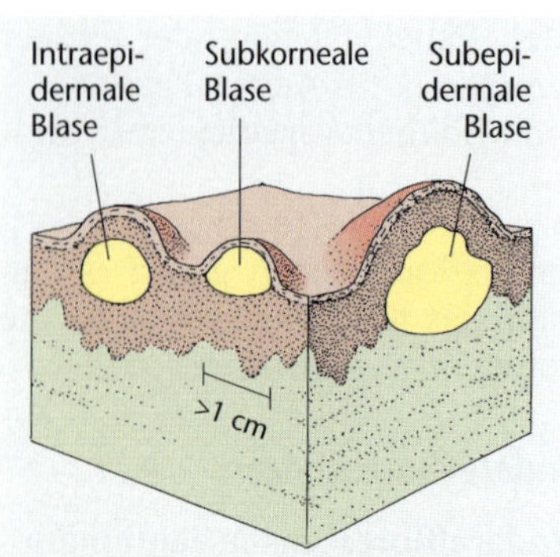

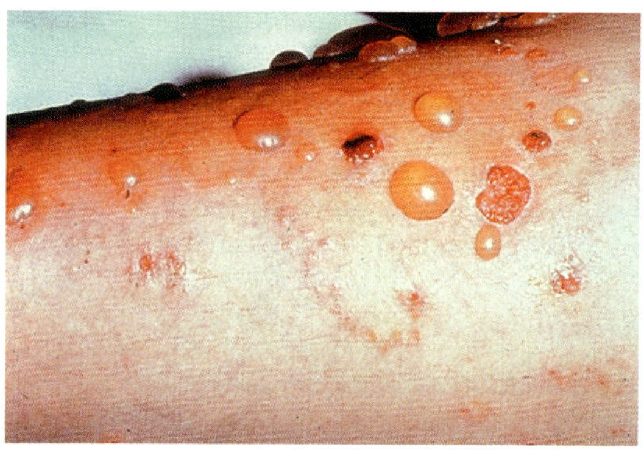

Abb. 2.4: Vesicula und Bulla [A400-190, M111].

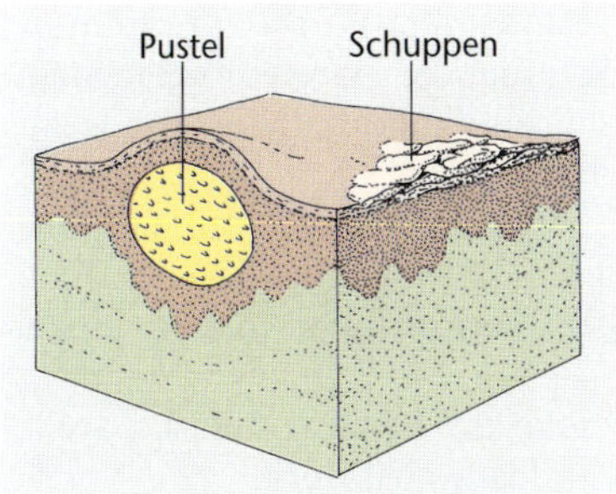

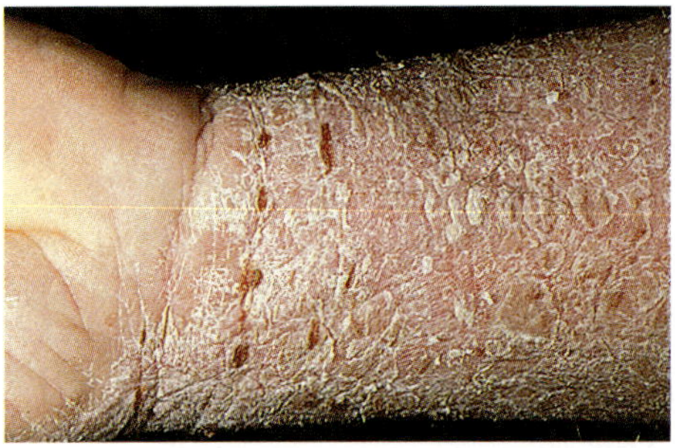

Abb. 2.5: Schuppe [A300-190].

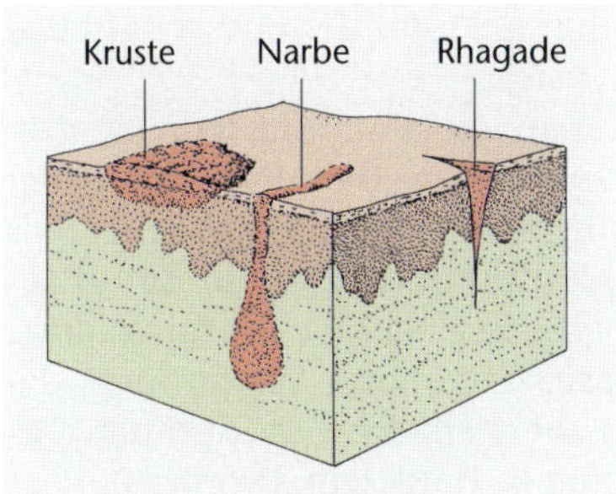

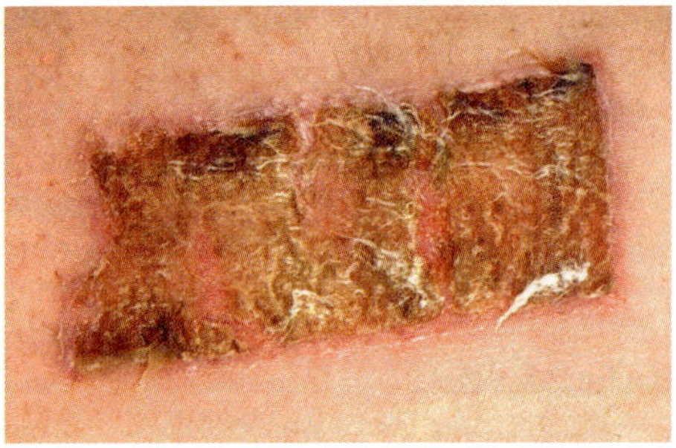

Abb. 2.6: Kruste [A400-190, M123].

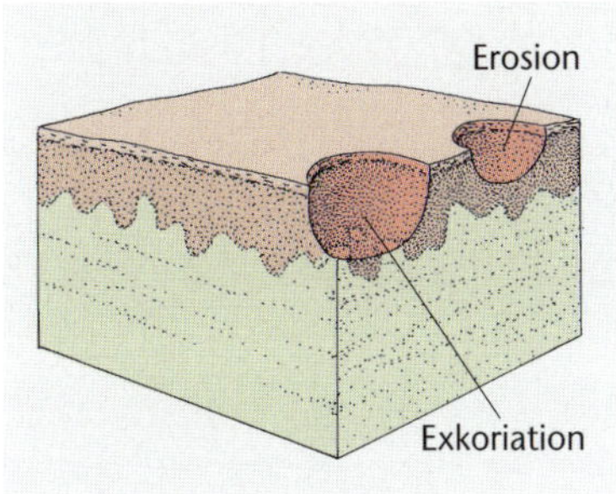

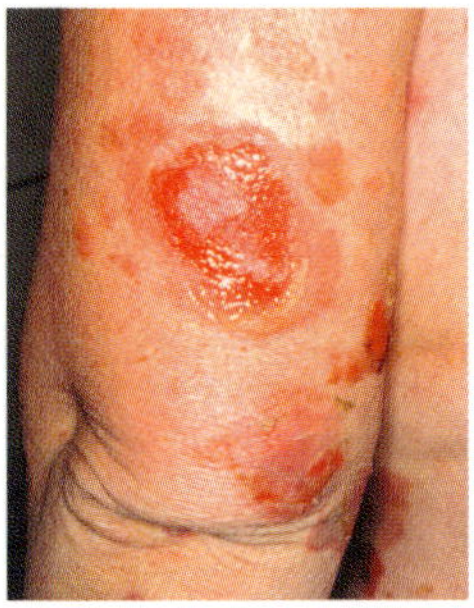

Erosion

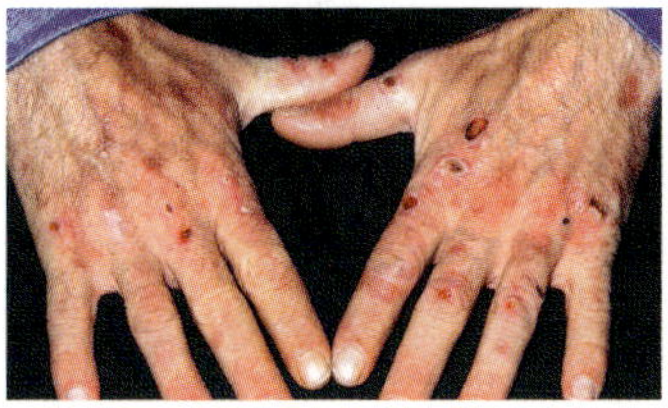

Exkoriation

Abb. 2.7: Erosion und Exkoriation [A400-190, M111, M123].

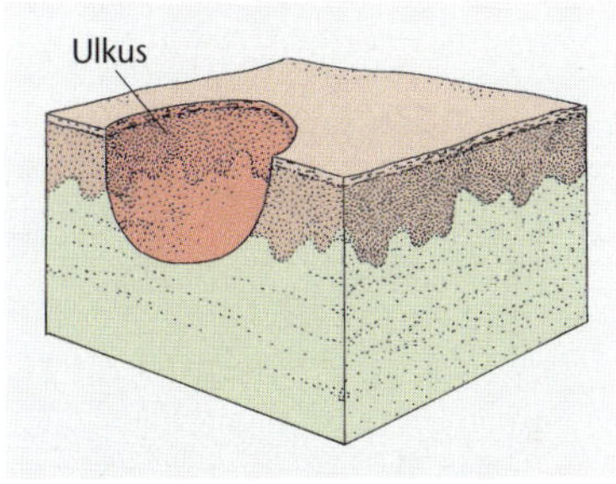

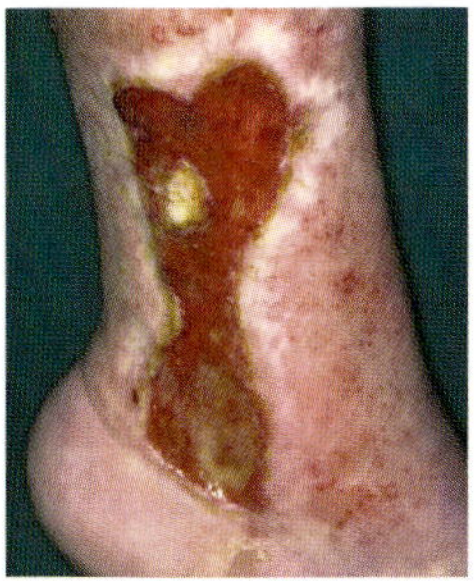

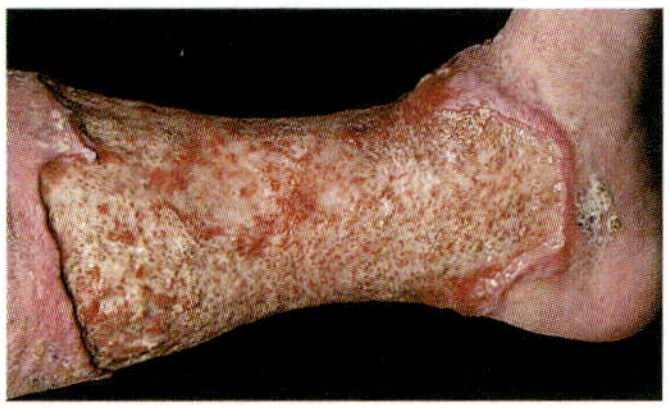

Abb. 2.8: Ulkus [A400-190, M123].

- **Hautabschürfung** (Erosio, ☞ Abb. 2.7)
- **Geschwür** (Ulkus, ☞ Abb. 2.8)
- **Schrunde** (Rhagade)
- **Narbe** und **Atrophie** (Cicatrix et atrophia)
- **Exkoriation:** tiefere Abschürfung mit seröser Sekretion und punktförmigen Blutungen (☞ Abb. 2.7).

Diagnostik von Hautläsionen

- **Tastbefund:** Konsistenz (weich, derb, hart, brettartig, fluktuierend)
- **Form:** rund, oval, polygonal, polyzyklisch, anulär (ringförmig), serpiginös (schlangenförmig), genabelt, lineär
- **Anordnung:** gruppiert, retikulär (netzförmig), linear, disseminiert, aggregiert, konfluierend, multipel
- **Verteilung:** isoliert, generalisiert, regional, segmental.

Histopathologische Begriffe

- **Akanthose:** Verbreiterung der Epidermis (Verdickung durch vermehrte Zellneubildung, z. B. Psoriasis oder Ekzem).
- **Akantholyse:** Auflösung der Interzellularbrücken (Desmosomen) führt zur Trennung des Gewebeverbands. Daraus folgen Spalt- und Blasenbildung innerhalb der Epidermis (z. B. Pemphigus vulgaris).
- **Athrophie:** Verminderung von Gewebebestandteilen.
- **Dyskeratose:** Verhornungsstörung einzelner Zellen.
- **Fibrose:** verstärkte Bildung meist parallel gelagerter Bindegewebsfasern.
- **Hyperkeratose:** Verbreiterung des Stratum corneum (enthält mehr Zelllagen) durch erhöhte Zellneubildung (z. B. Psoriasis, Ekzem) oder durch verminderte Abschuppung (z. B. Ichthyosis).
- **Mikroabszesse:** Ansammlung von neutrophilen Granulozyten (bei Psoriasis) oder abnormen Lymphozyten in der Epidermis unterhalb des Stratum granulosum (Pautrier-Mikroabszesse bei Mycosis fungoides).
- **Parakeratose:** fehlerhafte Verhornung, dabei bleiben die Zellkerne im Stratum corneum erhalten (z. B. Ekzem, Psoriasis).
- **Spongiose:** Verbreiterung der interzellulären Spalten durch Ödem, kann bis zur Bläschenbildung führen (z. B. akutes Ekzem).

3 Weitere Symptome

Außer den Effloreszenzen, die im Kapitel 2 abgehandelt sind, können noch weitere wichtige Symptome an Haut und Hautanhangsgebilden auftreten. Typische Symptome für eine ganze Anzahl von Erkrankungen nennt man Leitsymptome. Ein typisches Leitsymptom für viele Hautkrankheiten ist z. B. der Juckreiz.

3.1 Juckreiz (Pruritus)

Juckreiz ist ein sehr häufiges Symptom bei Hauterkrankungen und entsteht durch innere oder äußere Einflüsse. Er führt zu Schlaflosigkeit, Ermüdung und sogar zu Depressionen, bei Kindern häufig zu schulischen Minderleistungen.

Ursachen

Man unterscheidet Juckreiz
- Bei zahlreichen **Hauterkrankungen**; typische Beispiele:
  - Neurodermitis diffusa
  - Die meisten Ekzeme
  - Trockene (Alters-)Haut
  - Epizoonosen (z. B. Krätze, Filzläuse, Kopfläuse)
  - Immunologisch bedingte Erkrankungen (Urtikaria, Dermatitis herpetiformis)
  - Knötchenflechte (Lichen ruber)
  - Kopfschuppenbildung verschiedener Art
  - Genital- und Analerkrankungen
  - Arzneimittelunverträglichkeiten (z. B. PUVA-Juckreiz im Rahmen der systemischen Photochemotherapie)
- Durch **extrakutane Ursachen**
  - Nierenerkrankungen (urämischer Pruritus)
  - Stoffwechselerkrankungen (Schwangerschaft, Diabetes mellitus)
  - Lebererkrankungen
  - Neoplasien (Krebserkrankungen)
  - Psychosen
  - Neurologische Erkrankungen
- Ohne erkennbare Ursachen **(Pruritus sine materia).**

Diagnostik und Therapie

Juckreizbeschwerden erfordern stets eine gründliche körperliche Untersuchung. Vor allem beim Juckreiz ohne primäre Hautveränderungen schließt das ggf. auch eine internistische, neurologische und möglicherweise eine psychiatrische Untersuchung ein.
Die Therapie ist grundsätzlich von der Ursache abhängig. Sie kann verschiedene Maßnahmen umfassen:

Äußerliche Therapie

Hierbei werden antipruriginöse Substanzen auf die Haut aufgebracht, z. B. Salben und Cremes mit antipruriginösen Zusätzen (z. B. Thesit®), Öle zum Baden und Duschen, Hautpflegemittel, evtl. Capsaicin-Salben, ggf. auch Abreibungen mit
- Essigwasser (3 Teelöffel Weinessig auf ein Liter Wasser) oder
- spirituösen Lösungen mit Menthol (2 %).

Bei sehr schmerzhaften Dermatosen oder Hauterkrankungen mit erhöhter Flüssigkeitsabsonderung werden Trockenpinselungen mit Oberflächenanästhetika (z. B. 5% Thesit®) angewandt. Bei chronischen Ekzemen sind lokale Teerpräparate indiziert.

Allgemeine Hautpflege

Wichtig ist eine individuell an die Haut angepasste Pflege, z. B. mit medizinischen Hautschutz- und Hautpflegemitteln.
Patienten sollten nicht zu lange und zu warm baden und stets auf die Rückfettung der Haut achten.

Innerliche Therapie

Sie umfasst je nach Ursache und Ausmaß des Juckreizes Antihistaminika, Sedativa, evtl. Psychopharmaka und UV-B-Bestrahlungen.
Schlafstörungen: Bei juckreizbedingten

Schlafstörungen werden meist „klassische" Antihistaminika eingesetzt (z. B. Tavegil®). Sie besitzen als – in diesem Fall erwünschte – Nebenwirkung einen sedierenden Effekt. Auf diese Weise wird nicht nur der Juckreiz unterdrückt, sondern auch das Einschlafen an sich gefördert. In Ausnahmefällen werden Sedativa (z. B. Valium®) gegeben. Sollte sich der Juckreiz und damit die Verletzungshäufigkeit der Patienten (Kratzeffekte, ggf. Superinfektionen) nicht minimieren lassen, sind ggf. psychotherapeutische Maßnahmen sinnvoll.

Pflegerisch-unterstützende Maßnahmen bei Pruritus

Pflegende können die antipruriginösen Maßnahmen durch einfache Handlungen unterstützen. Nachdem sie die Patienten über das Ziel ihres Vorgehens informiert haben, sorgen sie für eine kühle Raumtemperatur und nur leichtes Zudecken, sofern keine anderen Erkrankungen oder Symptome dagegen sprechen. Gewohnheiten der Patienten werden respektiert und in die präventiven Handlungen mit einbezogen. Schutzverbände, Schutzkleidung aus Baumwolle (z. B. Handschuhe) und sehr kurz geschnittene, saubere Fingernägel können die Kratzschäden erheblich minimieren.

3.2 Nagelveränderungen

Der Nagel wird hauptsächlich in der Matrix (☞ 1.3) gebildet. Die noch unvollständige Verhornung zeigt sich in Form des Halbmonds, der eine blassere Farbe als der Rest des Nagels aufweist. Die Nagelhaut spielt eine wichtige Rolle bei der Abdichtung des möglichen Nagelspalts. Der Nagel selbst schützt das Finger- bzw. Zehenendglied. Normalerweise benötigen Fingernägel etwa fünf Monate, Zehennägel etwa 12–18 Monate zum Herauswachsen. Das Nagelwachstum ist bei Psoriasis erhöht und bei schweren Erkrankungen verlangsamt. Nagelveränderungen können sich in verschiedener Weise äußern:

- Formveränderung
- Substanzveränderung
- Verfärbung
- Schmerzen
- Kombination der genannten Faktoren.

Ursachen

Nagelveränderungen können durch eine primäre Schädigung des Nagels bzw. seiner Umgebung verursacht sein (z. B. durch Infektion oder Einwirkung von Chemikalien), aber auch durch verschiedene allgemeine Haut- sowie durch extrakutane Erkrankungen.

3.2.1 Nagelinfektionen

Akute Paronychie (☞ 17.6.1)

Symptome

Rote, schmerzempfindliche Schwellung um den Nagel, manchmal mit Eiter durchsetzt.

Ursache

Häufig Bakterien (Staphylo-/Steptokokken), die in den Nagelwall eindringen.

Chronische Paronychie (☞ 17.6.1)

Symptome

Am häufigsten sind Zeige- und Mittelfinger befallen. Rote Schwellung des Nagelfalz, zeitweise mit Entleerung kleiner Eitertröpfchen. Die Nagelhaut ist nicht mehr sichtbar! Schmerzen sind selten. Bei Beteiligung der Nagelmatrix kommt es am Nagel selbst zu Querrillen.

Ursache

Häufig Hefepilze (Candida albicans) bei Personen, die viel Kontakt mit feuchtem Milieu haben.

Therapie

Den Kontakt mit Wasser meiden! Falls dieses nicht möglich ist, stellt man eine Chinosol®-Lösung her (1/2 Tablette auf 1/2 Liter Wasser), die man einige Zeit stehen lassen kann, und taucht dann jeweils nach beendetem Feuchtigkeitskontakt die Fingerkuppen in diese Lösung. Anschließend folgt eine lokale antimykotische Behandlung, evtl. auch systemisch mit Fluconazol-Tabletten.

Candidiasis der Nagelplatte

Symptome

Die Nagelplatte zeigt eine bräunliche Verfärbung bei häufig gleichzeitiger Schwellung des Nagelfalzes.

Ursache

Candida oder verwandte Pilze dringen in die Nagelplatte ein (häufig bei chronischer Paronychie, ☞ 17.6.1).

Therapie

Nach positiver kultureller Abklärung erfolgt eine spezifische und topische Antibiotikabehandlung. Diabetes mellitus ausschließen!

Onychomykose (☞ 8.3.5)

Symptome

Typisch sind die gelbliche, bräunliche oder auch weiße Verfärbung der Nagelseiten. Danach folgt eine Verdickung des Nagelbetts, und der Nagel selbst wird brüchig. Er kann sich lösen (Onycholyse) und gänzlich ablösen. Einige Nägel können gesund bleiben.

Ursache

Infektionen der Nagelplatte mit verschiedenen Fadenpilzarten (Trichophyton rubrum, Trichophyton mentagrophytes u.a.). Der Pilz dringt entweder über den seitlichen Nagelfalz oder über das Nagelbett ein. Umgebene Haut ist häufig mitbefallen (☞ Abb. 3.1).

Therapie

Die kulturelle Abklärung ist dringend erforderlich. Keine antimykotische Behandlung, bevor nicht der Erreger nachgewiesen ist. Bei negativem Ergebnis mehrmalige Wiederholung. Ablösung der kranken Nagelteile mit Kaliumjodid, dann lokale und systemische Amtimykotikabehandlung.

Pseudomonas-Infektion

Symptome

Typisch ist eine grünliche oder schwarze Verfärbung der Nagelplatte.

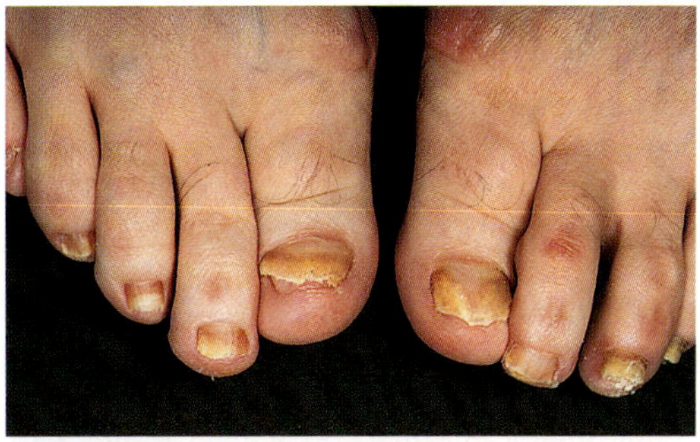

a

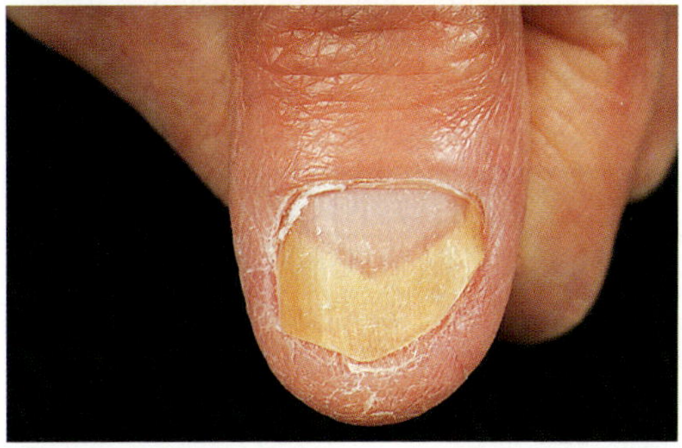

b

Abb. 3.1a–b: Onychomykose.

Ursache

Pseudomonas pyocyanea (Bakterium), ein häufig vorkommender gramnegativer Krankheitserreger, der besonders im Wasser zu finden ist.

Therapie

Systemisch Antibiotika (Piperacillin, Azidocillin, Cefazolin, Tobramycin), lokal antiseptisch.

3.2.2 Entzündliche Erkrankungen der Nägel

Nagel-Psoriasis (☞ 9.7)

Ursache

Nagelveränderungen bei Psoriasis. Diese können auch isoliert ohne Hautbefall auftreten.

Symptome

Es treten 3 Hauptanomalien auf:
Grübchen: An einem oder mehreren Nägeln zeigen sich vereinzelt oder auch vermehrt stecknadelkopfgroße Grübchen. Diese kom-

men auch bei anderen Hauterkrankungen vor (z. B. Alopecia areata).

Onycholyse: Der Nagel löst sich vom Nagelbett (☞ Abb. 3.2b). Typisch ist ein gelblicher Rand um die Onycholyse herum. Ursache ist ein Psoriasisherd im Nagelbett (Ölfleck; ☞ Abb. 3.2a).

Psoriatische Nageldystrophie: Ist die Nagelmatrix von der Psoriasis befallen, verdickt und verfärbt sich der Nagel unterschiedlich. Nicht selten zerfällt er krümelig. Manchmal liegt gleichzeitig eine psoriatische Arthropathie (Gelenkschuppenflechte) der distalen Gelenke vor.

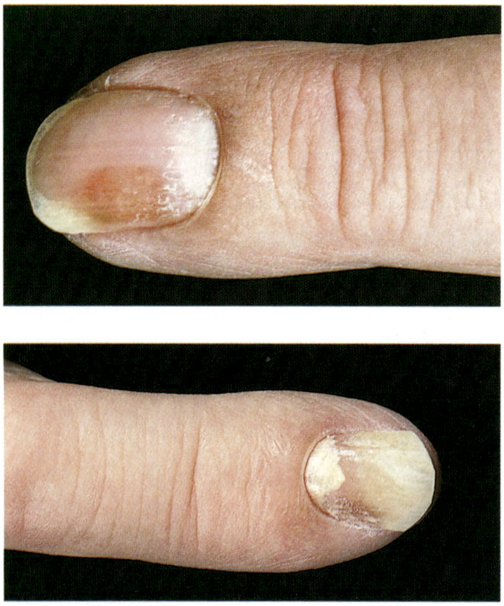
a b

Abb. 3.2a–b: Nagelveränderungen bei Psoriasis.

Therapie

Sehr schwierig. Infrage kommen die UV-Punktbestrahlung sowie kortikosteroidhaltige Lösungen oder Salben.

Ekzem

Ursache

Liegt ein Ekzem im Bereich des Nagelfalzes vor, kommt es zu horizontalen Rillenbildungen an den betroffenen Nägeln. Es können mehrere oder auch nur ein Nagel befallen sein.

Knötchenflechte (Lichen ruber planus)

Ursache

Mitbeteiligung der Nägel bei Auftreten eines Lichen ruber (☞ 9.8).

Symptome

Häufig zeigen sich vermehrt Längslinien. Bei anderen Patienten wird die Nagelplatte dünn und die Nagelhaut wächst auf die Nagelplatte (Pterygium).

Therapie

Evtl. systemisch Kortikosteroide.

Zwanzig-Nägel-Dystrophie-Syndrom

Ursache

Nicht bekannt. Es beginnt im Säuglingsalter und verschwindet spontan.

Symptome

An allen zwanzig Nägeln zeigen sich Rillenbildungen von der Nagelhaut bis zur Nagelspitze.

Therapie

Spontanabheilung abwarten.

Onycholyse der Nägel

Ursache

Ablösung des Nagels vom Nagelbett bei Psoriasis, Ekzem, Pilzerkrankung, Hauttrockenheit bei schlechter peripherer Durchblutung oder nach Traumen. Sind alle Nägel befallen, liegt meist ein Medikamentenschaden vor (PUVA).

Therapie

Richtet sich nach der Ursache.

3.2.3 Nagelveränderungen mit systemischen Ursachen

Beau-Reil-Furchen

Ursache

Das Nagelwachstum wird während einer Krankheit (Grippe, hohes Fieber) unterbrochen.

Symptome

Häufig nur geringgradig ausgeprägte isolierte Querfurchen aller Nägel.

Therapie

Wächst heraus.

Löffelnagel

Ursache

Löffelnägel sind meist kongenital bedingt, aber auch bei einer vorliegenden Anämie möglich.

Symptome

Durch Verdünnung der Nagelplatte konkav gekrümmter Nagel mit kleinen Erosionen am freien Rand (Onychorrhexis).

3.2.4 Nageltraumen

Hämatom: Bluterguss durch äußere Einwirkungen

Symptome

Rote bis schwarze Veränderung eines Nagels. **Wichtig** ist die Abgrenzung zum malignen Melanom (☞ 12.2.3). Nachweis durch Nageltrepanation oder mittels Auflichtmikroskopie.

Dystrophe Nägel (☞ 17.6.2)

Ursache

Chronische Verletzungen oder zu enges Schuhwerk.

Symptome

Der Nagel verdickt sich und wächst häufig zur Seite heraus (Onychogrypose).

Eingewachsene Nägel (Unguis incarnatus; ☞ 17.6.4)

Ursache

Häufig zu kurzes Abschneiden der Nagelecken, besonders an den Großzehen, oder bei Vorliegen einer Onychomykose.

Symptome

Durch das Weiterwachsen des Nagels und durch den seitlichen Schuhdruck schiebt sich der Nagel in die Haut, sodass sich Granulationsgewebe bildet und es zu starken Schmerzen kommt.

Therapie

Lokal entzündungshemmende Salben oder Tinkturen. Die Nagelecken mit kleineren Wattekügelchen anheben und den Nagel durchwachsen lassen.

> Die Nagelecken nie zu kurz abschneiden, sie müssen immer sichtbar sein. Falls kein Erfolg eintritt, ist eine Emmet-Operation notwendig (☞ 17.6.4).

Splitternägel (Onychorrhexis, Onychoschisis)

Ursache

Viel Kontakt der Nägel mit entlaugenden Substanzen wie Wasser, Lösungen und Nagellack.

Symptome

Tritt besonders bei Frauen auf, aber auch Männer sind betroffen. Die Nägel entfetten, die Nagelplatte kann in einzelne Schichten aufgetrennt werden (Onyschoschisis), oder es kommt an der vorderen Nagelhaut zu kleineren Einrissen (Onychorrhexis).

Therapie

Entfettende Maßnahmen vermeiden. Abends die Fingerkuppe in angewärmtes Olivenöl halten und dieses gleichzeitig einmassieren.

Weißliche Nagelstreifen (Leukonychie; ☞ 17.6.5)

Ursache

Nicht bekannt, vermutlich spielen Mikrotraumen eine Rolle (Maniküre!).

Symptome

Horizontale weißliche Nagelstreifen von unterschiedlicher Ausdehnung.

Therapie

Manipulationen am Nagelhäutchen vermeiden.

3.2.5 Angeborene Nagelerkrankungen

Nagel-Patella-Syndrom

Ursache

Autosomal dominante Erkrankungen.

Symptome

Die Daumennägel (selten auch die anderen) sind stark verkleinert oder fehlen vollständig. Die Patella ist nur rudimentär angelegt oder fehlt gänzlich. Weitere Anomalien können auch am Ellenbogengelenk und am Becken auftreten.

Veränderungen im Bereich der Kopf- und Körperhaare ☞ 17.4.

4 Untersuchungsmethoden

4.1 Anamnese und körperliche Untersuchung

4.1.1 Anamnese

Um eine Hautdiagnose zu stellen, ist die genaue Anamneseerhebung sehr wichtig. Zunächst soll ermittelt werden, wie lange die Hautbeschwerden und Hautveränderungen bestehen, ob sie intermittierend auftreten und ob die Tendenz besteht, von selbst wieder abzuheilen. Es sollten möglichst die Faktoren ermittelt werden, die als Auslöser der jeweiligen Erkrankung infrage kommen. Es ist nicht immer einfach, vom Patienten eine genaue Beschreibung der Hautveränderung zu erhalten. Falls schon Vorbehandlungen erfolgt sind, müssen diese über eine gewisse Zeit abgesetzt werden, damit das ursprüngliche Krankheitsbild wieder sichtbar wird.

Allgemeine Fragen	• Wie lange bestehen die Hautveränderungen schon? • Wie verhalten sich die Hautläsionen? • Wie hat alles begonnen? • Wie sahen die Hautveränderungen zuallererst aus? • Gibt es irgendwo sonst an der Haut noch etwas zu sehen? • Was beeinflusst die Hautveränderungen? • Woher kommen sie? • Waren Sie kürzlich im Ausland und wenn ja, wo?
Spezielle Fragen	• Hauterkrankungen in der Vergangenheit und damit verbundene Störungen • Familienanamnese • Begleitsymptome • Eigenanamnese • Vorherige und derzeitige Medikamentenanamnese • Berufsanamnese • Sozialanamnese • Beeinträchtigung des Patienten durch die Erkrankung • Meinung des Patienten zu der Erkrankung
Symptomatik	• Juckreiz? • Schmerzen? • Irritationsgefühl? • Brennen?

Tab. 4.1: Dermatologische Anamneseerhebung (nach Vivier).

4.1.2 Körperliche Untersuchung

Inspektion

Wichtigste Maßnahme der körperlichen Untersuchung ist die Inspektion, also die Betrachtung von Hautveränderungen. In aller Regel ist es ratsam, den ganzen Körper zu inspizieren, um sich einen Überblick über die Verteilung und Ausprägung von Hautveränderungen zu verschaffen und auch rechtzeitig bösartige Hautveränderungen zu erkennen, wie z. B. ein malignes Melanom.

> Hautveränderungen lassen sich nicht bei schlechter Beleuchtung diagnostizieren! Je besser das Licht, desto leichter ist die Diagnose zu stellen. Am besten sind helles Tageslicht oder helle, ungetönte Beleuchtungsquellen. Eine Hautdiagnose lässt sich auch nicht aus der Entfernung stellen, der Augenabstand darf deshalb höchstens 30 cm betragen.

Wichtige Hilfsmittel für die Inspektion

- **Lupe**
- **Glasspatel:** durch Spateldruck wird die Gewebehyperämie beseitigt, und die Eigenfarbe des Herdes kann erkannt werden, z. B. bei Lupus vulgaris („Apfelgeleefärbung")
- **Knopfsonde:** zur Diagnostik einschmelzender Prozesse, in die die Sonde bei leichtem Druck einbricht, z. B. Lupus vulgaris
- **Woodlicht:** UV-Licht zur Erkennung pigmentbildender mikrobieller Erreger (☞ 8.3.3)
- **Auflichtmikroskop** (Dermatoskop): zur Melanomdiagnostik, Vergrößerung 10–100fach
- **Kapillaroskopie:** zur Diagnostik von Kapillarveränderungen am Nagelfalz.

Palpation

Neben der Inspektion ist auch die **Konsistenzprüfung** der Hautveränderung mit dem tastenden (palpierenden) Finger wichtig. Man unterscheidet dabei verschiedene Qualitäten:

- Abgrenzbarkeit
- Fluktuation
- Härte
- Konfiguration – plattenartig, stiftförmig
- Tiefenausdehnung.

Auch eine **Überwärmung** ist durch Palpation festzustellen.

Dermographismus

Den Dermographismus löst man aus, um die Empfindlichkeit der Gefäße abschätzen zu können. Dazu streicht man einmal kräftig mit dem Holzspatel über die Rückenhaut. Der Dermographismus kann sich als rote oder abgeblasste Hautverdickung im Testbereich äußern.

4.2 Spezielle Diagnostik

Die in Tab. 4.2 aufgeführten Maßnahmen dienen der speziellen Diagnostik.

Erregernachweis
• Direkte Verfahren (Mikroskopie) • Kulturelle Züchtung
Allergologische Testverfahren
• Intrakutantestung • Prick-, Scratch-, Reibetest • Provokationstest • Epikutantestung
Immunologische Nachweisverfahren
• RAST • PRIST • ELISA • Immunoblot u. a. • Immunhistologie
Spezielle Zell- und Gewebenachweise
• Spermauntersuchungen • Haarwurzelstatus
Hautfunktionsprüfungen
Dermatohistologie
Spezielle Funktionsprüfungen
• Oszillographie • Lichtreflexionsrheographie u. a. • Doppler-Ultraschalluntersuchungen

Tab. 4.2: Spezielle diagnostische Verfahren.

4.2.1 Abstrich und Erregernachweis

Pilze

Zahlreiche Erreger rufen an der Haut pathologische Veränderungen hervor, wobei die Pilzerkrankungen im Vordergrund stehen. Um eine genaue Diagnosestellung ermöglichen zu können, wird das native Material zunächst **mikroskopisch,** dann **kulturell** untersucht (zum Vorgehen ☞ 8.3.1).

Bakterien

Bei bakteriellen Hauterkrankungen wird das Abstrichmaterial auf spezielle **Nährböden** gebracht und die Erreger gezüchtet. Dann folgt die **Resistenzbestimmung,** damit eine gezielte antibakterielle Therapie durchgeführt werden kann. Anschließend muss für eine restlose Entsorgung des infektiösen Materials gesorgt werden.

Der **Spirochätennachweis** bei der Lues I erfolgt mit der Dunkelfelduntersuchung (☞ 23.3.1).

Viren

Auch Viruserkrankungen kommen in der Dermatologie häufig vor. Sie können entweder direkt die Haut besiedeln (dermatotrope Viren), wie bei Verrucae vulgares oder Mollusca contagiosa, aber auch im Verlauf einer allgemeinen Viruserkrankung wie Varizellen auftreten.

Virusnachweise

Virologische Typisierung: Im Blutserum werden spezifische Antikörper nachgewiesen und deren Titer bestimmt (Virusneutralisationstest, Komplementbindungsreaktion). Eine schnelle Beurteilung ist mit der Fluoreszenzmikroskopie möglich.
Elektronenmikroskopie: Bläschenmaterial wird auf einem Objektträger ausgestrichen,

luftgetrocknet, dann resuspendiert, auf einen elektronischen Netzobjektträger aufgebracht und kurz mit Phosphor-Wolframsäure kontrastiert. Aufgrund der Virusgröße ist eine Viruszuordnung möglich, nicht aber eine Differenzierung innerhalb der Virusgruppe.

Virusisolierung: Virushaltiges Material wird mittels Abstrich in ein spezielles Transportmedium gegeben und dann im Labor auf Kaninchen-, Mäuse- oder Zellkulturen weiter untersucht.

Molekulargenetische Nachweisverfahren (z.B. PCR ☞ Tab. 4.3).

4.2.2 Allergologische Testverfahren

Allergische Erkrankungen verzeichnen in der westlichen Welt eine erhebliche Zunahme. Es ist deshalb wichtig, Auslöser der Allergie (Allergene) nachzuweisen. Allergennachweise sind oft mit erheblichen Schwierigkeiten und Umständen verbunden. Man unterscheidet:

- **Scratchtest** (☞ 10.1.2)
- **Pricktest (Intrakutantest;** ☞ 10.1.2)
- **Reibetest:** Ein einfaches Hauttestverfahren zum Nachweis einer IgE-vermittelten Sensibilisierung. Er wird bei Patienten mit einem hohen Sensibilisierungsgrad durchgeführt. Natives Allergenmaterial wird vorwiegend am Unterarm eingerieben, sodass eine geringe Resorption von Allergenen durch die Haarfollikel möglich ist
- **Epikutantest** (☞ 10.3)
- **Belichteter Epikutantest:** Er wird bei Patienten angewandt, bei denen möglicherweise eine Fotosensiblisierung besteht. Am Rücken wird ein doppelter Epikutantest mittels Standard-Fotoallergenen durchgeführt. Nach 24 Stunden wird der eine Testblock mittels Breitband-UV-A (320–480 nm) bestrahlt. Die Ablesungen folgen unmittelbar vor und nach der Bestrahlung sowie auf einander folgenden Tagen bis 42 Stunden nach der UV-A-Bestrahlung. Bei einer fotoallergischen Reaktion zeigen sich in befallenen Testgebieten Rötungen und Bläschen.

4.2.3 Immunologische Nachweisverfahren

RAST oder ELISA-Test

Es handelt sich dabei um radioimmunologische oder enzymimmunologische Testverfahren gegen Antigene und Antikörper. Man bringt die zu untersuchende Serumprobe mit einem an eine feste Phase gebundenen Allergen (Papierscheibe, Zelluloseschwämmchen u.a.; Abb. 4.1, ☞ Kap. 10.1.2) in Kontakt. Spezifische Allergene bilden dann mit dem Antikörper einen Komplex. Nicht gebundene Antikörper werden abgewaschen. Durch entsprechende Markierung (Radioaktivität, Enzymaktivität oder Fluoreszenz) können spezifische Antikörper quantitativ gemessen werden. Es gibt jedoch auch falsch positive Reaktionen. Erst wenn Anamnese, Hauttests und serologische Tests korrelieren, kann von einer Allergie ausgegangen werden.

Viren	Bakterien	Protozoen
• Humane Papillomviren (HPV) • Herpes-simplex-Virus (HSV) • Varicella-Zoster-Virus (HZV) • Zytomegalievirus (CMV) • Epstein-Barr-Virus (EBV) • Hepatitisviren • Humanes Immunschwächevirus (HIV) • Masernvirus • Rötelnvirus • Humanes Parvovirus B-19 (Ringelröteln) • Humanes Herpesvirus Typ VI (HHV-6; Exanthema subitum)	• Borrelia burgdorferi • Chlamydia trachomatis • Mykobakterien • Mykoplasmen • Treponema pallidum • Neisseria gonorrhoea	• Leishmanien • Toxoplasma gondii • Trypanosoma cruzi

Tab. 4.3: Infektiöse Erreger, die durch die Polymerasekettenreaktion (PCR) nachweisbar sind.

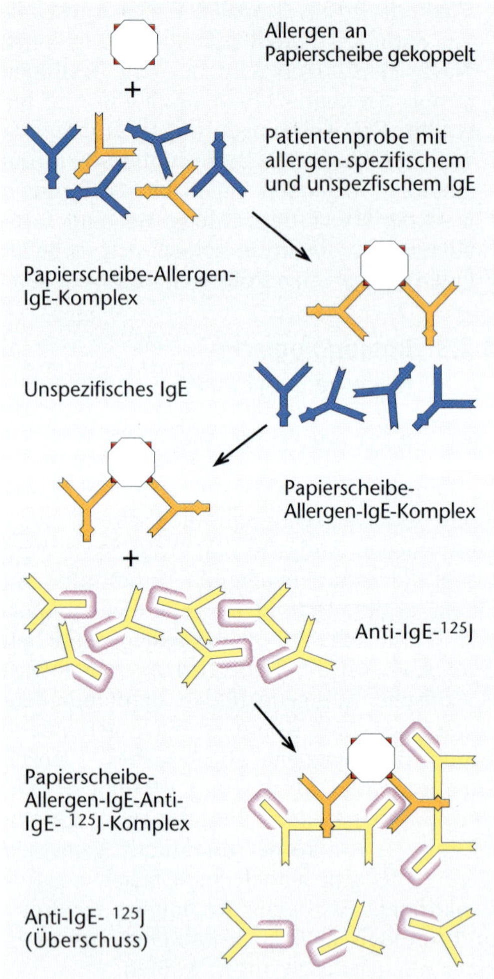

Abb. 4.1: RAST-Testprinzip.

Orale Provokation

Sie dient dem Nachweis einer Überempfindlichkeitsreaktion auf oral zugeführte Nahrungs- oder Arzneimittel und wird überwiegend stationär durchgeführt. Zunächst dürfen sieben Tage vor Testbeginn infrage kommende Testsubstanzen nicht verabreicht werden. Die häufigsten sind Konservierungs-, Farb- und Arzneimittelstoffe, aber auch einzelne Nahrungsmittel. Eine positive Testreaktion kann schon innerhalb weniger Minuten, aber auch erst nach Stunden auftreten.

Oraler Provokationstest mit **Nahrungsmittelgruppen** (nach Przybilla): je Tag eine Nahrungsmittelgruppe testen; bei Reaktion weitere Tests mit einzelnen Nahrungsmitteln durchführen. Gruppen sind:

- Kuhmilch oder Kuhmilchprodukte
- Gemüse, Obst, Kohlenhydrate
- Fleisch (außer Geflügel)
- Hühnerei und Geflügel
- Fisch.

	E-Nummern	Dosierungen
Konservierungsstoffe		
Natriumbenzoat		50/250/500 mg
Kaliumdisulfit		10/50/100/300 mg
Sorbinsäure		500 mg
Natriumnitrit		10/20 mg
Natriumsalicylat		500/1000 mg
Natriumpropionat		500/1000 mg
PHB-Ester		500 mg
Farbstoffe		
Tartrazin		10/50 mg
Farbenmischung I		
Chinolingelb	E 104	5 mg
Gelborange S	E 110	5 mg
Azorubin	E 122	5 mg
Amaranth	E 123	5 mg
Cochenillerot	E 124	5 mg
Farbenmischung II		
Erythrosin	E 127	5 mg
Patentblau	E 131	5 mg
Indigotin	E 132	5 mg
Brillantschwarz	E 151	5 mg
Pigmentbraun	E 172	5 mg
Biogenes Amin (nicht testen bei Behandlung mit MAO-Hemmern!)		
Tyramin		50/100 mg
Süßstoff		
Aspartam		250 mg

- Die aufgeführten Stoffe sind teilweise auch in Arzneizubereitungen enthalten
- **Cave:** Bei asthmoider Symptomatik oder bedrohlicher Reaktion ist die Initialdosis niedriger zu wählen

Tab. 4.4: Oraler Provokationstest mit niedermolekularen Nahrungsmittelinhaltsstoffen (nach Przybilla).

4.2.4 Biopsie und Histologie

Bei unklaren Hauterkrankungen muss stets eine **Probeexzision** durchgeführt werden, ebenso zur Feststellung der Tiefenausdehnung oder zur Verlaufbeobachtung einer Dermatose.

Durchführung

Das zu biopsierende Hautareal wird zunächst gründlich desinfiziert und dann mit einem sterilen Lochtuch bedeckt. Anschließend folgt die Lokalanästhesie. Mit einem Skalpell gewinnt man Gewebe aus dem Randbereich eines Herdes. Das frische Exzidat wird sofort in ein Gefäß mit Fixierflüssigkeit (i.d.R. 10%iges gepuffertes Formaldehyd) gebracht und zusammen mit einem vom Labor vorgefertigten Begleitzettel (ausfüllen!) versandt.

Bei einem größeren Hautdefekt ist anschließend eine wundchirurgische Versorgung (Hautnähte) notwendig: Abermalige Desinfektion des Wundbereichs und Fixierung mit sterilem Nahtmaterial. Wundverband.

II Therapie und Pflege in der Dermatologie

5 Dermatologische Therapie

Die Behandlung von Hautkrankheiten erfordert ein hohes Maß an Genauigkeit, aufmerksamer Beobachtung der Hautreaktion und strenger Befolgung therapeutischer Richtlinien.
Viele Erkrankungen der Haut lassen sich durch **direkten Kontakt** mit therapeutisch wirksamen Substanzen behandeln, ohne den Gesamtorganismus durch eine Medikamenteneinnahme belasten zu müssen. Die Lokaltherapie erlaubt es dabei auch, manche Medikamente zu verwenden, die im Organismus selbst toxische Reaktionen auslösen würden.

5.1 Prinzipien der Lokaltherapie

Bei der Lokalbehandlung unterscheidet man im Wesentlichen folgende Anwendungsweisen (vgl. auch Abb. 5.1 und Tab. 5.1):
- Feuchte Umschläge, Bäder
- Puder
- Pinselungen (Tinkturen, Schüttelmixturen, Öle)
- Pasten
- Salben, Cremes, Lotionen
- Pflaster
- Okklusivverband
- Intradermale Injektion.

Zum Auftragen äußerlich anzuwendender Medikamente immer Plastikhandschuhe benutzen! Salbe aus Töpfen nur mit frischem Einwegspatel entnehmen!

Flüssigkeiten

Flüssigkeiten werden bei akuten, nässenden Entzündungen angewendet. Dabei ist die Wirkung flüssiger Grundstoffe sehr unterschiedlich.

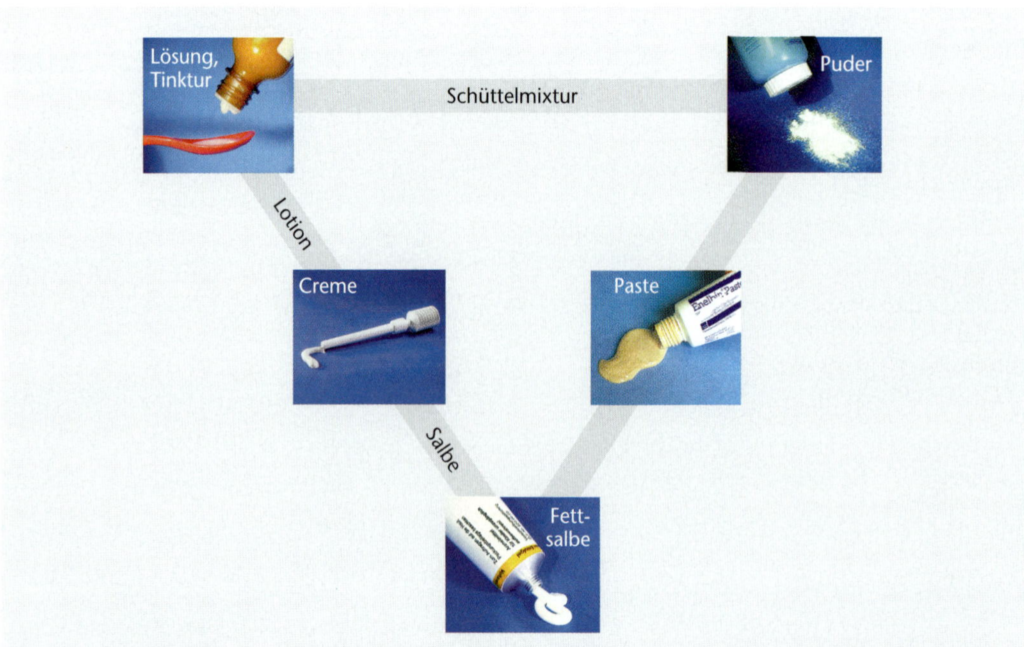

Abb. 5.1: So genanntes therapeutisches Dreieck: Salbe, Puder und Flüssigkeit stellen die drei reinen Phasen (Zustandsformen) dar, aus denen je nach Mischungsverhältnis Pasten, Cremes oder Schüttelmixturen hergestellt werden können. [O147, K155, K183]

	Indikation	Penetration	Wirkprinzip
Puder	Akute Entzündung	Keine	
Schüttelmixtur (Lotio)	Nichtnässende Hautoberfläche	Keine	
Feuchter Umschlag, Lösung	Akute, nässende Entzündung	Gering	Trocknend
Paste, Creme	Subkutane Entzündung	Mittel	Abdeckend, mäßig feuchtend
Salbe	Chronische Entzündung	Groß	Fettend, erhöht die Penetration

Tab. 5.1: Indikation und Eigenschaften von Trägersubstanzen („Vehikeln"; nach Marghescu und Wolff, 1975).

Grundstoff	Wirkung	Effekt
Wasser	Langsam verdunstend (Lösung)	Umschläge und Bäder, die ihre Wirkung in der Regel auch ohne Wirkstoffe entfalten
Alkohol	Schnell verdunstend (Tinktur)	Lösungen, Tinkturen, Lacke, Sprays, bei denen die Lösungsmittel nach der Applikation verdunsten und die Wirkstoffschicht auf der Haut zurückbleibt

Tab. 5.2: Wirkmechanismen der Flüssigkeitsgrundstoffe.

Flüssigkeiten werden mit Hilfe von Umschlägen bzw. Wickeln, mit Bädern und über Balneo-Phototherapien angewandt (☞ 5.1.1 ff).

5.1.1 Feuchte Umschläge

Wirkungsweise

Feuchte Umschläge kommen überwiegend bei nässenden Dermatosen zur Anwendung, um den Serumaustritt zu unterbinden. Das Wirkprinzip besteht darin, dass durch die Wasserdampfabgabe **Verdunstungskälte** entsteht, die zu einer Kontraktion und Abdichtung der oberflächlichen Hautkapillaren führt. Dadurch wird der weitere Serumaustritt gebremst, und die Hautflächen trocknen rasch ab.
Da die kühlende Wirkung bei großflächigen Verbänden erheblich ist und der Patient daraufhin schnell friert, ist für eine angemessene Zudecke zu sorgen.

Prinzip „feucht auf feucht": Bei feuchten Dermatosen feuchte Umschläge.

Feuchter Umschlag

Vorbereitung
- Patienten über den Vorgang informieren
- Evtl. für Sichtschutz sorgen
- Hände waschen.

Material bereitlegen
- Einmalunterlage
- Zudecke
- Genügend dünne Baumwolltücher oder Kompressen
- Mullbinden, Pflaster oder Schlauchverband (z. B. Stülpa) zum Fixieren
- Verordnete Flüssigkeit (z. B. abgekochtes oder destilliertes Wasser) und nach Verordnung zufügen:
  - entweder Chinolinsulfat-Tabletten (1 Chinosol®-Tablette auf 1 l Wasser),
  - Kaliumpermanganat (bis zur schwachen Rosafärbung)
  - oder Kochsalz (etwa 1 %)
- Pipette oder Einmalspritze/Kanüle zum Aufziehen der Flüssigkeit, Einmalhandschuhe, evtl. Tupfer zum Auftragen oder sterile Behältnisse, in welche die Flüssigkeit eingefüllt und die Verbandsmaterialien eingetaucht werden
- Abwurfbehälter.

Durchführung
- Händedesinfektion
- Einmalunterlage auf der Behandlungsfläche ausbreiten
- Körperregion entkleiden
- Handschuhe anziehen
- Entweder das Verbandsmaterial mittels Pipette/Einmalspritze mit Flüssigkeit durch-

tränken oder in die Wirkflüssigkeit eintauchen
- Auf die zu behandelnde Fläche aufbringen
- Mit weiteren Baumwolltüchern großflächig abdecken
- Evtl. Schlauchverband überstülpen, Mullbinden verwenden (v. a. an Extremitäten)
- Vorgang alle 30–60 Minuten wiederholen. Zwischendurch Baumwolllappen ausspülen, um eine Wirkstoffanreicherung zu verhindern.

Kontrollen
- Patientenklingel in Reichweite legen
- Patienten auf allergische Reaktionen und Unwohlsein beobachten
- Durchfeuchtungsgrad im Optimum halten
- Ggf. Überwachung der Vitalparameter
- Beim Verdacht auf Unverträglichkeitsreaktionen Behandlung sofort beenden.

Beenden
- Verband nach angeordneter Zeit entfernen
- Gebrauchtes Verbandmaterial entsorgen
- Hände waschen und desinfizieren
- Dokumentation (☞ 7.3.2).

Vorsicht: Bei der Verwendung einer Kaliumpermanganatlösung müssen sich vor dem Auftragen auf die Haut alle Kristalle in der Flüssigkeit aufgelöst haben!

5.1.2 Bäder

Bäder haben je nach Anwendungsart verschiedene physikalische Effekte, wie beispielsweise bei Wechsel- oder Dampfbädern zu beobachten ist. Sie wirken reinigend bzw. entschuppend oder dienen als Medikamententräger (Öle, Schwefel, Salze).
- **Vollbäder** sind von **Teilbädern** zu unterscheiden
- Bei einem **warmen** Bad liegt die Wassertemperatur zwischen 31 und 35 °C, bei einem **heißen** Bad zwischen 36 und 40 °C.

Um den Kreislauf der Patienten zu schonen und den mit der Zeit zunehmenden Juckreiz zu bekämpfen, sollte die Badezeit maximal 20 Minuten betragen.

Häufiges Baden unter Anwendung von Detergenzien (reinigenden Zusätzen) führt durch Herauslösen wasserbindender Inhaltsstoffe aus der Hornschicht zur Austrocknung der Haut. Handelt es sich hierbei um einen unerwünschten Nebeneffekt, so ist für eine ausreichende Hautrückfettung zu sorgen.

Indikationen

Es gibt Reinigungsbäder und therapeutische Bäder. **Therapeutische Bäder** (Sole-Bäder, hypertonische Salzbäder) werden bei generalisierten schuppenden Dermatosen angewandt, v. a. bei Psoriasis und psoriatischer Erythrodermie. Entsprechende therapeutische Wirkstoffe (Teer-, Öl-Mischungen) können zugesetzt werden.
Teilbäder bei schlecht heilenden Ulzera, granulierenden oder eiternden Prozessen an den Extremitäten wie auch am Genitale werden unter Verwendung von Kaliumpermanganat, Chinolinsulfat (Chinosol®) oder Kernseife durchgeführt.

Zusätze

In der Dermatologie werden hauptsächlich nachstehende Zusätze angewandt:
- Balneum Hermal® mit Teer (juckreizstillend, rückfettend, antientzündlich)
- Balneum Hermal® Ölbad (reinigend, rückfettend)
- Chinosol® (reinigend, desinfizierend, antientzündlich)
- Kaliumpermanganat (desinfizierend, antientzündlich)
- Kochsalz (keratolytisch)
- Ölbad Cordes® (reinigend, rückfettend)
- Schmierseife (Aufweichen und Ablösen von Krusten, Schuppen, Sekreten und Salbenresten, keratolytisch)
- Schwefel (juckreizstillend, antientzündlich)
- Sebopona® (reinigend)
- Tannolact® (antientzündlich)
- Tannosynt® (antientzündlich).

Bäder

Vorbereitung
- Patienten über den Vorgang informieren
- Badezimmer erwärmen, Ungestörtheit des Patienten sichern (Türschild)
- Hände waschen.

Material bereitlegen
- Badezusätze wie angeordnet
- Dosierungshilfen (z. B. Messbecher)
- Wasser-Thermometer
- Handtücher in verschiedenen Größen
- Abwurfbehälter.

Durchführung
- Badewanne ausspülen
- Händedesinfektion
- Badewanne unter Zufügen der Lokaltherapeutika in der abgemessenen Dosis mit Wasser füllen. (Ausnahme: Ölzusätze, siehe unten.) Temperatur wie angeordnet in Absprache mit dem Patienten
- Wassertemperatur kontrollieren
- Handschuhe anziehen
- Ggf. beim Entkleiden helfen
- Ggf. vorhandene Verbände und Reste alter Lokaltherapeutika entfernen
- Dauer der Anwendung beachten, max. 20 Minuten Badezeit.

Kontrollen
- Klingel in Reichweite legen
- Patient auf allergische Reaktionen und Unwohlsein beobachten
- Vitalparameter fakultativ prüfen (nach Anweisung durch den behandelnden Arzt)
- Bei Unverträglichkeitsreaktionen Behandlung sofort beenden.

Beenden
- Patienten ggf. beim Abtrocknen helfen; tupfen, nicht reiben
- Ggf. zuvor entfernten Verband erneuern
- Gebrauchtes Verbandmaterial entsorgen
- Hände waschen und desinfizieren
- Dokumentation (☞ 7.3.2).

Ölzusätze immer erst in die gefüllte Wanne geben!

5.1.3 Balneo-Phototherapie

Eine Reihe von Hauterkrankungen (Psoriasis, aber auch chronisch-trockenes Ekzem, Prurigo-Formen) können durch die kombinierte Anwendung von hypertonischen Salzbädern **(Sole)** in Verbindung mit nachfolgender UV-Bestrahlung behandelt werden. Ausreichend sind ein etwa 20-minütiges Bad in einer möglichst konzentrierten Salzlösung und nachfolgende UV-B-Bestrahlung.

Bei der **Bade-PUVA-Behandlung** wird der Photosensibilisator Psoralen (Meladinine®) in die Badelösung gegeben und nachfolgend mit UV-A bestrahlt. Diese Behandlung ist günstig bei Psoriasis. Zur Verringerung der Badelösung sind so genannte Folienbäder vorteilhaft.

Folienbad

Über die mit warmem Leitungswasser gefüllte Badewanne wird eine PVC-Folie gespannt, die etwa 1 m über den Badewannenrand hinausreicht. Der Patient setzt sich in die Folie, ohne dass Badewasser an die Haut kommt. Dann wird zwischen Haut und Folie eine konzentrierte Badelösung (Salz- oder Psoralen-Lösung) gegeben, die den Körper vollständig benetzt.

5.1.4 Puder

Bestandteile

Puder bzw. Pulver können aus drei Grundstoffen bestehen (☞ Tab. 5.3).

Wirkungsweise

Austrocknend, kühlend, gelegentlich juckreizstillend. Durch Puderanwendung sollen normale Hautsekrete (vor allem Schweiß) absorbiert werden.

Vorsicht: Bei nässenden Hauterkrankungen keinen Puder verwenden, da sich unter der Puderkruste die Entzündung verstärkt fortsetzt. Auch in offenen Wunden und Hautfalten ist der Einsatz von Puder kontraindiziert.

Zinkoxid	Talkum	Stärke
• nicht wasseraufnehmend • „hart" • gut deckend • wenig haftend	• wasseraufnehmend • „weich"/gleitend • schlecht deckend • gut haftend	• stark wasseraufnehmend • „sehr weich" • sehr schlecht deckend • sehr gut haftend

Tab. 5.3: Pudergrundstoffe.

Zudem sorgt Puder für eine verminderte Reibung zwischen Berührungsflächen. Aufgrund ihrer Wirkungsweise können Puder bei akuten Entzündungen mit z. B. folgenden Effloreszenzen angewandt werden: Rötungen, Schwellungen und Bläschen.
Puder dient aber auch als **wirkstofffreies Externum** und unter der Nutzung seiner physikalischen Eigenschaften als Medikamententräger, besonders für **Antibiotika** (wirken gegen Bakterien), **Antimykotika** (wirken gegen Pilze) und **Adstringenzien** (wirken eiweißausfällend und damit schorfbildend).

5.1.5 Pinselungen

Tinkturen

Zahlreiche Tinkturen mit verschiedenen Inhaltsstoffen stehen gebrauchsfertig zur Verfügung, z. B. mit:
- Kortikosteroiden (Volon A®-Tinktur, Celestan-V crinale®, Betnesol-V crinale®)
- Antiseptika (Merfen®-Tinktur, Jod 5 %ig)
- Antimykotika oder
- anderen Zusätzen, etwa zur Behandlung von Kopfhauterkrankungen (Alpicort®, Crinohermal®, Ell-Cranell® u. a.).

Wirkungsweise

Weil sich die Trägersubstanzen schnell verflüchtigen, wird die Wirksubstanz gleichmäßig und ungelöst auf die Haut aufgebracht.

Schüttelmixturen

Schüttelmixturen (Lotionen = flüssiger Puder) bestehen je zur Hälfte aus festem (Puder) und flüssigen Bestandteilen. Sie haben somit die Wirkung von feuchten Umschlägen und Puder zugleich.

> Die festen Bestandteile sinken rasch auf den Boden des Gefäßes, deshalb vor Gebrauch schütteln!

Wirkungsweise

Austrocknend, durch Wärmeverlust entzündungshemmend, sekretaufsaugend oder als Träger von Arzneimitteln. Gegenüber dem Puder haben Schüttelmixturen den Vorteil, dass sie sich gleichmäßiger auftragen lassen, besser haften und die Haut besser abdecken.

Öle

Öle dienen ausschließlich als **Trägersubstanzen** für verschiedene Medikamente.

Wirkungsweise

Gleichmäßige Ausbreitung des Wirkstoffs, verminderte Austrocknung (gegenüber z. B. Schüttelmixturen). Öle besitzen eine mäßig antientzündliche Wirkung und sollten mehrmals täglich aufgetragen werden, da sie leicht eintrocknen.

5.1.6 Salben und Cremes

Salben

Salben (Unguenta) bestehen nur aus Fettkomponenten und besitzen keine Puderbeimischung (☞ Tab. 5.4). Sie werden bevorzugt als **Medikamententräger** benutzt. Die bekannteste (sehr fette) Salbe ist die Vaseline.

Wirkungsweise

Die wesentliche Wirkung von Salben besteht in der Verhinderung der normalen Hautabdunstung. Der sich unter der Salbenauflage entwickelnde Feuchtigkeitsstau lässt die Hornschicht quellen und erlaubt eine bessere Penetration der in die Salbe eingebrachten Medikamente.

Nachteile

Durch Wärmestau, Mazeration wie auch bakterielles Wachstum kann die Haut geschädigt werden. Deshalb werden moderne Salbengrundlagen vielfach mit Wasser vermischt (Verdünnungseffekt), z. B. Wasser-in-Öl-Emulsionen (Lanolin, Unguentum leniens, Unguentum molle, s. u.).

> Die täglich benötigte **Salbenmenge** zur Lokalbehandlung ist abhängig vom zu behandelnden Hautareal. Als **Faustregel** kann gelten: Arme und Kopf 3 g/Tag, Rumpf (Vorderseite oder Rückseite) und Beine jeweils 6 g/Tag.

	Grundlage	Inhaltsstoffe	
1a	Weiße Vaseline (Vaselinum album) DAB 10	Gemisch gereinigter, gebleichter, gesättigter Kohlenwasserstoffe Natur-Vaseline wird aus den halbfesten Rückständen der Erdöldestillation gewonnen. Kunst-Vaseline stellt man durch Auflösen von Paraffin in einem Mineralölraffinat unter Zusatz von Ceresin oder mikrokristallinen Wachsen her	
1b	Gelbe Vaseline (Vaselinum flavum) DAB 7	Gemisch gereinigter, gesättigter Kohlenwasserstoffe Gelbe Vaseline ist weniger raffiniert als weiße und hat daher einen höheren Gehalt an polyzyklischen Aromaten	
2	Wollwachs (Adeps lanae) DAB 10	Wollwachs ist die bei der Aufbereitung der Schafwolle gewonnene gereinigte salbenartige Masse, der geeignete Stabilisatoren zugesetzt sein können. Adeps lanae ist ein typisches Wachs von komplexer Zusammensetzung	
3	Lanolin (Lanolinum) DAB10	• Wollwachs • Wasser • Dickflüssiges Paraffin	• 65 % • 20 % • 15 %
4 a	Wollwachsalkoholsalbe (Alcoholes adipis lanae) DAB 10	• Wollwachsalkohole • Cetylstearylalkohol • Weiße Vaseline	• 6,0 % • 0,5 % • 93,5 %
4 b	Wasserhaltige Wollwachssalbe (Lanae alcoholum unguentum aquosum) DAB 10	• Wollwachsalkoholsalbe • Wasser	• 50 % • 50 %
5	Weiche Salbe (Unguentum molle) DAB 6	• Gelbe Vaseline • Lanolin Es handelt sich also um eine Mischung aus • gelber Vaseline • dickflüssigem Paraffin • Wollwachs • Wasser	• 50 % • 50 % • 50 % • 7,5 % • 32,5 % • 10,0 %
6 a	Hydrophile Salbe (Unguentum emulsificans) DAB 10	• Weiße Vaseline • dickflüssiges Paraffin • emulgierender Cetylstearylalkohol	• 35 % • 35 % • 30 %
6 b	Wasserhaltige hydrophile Salbe (Unguentum emulsificans aquosum) DAB 10	• Wasser • Hydrophile Salbe	• 70 % • 30 %
7	Polyäthylenglykolsalbe (Unguentum polyaethylenglycoli) DAB 8	• Polyäthylenglykol 300 • Polyäthylenglykol 1 500 Polyäthylenglykole sind Polykondensationsprodukte mit der allgemeinen Formel: $HO{-}CH_2{-}(CH_2{-}O{-}CH_2)_n{-}CH_2{-}OH$	• 50 % • 50 %
8	Kühlsalbe (Unguentum leniens) DAB 10	• Erdnussöl • Wasser • Walrat (Oleum cetacei) • gelbes Wachs	• 60 % • 25 % • 8 % • 7 %
9 a	Schweineschmalz (Adeps suillus) DAB 10	Ausgeschmolzener, von Wasser und Eiweiß befreiter Anteil des Fettgewebes aus Netz und Nierenumhüllung gesunder Schweine	
9 b	Benzoeschmalz (Adeps benzoatus) DAB 6	Schweineschmalz Benzoe Getrocknetes Natriumsulfat	50,0 % 12,5 % 37,5 %

Tab. 5.4: Die Salbengrundlagen des Deutschen Arzneibuches (DAB).

Vorsicht: Salben sind bei akut nässenden Hautentzündungen kontraindiziert.

Cremes

Cremes unterscheiden sich von Salben durch ihren höheren Wassergehalt: Jede Zubereitung, die sowohl Wasser als auch Fett enthält, ist im weiteren Sinne eine Creme.

Emulsionen

Emulsionen sind disperse Systeme von zwei nicht miteinander mischbaren Flüssigkeiten. Je nach dem Anteil der beiden Substanzen unterscheidet man

- Wasser-in-Öl-Emulsionen (Beispiel: Butter) = lipophile Cremes
- Öl-in-Wasser-Emulsionen (Beispiel: Milch) = hydrophile Cremes.

Entsprechend ihrer Konsistenz bezeichnet man die Produkte als Kühlsalbe, Creme, Milch oder Lotion.

Wasser-in-Öl-Emulsion (W/O-Emulsion): Die äußere Phase besteht aus öligen Komponenten und die innere aus Wasser. Der Wassergehalt liegt zwischen 50 und 70 %. Als Fettsubstanzen werden häufig halbsynthetische Öle, flüssige Wachse oder Triglyceride verwendet. Beigemengt werden häufig Mischemulgatoren mit viskositätserhöhenden Stabilisatoren.

Indikationen: Diese lipophilen Emulsionen sind bei subakuten Hauterkrankungen geeignet (z. B. Excipial® U Lipolotio).

Öl-in-Wasser-Emulsion (O/W-Emulsion): Die äußere Phase besteht aus Wasser und die innere aus ölhaltigen Komponenten. Diese werden häufig als Lotio oder in der Kosmetik als Milch bezeichnet. Sie enthalten i. d. R. 60–90 % Wasser, 5–20 % Substanzen, Emulgatoren, Feuchthalte- und Konservierungsmittel.

Indikationen: O/W-Emulsionen werden z. B. im akuten bis subakuten Erkrankungsstadium als wirkstofffreie Dermatika oder als Grundlage, z. B. für Kortikosteroide, verwendet.

5.1.7 Pasten

Pasten bestehen aus Puderbestandteilen und Fettsubstanzen.

Wirkungsweise

Die Puderteilchen lockern die Fettschicht auf, sodass weiterhin genügend Flüssigkeit von der Hautoberfläche abdunsten kann. Pasten haben eine größere Tiefenwirkung als Schüttelmixturen oder Emulsionen vom Öl-in-Wasser-Typ; im Gegensatz zu Salben wirken sie austrocknend.

Anwendungsgebiet

Subakute bis chronische Hauterkrankungen an unbehaarten Körperstellen. Die bekanntesten Pasten sind die weiche und die harte Zinkpaste. Medikamente, die in Pasten eingemischt werden, haben aus den oben genannten Gründen eine geringe Resorptionsrate.

5.1.8 Weitere Zubereitungen

Medizinische Shampoos

Diese enthalten neben dem Arzneistoff im Allgemeinen 20–70 % Tenside unterschiedlicher Struktur, Verdickungsmittel, Schaumstabilisatoren und Konservierungsmittel.

Wirkung	Anwendung	Beispiel
• Vergrößerung der Hautoberfläche, durch Wärmeabstrahlung (kühlende Wirkung) • Entzündungshemmend • Nach Wahl des Grundstoffs Puder im Verhältnis zum Grundstoff Fett entweder austrocknend oder fettend auf der Haut	Bei subakuten bis chronischen Hauterkrankungen an nicht behaarten Körperstellen, z. B. bei folgenden Effloreszenzen: • Krusten • Schuppen • Keratosen • Narben • Atrophie	Zinkpaste (25 Teile Zinkoxid + 25 Teile Weizenstärke + 50 Teile weiße Vaseline) zur Randabdeckung bei Ulzera und Dekubitus zur Verhinderung von Mazeration und Ekzem durch die Ulkustherapie

Tab. 5.5: Anwendung und Wirkungsweise von Pasten.

Gele

Es sind gelierte Flüssigkeiten, die mit Hilfe geeigneter **Quellmittel** hergestellt werden. In Abhängigkeit von der Flüssigkeitsart unterscheidet man hydrophobe und hydrophile Gele.

Indikationen

Gele haben eine gute kühlende Wirkung und werden deshalb bei stärker entzündlichen Erkrankungen der Haut angewendet.

5.1.9 Pflaster, Wundverbände

Bleipflastersalbe

Die ursprünglich verwendeten Pflaster bestanden vorwiegend aus Gemischen von Bleisalzen und Fett. Heute noch geläufig ist die Bleipflastersalbe (Unguentum diachylon), die eine sehr resorptionsfördernde Wirkung hat und besonders in Verbindung mit Salicylsäure zur Entfernung von Schuppen angewandt wird.

Moderne therapeutische Pflaster

Sie besitzen eine Klebemasse, in die verschiedene Wirkstoffe eingearbeitet sind:
- **Salicylpflaster** (40–60 % Salicylsäure als Pflaster zur Entfernung von umschriebenen Hyperkeratosen, z. B. Hühneraugen; Warzen-Guttaplast®)
- **Selbstklebende Folie,** in deren Klebemasse wirksame Kortikosteroidverbindungen eingearbeitet sind. Durch die „Okklusivbedingungen" hohe Resorption dieser Wirkstoffe.

Moderne Wundverbände

Durch die Entwicklung neuer Materialien stehen heute neuartige Wundverbände zur Verfügung, die drei wichtige Aufgaben der Wundheilung erleichtern:
- Säuberung der Wunde
- Granulationsanregung
- Förderung der Epithelisierung.

Die Verbände werden für die jeweilige Wundgröße zurechtgeschnitten und auf den Wundgrund aufgebracht. Sie verbleiben 24–28 Stunden – gelegentlich auch länger –, und werden dann erneuert. Bei heutigen Wundverbänden kommen folgende Materialien bzw. Substanzen zum Einsatz:
- **Folien:** z. B. Bioclusive®, Cutifilm®, Opraflex®, Op-Site®, Tegaderm® u. a. **Besonderheiten:** vorwiegend semipermeable Polyurethanfilme mit Klebeschicht
- **Hydrogele:** z. B. Geliperm®, Hydrosorb®, Opragel®, Primamed®, Spenco®, 2nd Skin. **Besonderheiten:** hydrophile Polymere aus Acrylmethacrylsäure, Wasseraufnahme durch Quelleffekte
- **Hydrokolloide:** z. B. Comfeel®, Cutinova hydro®, Hydrocoll®, Restore®, Tegasorb®, Varihesive® u. a. **Besonderheiten:** Die Kolloidschicht (Methylzellulose, Gelatine u. Ä.) wird von einer permeablen Polyurethan-Folie getragen. Aufnahme von Wundsekreten. Folie klebt an den Wundrändern und lässt sich ohne Trauma entfernen
- **Alginate:** z. B. Algoplaque®, Kaltostat®, Sorbalgon® u. a. **Besonderheiten:** Alginsäure-Salz (wasserlöslich) aus Meeresalgen wird in der Wunde in saugfähiges Na-Alginat umgewandelt; sie nimmt das 20fache des Eigengewichts an Feuchtigkeit auf
- **Schaumstoffe:** z. B. Cutinova plus®, Epigard®, Primamed® Gel Kompresse, Syspur-Derm® Kompresse, Tielle® u. a. **Besonderheiten:** Schaumstoffe bestehen aus einer Polyurethan-Schaumplatte, die saugkräftig und granulationsfördernd ist und werden zur Auspolsterung von Wunden verwendet.

5.1.10 Okklusivverband

Um therapeutisch wirksame Substanzen verstärkt in die Haut einzubringen, bedient man sich des Okklusivverbands. Nach Bestreichen des zu behandelnden Hautareals mit einer entsprechenden Salbe wird dieser Hautbezirk mit einer dünnen Plastikfolie (Haushaltsfolie) bedeckt. Die Ränder werden anschließend mit Heftpflaster möglichst luftdicht verschlossen, und eine Mullbinde oder ein Schlauchverband fixiert den Verband weiter.

Okklusivverbände bedürfen einer ärztlichen Anordnung.

Wirkungsprinzip

Durch die unter der Plastikfolie entstehende Erwärmung und Durchfeuchtung der Haut können aufgetragene Lokaltherapeutika besser eindringen. Der Okklusivverband wird überwiegend im Rahmen einer Kortikosteroidtherapie eingesetzt.

> **Vorsicht:** Ein Okklusivverband darf nur kurzfristig angelegt werden, da sich rasch bakterielle Sekundärinfektionen oder Entzündungen der Schweißdrüsengänge oder Haarfollikel entwickeln. Vorteilhaft ist es, eine Woche jeweils nur 6 Stunden lang okklusiv zu behandeln.

Okklusivverband anlegen

Vorbereitung
- Patienten über den Vorgang informieren
- Evtl. für Sichtschutz sorgen
- Hände waschen.

Material bereitlegen
- Haushaltsfolie
- Mullbinden, Pflaster oder Schlauchverband (z. B. Stülpa) zum Fixieren
- Tube oder Dose mit Arzneimittel
- Spatel oder Einmalhandschuhe, evtl. Tupfer zum Auftragen
- Abwurfbehälter.

Durchführung (☞ Abb. 5.2)
- Händedesinfektion
- Tube oder Dose öffnen
- Körperregion entkleiden
- Handschuhe anziehen
- Mit Spatel oder Handschuhen nach Möglichkeit einmalig genügend Wirkstoff entnehmen, bei erneutem Nachnehmen neuen Spatel oder neue Handschuhe verwenden, wenn man zwischenzeitlich aufgetragen hat
- Auf der zu behandelnden Fläche verteilen
- Folie darüber ziehen
- Am Rand der Folie mit Pflaster oder Mullbinde Folie fixieren
- Schlauchverband weit geöffnet überstülpen
- Dauer der Anwendung beachten, meist nur wenige Stunden Einwirkungszeit.

Kontrollen
- Patientenklingel in Reichweite legen
- Den Patienten auf allergische Reaktionen und Unwohlsein beobachten
- Die Überwachung der Vitalparameter erfolgt fakultativ und nach Anweisung durch den behandelnden Arzt
- Unverträglichkeitsreaktionen führen zur sofortigen Beendigung der Behandlung.

Beenden
- Okklusivverband nach angeordneter Zeit entfernen
- Gebrauchtes Verbandmaterial immer entsorgen
- Hände waschen und desinfizieren
- Dokumentation (☞ 7.3.2).

5.1.11 Tuchverband

Tuchverbände werden ähnlich wie Schlauchverbände verwendet, um die Aufnahme eines Wirkstoffs zu beschleunigen. Bei Schlauchver-

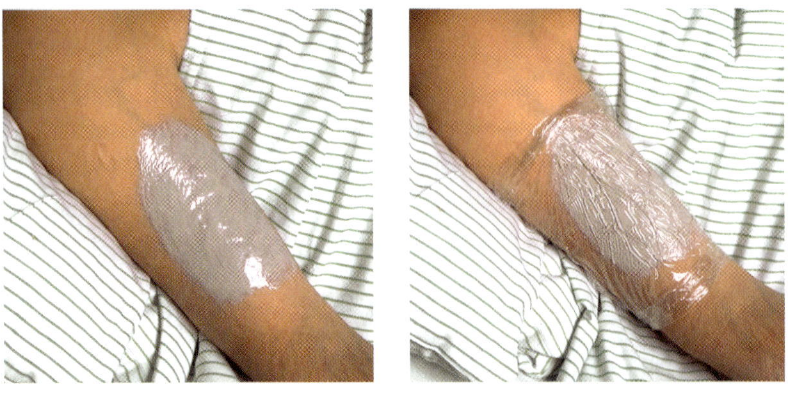

Abb. 5.2: Anlegen eines Okklusivverbands. Links: Das zu behandelnde Hautareal wird nach Arztanordnung eingesalbt. Rechts: Anschließend wird eine Plastikfolie darübergedeckt und fixiert. [K183]

bänden werden anstatt Betttücher Schlauchbinden (z. B. Stülpa®) genutzt.

Tuchverband anlegen

Vorbereitung

- Patienten über den Vorgang informieren
- Evtl. für Sichtschutz sorgen
- Hände waschen.

Material bereitlegen

- 2 Bettlaken
- Lokaltherapeutikum
- Decke.

Durchführung

- Händedesinfektion
- Körperregion entkleiden
- Patient auf die zwei ausgebreiteten Bettlaken legen lassen
- Handschuhe anziehen
- Mit Spatel oder Handschuhen nach Möglichkeit einmalig genügend Wirkstoff entnehmen (Nachnehmen nur mit neuem Spatel/Handschuh, wenn man zwischenzeitlich aufgetragen hat)
- Auf der zu behandelnden Fläche verteilen (meist in einer dicken Schicht)
- Patienten in die Bettlaken einschlagen.

Kontrollen

- Patientenklingel in Reichweite legen
- Patienten auf allergische Reaktionen und Unwohlsein beobachten
- Vitalparameter fakultativ und nach Anweisung des behandelnden Arztes beobachten
- Bei Unverträglichkeitsreaktionen Behandlung sofort beenden.

Beenden

- Verband nach angeordneter Zeit entfernen (in der Regel nach einer Stunde)
- Gebrauchtes Verbandmaterial entsorgen
- Hände waschen und desinfizieren
- Dokumentation (☞ 7.3.2).

5.1.12 Intradermale Injektion von Kortikosteroiden

Wenn Okklusivverbänden nicht angewendet werden können (z. B. an Schleimhäuten, im Gesicht u. a.) oder eine höhere Wirkstoffkonzentration im Gewebe erzielt werden soll, kann man Kortikosteroide (als „Kristallsuspension") lokal intradermal injizieren.

Durchführung

Die Anwendungstechnik umfasst 4 Schritte:

- Suspension immer verdünnen, am besten mit einem Lokalanästhetikum (Scandicain®, Meavarin® 1 %ig) *ohne* gefäßverengende Zusätze (Adrenalin)
- Verdünnungsverhältnis: ca. 10 mg Kristallsuspension auf 3–4 ml Verdünnungsmittel
- Mischung kräftig durchschütteln und flach injizieren, sodass die Kutis, nicht die Subkutis, infiltriert wird
- Fächerförmige Verteilung unterhalb der Hautläsion. Faustregel: ca. 1 mg Triamcinolon pro cm^2 Hautoberfläche. Dabei sind folgende Äquivalenzdosen zu beachten:

Hydrokortisonacetat	5–10 mg
Prednisolonacetat	4–6 mg
Triamcinolon	1–2 mg
Dexamethason	0,1–1 mg
Betamethason	0,1–1 mg

Tab. 5.6: Wirkäquivalenz von Kristallsuspensionen (nach Kaiser; ☞ Tab. 6.1).

5.2 Physikalische Behandlung

Jede Art von Strahlenbehandlung führt zu einer Störung der normalen Hautbiologie. Deshalb kommt sie nur bei sorgfältiger Indikationsstellung in Betracht.

5.2.1 Ultraviolett-Bestrahlung

Das ultraviolette Licht (UV-Licht) ist für die Haut von großer Bedeutung. Diese Form der elektromagnetischen Strahlung ist unsichtbar und hat eine Wellenlänge von 100–400 nm. Je kurzwelliger das Licht, desto energiereicher ist es (☞ Abb. 5.3). Man unterteilt das UV-Licht in drei Wellenlängenbereiche:

- UV-A, langwelliges UV-Licht mit 315–400 nm Wellenlänge

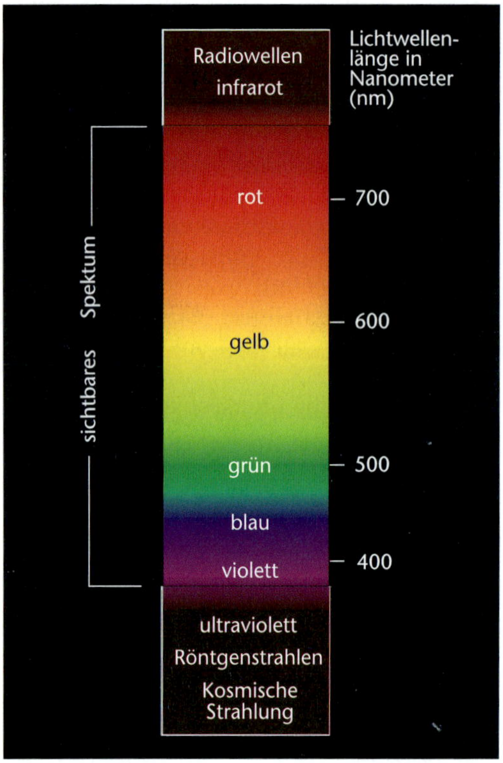

Abb. 5.3: Das Spektrum der auf der Erdoberfläche gemessenen Strahlen reicht von der kosmischen Strahlung bis zu den langwelligen Radiowellen. Ein schmaler Bereich umfasst das ultraviolette Licht. [A400]

- UV-B, wichtigster Bereich des UV-Lichtes, der zwischen 280–315 nm liegt
- UV-C, kurzwelliges UV-Licht unter 280 nm Wellenlänge.

UV-A

Es führt an der Haut zu einer **Bräunungsreaktion** und dringt von allen UV-Bereichen am tiefsten in die Haut ein, nämlich bis zum Korium (☞ Abb. 5.4). Weitere biologische Wirkungen von UV-A in der Haut sind nicht bekannt. Bei zu hoher Dosierung (häufige Anwendung) kann UV-A zur Austrocknung der Haut und zu verstärkter **Hautalterung** führen. Neuerdings unterteilt man den UV-A-Bereich in UV-A_1 (340–400 nm) und UV-A_2 (315–340 nm). Die UV-A_2-Wirkung ist den UV-B-Effekten ähnlich.

Unmittelbar nach erfolgter UV-A-Bestrahlung ist die so genannte Sofortbräunung erkennbar. Sie beruht auf einer oxidativen Dunkelung des bereits vorhandenen farblosen Propigments. Dabei reichern sich Melanosomen über den Zellkern der Keratinozyten an.

UV-B

Besonders hohe Wirksamkeit ist bei 280 nm gegeben. Gegenüber UV-A dringt UV-B nur bis in die Basalzellschicht ein (☞ Abb. 5.4). Die biologischen Wirkungen von UV-B umfassen die lang anhaltende **Bräunungsreaktion** (Melaninsynthese in Melanozyten), Vitamin-D-Synthese, **Entzündungsreaktionen** (Sonnenbrand; ☞ Abb. 5.5) sowie bei langfristiger Lichtexposition die **Krebsentstehung.**

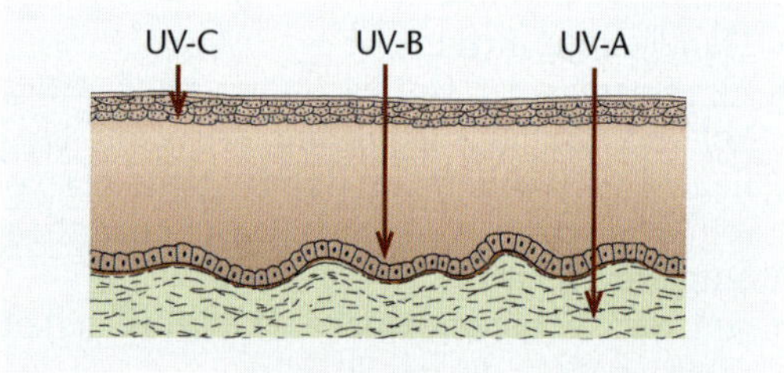

Abb. 5.4: Ultraviolettes Licht penetriert in unterschiedlicher Weise die Haut. Während UV-C das Stratum corneum nicht durchdringt, gelangt UV-B bis in die Basalzellschicht, und UV-A durchdringt die gesamte Epidermis und erreicht die oberen Kutiszonen.

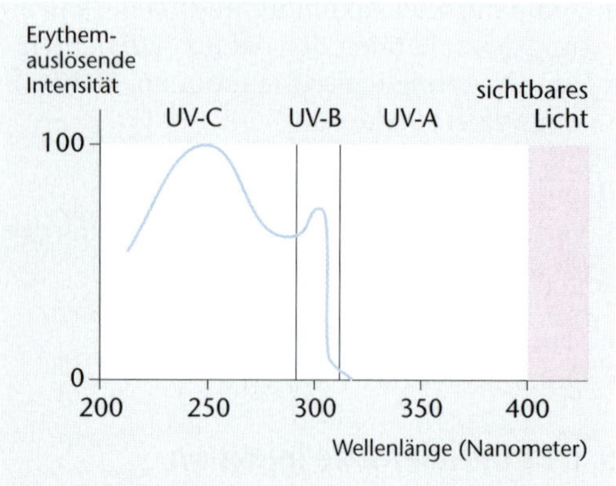

Abb. 5.5: Die Auslösung eines Erythems an der Haut ist von der Wellenlänge des eingestrahlten Lichtes abhängig. Die stärkste Erythemwirksamkeit besitzen UV-C und UV-B. UV-A löst nur in 1000fach höherer Dosierung (verglichen mit UV-B) ein schwaches Erythem aus.

UV-C

Dieser UV-Anteil wird durch die Ozonschicht der Atmosphäre abgefiltert und erreicht die Erde kaum. UV-C ist der energiereichste UV-Wellenbereich.
Natürliches Sonnenlicht enthält an der Erdoberfläche somit im Wesentlichen UV-A und UV-B in wechselnder Intensität – diese hängt von Jahreszeit, Tageszeit, Witterungsbedingungen und Sekundärstrahlung ab. Durch die dünner werdende Ozonschicht bzw. „Ozonlöcher" kann ein zunehmender UV-C-Anteil der Haut möglicherweise zusätzlich gefährlich werden.

Anwendungsbereiche

Die Entwicklung moderner Metallhalogenidhochdrucklampen sowie auch Niederdruckleuchtstoffröhren gestattet es, bestimmte Spektren des Sonnenlichts in verstärktem Maße zu erzeugen und für therapeutische (SUP = selektive Ultraviolett-Phototherapie) und kosmetische Zwecke einzusetzen.

Wirkungsweise

Neben der **Pigmentbildung** (Bräunungseffekt) wird die **Zellteilung** in der epidermalen Basalzellschicht angeregt; bei stärkerer Einstrahlung kommt es zur Gefäßweitstellung mit einem entzündlichen Ödem und der Auswanderung von Entzündungszellen. Langzeiteffekte bestehen in einer zunehmenden Anreicherung von Elastin und dem Abbau von Bindegewebsfasern (vorzeitige Alterung der Haut).

Indikationen und Vorgehen

Die Anwendung von UV-B-Strahlen stellt ein therapeutisches Hilfsmittel bei der Behandlung besonders der Psoriasis vulgaris sowie der Parapsoriasisgruppe dar. Zur Erhöhung der Lichtdurchlässigkeit der Haut können Salzbäder vor der Bestrahlung durchgeführt werden. Teerbäder erhöhen die Lichtsensibilisierung. Generell wird die Bestrahlungsdauer nur schrittweise und langsam gesteigert (richtet sich nach dem Gerät).

Vorsicht: Die Augen von Patient und medizinischem Personal müssen immer durch spezielle Schutzbrillen geschützt werden.

Die großen Unterschiede in der Lichtempfindlichkeit der menschlichen Haut werden in einer Klassifikation erfasst, die sechs Hauttypen umfasst. Kriterien sind:
- Die Empfindlichkeit gegenüber dem ultravioletten Licht
- Die Neigung, einen Sonnenbrand zu entwickeln
- Die Fähigkeit zur Bräunung (☞ Tab. 5.7).

5.2.2 Photochemotherapie (PUVA)

Prinzip dieser Behandlung ist es, durch die Verwendung eines Photosensibilisators (8-Methoxypsoralen, kurz 8-MOP) in Verbindung mit langwelligem Ultraviolettlicht (UV-A) Veränderungen in der Haut hervorzurufen, durch die bestimmte Erkrankungen (Psoriasis, Parapsoriasisgruppe, Mycosis fungoides) unterdrückt werden. Man unterscheidet eine lokale und eine systemische Photochemotherapie.

Lokale Photochemotherapie

Applikation einer Methoxypsoralen-Lösung (0,15 %ig) auf die Haut oder als Badezusatz, Bestrahlung mit einem verhältnismäßig schwachen UV-A-Strahler in steigender Dosierung bis zur Abheilung. **Nachteil** dieser Behandlung ist eine fleckförmige **Hyperpigmentierung**.

Hauttyp	Sonnenbrand	Bräunung	Prozent der Bevölkerung (nördliches Europa)
I	Immer	Nie	2
II	Immer	Gering	12
III	Selten	Häufig	74
IV	Selten	Immer	10
V	Nie	–	1
VI	Nie	–	1

Tab. 5.7: Einteilung der Lichtempfindlichkeit der menschlichen Haut in sechs Typen.

Bade-PUVA

Geringe Mengen einer Meladinine-Lösung werden zum Badewasser gegeben, Patient wird 20 Min. darin gebadet, dann mit UV-A bestrahlt (☞ auch 5.1.3). Bei der lokalen Photochemotherapie oder Bade-PUVA können **Sonnenbrände** auftreten. Deshalb ist die UV-A-Bestrahlung vorsichtig zu dosieren!

Orale (systemische) Photochemotherapie

Die gleiche Substanz (8-MOP) wird peroral verabreicht; 2 Stunden später wird die Haut mit einem hochintensiven UV-A-Bestrahlungsgerät bestrahlt. Vorher: Untersuchung der Augen, Leberstatus, Ausschluss einer Gravidität, Blutbild, Röntgen-Thorax!

Indikationen

Psoriasis vulgaris, Lichen ruber exanthematicus, Mycosis fungoides.

> **Vorsicht:**
> - Nach Einnahme von 8-MOP müssen für einen Zeitraum von mindestens 8 Stunden stark filternde Sonnenbrillen (Zeiß-Gläser Clarlet rosé und Clarlet Nr. 35) getragen werden.
> - Als Nebenwirkung einer lang dauernden PUVA-Therapie (Gesamtdosis > 3000–4000 J/cm²) können am ganzen Körper Pigmentflecken (PUVA-Lentigines) auftreten. Sie bilden sich nicht zurück.

5.2.3 Röntgenbestrahlung

Zur Röntgenbestrahlung der Haut benutzt man heute spezielle Geräte, die eine besondere Strahlenqualität (sog. Weichstrahlen) produzieren. Die Eindringtiefe in das Gewebe ist genau dosierbar und überschreitet eine Gewebehalbwertstiefe von etwa 3 cm nicht. Auf diese Weise wird eine Schädigung tiefer liegenden Gewebes ausgeschlossen.

Indikationen

Die dermatologische Röntgenbestrahlung beschränkt sich heute im Wesentlichen auf bösartige Hauttumoren, maligne Hautlymphome, Präkanzerosen, therapieresistente Ekzeme. Gelegentlich werden auch wachsende Hämangiome oder tiefer liegende umschriebene Entzündungsprozesse (z.B. Furunkel) in niedrigen Dosen bestrahlt.

Wirkungungsweise

Je nach Strahlenqualität und Dosierung
- wird die epidermale Zellproduktion gesteigert oder gehemmt (bei höheren Dosen)
- wird die Pigmentbildung gesteigert
- werden die Gefäße bis zur Entzündungsreaktion weit gestellt.

> Der Umgang mit Röntgenstrahlen erfordert eine spezielle Ausbildung. Die sorgfältigste Beachtung der Bedienungsvorschriften sowie von Strahlenschutzmaßnahmen sind obligat!

5.2.4 Laserbehandlung

Laserlicht ist monochromatisches Licht, das in Abhängigkeit von der Wellenlänge sehr tief und in hoher Intensität eingestrahlt werden kann. Die Verwendung von Laserlicht in der dermatologischen Therapie ist inzwischen voll etabliert (☞ Tab. 5.8).

Indikationen

Anwendungsbereiche sind Gefäßnävi, Tätowierungen, Pigmentstörungen, Faltenbildung sowie bösartige Geschwülste.

> Bei der Laser-Behandlung unbedingt beachten:
> - Augenschutz (für Patient und Personal)
> - Absaugvorrichtung (Verbrennungsrauch kann kontaminiert sein, z. B. mit Viruspartikeln).

5.2.5 Kältebehandlung (Kryotherapie)

Verwendet wird sog. Kohlensäure-Schnee (Kohlendioxid in Schneeform), der durch Ausströmen von CO_2 unter Druck gewonnen wird (Schmelzpunkt: –80 °C). Nach Zugabe einer geringen Menge Aceton erhält man einen sich rasch verflüchtigenden Brei, der mit Wattestäbchen auf die Haut aufgetragen wird.

Wirkungsweise und Indikationen

Zur Kältetherapie bei Warzen, Naevus flammeus und anderem. Kurzfristig applizierter Kohlensäure-Schnee bewirkt, dass die Epidermis sich schält. Die Wirkung ist dabei vom Gasdruck und der Einwirkungsdauer abhängig:

- Nach 6–10 Sekunden Weißfärbung der Haut (z. B. bei Acne vulgaris)
- Nach 20 Sekunden Blasenbildung (z. B. bei vulgären Warzen; ☞ 8.2.1)
- Nach 40–60 Sekunden Nekrose!

Stickstoff

Bei Verwendung von flüssigem Stickstoff (-195 °C) wird der Watteträger in den Stickstoffbehälter getaucht. Vielfach werden heute Kontakt- oder Sprayverfahren angewendet.

Auch bei dieser Behandlung ist auftretende Hautschädigung von der Behandlungsdauer abhängig: Je länger ein Hautareal unterkühlt wird, umso stärker ist der Gewebeschaden.

Chloräthyl

Chloräthyl, kurzfristig auf die Haut gebracht, wirkt wie ein Lokalanästhetikum. Deshalb wird es besonders bei rascher Entfernung oberflächlicher Hautveränderungen (z. B. Warzen, Eröffnung kleinerer Abszesse, seniler Keratosen, seborrhoischer Warzen u. Ä.) benutzt. Es ist kein therapeutisches Mittel.

Bei Verwendung von Chloräthyl besteht Explosions- und Brandgefahr. Deshalb nicht gleichzeitig eine elektrochirurgische Behandlung durchführen!

5.3 Hyposensibilisierung

Bei einer nachgewiesenen Überempfindlichkeit vom Soforttyp (Typ 1) kann durch eine Hyposensibilisierung eine Änderung der Immunreaktionen erzielt werden. Dabei wird die Bildung von spezifischen Antikörpern induziert.

Die Hyposensibilisierung (Spezifische Immuntherapie) ist die einzige Möglichkeit, ei-

Laser	Arbeitsmodus	Zielstrukturen	Wirkung(en)	Wellenlänge (nm)
Sichtbarer Bereich				
Argon	Cw	Hb, Melanin fokussiert:	Koagulation Vaporisation	
Farbstoff	P	Melanin	Photothermolyse	510
Nd:YAG	Q	Pigmente (rot)	Photothermolyse	532
Kupferdampf	P	Hb	Photothermolyse	578
Farbstoff	P	Hb	Photothermolyse	577, 585
Farbstoff	Cw	Hämatoporphyrin	Phototoxisch	630
Rubin	Q	Melanin, Pigmente	Photothermolyse	694
Alexandrit	Q	Melanin, Pigmente	Photothermolyse	755
Infratotbereich				
Nd: YAG	Q cw	Pigmente Proteine	Photothermolyse Koagulation	1 064
Erbium: YAG	P	Wasser	Ablation	2 940
CO_2	Cw p*	Wasser	Vaporisation Ablation	10 600

Abkürzungen: cw = continuous wave (Dauerstrichmodus), Q = Q-switch (gütegeschaltet), P = gepulst, p* sog. Superpuls, Ultrapuls und Silk-touch-Technik des CO_2-Lasers (nach Kaufmann)

Tab. 5.8: Gebräuchliche Laser in der Dermatologie.

nige Allergien kausal zu behandeln, also die Empfindlichkeit des Patienten gegen das Allergen dauerhaft herabzusetzen. Insbesondere bei Pollen- und Insektengiftallergien bestehen mit der subkutanen Hyposensibilisierung gute Erfolgschancen. Der Wirkungsmechanismus der Hyposensibilisierung konnte jedoch bislang noch nicht hinreichend geklärt werden. Diskutiert werden:

- Induktion blockierender IgG-Antikörper und/oder
- Blockierung der Stimulation der spezifischen IgE-Synthese (Absinken des IgE-Spiegels)
- Induktion von Suppressor-T-Lymphozyten.

Die Therapie ist bei Pollenallergie zu 80 %, bei Hausstaubmilbenallergie zu 70 %, bei Schimmelallergie zu nur 10 %, bei Insektengiftallergie jedoch zu über 90 % erfolgreich.

5.3.1 Indikationen

Die Abschnitte 5.3.1–5.3.6 beruhen auf den Richtlinien des Ärzteverbands Deutscher Allergologen e. V.

Die Hyposensibilisierung ist indiziert, wenn gegen ein Allergen eindeutig erhöhte Blutwerte an spezifischen Antikörpern nachgewiesen werden konnten und die Beschwerden des Patienten das Risiko für diese Behandlung rechtfertigen. Ferner muss der Betroffene bereit sein, sich an die Anweisungen und Vorgaben des behandelnden Arztes zu halten.
Positive Therapieergebnisse der Hyposensibilisierung erbrachte die Behandlung folgender Krankheiten (in aller Regel Allergien vom Soforttyp = Typ-1-Allergie):

- Insektenstichallergien
- Allergische Rhinitis/Konjunktivitis („Heuschnupfen“)
- Allergisches Asthma bronchiale.

Relevante Allergene waren dabei verschiedene Pollenarten, Katzenhaare und Hausstaubmilben (Asthma bronchiale/Rhinitis allergica). Auch beim atopischen Ekzem kann bei nachgewiesener Typ-1-Allergie eine Hyposensibilisierung versucht werden. Nahrungsmittelallergien werden dagegen nur ausnahmsweise hyposensibilisiert.

Voraussetzungen

Voraussetzung für eine erfolgreiche Hyposensibilisierung ist eine exakte Diagnostik, bei welcher in zahlreichen Fällen neben Anamnese und Hauttest Provokationstests und Invitro-Tests (RAST, ELISA) unentbehrlich sind. Eine weitere Voraussetzung für diese sich über Jahre erstreckende Therapie sind eine hinreichende Motivation sowie insbesondere auch Zuverlässigkeit des Patienten.

Subkutane Hyposensibilisierung

Es werden in erster Linie Blütenstauballergiker hyposensibilisiert. Die mit 90 % besten Therapieerfolge hat man allerdings bei den Insektengiftallergikern (Biene und Wespe). Sofern aber Allergene, wie z. B. von Haustieren, oder Berufsallergene (z. B. Mehle), gemieden werden können, gibt man der Karenz, also der Allergenvermeidung, den Vorzug.
Bei **Kindern** unter 5 Jahren ist man mit der Indikation zur subkutanen Hyposensibilisierung zurückhaltend, da Akzeptanz der häufigen Spritzen und dann auch die Mitarbeit gering sind und Notfallsituationen (anaphylaktische Reaktion) schwieriger zu behandeln sind.

Orale Hyposensibilisierung

Die orale Hyposensibilisierung mit Inhalationsallergenen wird als wenig wirksam angesehen.

5.3.2 Durchführung

> Die optimale Dosis des Allergenextrakts für die Hyposensibilisierung ist als die Menge definiert, die bei den meisten Patienten die gewünschte Wirkung, jedoch ohne inakzeptable Nebenwirkungen auslöst.

Allergenextrakt

Der Allergenextrakt sollte nur von allergologisch erfahrenen Ärzten zusammengestellt werden, da zahlreiche sehr spezielle Aspekte zu berücksichtigen sind. Das Rezept mit dem dazugehörigen Formular des Allergen-Herstellers wird dem Hausarzt übermittelt oder dem Patienten selbst ausgehändigt. Der Patient löst dieses in der Apotheke seiner Wahl ein. Bei der Zeitplanung ist zu berücksichtigen, dass der Extrakt erst nach 3–4 Wochen der Apotheke von der Herstellerfirma geliefert wird. Vorgefertigte Extrakte wie Bienengift- und Wespengiftextrakte und Allergoide sowie häufig verwendete Allergenkombinationen wie z. B. Hausstaubmilben oder Gräser/Roggenpollen werden oft schneller geliefert.

Lagerung: Die Extrakte sollen solange wie möglich im Kühlschrank bei wenigen Graden über Null gelagert und nur während der Behandlung in der Praxis/Klinik kurz zum Gebrauch entnommen werden.

Beginn der Behandlung

Zwischenanamnese

Vor jeder Injektion muss man sich genauestens über den Namen des Patienten, den zugehörigen Extrakt, die Zusammensetzung und die Allergen-Verdünnungsstufe vergewissern. Auch ist vor jeder Injektion eine kurze ärztliche Anamnese zu erheben, bei der insbesondere nach dem derzeitigen Befinden, Infekten, Arzneimitteleinnahme und nach der Verträglichkeit der vorangegangenen Hyposensibilisierungsinjektion gefragt wird.

Dosierung

Aufgrund dieser Zwischenanamnese ist die Allergendosis für jede Injektion individuell zu bestimmen. Begonnen wird die Injektionsserie mit 0,1 ml (Tuberkulinspritze) aus Flasche 1 (Flasche A), ggf. auch 0,05 ml bzw. bei noch weiter verdünnten Extrakten bei Allergien hohen Sensibilisierungsgrades mit der Flasche 0 oder noch stärkeren Verdünnungen (z. B. Insektengifte).

Injektion

Die Injektion ist streng subkutan an der Außenseite des Oberarms durchzuführen, da diese Region besonders gefäßarm ist und der Oberarm bei Bedarf abgebunden werden kann. Die Lösung wird mit der Tuberkulinspritze mittels 14er- bis 18er-Kanüle mit kurzem Schaft und kurzem Anschliff in eine abgehobene Hautfalte subkutan langsam injiziert. Vor dem Einspritzen des Extrakts ist stets zu aspirieren! Ein Wechsel des Armes von Injektion zu Injektion ist empfehlenswert.

Vorsicht: Die Injektion darf nicht an ärztliches Assistenzpersonal delegiert werden.

Dokumentation und Beobachtung

Auf dem Protokollblatt werden das Datum, die verabreichte Allergenmenge und die Verträglichkeit notiert (keine Reaktion, schwache bis starke Lokalreaktion oder Allgemeinreaktion).

Nach der Injektion hat der Patient über 30 Minuten im Arbeitsbereich des Arztes zu verweilen, sodass ihm jederzeit bei einer überstarken (anaphylaktischen) Reaktion rasch geholfen werden kann (z. B. Kreislaufreaktion, generalisierte Urtikaria, Asthma).

Hat der Patient eine stärkere lokale oder sogar beginnende Allgemeinreaktion gezeigt, so ist die Beobachtungszeit zu verlängern. Für die Versorgung evtl. später auftretender Reaktionen sollte Vorsorge getroffen werden.

Verhaltenstipps: Nach den Injektionen sind den ganzen Tag über Sport, heißes Duschen und übermäßige Beanspruchung des Armes zu unterlassen. Alkoholische Getränke sollten gemieden werden.

Dosissteigerung

Bei der nächsten Injektion wird die Dosis bei guter Verträglichkeit der ersten Spritze gesteigert. Bei den häufig verwendeten Depot-Extrakten wird i. d. R. am Anfang auf die jeweils doppelte Allergenmenge gesteigert, gegen Ende erfolgt die Steigerung langsamer. Die vom Hersteller empfohlenen Dosierungen auf dem jeder Packung beiliegenden Protokollblatt sollten nicht überschritten werden.

Besonderheiten bei Insektengiftallergikern

Die nebenwirkungsreichere Hyposensibilisierung von Insektengiftallergien (Biene, Wespe) wird meist stationär in Form einer **Schnellhyposensibilisierung** in einem Zeitraum von 5–10 Tagen begonnen und danach von einem

Allergologen fortgesetzt. Eine ambulante Einleitung durch einen Allergologen ist ebenfalls möglich. Insektengiftallergien werden über mindestens 3 Jahre hyposensibilisiert.

Behandlungsabstände

Die Abstände zwischen den Injektionen betragen während der initialen Steigerungsphase für die Depot-Extrakte 7–14 Tage. Hat der Patient den Abstand auf 3 Wochen überzogen, so wird die Dosis nicht gesteigert, bei einem 4-wöchigen Abstand wird eine Stufe reduziert, nach jeder weiteren Woche um eine weitere Stufe.

> Die Dosis wird immer nur soweit gesteigert, wie die Injektionen lokal und allgemein gut vertragen werden, wobei die vom Hersteller angegebene Höchstdosis nicht erreicht werden muss!

Mit Erreichen der individuellen Höchstdosis werden oft Injektionsintervalle von 2–4 Wochen vom Hersteller empfohlen. Da der Erfolg der Hyposensibilisierung aber von der verabreichten Gesamtallergendosis abhängig ist, sind bei engeren Injektionsintervallen größere Erfolgschancen zu erwarten als bei weiten Abständen von 3–4 Wochen. Hier dürfen die empfohlenen Abstände des Herstellers unterschritten werden.

Vorgehen bei Unverträglichkeitsreaktionen

Ist es zu einer stärkeren Rötung und Schwellung mit einer über fünfmarkstückgroßen Quaddelbildung an der Injektionsstelle gekommen, so wird die Dosis nicht erhöht, erst recht nicht bei Symptomen außerhalb der Injektionsstelle (allergische Fernsymptome) wie Konjunktivitis, Pruritus, Lymphangitis, Urtikaria, Asthma oder Kreislaufreaktion. In diesen Fällen ist die Dosierung beim nächsten Mal individuell um mehrere Stufen zu reduzieren. Werden die Injektionen bei reduzierter Dosis vertragen, so kann später wieder vorsichtig gesteigert werden.

Modifizierende Einflussfaktoren

Grundsätzlich sollte bei einem Infekt nicht gespritzt werden. Auch unter Betablocker-Therapie (auch Augentropfen!) darf nicht hyposensibilisiert werden. Eine antiallergische medikamentöse Therapie beeinflusst den Erfolg der Hyposensibilisierung nicht; deshalb kann eine solche Therapie unter der Hyposensibilisierung weiterlaufen. Nach Absetzen der antiallergischen medikamentösen Therapie während der Hyposensibilisierung ist jedoch darauf zu achten, niedriger als sonst zu dosieren. Eine prophylaktische Therapie mit einem Antihistaminikum vor jeder Hyposensibilisierungs-Injektion wird nicht befürwortet, da hierdurch die Stärke der allergischen Reaktionslage verschleiert wird.

Verwendung mehrerer Extrakte

Werden zwei Allergenextrakte verwendet, z.B. von Hausstaubmilben und Pollen, so injiziert man den einen Extrakt am rechten, den anderen am linken Arm, sofern die Injektionen am selben Tage durchgeführt werden. Zwischen den beiden Injektionen ist ein Intervall von mindestens 30 Minuten einzuhalten. Sofern es dem Patienten zeitlich zugemutet werden kann, werden die Injektionen bei zwei Extrakten auf zwei verschiedene Wochentage verteilt.

Weitere therapiebegleitende Maßnahmen

Allergenkarenz

Während der Hyposensibilisierungsbehandlung sind die ursächlichen Allergene so gut als möglich zu meiden (Allergenkarenz!). Hierzu gehört auch bei Pollenallergien das Meiden von pflanzlichen Nahrungsmitteln, welche mit den Pollen kreuzreagieren: Äpfel bei Birkenpollenallergien, Nüsse bei Haselnusspollenallergien und Gewürze bei Beifußpollenallergien (☞ Tab. 5.9).

Hyposensibilisierung und natürliche Allergenbelastung

Zur Zeit der unvermeidbaren Pollenexposition wird die Hyposensibilisierung mit Pollen entweder ausgesetzt und nach der Pollensaison von vorne erneut wieder begonnen (präsaisonale Behandlung) oder die Behandlung wird während der Pollensaison fortgesetzt (ganzjährige Behandlung), wobei während der Pollensaison die Dosis meist reduziert

Baumpollen (z.B. Birke, Hasel)	Kräuterpollen (z.B. Beifuß)	Gräser- und Getreidepollen	Latex
• Apfel • Birne • Zwetschge • Kirsche • Pfirsich • Mandeln • Walnuss • Haselnuss • Kiwi • Litchi • Avocado • Sellerie • Gewürze	• Sellerie • Chilipfeffer • Paprika • Tomaten • Karotten • Artischocke • Estragon • Kamille • Wermuth • Löwenzahn • Pfeffer • Ingwer • Zimt • Melone • Gurke	• Soja • Erbse • Erdnuss • Getreidemehle	• Banane • Avocado • Pfirsich • Feige • Milch der Kastanie • Milch des Weihnachtssterns

Tab. 5.9: Mögliche Kreuzreaktionen zwischen Pollen und Nahrungsmitteln bzw. zwischen Latex und anderen Stoffen.

wird, z.B. auf 1/3 der zuvor erreichten Höchstdosis (Pollenflugkalender s. Abb. 5.6).

Fortsetzung der Behandlung

Spätestens 4 Wochen bevor der Hyposensibilisierungs-Extrakt zur Neige geht, ist ein Allergenextrakt zur Fortsetzungsbehandlung zu rezeptieren. Jeder Packung liegt ein vorbereitetes Nachbestellformular bei, welches die Zusammensetzung des Allergenextrakts und die Code-Nr. (Referenz-Nummer) des bisherigen Extrakts enthält.

Besonderheiten frischer Extrakte

Der „frische" Extrakt wirkt stärker als der alte über längere Zeit gelagerte (Allergenverlust durch Lagerung). Deshalb spritzt man den neuen Extrakt nicht in derselben Dosis wie den alten weiter, sondern reduziert um 2–3 Stufen, z.B. von 0,8 auf 0,2–0,1 ml, um bei guter Verträglichkeit danach wieder stufenweise zu steigern.

Behandlungsdauer

In einjährigen Abständen, bei der Pollinose unmittelbar nach der Blühperiode, ist der Patient dem allergologisch versierten Arzt wieder vorzustellen. Er entscheidet, ggf. aufgrund einer ergänzenden Testung, ob die Hyposensibilisierung um ein weiteres Jahr mit demselben Extrakt fortgesetzt, geändert oder beendet wird. Im Durchschnitt erstreckt sich eine Hyposensibilisierung über 3 Jahre. Zum Erreichen von Beschwerdefreiheit wird aber nicht selten noch längere Zeit benötigt.

5.3.3 Nebenreaktionen bei Hyposensibilisierung

Allgemeine Nebenreaktionen

Als unspezifische Nebenwirkung wird Müdigkeit angegeben. Bei Verwendung aluminiumadsorbierter Extrakte können sich an der Einstichstelle Granulome bilden, insbesondere bei zu oberflächlicher Allergenapplikation.
Bei den spezifisch allergischen Nebenreaktionen sind die gesteigerte Lokalreaktion von der Allgemeinreaktion zu unterscheiden.

Gesteigerte Lokalreaktionen

Die gesteigerte Lokalreaktion an der Injektionsstelle am Oberarm mit einem Quaddel-Durchmesser von mehr als 4 cm, die auch von einer Lymphangitis begleitet sein kann, wird durch Abbinden des Armes proximal des Allergendepots und lokaler Kühlung behandelt. Der Patient wird solange beobachtet, bis sich die Lokalreaktion sichtbar zurückbildet, denn diese kann der Vorläufer einer Allgemeinreaktion sein.

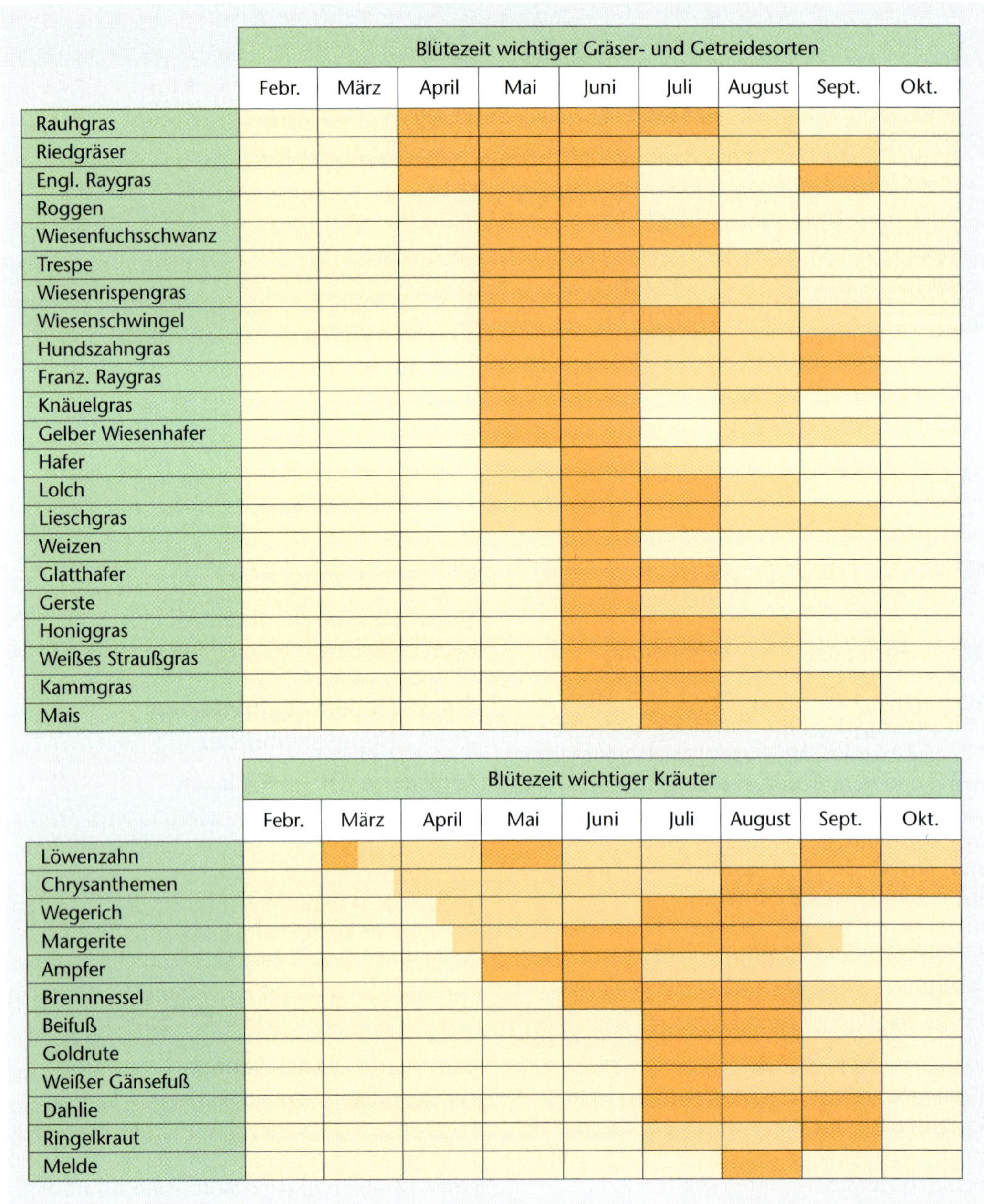

Abb. 5.6: Pollenflugkalender (modifiziert nach Kersten und Hoek, 1977).

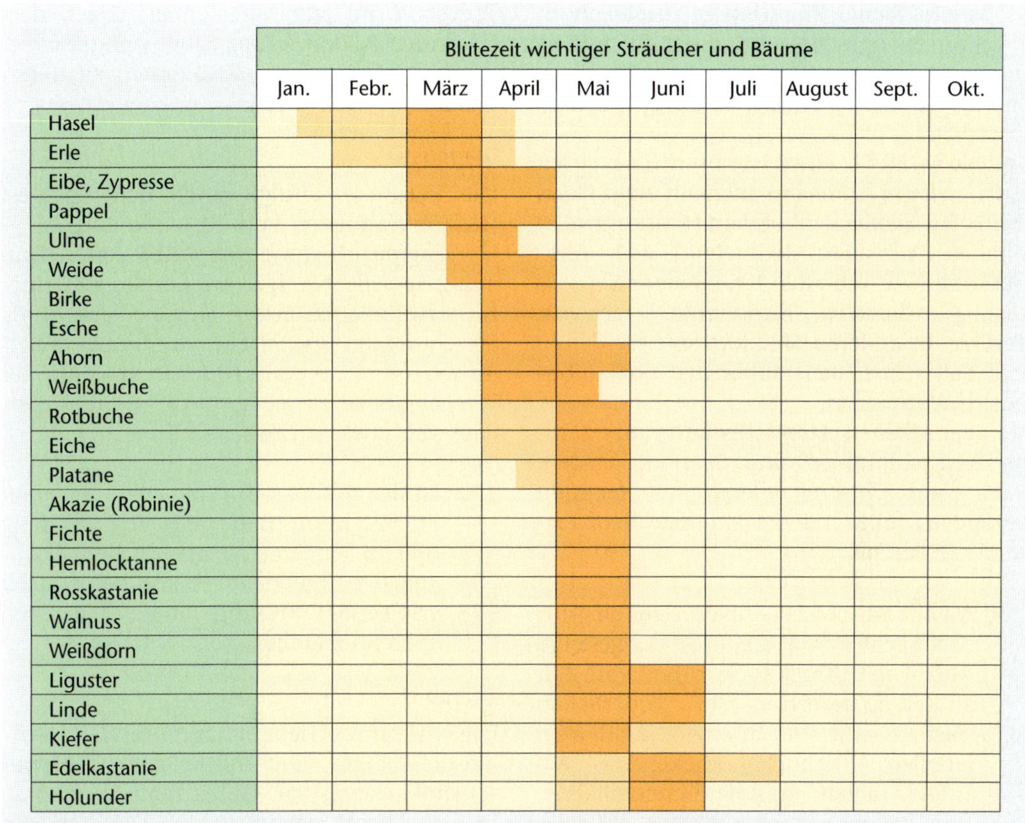

Abb. 5.6: Pollenflugkalender (Fortsetzung).

Allgemeinreaktionen

Die Allgemeinreaktion äußert sich in

- Konjunktivitis
- Rhinitis
- Juckreiz an der Haut, besonders an Handtellern, Fußsohlen und Kopfhaut
- Urtikaria
- Quincke-Ödem, Larynx-Ödem
- Asthma bronchiale
- Herzrhythmusstörung
- Hypotonie und im Extremfall im Schock.

Die Allgemeinreaktion tritt meist wenige Minuten nach der Hyposensibilisierungsinjektion auf. Eine Lokalreaktion an der Injektionsstelle kann dabei völlig fehlen oder nur geringgradig ausgeprägt sein. Hier muss sofort interveniert werden!

Vorgehen bei Allgemeinreaktionen

- Proximal der Injektionsstelle wird mit einer **Staubinde** der venöse Blutstrom abgebunden und die Stelle selbst mit ca. 0,2 ml **Adrenalin** (1 : 1000, Suprarenin®) um- und unterspritzt
- Am anderen Arm wird sofort ein **i.v. Zugang** (am besten Venenkatheter) gelegt. In diesen werden bei gleichzeitiger Hochlagerung der Beine langsam unter Pulskontrolle 0,3–0,5ml (bei Bedarf auch mehr) einer **Adrenalin-Verdünnung** (1,0 ml Suprarenin® in 10 ml physiologischer Kochsalzlösung) gespritzt
- Zwischendurch wird eine Ampulle eines **Antihistaminikums** und 100 mg, bei schwerer Reaktion bis zu 1000 mg, eines intravenösen **Kortikosteroids** gespritzt. Darüber hinaus wird rasch eine **Volumensubstitution** mit humanem Plasmaprotein oder Ringerlösung (kein Dextran) durchgeführt.

Bei **asthmatischer Reaktion** ist zusätzlich intravenös Theophyllin und inhalativ mittels Dosier-Aerosol ein Betaadrenergikum (z.B. Berotec®, Sultanol®, Broncho-Spray®) zu verabreichen.
Gelingt es nicht, einen venösen Zugang zu legen, so kann Adrenalin auch mit einer Dosis von 10 bis maximal 20 Hüben (Pulskontrolle) inhaliert (Adrenalin Medihaler®), oder intramuskulär bzw. subkutan 0,5 ml einer 1:1000-Lösung Adrenalin (Suprarenin®) gegeben werden; die anderen Medikamente werden in dem Fall schnellstens sublingual oder intramuskulär appliziert.
Bei dem seltenen **Atemstillstand** muss darüber hinaus intubiert und beatmet werden. Nach einer schweren allergischen Reaktion ist eine anschließende 24-stündige Beobachtung erforderlich.

Damit die Notfallsituation reibungslos beherrscht werden kann, ist der gesamte Ablauf mit „Trockenübungen“ von Zeit zu Zeit zu trainieren. Die erforderlichen Medikamente sind in einer – am besten mobilen – Schockapotheke, z.B. auf einem Tablett, ständig bereitzuhalten. (Inhalt einer Schockapotheke, ☞ 7.4.1).

5.3.4 Kontraindikationen zur Hyposensibilisierung

Es bestehen folgende Kontraindikationen:
- Infekte, insbesondere der oberen Luftwege (nach Herdsanierung ist die Durchführung möglich)
- Schwangerschaft
- Chronische Erkrankungen wie Tuberkulose, Autoimmunkrankheiten, Leber- und Nierenerkrankungen, Thyreotoxikose
- Zytostatika- und Immunsuppressiva-Therapie
- β-Blocker-Therapie.

5.3.5 Besonderheiten der Insektengiftallergie

Durch wiederholten – seltener durch einmaligen – Stich von Wespen oder Bienen kann es zu lebensgefährlichen allergischen Reaktionen kommen (in den USA werden etwa 50 Todesfälle im Jahr verzeichnet). Nach dem Grad der Allergisierung sind vier verschiedene anaphylaktische Reaktionen zu unterscheiden (☞ Tab. 5.10).

Diagnostik

Die Diagnose erfolgt durch den Pricktest (Konzentrationen von 0,1–100 mg/ml – Höchstgrenze!) sowie den RAST zur Bestimmung spezifischer IgE-Antikörper. Bei einer Bienengiftallergie lassen sich bei über 70 % der Patienten spezifische Antikörper nachweisen (☞ 4.2.3 und 10.1.2.). Im Falle der Wespengiftallergie ist der positive Antikörpernachweis etwas geringer.

Ist der zeitliche Abstand zwischen einer Stichreaktion und dem Test zu lang (über 6 Monate), so ergeben sich falschnegative Ergebnisse; ebenso bei zu rasch erfolgender Testung (unter 2 Wochen nach Stichereignis).

Therapie

Die wirksamste Behandlungsform der Insektenstichallergie stellt die spezifische **Hyposensibilisierung** dar. Dabei können anaphylaktische Reaktionen auftreten. Die Hyposen-

Grad	Symptome
Grad I: Leichte Allgemeinreaktion	Generalisierte Urtikaria, Juckreiz, Übelkeit, Angst
Grad II: Allgemeinreaktion	Beliebige Symptome aus Gruppe I und mindestens zwei der folgenden Symptome: generalisiertes Ödem, Engegefühl im Thorax, Giemen, Bauchschmerzen, Nausea, Erbrechen, Schwindelgefühl
Grad III: Schwere Allgemeinreaktion	Beliebige Symptome der Gruppe I und II und mindestens zwei der folgenden Symptome: Dyspnoe, Dysphagie, Heiserkeit, verwaschene Sprache, ausgesprochenes Schwächegefühl, Benommenheit, Todesangst
Grad IV: Schockreaktion	Beliebiges Symptom der Gruppe I bis III und mindestens zwei der folgenden Symptome: Zyanose, Blutdruckabfall, Kollaps, Inkontinenz, Bewusstlosigkeit

Tab. 5.10: Allergische/toxische Reaktionen auf Insektenstich.

sibilisierung sollte über 3 Jahre durchgeführt werden.
Den Patienten sind Hinweise zu geben, wie sie sich vor Wespen- oder Bienenstichen schützen sollen.

Beratung zum Schutz vor Insektenstichen

- Im Freien keine süßen Speisen, Bier oder Süßgetränke
- Vorsicht beim Obst- und Blumenpflücken
- Mülleimer und Abfallkübel im Freien meiden
- Im Garten nicht barfuß laufen, keine offenen Schuhe
- Lange Hosen tragen
- Auffallende Gerüche vermeiden (z.B. Parfüm, Haarspray)
- Wohnungsfenster tagsüber geschlossen halten
- Keine hastigen, schlagenden Bewegungen, Insekt abschütteln oder abstreifen.

Beratung zum Verhalten nach Insektenstich – Sofortmaßnahmen

- Bei Bienenstich vorsichtig Stachel samt Giftblase mit Pinzette entfernen
- Einstichstelle mit Eisbeutel, Umschlägen mit essigsaurer Tonerde oder kaltem Wasser behandeln
- Kühlende, juckreiz- und schmerzstillende Gels oder Salben auftragen
- Betroffene Extremität hoch lagern
- Stachel möglichst schnell entfernen (wegkratzen)
- Notfallset entsprechend Gebrauchsanweisung anwenden.

5.4 Chirurgische Dermatotherapie

Chirurgische Maßnahmen, die im Rahmen der Dermatologie durchgeführt werden, beschränken sich auf die Haut (abgesehen von Liquorpunktionen, Hodenbiopsien u.a.). Sie

- dienen der diagnostischen Abklärung (Probeexzision)
- werden als Behandlungsmaßnahmen durchgeführt (Exzision, Zirkumzision, Schleifung, Verschorfung u.a.)
- stellen ein kosmetisch-chirurgisches Vorgehen dar.

5.5 Onkologische Chemotherapie (Zytostatikatherapie)

Zytostatika sind starke Zellgifte, die unkontrolliert wuchernde Krebszellen zerstören sollen. Sie werden z.B. zur Behandlung des malignen Melanoms eingesetzt (☞ 12.2.3). Da sie jedoch auch auf gesunde Zellen wirken, unterliegt die Verabreichung sowie der Umgang mit bzw. die Zubereitung von Zytostatika bestimmten Sicherheitsvorschriften.

Patientenbeobachtung

Zytostatika haben oft zahlreiche Nebenwirkungen, die eine genaue Beobachtung über etwa zwei Wochen nach Therapie erfordern.
Lokale Nebenwirkungen treten vor allem dann auf, wenn ein Zytostatikum aus Versehen neben die Vene in das Gewebe läuft (paravasal). Die Infusion ist in diesen Fällen sofort zu unterbrechen, der betreuende Arzt umgehend zu benachrichtigen und nach weiteren Anweisungen zu befragen. Das weitere Vorgehen richtet sich nach dem verabreichten Mittel. Unter Umständen drohen ohne sofortige Gegenmaßnahmen große Gewebenekrosen.
Systemische Nebenwirkungen betreffen vor allem Gewebe, deren Zellen sich häufig teilen. Viele Zytostatika führen zu Übelkeit, Erbrechen, Schleimhautveränderungen, Knochenmarkdepression mit Leuko- und Thrombozytopenie sowie Haarausfall und Schädigung der Keimdrüsen (Hoden, Ovarien).

Eigenschutz

Zytostatika schädigen bei Hautkontakt, Einatmung, oraler oder perkutaner Aufnahme auch den gesunden Körper. Deshalb erfordert der Umgang mit diesen Mitteln besondere Sorgfalt und eine spezielle Erfahrung (Schulung). Außerdem müssen für die Zubereitung besondere Vorsichtsmaßnahmen ergriffen werden, z.B. Arbeiten mit einer so genannten Zytostatika-Werkbank (☞ Abb. 5.7). In jedem Fall sollte ein Abzug vorhanden sein. Schutzmaßnahmen wie Kittel, Handschuhe, Mundschutz u.a. sind obligat.

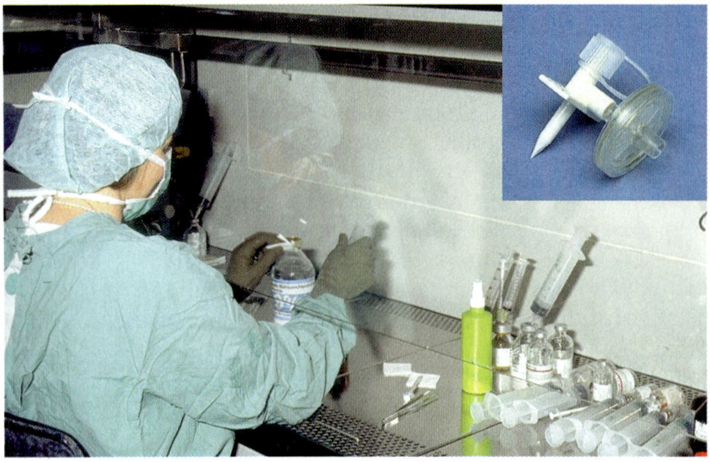

Abb. 5.7: Zubereitung von Zytostatika an einer Zytostatika-Werkbank mit Glasscheibe. Ohne Letztere muss zusätzlich eine rundum abschließende Schutzbrille getragen werden. Bildausschnitt rechts oben: Spezielle Entnahmekanüle für Zytostatika.

5.6 Dermatologische Diäten

Es gibt nur wenige dermatologische Erkrankungen, bei denen Diätmaßnahmen eine Rolle spielen.

Acne vulgaris (☞ 17.1)

Patienten berichten immer wieder, dass fettreiche Nahrung, Schokolade und Nüsse zu einer Verschlechterung der Akne führen. Dies ist jedoch nicht zu verallgemeinern und bedarf einer genauen individuellen Beobachtung. Wenn ein Patient einen entsprechenden Zusammenhang bei sich feststellt, kann es sinnvoll sein, diese Speisen zu meiden.

Dermatitis herpetiformis Duhring (☞ 10.4.3)

Bei dieser Erkrankung liegt eine Unverträglichkeit gegen Gluten (Teil des Getreideeiweißes) bzw. dessen alkoholische Bestandteile (α-Gliadin) vor. Es führt im Säuglings- und Kleinkindalter zur Zöliakie und im Erwachsenenalter zur einheimischen Sprue. Beide Erkrankungen gehen mit einer Zottenatrophie des Dünndarms einher. Eine gestörte Nahrungsaufnahme ist die Folge. Unter einer glutenfreien Diät normalisiert sich die Darmschleimhaut. Sie muss lebenslang durchgeführt werden, was manchmal sehr schwierig ist. Bereits geringe Spuren von Gluten können den Darm erneut schädigen.

Vorkommen

Gluten kann außer in Getreide (☞ Tab. 5.11) auch in Mehl, Stärke und Paniermehl enthalten sein, gleichfalls in Verdickungsmitteln, Stabilisatoren und Emulgatoren. Bei der industriellen Herstellung von Nahrungsmitteln wird es sehr gerne eingesetzt, da es Wasser und Fett bindet, emulgiert, stabilisiert und geliert. Gluten kann daher in fettreduzierten Nahrungsmitteln enthalten sein, aber auch in Wurst, Schinken, Käse, Schlagsahne, Saucen, Dressings, Desserts, Eiscreme und Süßwaren.

Hämatogenes Nickel- und Kontaktekzem

Liegt eine Nickelallergie vor, so kann es durch orale Nickelaufnahme zu einem hämatogen ausgelösten allergischen Kontaktekzem kommen (☞ 10.3), was zu einer Verschlechterung des Ekzembildes insgesamt führt:
- Verstärkte Bläschenbildung an den Händen
- Aufflammen ehemalig exponierter Hautstellen.

Deshalb sind sog. Nickeldiäten empfehlenswert (☞ Tab. 5.12).

Getreide/Getreideprodukte bei Glutenüberempfindlichkeit (nach Behr-Völtzer et al., 1997)	
Geeignet	Nicht geeignet
• Glutenfreies Brot, Nudeln, Gebäck und Müsli, das mit von Natur aus glutenfreien Rohstoffen und glutenfreiem Backpulver hergestellt wurde* • Reis: Langkorn-, Rundkorn-, Milch-, Natur-, Bruch-, Puffreis sowie Reisflocken, -mehl, -stärke, -nudeln*, -waffeln*, -gebäck*• • Mais: -mehl, -stärke, -grieß, -kleie sowie Popcorn, Cornflakes ohne Malz • Hirse: -körner, -flocken, -mehl • Buchweizen: -körner, -grütze, -flocken, -mehl •Kastanienmehl • Kartoffeln: Stärke, Mehl, Pommes frites*, Chips • Maniok/Tapioka: Tapiokastärke • Quinoa: -flocken, -mehl • Amaranth: -mehl • Saaten: Leinsamen, Sesam, Sonneblumenkerne, Mohn • Bindemittel: Johannisbrotkernmehl, Guarkernmehl	• Weizen: -körner, -mehl, -schrot, -flocken, -grieß, -grütze, -kleie, -stärke • Dinkel: -körner, -mehl, -schrot, -Grünkern, Grünkernmehl, Grünkernschrot • Roggen: -körner, -mehl, -schrot Gerste: -körner, -mehl, -schrot, -grieß, -grütze • Hafer: -körner, -mehl, -schrot, -grieß, -grütze • Wildreis • Jedes Brot, Brötchen, Toastbrot, Knäckebrot, Zwieback, Paniermehl und Backwaren wie Kuchen, Kekse, Torten, Pizzateig sowie Teigwaren wie alle Arten von Nudeln aus den genannten Getreidesorten • Oblaten* • Einige Kartoffelchips, Kroketten und Mischungen für Kartoffelklöße, -knödel, -puffer, -püree, frites (hergestellt aus Kartoffelmehl)
* Auf die Zutatenliste achten bzw. Hersteller befragen oder diätetisches Produkt wählen, das mit von Natur aus glutenfreien Produkten hergestellt wurde	

Getränke bei Glutenüberempfindlichkeit	
Geeignet	Nicht geeignet
• Kaffee • Tee • Kakao (keine Instantprodukte) • Milch • Saft* • Schorle* • Wein, Sekt, Weinbrand, Obstbrandwein, Rum, Arac, Gin	• Light-Getränke • Aromatisierte Getränke • Biere, Whiskey, Cocktails • Malzbier • Kornbranntwein • Malzkaffee, Gerstenkaffee • Ovomaltine, Mineralwasser
* Saft oder Schorle selbst aus vorher unzubereiteten Früchten herstellen bzw. auf Produkte achten, die frei von Aromastoffen sind.	

Süßwaren bei Glutenüberempfindlichkeit	
Geeignet	Nicht geeignet
• Karamellbonbons* • Müsli-Riegel* • Marzipan* • Schokolade ohne Malz • Kuchen und Gebäck aus gluten- und weizenstärkefreien Fertigmischungen* und glutenfreiem Backpulver	• Süßwaren aus Fruchtauszügen • Energiereduzierte Süßwaren • Müsli- und Schokoriegel • Schokolade und -waren mit Malz • Gefüllte Schokolade, Pralinen, Schokolade mit Waffelblättern u. a. • Geleefrüchte, Gummitierchen, Lakritze, Dragees, Malzbonbons
* Hersteller befragen bzw. Süßigkeiten selbst herstellen oder nicht aromatisiertes bzw. diätetisches Produkt auswählen.	

Tab. 5.11: Geeignete/nicht geeignete Nahrungsmittel bei Glutenüberempfindlichkeit.

Gegessen werden dürfen:	Gemieden werden sollten:
Fleisch, Fisch	
Alle Fleischsorten, Eier, tiefgefrorener Fisch	Größere Mengen Geflügel, Fisch, Fischkonserven, Shrimps, Muscheln, Innereien
Milchprodukte	
Alle Milchprodukte wie Butter, Käse, Milch, Joghurt	Größere Mengen Edamerkäse, strikt zu meiden ist Sojamilch
Gemüse	
Rote Bete, Brokkoli, Rosenkohl, Weißkohl, Chinakohl, Dill, Pilze, Pfeffer (rot, grün), Kartoffeln, Petersilie, Aubergine	Sojaprodukte, Spinat, Hülsenfrüchte (Erbsen, Bohnen grün/weiß/braun, Linsen), Grünkohl, Lauch, Bohnensprossen, Spargel, Kopfsalat
Getreide und Getreideprodukte	
Alle Frühstücksfertigprodukte aus Reis, Cornflakes, Popcorn, weißer Reis, Spaghetti, Makkaroni, Weißmehlprodukte, Vollkornroggenprodukte und Weißbrot in geringen Mengen	Haferflocken und andere Haferprodukte, Buchweizen, Hirse, Weizenkleie und andere kleie- und faserreiche Lebensmittel wie z. B. Kleiebisquits, Weizenkleietabletten, Mehrkornbrote
Früchte und Beeren	
Alle Beeren (außer Himbeeren), Pfirsiche, Birnen, Rosinen, Rhabarber	Feigen, Ananas, Himbeeren, Backpflaumen, Obstkonserven
Getränke	
Kaffee und Tee (kurz ziehen lassen, nicht in größeren Mengen), Limonade, alkoholische Getränke (außer Wein und Biere)	Schokolade- und kakaohaltige Getränke, Tee, vor allem aus Automaten
Verschiedenes	
Margarine, Hefe	Schokolade, Marzipan, Kakao, Mandeln, Haselnüsse, Erdnüsse, Leinsamen, Soja und Sojaprodukte, Lakritze, Sonnenblumenkerne, Backpulver

Tab. 5.12: Nickelreiche und nickelarme Lebensmittel.

6 Wichtige Wirksubstanzen

Unter den zahlreichen bekannten, an der Haut anwendbaren Wirksubstanzen sollen nur die wichtigsten genannt werden. Ihre Wirksamkeit beruht meist auf Erfahrungen, die jedoch im Gegensatz zu vielen anderen erhältlichen Lokaltherapeutika bestätigt erscheinen.

Auf jedem Salbentopf müssen Inhalt und Konzentration der Wirksubstanz deutlich erkennbar sein.

Salicylsäure

Ab Konzentrationen von 2–3 % hornlösend und antiseptisch. Bei großflächiger Anwendung konzentrierter Salicylsäuresalben kann die Substanz resorbiert werden und zu Nierenschädigung führen.

Resorcin

Hornlösend in Konzentrationen von 5 bis maximal 10 % als Schälmittel bei Akne.

Teerpräparate

Teerpräparate vermindern den epidermalen Zellumsatz und führen deshalb zur Normalisierung besonders von chronischen lichenifizierten Dermatosen (Ekzeme, Lichen ruber, Psoriasis). Der Nachteil der meisten Teerzubereitungen liegt in der starken Farbwirkung und dem unangenehmen Geruch.

Vorsicht: Mit Teer behandelte Hautareale können nach Lichteinwirkung (UV-Licht) starke Reizungen zeigen!

Farbstoffe

Die meisten Farbstoffe besitzen antiseptische Wirkung, ohne die Haut zu schädigen. Die wichtigsten sind
- Pyoktanin-Lösung 0,5- bis 1 %ig
- Castellani-Lösung.

Geeignet ist auch Clioquinol (Vioform®) 1- bis 2 %ig, das in Salbengrundlagen verarbeitet werden kann. Borsäure wird resorbiert und sollte nicht mehr angewendet werden.

Kortikosteroide

Wirkungsspektrum

Kortikosteroide wirken:
- Antientzündlich
- Antiexsudativ (das Austreten von Gewebeflüssigkeit verhindernd)
- Antiallergisch (die allergische Reaktion hemmend)
- Antiproliferativ (die Gewebevermehrung hemmend)
- Antipruriginös (juckreizhemmend).

Wirkungsmechanismen

Für diese Wirkungen sind folgende Reaktionen verantwortlich:
- Konstriktion der Blutgefäße in der Haut
- Hemmung der Bildung von Antikörpern und Entzündungsstoffen
- Hemmung der Proliferation von Immunzellen, z. B. Lymphozyten
- Hemmung der Faserneubildung im Bindegewebe
- Abdichtung und Stabilisierung von Zellmembranen.

Die Wirkung der Kortikosteroide ist streng **dosisabhängig.** Sämtliche Nebenwirkungen einer Kortikosteroideinwirkung an der Haut erklären sich aus der Dosis, der zeitlichen Dauer und der speziellen pharmakologischen Aktivität eines Kortikosteroids. Die pharmakologisch geringste Wirkung zeigt Hydrokortison, die stärkste zeigen fluorierte und doppelt fluorierte Kortikosteroide. Sie lassen sich in praktisch alle Grundlagen einbringen (Salben, Cremes, Lösungen, Lotionen).

Wirkungsäquivalenzen

Der Vergleich von Wirkungsäquivalenzen lokal anwendbarer Kortikosteroide ist schwierig. Die Tab. 6.1 gibt einige Anhaltspunkte. Dabei ist zu beachten, dass topisch aufgetragene Substanzen je nach Hautareal unterschiedlich penetrieren (☞ Tab. 6.2). Tab. 6.3 zeigt eine Aufstellung der gebräuchlichsten Lokalkortikosteroide.

Wirkstoffkonzentration	Wirkstoff
1,0–2,5 %	Hydrokortison
0,5 %	Fluocortolon
0,25–0,5 %	Prednisolon
0,25 %	Desoximetason
0,1 %	Flupredniden
0,1 %	Triamcinolon
0,1 %	Betamethason
0,05 %	Fluoandrenolon
0,025 %	Fluocinolon
0,02 %	Flumetason
0,05 %	Clobetasol

Tab. 6.1: Wirkungsäquivalenz topischer Kortikosteroide (nach Kaiser).

Teststelle	Penetration bezogen auf die volare Unterarmseite	Bezogen auf die Fußsohle
Volarer Unterarm	1,00	7,10
Dorsaler Unterarm	1,10	7,90
Fußsohle	0,14	1,00
Lateraler Knöchel	0,42	3,00
Handfläche	0,83	5,90
Rücken	1,70	12,10
Behaarter Kopf	3,50	25,00
Achselhöhle	3,60	25,70
Stirn	6,00	42,90
Kieferwinkel	13,00	92,90
Skrotum	42,00	300,00
Die Penetration von Kortikosteroiden durch die Haut wird durch Okklusivverband und penetrationsfördernde Substanzen wie Salicylsäure, Harnstoff, Vitamin-A-Säure u. Ä. gefördert.		

Tab. 6.2: Lokalisationsabhängige Penetration von Hydrokortison durch die Haut (modifiziert nach Feldmann und Maibach).

Kontraindikationen

Kortikosteroide sind **äußerlich nicht** zu verwenden bei:

- Hauterkrankungen mit Atrophie (Sklerodermie, Altershaut, Röntgenoderm u. a.)
- Acne vulgaris
- Bakteriellen Erkrankungen
- Mykosen
- Viruserkrankungen
- Kutanen Parasitosen
- Tumoren (außer Lymphomen)
- Durchblutungsstörungen
- Hautgewebedefekten (Ulzera u. a.)
- Nach Impfungen mit Lebendvakzinen.

Kontraindikationen für eine **innerliche** Anwendung sind u. a.:

- Bakterielle und virale Infekte
- Diabetes mellitus
- Osteoporose
- Magen-Darm-Ulzera
- Psychosen
- Tuberkulose.

Nebenwirkungen

Systemisch (peroral, intravenös) verabreichte Kortikosteroide zeigen wie die topischen Kortikosteroide unterschiedliche klinische Wirksamkeit und Halbwertszeiten (☞ Tab. 6.4). Sie verursachen eine Reihe von Nebenwirkungen an der Haut, die sich in Abhängigkeit von der Behandlungsdauer und der individuellen Dosis einstellen. Im Folgenden sind die wichtigsten kutanen Nebenwirkungen bei **systemischer** Kortikosteroidtherapie aufgelistet:

- Stammfettsucht
- Hirsutismus
- Haarausfall
- Verzögerte Wundheilung
- Abnahme der Hautdicke
- Bildung von Teleangiektasien
- Purpura und Striae
- Akneartige Eruptionen
- Infektionen des Hautorgans (besonders Pilzinfektionen und bakterielle Infektionen)
- Hyperpigmentierungen
- Acanthosis nigricans.

Wirkstoff (INN)	Konzentration (%)	Handelsname (Beispiele)	Darreichungsform
Hydrokortisonacetat	0,25	Ebenol 0,25%	S
		Fenistil Hydrocortison	S
		Soventol HC	C
	1	Ebenol 1%	S
		Hydrocort von ct	S
		Hydrocutan Creme 1%	C
Hydrokortison	2	Ala-Scalp HP 2% (USA)	Lo
	2,5	Alfacorton 2,5% (Schweiz)	C
		Anusol-HC 2,5% (USA)	C
		Cortif 2,5% (USA)	S
	0,5	Als Salbe und Creme im Handel	
	1	Als Salbe und Creme im Handel	
Triamcinolonacetonid	0,1	Kortikoid ratiopharm Creme	C
		Kortikoid ratiopharm F Salbe	S
		Triam Creme Lichtenstein	C
		Triam Salbe Lichtenstein	S
		Triamgalen	C, Lo, S
		Triam Wolff Creme	C
		Volon A	C
		Volon A Salbe antibiotikafrei	S
		Volon A Haftsalbe	S
		Volon A Lotion N	Lo
	0,025	Volonimat	C, S
Hydrokortisonaceponat	0,0127	Efficort hydrophile (Frankreich)	C
		Efficort lipophile (Frankreich)	S
		Suniderma (Spanien)	S
Dexamethason	0,1	Cortidexan Fettsalbe	S
		Cortidexan Salbe N	S
	0,05	Dexamethason Salbe LAW	S
		Dexamethason Creme LAW	C
Betamethasonbenzoat	0,025	Uticort (USA)	C
		Beben 0,025% (Italien)	C
	0,1	Beben (Italien)	C, G, Lo, S

C = Creme, S = Salbe, FS = Fettsalbe, G = Gel, Lo = Lotion, Lö = Lösung

Tab. 6.3: Die gebräuchlichsten Lokalkortikosteroide.

Wirkstoff (INN)	Konzentration (%)	Handelsname (Beispiele)	Darreichungsform
Betamethasonvalerat	0,1	Beta Creme Lichtenstein	C
		Beta Salbe Lichtenstein	S
		Bemon 0,1% Creme	C
		Bemon 0,1% Salbe	S
		Betagalen	C, Lö, Lo, S
		Beta Wolff Creme	C
		Betnesol-V-Crinale	Lö
		Betnesol-V-Lotion	Lo
		Celestan-V-Creme	C
		Celestan-V-Salbe	S
	0,05	Betnesol-V-Crenalite	Lö
		Betnesol-V-mite	C, S
Fluocortolon, Fluocortolon-21-pivalat plus Fluocortoloncaproat	0,25	Ultralan Creme	C
		Ultralan Milch	Lo
Fluocortolon plus Fluocortoloncaproat	0,25	Ultralan Fettsalbe	S
		Ultralan Salbe	S
Desonid, Desonidpivalat	0,05	Desonide (USA)	C
	0,1	Apolar (Finnland)	C, S
Halcinoid	0,1	Halog Fettsalbe	S
		Halog Salbe	S
Betamethasondipropionat	0,05	Diprosis	G, S
		Diprosone	C, S, Lö
Diflucortolonvalerat	0,1	Nerisona	C, FS, Lo, S

C = Creme, S = Salbe, FS = Fettsalbe, G = Gel, Lo = Lotion, Lö = Lösung

Tab. 6.3: Die gebräuchlichsten Lokalkortikosteroide (Fortsetzung).

	Dosis-Äquivalent	Antientzündliche Wirkung	Natrium-Retention	Halbwertszeit (Min)	
				Plasma	Gewebe
Hydrokortison	20,2	1,0	++	90	8–12
Prednison	5,0	4,0	+	60	12–36
Prednisolon	5,0	4,0	+	200	12–36
Methylprednisolon	4,0	5,0	0	180	12–36
Triamcinolon	4,0	5,0	0	300	12–36
Betamethason	0,6	20–30	0	100–300	36–54
Dexamethason	0,75	20–30	0	100–300	36–54

Tab. 6.4: Vergleich der gebräuchlichen systemisch verabfolgten Kortikosteroide (nach Truhan et al., 1989).

Lang währende Anwendung von Kortikosteroid**salben** führt zu Hautschäden: Atrophie, verstärkte Gefäßzeichnung, verstärktes Haarwachstum, Striae.

Antimikrobielle Substanzen (Chemotherapeutika)

Antibiotika und Antimykotika verdrängen die früher sehr gebräuchlichen Farbstoffzubereitungen in der Behandlung von bakteriellen und Pilzinfektionen. Sie haben jedoch den **Nachteil,** dass sich nicht selten Allergien gegen diese Wirkstoffe entwickeln. Deshalb sollten wegen der Kontaktsensibilisierung möglichst keine Penicillin-, Streptomycin-, Sulfonamid-, Chloramphenicol- oder Neomycin-haltigen Externa verwendet werden!

Antimykotika

Für die Behandlung von Dermatomykosen (Pilzinfektionen der Haut) stehen spezifische Antimykotika zur Verfügung, von denen einzelne sowohl topisch als auch systemisch verabreicht werden können. Bei oberflächlichen Pilzinfektionen genügt die sorgfältige lokale Anwendung einzelner Antimykotika, deren lokale Effektivität sich nicht wesentlich unterscheidet.

Ein besonderes **Problem** sind **Pilzinfektionen des Nagels.** Sie können durch Langzeitbehandlung mit Griseofulvin, Itraconazol, Terbinafin, Fluconazol (Nebenwirkungen beachten!) oder Ketoconazol systemisch (durch orale Einnahme) geheilt werden. In Einzelfällen empfiehlt sich die Entfernung der Nagelplatte, sorgfältige Kürettage des Nagelbetts und Nachbehandlung mit lokal wirksamen Antimykotika. Maßnahmen zur Wundversorgung (☞ 8.3.5).

In der Tab. 6.5 sind die wichtigsten Antimykotika mit lokaler Wirkung aufgelistet. Für einen dauerhaften Erfolg ist eine Reinfektionsprophylaxe wichtig.

Pflege und Beratung zur Reinfektionsprophylaxe

- Präparat regelmäßig lokal anwenden
- Anwendungsdauer 2 Wochen über die klinisch sichtbare Abheilung hinaus
- Wiederholte Infektion durch Desinfektion von Strümpfen und Schuhwerk vermeiden
- Terrainbedingungen ändern (Schuhwerk, enge Kleidung u. a.).

Wirkstoff	Wirkungsspektrum			Handelsname (Cremes)
	D1	H2	S3	
Polyene				
Nystatin	–	+	(+)	Moronal®, Nystatin Lederle®
Natamycin	+	+	+	Pimafucin®
Pyridonderivat				
Ciclopiroxolamin	+	+	*	Batrafen®
Allylamine				
Naftifin	+	(+)	(+)	Exoderil®
Terbinafin	+	(+)	(+)	Lamisil®
Andere				
Griseofulvin	+	–	–	Likuden M®, Fulcin S®
Tolnaftat	+	–	+	Tonoftal®
Amorolfin	+	+	(+)	Loceryl®

D1 = Dermatophyten, H2 = Hefepilze, S3 = Schimmelpilze

Tab. 6.5: Antimykotika zur lokalen Anwendung.

Wirkstoff	Wirkungsspektrum			Handelsname (Cremes)
	D1	H2	S3	
Azole				
Clotrimazol	+	+	+	Canesten®, Myko Cordes®
Croconazol	+	+	(+)	Pilzcin®
Bifonazol	+	+	+	Mycospor®
Econazol	+	+	+	Epi-Gevaryl®
Fenticonazol	+	+	+	Lomexin®
Isoconazol	+	+	+	Travogen®
Ketoconazol	+	+	+	Nizoral®
Miconazol	+	+	+	Daktar®
Oxiconazol	+	+	+	Myfungar®
Sertaconazol	+	+	+	Zalain®
D1 = Dermatophyten, H2 = Hefepilze, S3 = Schimmelpilze				

Tab. 6.5: Antimykotika zur lokalen Anwendung (Fortsetzung).

7 Pflegeprinzipien in der Dermatologie

Die Pflege in der Dermatologie hat viele Besonderheiten. Nicht selten leben betroffene Patienten in einem Spannungsfeld aus physischer, psychischer und sozialer Belastung. Veränderungen am gesunden Hautbild und beschwerliche Symptome können das eigene Körperbild verzerren und psychische Beeinträchtigungen auslösen. Zudem werden sichtbare Hauterscheinungen in der Gesellschaft häufig mit Ablehnung und Ansteckungsangst betrachtet. Dies begünstigt die soziale Isolation von Betroffenen.

Pflege in der Dermatologie erfordert daher spezifische pflegerische Qualifikationen. Sowohl **Kenntnisse** über dermatologische Diagnosen, deren Prognosen und Therapien als auch eine patientenorientierte Betrachtungsweise sind Voraussetzungen für die einfühlsame intensive Begleitung der Betroffenen. Pflegende sollten Vertrauen und Respekt vermitteln und auf diese Weise die Basis für eine gute Zusammenarbeit mit den Patienten schaffen. Um die Zusammenarbeit zu strukturieren und zu organisieren, können die Pflegenden auf verschiedenste **Pflegemodelle** zurückgreifen. Individuelle Schwächen und Stärken der Patienten werden erkannt, analysiert und dokumentiert. Durch pflegerisches modellorientiertes Intervenieren wird der Patient unterstützt. Beispielhaft wird hier das **Modell von Nancy Roper** vorgestellt.

7.1 Pflege nach den 12 Lebensaktivitäten

Definition LA/ATL

Die Pflegetheoretikerin Nancy Roper orientiert sich an den Bedürfnissen des menschlichen Lebens und stellt diese in einen Zusammenhang mit umgebungsbedingten Faktoren. Ihr Modell „Die 12 Lebensaktivitäten" ist auch heute noch eines der bekanntesten und gebräuchlichsten. Darin wird die Pflege als eine Unterstützung der Patienten bei der Aufklärung, der Lösung, dem Umgang und der Vorbeugung von Problemen in deren Lebensaktivitäten definiert. Es hilft den Pflegenden, eine umfassende **Pflegeplanung** zu erstellen, die die Wünsche und Ziele des Patienten und ihre Umsetzung wiedergibt. Zudem optimiert es die **Dokumentation** in der Pflege. Im Rahmen der pflegerischen Anamnese werden Probleme, Ressourcen und Erwartungen des Patienten an den Krankenhausaufenthalt, aber auch Ängste identifiziert. Eine regelmäßige Kontrolle von Maßnahmen und Ergebnissen führt zur ständigen Anpassung des Pflegeplanes an neue Gegebenheiten und unterstützt die Integration des Patienten in den stationären Alltag. Die **Lebensaktivitäten** (LA) bilden den Kernpunkt dieses Modells. Sie bestehen aus einer Kombination von Bedürfnissen und Aktivitäten. Häufig ist die Bezeichnung „Aktivitäten des täglichen Lebens" (ATL) vorzufinden. Dies verweist auf die gemeinsame Grundlage der Modelle von Liane Juchli (ATL) und Nancy Roper (LA). Beide sind bei der Entwicklung des Modells von den gleichen Grundannahmen ausgegangen. In diesem Buch wird die Pflege mit Hilfe der Lebensaktivitäten nach Nancy Roper stukturiert, jedoch wird die LA „Sterben" durch den Begriff „Sinn finden" erweitert, weil einige Aspekte bei der Pflege von Menschen mit Haut- und Geschlechtskrankheiten in dieser Hinsicht betrachtet werden sollten.

1. Für eine sichere Umgebung sorgen
2. Kommunizieren
3. Atmen
4. Essen und Trinken
5. Ausscheiden
6. Sich sauber halten und kleiden
7. Die Körpertemperatur regulieren
8. Sich bewegen
9. Arbeiten und spielen
10. Sich als Mann oder Frau fühlen und verhalten
11. Schlafen
12. Sinn finden und Sterben

Tab. 7.1: Lebensaktivitäten (LA, ATL) nach Nancy Roper.

Dermatologie und Lebensaktivitäten

Auch bei dermatologischen Erkrankungen sind Beeinträchtigungen und Probleme hinsichtlich der Lebensaktivitäten vorhanden. Im Rahmen des Pflegeprozesses werden ihnen Maßnahmen und Ziele zugeordnet, die durch pflegerisches Vorgehen umgesetzt und letztlich kontrolliert werden. Dabei nimmt die Beratungstätigkeit der Pflegenden eine wichtige Position ein, z. B. über allergene Substanzen in Kleidung und Nahrung, Pflegeprodukte und notwendige Hilfsmittel im Arbeits- und Sozialleben der Betroffenen. Pflegende gestalten diesen Eingriff in den persönlichen Lebensstil der Patienten so gering wie möglich. Auf diese Weise wird die Persönlichkeitssphäre der Betroffenen am wenigsten beeinträchtigt.

7.1.1 Für eine sichere Umgebung sorgen

Sicherheit definiert sich als eines in der Erfahrung begründetes und bestätigtes Gefühl, vor Gefahren verschont zu bleiben. In der Krankenpflege umfasst dies viele Bereiche, u. a. das Vermitteln von Vertrauen, Integrität, Verbindlichkeit und Verfügbarkeit durch die Pflegenden, aber auch das Einhalten von Unfallverhütungsvorschriften.

> Zum Fremd- und Eigenschutz sind Sauberhaltung und Desinfektion der Hände beim Patientenkontakt oberstes Gebot. Bei infektiösen Hauterkrankungen ist zusätzlich das Tragen von Einmalhandschuhen erforderlich.

Dermatologische Patienten sind aufgrund ihrer negativen gesellschaftlichen Erfahrungen oft gehemmt, soziale Kontakte aufzubauen. Oft schämen sie sich für die zum Teil stark belastenden Symptome und sind verunsichert. Die Pflegenden müssen entsprechend einfühlsam agieren. Pflegende vermitteln den Patienten schon bei der Aufnahme Zugehörigkeit, indem sie sich ihnen mit Namen vorstellen und zur Begrüßung die Hand reichen.
Den Patienten werden typische Stationsabläufe erklärt (z. B. Besuchs- und Mahlzeiten) und die Station gezeigt, um sich orientieren und in die neue Umgebung einfügen zu können. Entsprechend verhält es sich mit dem Patientenzimmer. Hier erhalten die Betroffenen Informationen über individuell nutzbare Einrichtungsgegenstände und werden den Mitpatienten vorgestellt.
Wo Hilfe und Unterstützung notwendig sind, zeigen Pflegende entsprechende Möglichkeiten auf. Sicherheitsgefühl wird u. a. durch aufklärende Gespräche vermittelt. Unter Umständen können Gesprächskreise organisiert werden, in welchen die Patienten in der Betroffenengruppe Probleme und Ratschläge austauschen können. Dies unterstützt die Ausbildung und Stärkung des Selbstbewusstseins und ermutigt Betroffene auch im Alltag unbefangener mit der Krankheit umzugehen.

Hautschutz

Die Haut der Patienten ist aufgrund der Krankheit nicht mehr in der Lage, ihre Funktionen vollständig wahrzunehmen. Schädigende Einflüsse können daher schlechter abgewehrt werden, als es bei der gesunden Haut der Fall ist. Das Befolgen hygienischer Standards ist unbedingt erforderlich, da bereits Mikroläsionen in der Haut Superinfektionen auslösen können. Deshalb desinfizieren und waschen Pflegende ihre Hände nach jedem Patientenkontakt. Ihre Fingernägel sind kurzgeschnitten und sauber, um Keimareale und die Verletzungsgefahr zu minimieren. Generell dürfen Krankheitsherde von den Pflegenden und von den Patienten nicht unnötig berührt werden, um Schmierinfektionen zu vermeiden. Das Tragen und regelmäßige Wechseln von Einmalhandschuhen wird erforderlich bei Kontakt zu Patienten mit infektiösen Hautkrankheiten bzw. beim Umgang mit kontaminierten Materialien. Zusätzlich ist die Verwendung eines Schutzkittels erforderlich, wenn Pflegende Patienten mit einer infektiösen Hauterkrankung versorgen. Infektionen der Haut werden durch Viren, Bakterien, Pilze oder Parasiten ausgelöst und können infizierte, offene Wunden hervorrufen. Besonders gefährdet sind Patienten mit großflächigen, infektionsanfälligen Hauterkrankungen (z. B. Neurodermitis) und Patienten mit geschwächtem Immunsystem.

Isolierung

Eine Isolierung des Patienten im Krankenhaus ist dann erforderlich, wenn die Krankheitserreger hochinfektiös und/oder resistent sind.
Wenn der Patient von einer Krankheit derart geschwächt ist, dass jeder zusätzliche externe Reiz eine bedrohliche Gefahr darstellt, erfolgt ebenfalls eine Isolierung.

> **Vorsicht:** Pflegende mit einer floriden Herpes-simplex-Infektion dürfen keine Patienten mit Neurodermitis betreuen! Herpes-Viren können bei diesen Patienten eine generalisierte Infektion auslösen.

7.1.2 Kommunizieren

Pflegende erleben dermatologische Patienten oft als zurückhaltend und verängstigt. Kommunikation bedeutet jedoch, zwischenmenschliche Beziehungen aufzunehmen, aufrechtzuerhalten und Informationen auszutauschen. Der Kontaktaufbau zwischen den Patienten und den Pflegenden ist daher von großer Bedeutung für das Wohlbefinden und das Zutrauen des Patienten in die Betreuung. Nicht nur die Gesprächsbereitschaft, die verbale Kommunikation, ist für die Patienten wichtig, sondern auch die fühlbare Akzeptanz des Krankheitsbildes, die nonverbale Kommunikation. Die Betroffenen reagieren hochsensibel auf Mimik, Gestik und Körperhaltung. Spürbare Ablehnung kann auf psychosomatischer Ebene zur Symptomverstärkung führen.

> Empfinden Pflegende Abneigung oder gar Ekel beim Umgang mit Hauterkrankungen, so sind sie für die dermatologische Pflege ungeeignet.

Aufgaben der Pflegenden

Soziale Kontakte nach innen und nach außen werden durch die Pflegenden möglichst gefördert und aufrechterhalten. Günstig können hierbei u.a. geistliche, kulturelle und gesellige Begegnungen sein, aber auch die Aufnahme und Pflege persönlicher Beziehungen zu anderen Patienten. Eine dadurch gesteigerte Selbstsicherheit verhilft dem Patienten, seine Kommunikationsfähigkeit zu stärken. Unterstützend können Gespräche, Gruppenarbeit, gemeinsame Mahlzeiten und gemeinsames Beisammensein der Patienten wirken. Ziel dieser Maßnahmen ist der Aufbau eines informellen Netzwerkes auch über den stationären Aufenthalt hinaus.
Der Informationsaustausch bildet die Basis für eine individuell angepasste Pflegeplanung und auch für den Therapieerfolg. Pflegende erfahren in Aufnahme- und Kontrollgesprächen über Probleme, Ressourcen und Ziele des Patienten. Diese Angaben werden in adäquaten Pflegemaßnahmen umgesetzt. Patienten erhalten von den Pflegenden jederzeit Informationen über anstehende Untersuchungen, therapeutische, diagnostische Maßnahmen. Vor allem unangenehme Situationen bedürfen einer vorherigen Ankündigung, beispielsweise schmerzhafte Verbandswechsel oder die Behandlung mit übel riechenden, stark färbenden Therapeutika.

7.1.3 Atmen

Allergisch bedingte Hautkrankheiten treten häufig in Zusammenhang mit Erkrankungen des Respirationstrakts auf. Die Patienten leiden beispielsweise unter Schnupfen, Atembeschwerden und Juckreiz in Gaumen und Hals. Die diagnostischen Maßnahmen beziehen sich daher außer auf die Haut auch oft auf den Respirationstrakt.

Aufgaben der Pflegenden

Im Rahmen der Krankenbeobachtung achten Pflegende auf das Atemverhalten (z.B. Atemtyp, -frequenz, -tiefe, -geräusch, -geruch), auf erkennbare Atemstörungen (z.B. Luftnot) und Infekte. Falls die Patienten Sputum abhusten, so ist auch hier eine Einschätzung hinsichtlich Menge, Aussehen und Konsistenz erforderlich, um frühzeitige Gefährdungen des Patienten zu erkennen. Auch regelmäßige Frischluftzufuhr und ggf. Aufklärung über gesundheitsbewusstes oder -schädigendes Verhalten stellen nach Bedarf weitere Aufgaben dar.

7.1.4 Essen und Trinken

Die Lebensaktivität Essen und Trinken zielt auf
- die Aufrechterhaltung des Nahrungs- und Flüssigkeitsbedarfs und
- das Ess-, Trink- und Genussverhalten.

So viele Verbote wie nötig, so wenige wie möglich, da sich Patienten durch verordnete Ernährungumstellungen in ihrer individuellen Lebensqualität massiv eingeschränkt fühlen können.

Aufgaben der Pflegenden

Pflegende sollten die individuellen Bedürfnisse, Wünsche und Essgewohnheiten der Patienten möglichst berücksichtigen und diese mit dem krankheitsspezifisch festgesetzten Ernährungsplan (☞ 5.6) abstimmen. Generell ist auf eine vollwertige Ernährung der Patienten Wert zu legen, d.h. auf die Deckung des physiologischen Bedarfs an Kohlenhydraten, Fetten, Eiweißen, Vitaminen und Mineralstoffen. Wichtig ist daher eine angemessene Ernährungsberatung.
Neben der festen Nahrung kommt der **Flüssigkeitsaufnahme** eine bedeutende Rolle zu, um die Hautfunktionen zu unterstützen. Der durchschnittliche Flüssigkeitsbedarf des Menschen beträgt 2 Liter pro Tag. Bei körperlicher und sportlicher Betätigung erhöht sich dieser Wert um den Flüssigkeitsverlust durch das Schwitzen. Im Falle hoher Flüssigkeitsverluste durch Verbrennungen, Durchfall, Erbrechen, Fieber oder stark sezernierende Wunden ist die Substitution der Verlustrate erforderlich, wenn nötig auch parenteral.
Im Rahmen der dermatologischen Pflege wird bei der Ernährung besonders auf die **Mundpflege** und die **Hygiene der Hände** geachtet. Pflegende klären auf über Maßnahmen der Desinfektion, um Schmierinfektionen zu unterbinden.

Ein Austausch der Speisen unter den Patienten ist aus hygienischen Gründen unzulässig.

Pflegende geben bei individuellen Einschränkungen einer eigenständigen Nahrungs- und Flüssigkeitsaufnahme dem Patienten Hilfestellung. Unter Umständen sind dazu ergotherapeutische Esshilfen erforderlich.

7.1.5 Ausscheiden

Die Ziele der Lebensaktivität Ausscheiden sind:
- Aufrechterhaltung der Ausscheidungsfunktion
- Regulierung und Kontrolle der Ausscheidung.

Hauterkrankungen im Bereich der Ausscheidungsorgane können zu belastenden Beeinträchtigungen führen. Zudem fällt es manchem Patienten schwer, sich damit an den Pflegenden zu wenden. Gezielte Fragen zur Urin- und Stuhlausscheidung gehören deshalb zur Pflegeanamnese:
- Urinausscheidung, z.B. Menge Aussehen, Geruch, Beimengungen, Inkontinenz
- Stuhlausscheidung, z.B. Häufigkeit, Aussehen, Geruch, Beimengungen Beschwerden, Inkontinenz.

Aufgaben der Pflegenden

Falls erforderlich, geben die Pflegenden Ratschläge zur Intimpflege, erläutern hygienische Standards und beraten die Patienten über notwendige Hilfsmittel. So können Inkontinenzprobleme beispielsweise immer wieder zur Verschlechterung einer Haut-/Geschlechtserkrankung führen. Ist eine Beseitigung der Ursache ausgeschlossen, kann als adäquates Hilfsmittel z.B. ein Kondomurinal indiziert sein.

7.1.6 Sich sauber halten und kleiden

Diese Lebensaktivität berücksichtigt:
- Die persönliche Pflege
- Das individuelle Erscheinungsbild
- Das individuelle Wohlbefinden.

Ob sich die dermatologischen Patienten waschen, baden oder duschen dürfen, wird vom Arzt entschieden. Häufig werden therapeutische Bäder mit entsprechenden Zusätzen verordnet.

Aufgaben der Pflegenden

Die Pflegenden agieren vorrangig anleitend und diskret beobachtend, übernehmen jedoch auch je nach Notwendigkeit die Körperpflege teilweise oder vollständig. Dabei ist eine umfassende Beobachtung des Haut- und Schleimhautzustandes sowie der Hautanhangsorgane möglich.
Oftmals erfordert ein Krankheitsbild eine besondere Körperpflege sowie einen häufigeren Wechsel von Leib- und Bettwäsche.
Nach jeder Körperpflege sind die genutzten Örtlichkeiten gründlichst zu reinigen, um eine Infektionsübertragung zu vermeiden. Entsprechend verhält es sich mit den Waschutensilien. Diese werden patientenbezogen verwendet, günstig ist hierbei die Nutzung von Einmalmaterialien. Waschlappen, Waschschüssel und Handtücher werden bei Patienten mit infektiösen Hauterkrankungen nach jeder Körperpflege gewechselt, die benutzten Utensilien gemäß Hygienevorschriften in entsprechend gekennzeichnete Vorrichtungen (z.B. Wäschesäcke) entsorgt.
Um die Betroffenen in ihrer Entscheidungsfähigkeit und persönlichen Freiheit nicht zu sehr zu beengen, ist es sinnvoll, im Beisein der Patienten die mitgebrachten Körperpflegemittel auf ihre Verwendbarkeit zu prüfen. Die Pflegenden erfragen die Verträglichkeit der Produkte, z.B. von Konservierungsmitteln, Farb- und Duftstoffen. Die Körperpflegemittel müssen in jedem Fall auf das therapeutische Konzept abgestimmt werden.

Pflegemittel

Empfehlenswert sind alkalifreie Waschlösungen (pH < 7) oder Waschlotionen mit einem pH-Wert, der dem des Säureschutzmantels der Haut ähnelt (pH ca. 5,7).
Auch die Auswahl der Kleidungsstücke richtet sich nach Vorgaben. Kleidung mit allergenen Inhaltstoffen soll möglichst nicht getragen werden. Die Pflegenden beraten die Patienten anhand ihres Allergieschemas bzw. unter Berücksichtigung der Hauterkrankung. Sie verweisen auf Schilder in der Kleidung, die Auskunft über deren Zusammensetzung geben. Im Einzelnen ist es jedoch oft schwer, genaue Angaben über möglicherweise gefährdende Inhaltsstoffe eines Kleidungsstücks zu erhalten. Das Tragen von Baumwollkleidung ist generell zu bevorzugen. Luftundurchlässige, synthetische Stoffe und Wolle sollten dagegen gemieden werden.

7.1.7 Die Körpertemperatur regulieren

Die regelmäßige Kontrolle der Körpertemperatur hilft, frühzeitig Infektionen zu diagnostizieren und darauf zu reagieren. Der gesunde Mensch hat eine Körpertemperatur von 36,0–37,2 °C, die im Tagesverlauf um wenige Zehntel Grad schwankt. Die niedrigsten Werte werden am Morgen und die höchsten in den Nachmittagsstunden gemessen. Schwankungen > 1 °C im Tagesverlauf sowie eine Umkehrung des normalen Temperatur-Tagesprofils (Morgen- höher als Abendtemperatur) müssen als pathologisch aufgefasst werden. Höhere Temperatur oder Fieber werden hauptsächlich durch Infekte verursacht. Die Betroffenen fühlen sich unwohl, frieren oder schwitzen, sind müde und schlapp.

> Die Temperatur sollte rektal oder oral bei geschlossenen Lippen gemessen werden. Axilläre Messungen sind ungenau, vor allem bei Schwerkranken und beim Schwitzen (Verdunstungskälte).

Fehlen bei einem Patienten die Schweißdrüsen oder ist die Schweißsekretion am ganzen Körper durch die Erkrankung beeinträchtigt, kann es zum Hitzestau kommen. Lokalisierte Störungen in der Schweißdrüsensekretion wirken sich in der Regel nicht auf die Temperaturregulation aus.

Aufgaben der Pflegenden

Die Pflegenden achten auf ausreichende Flüssigkeitszufuhr, wenn der Patient Fieber hat und führen nach Anordnung fiebersenkende Maßnahmen durch.

Fieber senkende Wadenwickel

Wadenwickel werden angewandt, um die gestiegene Körpertemperatur zu reduzieren. Einfache kalte Wasserwickel reichen normalerweise aus. Gleichwohl können Zusatzstoffe den Effekt noch verstärken (z. B. Bergamotte, Eukalyptus, Pfefferminze, Zitrone). Dabei werden einem Liter Wasser acht Tropfen des zu verwendenden Öles beigefügt. Um die gesamten Unterschenkel wird je ein Baumwoll- oder Leintuch gelegt, welches vorher mit handwarmem, nicht eiskaltem, Wasser getränkt und ausgewrungen wurde. Zur Befestigung wickelt man ein Wolltuch oder Einmaltuch herum. Wenn die Tücher nach etwa 10 Minuten warm geworden sind, werden sie erneuert. Nach dreimaligem Wechsel legt man eine halbstündige Pause ein.

Bei kalten Füßen/Unterschenkeln dürfen keine Wadenwickel gemacht werden. Hier kommen Abwaschungen oder ein Wannenbad ein paar Grad unterhalb der gemessenen Körpertemperatur in Betracht.

7.1.8 Sich bewegen

Hauterkrankungen bzw. ihre Symptome können zu Bewegungseinschränkungen führen. Mobile Patienten müssen mobil gehalten, immobile Patienten gefördert werden. Pflegende richten ihre Beobachtungen, Fragestellungen und daraus resultierenden Pflegemaßnahmen daher auf

- Aspekte der Körperhaltung und -lage
- das Mobilitätsmuster (Gangbild, Bewegungsablauf, Koordination der Bewegung)
- die Bewegungseinschränkungen (z. B. Lähmungen, Schmerzen, Verbände, Kräftezustand, Bettruhe).

Aufgaben der Pflegenden

Um die Lebensqualität der dermatologischen Patienten aufrechtzuerhalten und zu stärken, aktivieren die Pflegenden sie ggf. zur Mobilität, z. B. im Rahmen von Sportprogrammen oder Beschäftigungstherapien. Standardisierte Maßnahmen können ferner Dekubitalulzera, Kontrakturen und weitere Hautschäden vermeiden helfen.

7.1.9 Arbeiten und spielen (sich beschäftigen)

Um diesen Lebensbereich sinnvoll zu gestalten, kann die Integration der Ergotherapie in den Therapieplan sinnvoll sein. Psychosoziale Probleme ergeben sich für viele Patienten außerhalb der Klinik, wenn sie aufgrund ihrer Hauterkrankung ihre Hobbys oder sogar ihren Beruf aufgeben müssen, z. B. wegen einer Allergie. Versagergefühle und Perspektivlosigkeit sind nicht selten damit vergesellschaftet.

Aufgaben

Den Betroffenen werden Wege aufgezeigt, sich beruflich neu zu finden, u. a. durch adäquate Umschulungsmaßnahmen. An dieser Stelle werden Berufshelfer wirksam, die über den Sozialdienst des Krankenhauses kontaktiert werden können.

7.1.10 Sich als Mann oder Frau fühlen und verhalten

Pflegearbeit soll das positive Selbstempfinden jedes Menschen in allen Bereichen fördern und stärken. Dazu gehört auch die Sexualität, die akzeptiert und ernst genommen wird; die Intimsphäre des Patienten ist selbstverständlich zu wahren. Pflegerische und therapeutische Maßnahmen finden deshalb vor anderen Blicken geschützt statt. Zudem ist zu respektieren, wenn Patienten über bestimmte Themen nicht reden wollen. Die Sexualität darf jedoch kein pflegerisches Tabuthema darstellen. Sie beschränkt sich nicht nur auf die sexuelle Begegnung mit einem Partner, sondern umfasst vielmehr die Selbstdemonstration als geschlechtliches Wesen, also als Mann oder Frau.

Dermatologische Patienten fühlen sich – unabhängig von Krankheitsausmaß und -lokalisation – nicht selten stigmatisiert, unattraktiv und vermeiden jeglichen Körperkontakt, von sexueller Aktivität ganz zu schweigen. Oft ist es ihnen unmöglich, partnerschaftliche Beziehungen aufzubauen und zu unterhalten, obwohl viele Partner zunächst ein hohes Verständnis für das Krankheitsbild aufbringen.

Eine ständige Ablehnung, ein zunehmender sozialer Rückzug, u. U. bis zur Selbstaufgabe des Hauterkrankten, belasten viele Partnerschaften, evtl. auch das Familienleben. Psycho- und/ oder Paartherapien sind ggf. Möglichkeiten, die Probleme zu bewältigen. Eine Einbindung der Angehörigen in den Behandlungs-/Pflegeprozess ist außerdem sinnvoll, um sachlich über das Krankheitsbild zu informieren und evtl. vorhandene (Berührungs-) Ängste abzubauen.

Aufgaben der Pflegenden

Das beschriebene abweisende Verhalten resultiert vor allem aus einer mangelhaften Selbstakzeptanz, die durch ein negatives Echo aus dem sozialen Umfeld potenziert wird. Zunächst ist es daher wichtig, den Patienten Selbstvertrauen und Selbstbewusstsein zu vermitteln. Pflegende auf dermatologischen Stationen müssen daher im Umgang mit dem Betroffenen viel Sensibilität aufbringen. Ziel ist, die Selbstzufriedenheit des Patienten zu stärken. Maßnahmen können hierbei sein:

- Therapieerfolge hervorheben
- Rückfälle auffangen und ggf. relativieren
- Individuelle Schritte des Patienten positiv verstärken.

Eine besondere Brisanz besitzen die Geschlechtskrankheiten. Betroffene schämen sich häufig und lehnen Gespräche über sich und die Krankheit mehrheitlich ab. Pflegende müssen dies vorerst respektieren. Gleichzeitig bieten sie jedoch ihre Gesprächsbereitschaft an und zeigen Interesse am Patienten und dessen Wohlbefinden.

7.1.11 Schlafen

Der physiologische Schlaf- und Wachrhythmus wird durch einen normalen Tagesablauf gefördert. Dennoch liegen bei dermatologischen Patienten Symptome vor, die einen normalen Tag-Wach-Rhythmus hemmen. Häufig leiden Hauterkrankte unter **Juckreiz (Pruritus),** welcher im Tagesverlauf durch zahlreiche Ablenkungen weniger in den Vordergrund gelangt. Aufgrund der Bettwärme wird der Juckreiz jedoch oft verstärkt und hindert die Betroffenen am Ein- und Durchschlafen. Die Patienten klagen über cin zunehmendes Schlafdefizit, sind tagsüber nervös, unausgeglichen und gereizt. Um sich Linderung zu verschaffen, kratzen sie großflächige Hautareale wund und blutig, da der Verletzungsschmerz für sie vielfach erträglicher erscheint als der Juckreiz. Hier besteht die Gefahr der Superinfektion. Um diese Entwicklung zu verhindern, sind präventive Maßnahmen erforderlich (☞ 3.1).

> Antipruriginöse (gegen den Juckreiz gerichtete) Maßnahmen verhelfen den Betroffenen zum physiologischen Nachtschlaf und verhindern die kratzbedingten Folgeschäden.

Aufgaben der Pflegenden

Die Maßnahmen werden immer in Absprache mit dem behandelnden Arzt und unter Kontrolle der Patienten durchgeführt. Man unterscheidet äußere und innere Anwendungen (☞ 3.1).

7.1.12 Sinn finden und Sterben

Diese Lebensaktivität bezieht sich auf die individuelle Auseinandersetzung mit der Einstellung zu Gesundheit, Behinderung, Krankheit und Tod.

Aufgaben der Pflegenden

Für Pflegende bedeutet dies, den Hauterkrankten Hilfe anzubieten, sie zu begleiten und aufklärend/beratend tätig zu werden. Ängste und Wünsche der dermatologischen Patienten werden erfragt bzw. erkannt, in die individuelle Pflegeplanung integriert und durch adäquate Maßnahmen im Rahmen der Pflege bearbeitet. Ein sicheres, offenes und behutsames Auftreten kann helfen, eine Isolation zu durchbrechen. Ziel ist, die Patienten bei der u. U. krankheitsbedingt notwendigen Neu- bzw. Umorientierung in der Lebensplanung zu unterstützen. Berufshelfer helfen den Patienten beispielsweise bei einer beruflichen Neuorientierung.

Bei dieser Lebensaktivität sind ferner persönliche Weltanschauung und Religiosität/religiöse Handlungen von Bedeutung und im pflegerischen Handeln zu berücksichtigen. So sind z. B. Besinnungs- oder Gebetsphasen zu respektieren bzw. Kompromisse zu finden, falls sie mit der Therapieplanung kollidieren.

7.2 Pflegeprozess

Der **Krankenpflegeprozess** teilt den Pflegeverlauf in sechs Phasen ein. Eine standardisierte Abfolge von pflegerischen Maßnahmen soll gewährleisten, dass der Patient seiner individuellen Situation gemäß und im Hinblick auf die Genesung optimal versorgt wird. Die Reihenfolge der einzelnen Phasen gibt der Pflege den notwendigen Rahmen und beruht auf der Grundlage individueller Bedürfnisse. Alle Phasen sind dabei voneinander abhängig.

Inhalte

Voraussetzungen für den gelungenen Pflegeprozess sind qualifizierte Pflegende und ein gut strukturiertes Dokumentationssystem. Die sechs Phasen umfassen:

1. Informationssammlung (Aufnahme, Erstgespräch; ☞ 7.2.1)
2. Ressourcen und Probleme des Patienten (☞ 7.2.2)
3. Zielsetzung der Pflege (☞ 7.2.3)
4. Planung der Pflegemaßnahmen (☞ 7.2.4)
5. Durchführung der Pflege (☞ 7.2.5)
6. Beurteilung der Pflege und evtl. Neufestlegung (☞ 7.2.6).

Bezug zu den Lebensaktivitäten

Um alle Informationen über den Gesundheits/Krankheitszustand der Hauterkrankten zusammentragen zu können, werden die Lebensaktivitäten in die Pflegeplanung integriert. Sie geben Auskunft über:

- Bisherige Gewohnheiten unter Beachtung der Faktoren, die die Lebensaktivitäten beeinflussen
- Die aktuelle Situation des Patienten während seines Krankenhausaufenthalts (Abhängigkeit/Unabhängigkeit)
- Die Ressourcen des Patienten
- Das subjektive Krankheitserleben des Patienten.

7.2.1 Informationssammlung

Die **Informationssammlung** hat das Ziel, den Patienten kennen zu lernen, seine Möglichkeiten und erhaltenen Kräfte sowie Art und Ausmaß seiner Hilfsbedürftigkeit abzuklären. Sie hilft herauszufinden, welche pflegerischen Maßnahmen er in seiner momentanen Situation braucht, v. a. in der ungewohnten und oft beängstigend empfundenen Umgebung der Klinik.

Quellen der Informationssammlung

- **Direkte Informationen** über die Patienten erhalten die Pflegenden durch das persönliche Gespräch mit ihnen, den Angehörigen, Begleitern, Kollegen und Ärzten. Eigene Beobachtungen ergänzen die abgefragten Informationen. Erfragt werden u. a.
  - der Krankheitsstatus (akut, subakut, chronisch)
  - vorhandene Beeinträchtigungen durch die Erkrankung in den Lebensaktivitäten
  - das Vorliegen von Schmerzen und lokalen Infekten
  - der Kenntnisstand über die Krankheit
- **Indirekte Informationen** gewinnen Pflegende aus der ärztlichen Anamnese, durch Aussagen des Arztes, der Krankengeschichte und aus schriftlichen Unterlagen vom Hausarzt und/oder behandelndem Dermatologen
- **Objektive Daten** sind beobachtbar und messbar (z. B. Körpergröße, Körpergewicht, Vitalwerte)
- **Subjektive Daten** sind Aussagen der Patienten über ihre Empfindungen, die sie anschließend werten (z. B. Schmerzen, deren Intensität und Intervall, Gefühle).

Je besser es den Pflegenden gelingt, eine vertrauensvolle Atmosphäre zu schaffen und gezielt zu fragen, umso eher und ausführlicher sind die Patienten bereit, sich zu äußern.

Das Erstgespräch

Im Erstgespräch ist es wichtig, nicht nur Informationen zu sammeln, sondern eine persönliche Beziehung zum Patienten aufzubauen. Nähe und Distanz werden gegenüber den Patienten individuell eindeutig definiert.

So ist abzuklären, ob die Pflegenden eine Ansprache lediglich beim Vornamen, mit Berufstatus oder mit vollem Familiennamen bevorzugen.

Rahmen

Das Erstgespräch soll so früh wie möglich, am besten gleich nach der Aufnahme stattfinden. Voraussetzung ist das Einverständnis des Patienten. Der Wunsch, keine Mithörer zu dulden, wird respektiert. Ein ruhiger Raum und eine angenehme Atmosphäre sind deshalb wichtig. Die Dauer des Erstgespräches soll nicht mehr als 15–20 Minuten betragen.

Inhalte

Großes Interesse gilt im Erstgespräch dem subjektiven Krankheitsgefühl des Patienten, dem Beginn der Krankheit, dem Ausmaß der Hilfebedürftigkeit, den krankheitsbedingten Veränderungen im Leben des Patienten und den individuellen Pflegebedürfnissen. Der Patient erhält Informationen, beispielsweise über den Tagesablauf auf Station, Visitenzeiten, ärztliche und pflegerische Zuständigkeiten usw.
Offensichtliche Missverständnisse werden möglichst beseitigt, Ängste identifiziert, ggf. auch Trost und Geborgenheit vermittelt oder entsprechende Hilfen angeboten.

7.2.2 Ressourcen und Probleme des Patienten

Ressourcen umfassen alle verbliebenen Fähigkeiten, Stärken und Sympathien des Patienten, die zu seiner Genesung beitragen.

Als Grundlage für die Erkennung der **Ressourcen** und **Probleme** dienen die bisher gewonnenen Informationen (Erstgespräch, Anamnesen u.a.). Aus ihnen leiten die Pflegenden die relevanten Pflegeprobleme ab.

Einteilung der Pflegeprobleme

- **Aktuelle Probleme** erkennen die Pflegenden durch gezieltes Fragen und Beobachten. Sie erfordern sofortiges Handeln. Meist äußern die Patienten diese Probleme von sich aus, z.B. Schmerzen, starker Juckreiz, nässende Wunden
- **Potenzielle Probleme** sind mögliche, aber im Moment noch nicht aktuelle Probleme, z.B. Risikofaktoren wie Rauchen und Alkohol, Superinfektionen durch mangelnde Körperhygiene. Das Erkennen potenzieller Probleme setzt fachliches Wissen voraus
- **Verdeckte Probleme** können Pflegende vom Verhalten des Patienten her vermuten. Sie müssen sich aber erst noch bestätigen. Oft möchten Patienten ein Problem nicht äußern oder es ist ihnen nicht bewusst. Eine intensive Krankenbeobachtung sorgt dafür, dass auch diese Probleme näher analysiert werden. Ein verdecktes Problem kann ein aktuelles Problem sein
- **Individuelle Probleme** sind die spezifischen Probleme des einzelnen Patienten (z.B. andere Essenszeiten als zu Hause, gestörte Privatsphäre durch viele Mitpatienten)
- **Generelle Probleme** sind für die meisten Patienten unter gleichen Bedingungen und gleichem Risiko typisch und voraussehbar (z.B. Juckreiz potenziert die Gefahr für offene große Wunden beim Hauterkrankten).

Die Pflegenden dokumentieren alle Ressourcen und Probleme kurz und knapp und trotzdem so exakt und spezifisch wie möglich. Die Pflegeprobleme sollten objektiv, das heißt, ohne Interpretation und Werturteil formuliert werden.
Die Situationsbeschreibung des einzelnen Patienten stellt den entscheidenden Schritt im Krankenpflegeprozess dar. Hier wird der Grundstein für die Pflegeplanung gelegt.

- Alle nicht erkannten Probleme können auch nicht bearbeitet werden
- Alle Ressourcen, die nicht genutzt werden, können auch nicht in die Pflegeplanung mit einbezogen werden und zur Problemlösung beitragen.

7.2.3 Zielsetzung

Zu jedem formulierten Pflegeproblem gehört ein **Pflegeziel.** Es beschreibt, welcher Erfolg in der Pflege angestrebt wird. Ein Pflegeziel muss dem entsprechen, was der Patient in sei-

ner gegebenen Situation reell erreichen kann. Es ist derart eindeutig und unmissverständlich zu formulieren, dass auch die Patienten keine Schwierigkeiten haben, es inhaltlich zu erfassen.
Pflegeziele werden in der Diskussion im Pflegeteam erarbeitet und definiert. Dabei sind verschiedene Zielformen zu unterscheiden:

Fernziele

Zu jedem Einzelproblem wird ein Fernziel formuliert. Es definiert den Pflegeerfolg, den der dermatologische Patient maximal erreichen kann. Dies muss nicht im Rahmen des Krankenhausaufenthaltes geschehen.

Nahziele

Nahziele beschreiben die einzelnen Pflegeschritte, die zum Fernziel führen. Es ist vorteilhaft, zu den Pflegeproblemen Nahziele für kürzere Zeitabstände zu formulieren, z.B. für 5–7 Tage. Nahziele müssen

- realistisch
- erreichbar und
- überprüfbar sein.

Eine Angabe einer Maßeinheit ist deshalb sehr hilfreich (z.B. minimale Trinkmenge pro Tag in ml). Man legt ein Überprüfungsdatum fest. So werden kleinere und größere Erfolgserlebnisse sichtbar, die sowohl die Patienten als auch die Pflegenden motivieren können.

7.2.4 Planung der Pflegemaßnahmen

Die Pflegeplanung richtet sich nach der Problemstellung und dem Pflegeziel und muss geeignet sein, dieses Ziel zu erreichen. Im **Pflegeplan** wird festgelegt, wie der Hautkranke in seiner Genesung und der Erhaltung der verbliebenen Gesundheit unterstützt wird und wo er selbst aktiv sein kann. Es werden also die Maßnahmen und die Art des Vorgehens bestimmt. Alle geplanten Maßnahmen sollen zu jeder Zeit, also auch am Wochenende, durchführbar sein, die Patienten und auch ihre Angehörigen jedoch nicht überfordern.

Individuelle Pflegeplanung

Diese Planung ist an den individuellen Problemen und Zielen des Patienten orientiert und kann als eigentliche Pflegeverordnung betrachtet werden, die eingehalten werden muss.

Standardisierter Pflegeplan

Bei typischen allgemeinen, also für mehrere Patienten geltende Pflegemaßnahmen, ist eine ausführliche Dokumentation nicht erforderlich, wenn ein Standard existiert („siehe Standard Nr. XY“). Aus der verwendeten Formulierung muss exakt zu ersehen sein, mit was, wie, wie lange und wie oft die Maßnahme durchgeführt werden soll bzw. der Patient sie selbst durchführen kann.
Standards werden heutzutage in vielen Krankenhäusern bei Präventivmaßnahmen angewandt. Dabei können zwischen den einzelnen Einrichtungen erhebliche Unterschiede bestehen. Pflegestandards, die von Stationen erstellt werden, sind dann akzeptabel, wenn dadurch die Pflege sinnvoll gestaltet und die individuellen Bedürfnisse des Patienten berücksichtigt werden. Eine zeitnahe Anpassung der Standards an neueste Erkenntnisse aus der Pflegeforschung ist jedoch wünschenswert.

7.2.5 Durchführung der Pflegemaßnahmen

Die Voraussetzung für eine gezielt geplante Pflege ist die verantwortungsbewusste Haltung der Pflegenden im Team. Entsprechende Qualifikationen für den Umgang mit Haut- und Geschlechtskranken sind unabdingbar. Jeder Pflegende muss die geplante Maßnahme exakt ausführen und jede Veränderung im Pflegebericht genau dokumentieren. Kann eine Maßnahme nicht durchgeführt werden, so gehört eine Begründung in den Pflegebericht (z.B. Zeitfaktor, Personalmangel, Zustand des Patienten usw.). Die Qualität und Quantität der pflegerischen Arbeit kann anhand der Pflegedokumentation nachgewiesen werden.

Aus juristischer Sicht gilt:
- Was dokumentiert ist, gilt als getan. Im Fall einer Anklage liegt die Beweispflicht beim Ankläger
- Was nicht dokumentiert ist, gilt prinzipiell als nicht getan. Im Fall einer Anklage liegt die Beweispflicht beim Personal.

7.2.6 Beurteilung der Pflege (Evaluation)

Durch die Beurteilung der Pflegewirkung wird überprüft, ob die Patienten unter den gegebenen Bedingungen das Pflegeziel erreichen können bzw. konnten oder ob einzelne Schritte des Pflegeprozesses geändert werden müssen. Ist das Ziel erreicht, wird ein neues Nahziel formuliert. Ist das Ziel nicht erreicht, müssen neue Maßnahmen festgelegt werden. Dabei werden folgende Fragen berücksichtigt:
- Ist das Problem richtig erkannt?
- Wurden alle Ressourcen beachtet?
- War das Ziel zu hoch gesteckt?
- Waren die Maßnahmen geeignet?

Je nach Beantwortung der einzelnen Fragen, muss ein neuer Einstieg in die entsprechende Phase geplant und die Ergebnisse dokumentiert werden. Dieses Vorgehen wird mit den Hauterkrankten und ggf. weiteren Beteiligten besprochen.

7.2.7 Schwierigkeiten in der Realisierung des Pflegeprozesses

Schwierigkeiten in der praktischen Umsetzung des Pflegeprozesses haben unterschiedliche Gründe.

Qualifikation

Oftmals sind Qualifikationsdefizite der Pflegenden verantwortlich. Gerade auf dermatologischen Stationen ist ein einheitlicher Ausbildungsstand, erweitert durch beispielsweise regelmäßige Fortbildungen, von Vorteil und deshalb eine intensive Einarbeitung von Auszubildenden und neuen Mitarbeitern aus folgenden Gründen notwendig:
- Formulierungsfehler, die sich z. B. aus einem falschen Verständnis von Problem und Maßnahme ergeben, sind häufig
- Oft werden Standardformulierungen benutzt, welche die Individualität des Patienten nicht würdigen
- Überlegungen, ob sich bei der Pflege etwas geändert hat bzw. ob eine Maßnahme überhaupt wirksam ist, gehen oft nicht weit genug.

Störfaktoren

Um die Dokumentation korrekt, richtig und vollständig zu führen, benötigen Pflegende angemessene Zeit und Ruhe. Die Stationsarbeit ist auch in der Dermatologie von zahlreichen Stressoren geprägt, beispielsweise Telefon, Klingel und Ablenkungen durch andere (Ärzte, Kollegen, Patienten, Angehörige), die immer wieder von der Dokumentation ablenken können. Hinzu kommen diagnostische und therapeutische Maßnahmen, wodurch die Patienten oft nicht auf Station zu erreichen sind. Eine gemeinsame Planung gestaltet sich daher schwierig. Der Pflegeprozess in seiner Gesamtheit ist nur dann durchführbar, wenn alle Pflegenden von dessen Methode überzeugt sind und mitarbeiten.

7.3 Pflegerische Aufgaben in Diagnostik und Therapie

Pflegenden haben mehrere Wirkungsbereiche:
- Einerseits unterstützen sie selbständig die Patienten in Verrichtungen, welche diese selbst nicht mehr bewältigen können. Dies reicht vom Anleiten in der Tätigkeit, über Teilübernahmen der Verrichtung bis hin zu deren vollständigen Übernahme. Als Bezugsrahmen dienen die bereits thematisierten Lebensaktivitäten
- Andererseits agieren Pflegende als ärztliche Assistenten und als Ausführende ärztlicher Anordnungen. Dazu zählen:
  - Vorbereitungs- und Nachbereitungsarbeiten ärztlicher Verrichtungen
  - Assistenz bei ärztlichen Tätigkeiten
  - Verabreichung von Arzneimitteln nach ärztlicher Anordnung.

7.3.1 Assistenz bei Untersuchungsmaßnahmen

Untersuchungsmaßnahmen versetzen die Patienten häufig in eine ungewohnte Situation. Viele Betroffene wissen nicht, was sie erwartet, und sind evtl. verunsichert oder gar verängstigt. Aufgabe der Pflegenden ist es hier, die Patienten über anstehende Untersuchungen zu informieren und deren Fragen im Vorfeld zu klären.

Untersuchungsraum

Auf eine für den Patienten angenehme Atmosphäre ist zu achten; Fenster werden geschlossen und damit Zugluft vermieden. Ggf. werden die Heizkörper angestellt, Kissen und Decken bereitgelegt. Pflegende achten außerdem darauf, dass die Untersuchung ungestört abläuft.
Separate Räumlichkeiten können die Intimsphäre des Patienten würdigen, aber auch seine Ängste potenzieren. Dies gilt vor allem dann, wenn Umgebungsfaktoren der Untersuchung angepasst werden müssen. In der Dermatologie sind beispielsweise besondere Lichtverhältnisse vonnöten, um den Haut- und Haarzustand insgesamt zu beurteilen. Bei jeder ersten Untersuchung des Patienten muss sich dieser zudem vollständig entkleiden. Damit der Patient sich nicht total entblößt vorkommt, kann dies jedoch in Etappen erfolgen, z.B zuerst nur der Oberkörper, dann erst nach dem Wiederankleiden des Oberkörpers, den Unterkörper frei machen. Trotzdem kann dies zu Protesten führen, verängstigen bzw. die individuelle Intimsphäre verletzen. Vorherige Erläuterungen über den Ablauf der Untersuchung sind daher erforderlich.
Vorteilhaft ist außerdem eine dem Untersuchungszimmer angegliederte Umkleidekabine, in welcher der Patient ungestört seine Kleidungsstücke ablegen kann. Bei Kontrolluntersuchungen werden häufig nur noch die betroffenen Hautpartien inspiziert und ein vollständiges Entkleiden ist damit überflüssig.

Untersuchungsassistenz

Pflegende prüfen in Zusammenarbeit mit dem Arzt im Vorfeld einer Untersuchung, ob das entsprechend benötigte Arbeitsmaterial vorhanden ist. Eine direkte Assistenz bei der dermatologischen Untersuchung hängt von Art und Umfang ab, ist jedoch meist nicht erforderlich.

7.3.2 Übernahme lokaler Behandlungsmaßnahmen

Hauterkrankungen werden häufig medikamentös (wegen guter Zugänglichkeit meist lokal) behandelt und entsprechende ärztliche Verordnungen zunächst durch die Pflegenden umgesetzt. Dabei wird der Patient gleichzeitig angeleitet und über Vorgehensweise und Fehlermöglichkeiten bei der Anwendung aufgeklärt, damit er die örtliche Therapie in Zukunft selbst übernehmen kann.
Mögliche Nebenwirkungen und auch unvermeidbare Begleiterscheinungen der Therapie werden angesprochen, u.a. dass manche Therapeutika unangenehm riechen und die Haut und die Kleidung verfärben können. Für den Patienten ist es ferner wichtig zu wissen, welche Substanzen er bei der Körperhygiene zu meiden hat, welche Kleidung er tragen kann und wie er sich den Umwelteinflüssen aussetzen darf. Für eine angemessene Aufklärung sind sowohl Ärzte als auch Pflegende zuständig.

Allgemeines Vorgehen

Die örtliche Therapie durch Pflegende setzt den professionellen Umgang mit den Therapeutika und eine genaue Krankenbeobachtung voraus. Etwaige Auffälligkeiten oder Reizreaktionen bedürfen:
- Einer sofortigen Mitteilung an den behandelnden Arzt
- Womöglich einer Unterbrechung der Behandlung
- Einer entsprechenden Dokumentation.

> Bettlägerige, operierte und infektiöse Patienten werden im Krankenzimmer behandelt, die anderen Patienten zur Behandlung in ein separates Behandlungszimmer gebeten. Bei der Behandlung im Patientenzimmer ist für einen Sichtschutz zu sorgen. Individuelle Patientenwünsche werden berücksichtigt.

Pflegerische Lokalbehandlungen lassen sich durch Richtlinien gut organisieren. Im Folgenden ein Ablaufschema, nach dem sich Pflegende richten können.

Ablaufschema Lokaltherapie

Allgemeine Vorbereitung
- Hände waschen
- Lokaltherapeutika sortieren und das für den Patienten spezifische Medikamentenressort bereitstellen (Verfallsdatum!)
- Genügend Arbeitsmaterialien bereitlegen (Verbandsstoff, Spatel, Watteträger u. a.)
- Behandlungsgegenstände so anrichten, dass ein barrierefreier Zugang möglich ist
- Abwurf-/Entsorgungsmöglichkeiten herrichten
- Für ein angenehmes Raumklima sorgen (Fenster zu, Heizung an, ggf. Vorhänge schließen)
- Störungen minimieren (z. B. durch Türschild, ggf. Sichtschutz).

Vorbereitung des Patienten
- Patienten informieren, aufklären
- Zum Behandlungszimmer begleiten.

Durchführung der Maßnahme
- Hände waschen und desinfizieren
- Ggf. Patienten beim Entkleiden behilflich sein, Patienten lagern/positionieren, Kleidung vor dem Kontakt mit dem Therapeutikum schützen
- Therapeutika zugänglich machen (z. B. Tuben öffnen)
- Einmalhandschuhe überziehen (ggf. Latexallergie berücksichtigen!)
- Ggf. vorhandenen Verband abnehmen und Verbandsstoff entsorgen, alte Reste von Lokaltherapeutika auf der Haut mit warmen Wasser entfernen (Haut beobachten)
- Vor erneuter Applikation des Lokaltherapeutikums Handschuhe wechseln
- Therapeutikum mittels Pipette, Spatel oder Watteträger entnehmen; diese nach jedem Patientenkontakt verwerfen und erneuern
- Lokaltherapeutikum auftragen (Haut beobachten)
- Ggf. Verband anlegen
- Handschuhe ausziehen, hygienische Händedesinfektion.

Kontrollen
- Allergische Reaktion?
- Vitalparameter?
- Subjektives Befinden des Patienten?

Nachbereitung
- Ggf. Patienten beim Ankleiden helfen, ins Patientenzimmer zurückbegleiten, Befindlichkeit erfragen, Krankenbeobachtung
- Wieder verwendbare Materialien sorgfältig verschließen
- Abfälle entsorgen
- Dokumentation (Maßnahme, beobachtete Veränderungen des Behandlungsareals, besondere Reaktionen des Patienten).

Lokaltherapie

Jede Lokalbehandlung der Haut folgt einem Grundschema, das sich nach der Ausprägung der Krankheit richtet. Dabei werden akute, subakute oder chronischer Verläufe unterschieden (Prinzipien der Lokaltherapie, ☞ 5.1). Ausgangspunkte bilden die drei Grundwirkstoffe
- Salben (Fette),
- Flüssigkeiten und
- Puder bzw. Pulver,

welche in jeweiliger Mischung Pasten/Cremes oder Schüttelmixturen (Lotios) ergeben (☞ Abb. 5.1). Der Grundstoff übt auch selbst Wirkungen auf die Haut aus und muss deshalb sorgfältig auf den Hauttyp des Patienten und die Art der Hauterkrankung abgestimmt werden.

Behandlungsformen

Ausgangspunkte der Lokalbehandlung sind ihre Grundwirkstoffe. Lokaltherapeutika werden am häufigsten
- durch Auftragen (z. B. Creme),
- abdeckende Verbände,
- feuchte Umschläge oder
- im Rahmen von Voll- oder Teilbädern mit entsprechenden Zusätzen

angewandt. Jede Form hat ihre Vor- und Nachteile.
Durch Kenntnis von Eigenschaften der Ausgangsstoffe können Pflegende in Eigenverantwortung auf dermatologische Störungen der

Patienten reagieren. So sind beispielsweise Salben besser als andere Grundstoffe als Träger für diverse Wirkstoffe geeignet, um sie optimal in die Haut einzubringen. Medikamente, die in Pasten eingemischt werden, haben dahingegen eine geringe Resorptionsrate. Cremes lassen sich leichter verstreichen als Salben, ohne den lästigen Fettglanz zu hinterlassen, was für die Anwendung im Gesicht und an den Händen besonders vorteilhaft ist.

Allgemeine Regeln für den Umgang mit Lokaltherapeutika

- Immer mit frisch gewaschenen, desinfizierten und schmuckfreien Händen arbeiten
- Arzneimittel nicht verwechseln! Einheitlich aussehende Behälter mit verschiedenen Substanzen können Verwechslungen begünstigen
- Der Inhalt angebrochener Tuben muss innerhalb der auf der Tube vermerkten Zeit aufgebraucht oder aber verworfen werden
- Angebrochene Tuben oder Dosen nur für einen Patienten verwenden.

> **Vorsicht:** Bei Zubereitungen für einen Patienten, die Dose auch nur für diesen einen Patienten nutzen. Am besten beim entsprechenden Patienten selbst aufbewahren, sonst mit Namen kennzeichnen und nur für diesen Patienten weiterverwenden. Kontaminationsgefahr!

7.4 Schockapotheke/Sofortmaßnahmen im Notfall

7.4.1 Schockapotheke

Pflegende sorgen dafür, dass die Schockapotheke – also eine Grundausstattung für Notfälle – in regelmäßigen Abständen auf ihr komplettes Vorhandensein hin überprüft wird. Dabei ist auch auf die Haltbarkeitsdaten der Arzneimittel zu achten. Verfallene Ampullen oder Infusionslösungen müssen ausgetauscht werden.
Diese Notfallausrüstung wie auch ihr Aufbewahrungsort sollte jedem auf der dermatologischen Station Pflegenden bekannt sein. Die Kontrolle auf Vollständigkeit wird anhand einer Liste vollzogen, auf der die Kontrolle von dem Prüfenden abgezeichnet wird.

Instrumente

Staubinden, Pinzette, Schere, Stethoskop, Blutdruckmanschette, Beatmungsbeutel, Intubationsbesteck, Spritzen, Kanülen, Dauerkanülen, Infusionsständer, Infusionsbesteck.

Dosier-Aerosole

Alupent®, Bricanyl®, Sultanol®, Berotec®.

Injektionslösungen

- Adrenalin-Lösung (Suprarenin®) 1:1000, Ampullen zu 1 ml (1 mg)
- Isotonische Kochsalzlösung Ampullen zu 10 ml
- Prednisolon (Solu-Decortin H®) Ampullen zu 1 g, 250 mg, 100 mg
- Triamcinolon (Volon® A-Solubile) Ampullen zu 40 mg, 80 mg
- Antihistaminikum (Tavegil®) Ampullen zu 5 ml
- Aminophyllin (Euphyllin®) Ampullen zu 10 ml
- Diazepam (Valium®) Ampullen zu 2 ml.

Infusionslösungen

- Plasmaexpander (Plasmasteril®, Infusionsflaschen zu 500 ml)
- Kristalloidlösung (Glukose 5 %, 10 %, Infusionsflaschen zu 500 ml)
- Elektrolytlösung (Sterofundin®, Infusionsflaschen zu 400 ml)
- Natriumhydrogencarbonat (8,4 %, Ampullen zu 20 ml, Infusionsflaschen zu 100 ml, 250 ml).

Sonstiges

Liege mit verstellbarem Kopf- und Fußteil, Wolldecken.

> Auch wenn nach einem Notfall die Aufregung häufig noch groß ist, sollte nicht vergessen werden, die entnommenen Materialien wieder aufzufüllen.

7.4.2 Sofortmaßnahmen bei schweren anaphylaktischen Reaktionen (Schock)

Ein anaphylaktischer Schock ist selten, stets aber akut lebensbedrohlich. Im Allgemeinen wird folgendes Vorgehen empfohlen:
- Bei den ersten Anzeichen (Schweißausbruch, Übelkeit, Zyanose) venösen Zugang schaffen
- Neben anderen gebräuchlichen Notfallmaßnahmen:
  - Kopf-Oberkörper-Tieflage
  - Atemwege freihalten!

7.4.3 Medikamentöse Sofortmaßnahmen

1. Epinephrin (Adrenalin) i. v.

Nach Verdünnen von 1 ml der handelsüblichen Epinephrin-Lösung (1 : 1000) auf 10 ml oder unter Verwendung einer Epinephrin-Fertigspritze (1 : 10 000) wird zunächst davon 1 ml (= 0,1 mg Epinephrin) unter Puls- und Blutdruckkontrolle langsam vom Arzt injiziert. **Cave:** Herzrhythmusstörungen! Die Epinephrin-Gabe kann wiederholt werden.

2. Volumensubstitution i. v.

Beispielsweise mit Plasmaexpander, Humanalbumin, Vollelektrolytlösung.

3. Kortikosteroide i. v.

Beispielsweise 250–1000 mg Prednisolon (oder äquivalente Menge eines Derivats). Die Kortikosteroid-Gabe kann wiederholt werden.

4. Weitere Therapiemaßnahmen

Beispielsweise künstliche Beatmung, Sauerstoffinhalation, ggf. Antihistaminikagabe.

7.5 Kosmetische Pflege

Auch im Krankenhaus ist für viele Patienten ein gepflegtes und ansprechendes Äußeres eine wichtige Bedingung für ihr körperliches und psychisches Wohlbefinden. Auf dieses Bedürfnis sollte nach Möglichkeit eingegangen werden. Im Folgenden werden deshalb die wichtigsten Grundlagen der kosmetischen Pflege kurz umrissen.

7.5.1 Grundlagen

Verantwortlich für das Erscheinungsbild der Haut, insbesondere des Gesichts, sind:
- Durchblutung
- Porendichte und Behaarung
- Talg- und Schweißabsonderung
- Hautpigmentierung („Teint“)
- Elastizität.

Diese Faktoren stehen in Beziehung zueinander. Kosmetische Maßnahmen dienen der ästhetischen Verbesserung des Aussehens. Durch geschicktes Hervorheben wie durch Überdecken kann das ursprüngliche Hautbild verändert und dem jeweils modischen Schönheitsempfinden angepasst werden. **Grundprinzip** soll die **Pflege** der Haut sein, um ein „gepflegtes“ Aussehen zu erzielen.

Vorsicht: Falsche kosmetische Maßnahmen stören das System – bei lang dauernder Fehlbehandlung erkrankt die Haut.

Bei der Anwendung von kosmetischen Präparaten sollte **Sparsamkeit** erstes Gebot sein. Eine jugendliche Haut bedarf außer einer gründlichen Reinigung abends und einer „leichten“ Schutzcreme am Tage keiner weiteren kosmetischen Pflege. Nachtcremes nur auftragen, wenn erforderlich, z. B. bei sehr trockener Haut, extremen Witterungseinflüssen.

Reinigung

Zur Hautreinigung nicht die üblichen Seifen verwenden, da sie stark alkalisch sind und die Haut stärker aufquellen lassen. Reinigungsmilch oder waschaktive Substanzen nahe dem Neutralpunkt sind besser geeignet.

Anwendungsform: Die im Gesicht leicht einmassierte Reinigungssubstanz abtupfen und mit viel klarem, lauwarmem Wasser nachspülen (nie Waschlappen benutzen!). Das Gesicht mit einem frischen Handtuch trocknen. Waschaktive Syndets nur verdünnt anwenden.

Nachreinigung: Sie dient der Entfernung restlicher Schmutzteilchen und wird mit einem gesichtswassergetränkten Wattebausch durchgeführt. Empfehlenswert sind:

- Bei trockener Haut alkoholfreie Gesichtswässer (höchstens mit 10 % Alkoholzusatz)
- Bei normaler Haut und Mischhaut Gesichtswasser mit 10- bis 20 %igem Alkohol
- Bei fettiger und unreiner Haut Gesichtswässer mit höherem Alkoholanteil.

Wird ein Gesichtswasser als zu scharf empfunden, dann tränkt man den Wattebausch zuerst mit Wasser, bevor man ihn mit Gesichtswasser beträufelt und dann mit kreisenden Massagebewegungen über das Gesicht gleiten lässt.

Hautschälung

Vor einer chemischen Schälkur mittels Schälsalben im Rahmen kosmetischer Maßnahmen ist zu warnen, da sie den Effekt eines starken künstlichen Sonnenbrandes hervorruft. Sie darf nur unter ständiger ärztlicher Kontrolle durchgeführt werden. Ungefährlich ist dagegen das sog. Peeling (s. u.): Hierbei werden oberflächliche Hautschichten gelöst, die dann mechanisch (Reiben!) abgetragen werden.

„Packungen"

Grundwirkung: Jede Erdepackung, die mit Wasser oder einer Lotion angerührt wird, entzieht nach dem Antrocknen der Haut Feuchtigkeit. Werden sie mit Ölen oder Fetten vermischt, leicht erwärmt und dann auf die Haut aufgetragen, so erweichen diese Packungen die Hornschicht und machen sie geschmeidig; ein Flüssigkeitsverlust entsteht nicht mehr.

Tagesschutz und Nachtpflege

Die verschiedenen Cremes sparsam handhaben. Jugendliche brauchen keine Cremes, es sei denn, ihre Haut ist großen Belastungen ausgesetzt; die Creme dient nur zum Schutz.

Tagescreme

- Als Schutz gegen Austrocknung (z. B. in beheizten Räumen) nicht zu fett, feuchtigkeitserhaltend (Feuchtigkeitscreme)
- Als Schutz vor Kälte, Licht und Sonne: fettend und evtl. durchblutungsfördernd.

Nachtpflege

- Jugendliche Haut: 1- bis 2-mal wöchentlich eine leichte Fettcreme
- Fette Haut: Öl-in-Wasser-Emulsionen
- Mischhaut: schwache Wasser-in-Öl-Emulsionen
- Trockene Haut: W-/Ö-Emulsionen, sog. fette „Nähr-"Cremes
- Altershaut: W-/Ö-Emulsionen mit besonderen Wirkstoffen, Augenfaltencreme
- Der Emulsionstyp der anzuwendenden Creme sollte dem Emulsionstyp des Hauttalges entgegengesetzt sein
- Bei fetter Haut fette Salben vermeiden!

7.5.2 Praktische Tipps zur dekorativen Kosmetik

Grundierung

Viele Punkte der Make-up-Emulsion auf das vorher gereinigte und eingecremte (Feuchtigkeitscreme) Gesicht auftupfen und von oben nach unten leicht und gleichmäßig verstreichen; Haaransatz und Hals nicht vergessen! Bei Damenbart und Augenbrauen gegen die Haarwuchsrichtung streichen. Für den Tag dunkles Make-up verwenden, da es Licht schluckt. Helles Make-up lässt hervortreten und reflektiert das Licht, für den Abend günstig. Glänzendes Make-up (Glanz-Make-up) nur bei makelloser Haut verwenden.

Modellieren

Mit Wangenrouge, Abdeckstiften, Lidschatten (als Puder, Compactpuder, Creme oder Flüssigkeit):

- Weiß macht groß, betont und hebt hervor (daher Falten nicht weiß abdecken)
- Rot vergrößert und lässt hervortreten (eingefallene Wangen)
- Ein breites Gesicht wirkt durch Blautöne schmaler

- Die Lidschattenfarben müssen immer mit Kleidung und Augenfarbe abgestimmt werden.

Korrigieren

Augenbrauen: Am günstigsten sind Konturenstifte.

- Breites Gesicht: Die Brauen über der Nase näher zusammenzeichnen.
- Schmales Gesicht: Über der Nase die Brauen etwas breiter auseinander ziehen.
- Den Brauenbogen nicht zu rund und nicht zu tief ziehen, da das Aussehen sonst traurig wirkt.

Bei hellem Haar und hellem Teint immer braune oder graue Stifte verwenden; schwarz wirkt hart und kalt.

Wimpern: Schwarz nur bei dunklem Haar färben oder tuschen, sonst braune Farbe oder Wimperntusche verwenden. Künstliche Wimpern passen nur zu einem Abend-Make-up.

Lidstrich: Von der Mitte nach außen und dann von der Mitte nach innen ziehen. Schwarzer Lidstrich wirkt hart, ein weißer würde nicht zu den Wimpern passen; daher dunkle Pastelltöne verwenden. Ein dicker Lidstrich vergrößert kleine Augen.

Lippen: Hier lohnen sich große Korrekturen nicht, da der Lippenstift nicht lange haftet. Daher zieht man die natürliche Form der Lippen mit einem Korrekturstift nach und malt sie mit einem Lippenpinsel aus.

7.5.3 Dermatologische Kosmetik

Aknetoilette

Sie dient vor allem der Eröffnung von Aknepusteln und kleinen Zysten. Maßnahmen zur Entfettung, Desinfektion, der Entfernung von Mitessern sowie ein besonderes Make-up unterstützen die Behandlung. Besonders wichtig ist die gründliche **Reinigung.**

> **Vorsicht:** Mitesser nicht selbst ausdrücken: Infektionsgefahr durch Verunreinigungen der Hände.

Pflegeschema

- Reinigungskompressen mit waschaktiven Lösungen (Syndets); mit viel klarem, warmem Wasser nachspülen
- Mit Alkohol betupfen
- Dampfbäder- oder Vapozonbehandlung
- Komedonen entfernen und Talgzysten und Pusteln mit einem sterilen Moncorps-Messerchen eröffenen; anschließend erneute Desinfektion
- Höhensonnenbestrahlung (Lampenabstand und Bestrahlungsdauer beachten)
- Kräuterheilerde-Gesichtspackung
  - bei fetter Haut mit Wasser anrühren und feucht halten
  - bei empfindlicher oder trockener Haut mit Feuchtigkeitsemulsion (Linola®) anrühren
- Mit gefärbten Aknepräparaten abdecken; trockene und empfindliche Haut vorher mit Feuchtigkeitsemulsion (Linola® oder Hydrocreme) einreiben.

Rosazea

Neben ärztlich verordneten Maßnahmen (☞ 17.2) unterstützt die nachfolgende kosmetische Behandlung den Heilungsprozess.

Pflegeschema

- Reinigung, dem Hauttyp entsprechend, z.B. bei Seborrhö mit Syndet-Kompressen, trockene Haut mit sehr milder Reinigungsmilch, sehr empfindliche Haut mit Emulsionen. Stets mit klarem, lauwarmem Wasser nachspülen!
- Mit milden Gesichtswässern desinfizieren und adstringieren
- Massage mit fast fettlosen Emulsionen: Mit den Fingerkuppen werden kräftige, kreisende Bewegungen durchgeführt, Dauer etwa 10 Minuten; möglichst tägliche Durchführung; keine Klopf- und Vibrationsmassage!
- Packung: Kräuterheilerdepackung mit Linola® angerührt, Dauer 15 Minuten; niemals Dampfbäder oder Vapozon
- Tagesschutz: Ö-/W-Emulsionen; Cremes mit hoher Konzentration an ätherischen Ölen oder Duftstoffen meiden, da sich sonst die Rosazea leicht wieder verschlechtert

- Make-up: auf den Hauttyp abstimmen; Möglichst einen hellen Farbton bevorzugen.

Milien

Milien (☞ 11.5) treten besonders im Gesicht auf und können leicht entfernt werden:
- Desinfizieren
- Oberflächliche Haut mit einem Milienmesser anritzen und die Milie mit zwei Fingerkuppen, die mit sterilem Mull umwickelt sind, herausrollen
- Desinfizieren.

7.5.4 Peeling

Zur Verbesserung der Oberflächenstruktur der Haut werden die obersten Hautzellen abgetragen. Dies hat folgende Wirkungen:
- Beseitigung von Verhornungsstörungen
- Bleichen kosmetisch störender Pigmentierungen
- Anregung der Zellteilung
- Steigerung der Kollagenproduktion.

Prinzip

Man gibt so genannte Peelingsubstanzen (meist Alpha-Hydroxysäure) auf die Haut, was zu einer Nekrose epidermaler Zellen führt. Anschließend kommt es zu einer Stimulation der dermoepidermalen Übergangszone.

Indikationen

Folgende Dermatosen können verbessert oder beseitigt werden:
- Acne vulgaris
- Sonnenschäden der Haut (Aktinische Keratosen, ☞ 12.1.1)
- Oberflächliche Narben
- Oberflächliche Pigmentierungen.

Unwirksam ist ein Peeling bei:
- Tiefen Narben
- Tiefen Hautfalten
- Straff-atrophischer Haut
- Subepidermalen Pigmentierungen
- Cuperose (☞ 17.2).

Vorgehen bei Peeling

Zunächst führt man über 2–4 Wochen ein so genanntes **Prä-Peeling** durch: Der Patient trägt täglich sparsam eine kosmetische Glycolsäure-Creme (5–10 %) auf. Danach folgt eine milde Reinigung der Gesichtshaut mit einem Syndet (Oberflächenlipide werden entfernt), und der Schutz der empfindlichen Hautpartien (Lippen, Periorbitalgegend, Nasolabialfalte) mit Fettsalben. Erst dann wird die eigentliche Alpha-Hydroxysäure (AHA) in der Reihenfolge Stirn, Wangen, Kinn, Nase aufgetragen.
Je nach Hauttyp und Peeling-Sitzung wird diese für 2–10 Minuten bei entsprechender Kühlung (Ventilator) belassen. Sodann wird die AHA neutralisiert und mit reichlich handwarmem Wasser abgewaschen. Die Peeling-Behandlung wird einmal pro Woche über einen Zeitraum von 5–8 Wochen durchgeführt.

> **Vorsicht:** Sobald die Haut sich rötet oder weiß verfärbt (so genannter Frost), muss die Behandlung sofort abgebrochen werden. Daher lieber kürzer als zu lange peelen.

Hautpflege

Nach dem Peeling eine milde **Pflegecreme** auftragen (keine Vitamin-A-Säure-Präparate). Zwischen den Behandlungen konsequenten **Lichtschutz** anwenden. Nach Beendigung der Peeling-Sitzungen wird eine niedrig dosierte AHA-Creme (5–10 %) täglich abends aufgetragen. Evtl. Wiederholung der Peeling-Behandlungen nach 3–6 Monaten durch einen erfahrenen Dermatologen.

III Erkrankungen und Krankheitsbilder

8 Infektionskrankheiten der Haut

8.1 Bakterielle Erkrankungen

Die normale Hautflora besteht im Wesentlichen aus drei Keimen:
- Mikrokokken (grampositiv)
- Propionibacterium acnes (grampositive Stäbchen)
- Corynebakterien.

Zwei dieser Erreger finden sich in den obersten Hornzell-Lagen, das Propionibacterium acnes dagegen in den Talgdrüsengängen und tiefen Bereichen der Talgdrüsenfollikel.

Infektion und Infektionsschutz

Der wirksamste Schutz gegen bakterielle Infektionen ist die **Trockenheit** der Hornschicht. Seifenwaschungen oder Antiseptika reduzieren die normale Hautflora zusätzlich, die tieferen Bereiche der Haarfollikel werden jedoch nur selten erreicht (Follikulitis). In intertriginösen Arealen (Haut-auf-Haut-Bereiche, z.B. Genitoanalregion, Axillen) ist die Bakteriendichte sehr hoch. Die verminderte Wasserabdunstung begünstigt die rasche Vermehrung von Keimen (Intertrigo). Auch der Erregertyp ändert sich unter diesen Bedingungen; es kommt zur Zunahme von gramnegativen Bakterien.
Krankhafte, durch Bakterien verursachte Hauterkrankungen setzen eine abnorme Zunahme der pathogenen Keime voraus. Besonders bei Diabetikern, Patienten mit gestörtem Immunsystem sowie genereller Abwehrschwäche sind bakterielle Infektionen häufiger anzutreffen.

Pyodermie

Mit dem Begriff „Pyodermien" werden oberflächliche und tiefe bakterielle Erkrankungen der Haut zusammengefasst (☞ Abb. 8.1). Siedeln sich pathogene Keime auf einer vorgeschädigten oder aus anderer Ursache erkrankten Haut (z.B. Ekzem) an, so spricht man von Pyodermisation oder Impetiginisation.

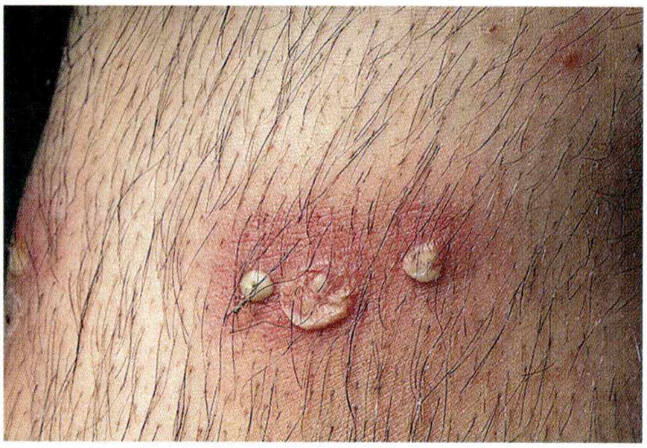

Abb. 8.1: Pyodermie.

Streptokokkeninfektion

Besondere Bedeutung besitzen Streptokokken (β-hämolysierende Streptokokken), die normalerweise nicht auf der gesunden Haut wachsen. Sie verursachen eine große Zahl von infektiösen Hauterkrankungen – Impetigo, Ekthyma, Erysipel, Lymphangitis, Gangrän, Scharlach – können jedoch auch bei Gesunden oft im Rachenabstrich oder im Nasenabstrich gefunden werden.
Durch die Überschwemmung des Körpers mit **Streptokokkentoxinen** kann der Organismus sich gegen diese Toxine sensibilisieren. Mehrere Hauterkrankungen sind als Folge einer immunologischen Auseinandersetzung mit diesen Toxinen bekannt:
- Erythema nodosum
- Erythema exsudativum multiforme
- Purpura
- Psoriasis guttata.

Typische Allgemeinerkrankungen sind auch das rheumatische Fieber und die akute Glomerulonephritis.

8.1.1 Pyodermien

Impetigo contagiosa

Erreger

Staphylo- und Streptokokken.

Symptome

Sitz: meist Gesicht, Nacken und Hände; eine der häufigsten Dermatosen im Kindesalter.
Eine von den Erregern abgesonderte Protease spaltet das desmosomale Protein Desmoglein und leitet damit die Blasenbildung ein. Es finden sich kleinere oder größere Bläschen mit einem schmalen roten Hof, die leicht platzen und dann **honiggelbe Borken** bilden. Durch Kratzen werden die Erreger auf andere Stellen übertragen, wo sich wiederum neue Herde bilden. Die älteren konfluieren gerne (Abb. 8.2).
Bleiben diese Erscheinungen länger bestehen, so kann es zu einer Nierenentzündung (Impetigo-Nephritis) kommen.

Therapie

Zur Anwendung kommen fette Salben mit Antibiotikazusatz (z.B. Aureomycin®-Salbe, Sulmycin®-Salbe), 2%ige Salicyl-Vaseline, Mupirocin (Turixin®-Salbe).

Vorsicht: Eine Impetigo contagiosa ist ausgesprochen infektiös. Deshalb ist peinlichste **Sauberkeit** erforderlich. Da die Übertragung durch eine Schmierinfektion erfolgt, sind andere Personen zu schützen, insbesondere Säuglinge und Kleinkinder:
- Keinen direkten Kontakt zu den betroffenen Hautstellen
- Verbände vernichten
- Getrennte Waschlappen und Handtücher benutzen.

Kontolluntersuchungen

Um eine mögliche Nierenschädigung frühzeitig zu erkennen, sind im Krankheitsverlauf Urinuntersuchungen sinnvoll
- bei Beginn der Behandlung
- bei Behandlungsende
- 3 Wochen nach Behandlungsende.

Bulla repens (Umlauf)

Hier liegt ebenfalls eine Pyodermie vor, die sich jedoch an Körperstellen mit dicker Hautschicht entwickelt (Fußsohlen, Fingerspitzen, Handinnenflächen).

Follikulitis

Erreger

Vorwiegend Staphylokokken.

Symptome

Sitz: Haartalgdrüsenapparat.
Ein stecknadelkopfgroßer, gelblicher Eiterherd befindet sich im Bereich einer Follikelöffnung (Pustel; ☞ Abb. 8.3). Zentral wird diese Pustel von einem Haar durchbohrt. Die Umgebung ist entzündlich gerötet.

Therapie

Pusteln eröffnen und mit antiseptischen Tinkturen abtupfen.

Sonderform

Die **gramnegative Follikulitis** zeigt sich nach lang dauernder Antibiotikabehandlung im Gesicht. Ausgelöst durch antibiotikaresistente

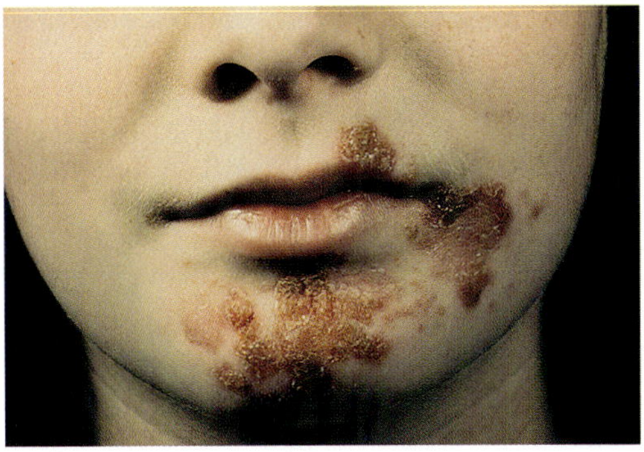

Abb. 8.2: Impetigo contagiosa.

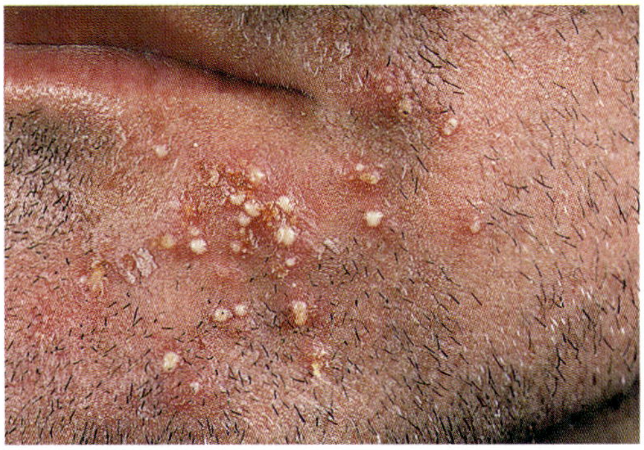

Abb. 8.3: Follikulitis.

Keime (Coli u.a.) sind hier intensive lokaltherapeutische Maßnahmen erforderlich.

Furunkel

Eitrige Haarfollikelentzündung mit Gewebeeinschmelzung (Nekrose). Furunkel können einzeln oder in höherer Zahl (Furunkulose) auftreten.

Erreger

Vorwiegend Staphylokokken (Staphylococcus aureus).

Symptome und Befund

Sitz: besonders im Gesicht und in mechanisch leicht irritierten Arealen (Hals, Nacken, Gesäß).
Das klinische Bild ist typisch: In einer bis kirschkerngroßen, hochschmerzhaften, roten Schwellung entwickelt sich ein zentraler Eiterherd, der sich entleeren kann (☞ Abb. 8.4). Es kommt zur zentralen Gewebenekrose, die unter Narbenbildung abheilt. Bei Rezidivneigung immer einen Diabetes mellitus, Immundefekte und konsumierende Erkrankungen ausschließen.

Vorsicht: Besonders gefährlich sind die Lippen-, Nasen- und Ohrenfurunkel. Nicht nur die Schmerzen sind an diesen Stellen sehr heftig, vielmehr kann es auch leicht zu einer lebensbedrohenden Infektion kommen (Sinusthrombose), wenn die Keime in die hirnnahen Blutgefäße gelangen. Bei jedem größeren Furunkel besteht Sepsisgefahr!

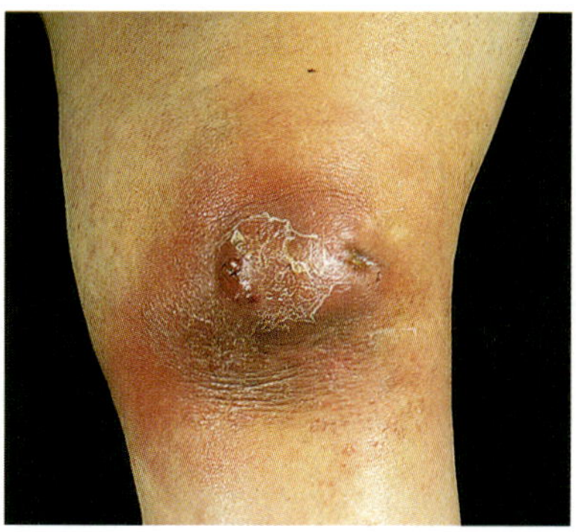

Abb. 8.4: Furunkel.

Therapie

Unreifer Furunkel: Täglich mit einer desinfizierenden Lösung (z.B. Merfen®) abtupfen. Zentral Natriumbituminosulfat (Ichtholan® 20- oder 50 %ig; Ichthyol® pur) auftragen. Die Umgebung mit Clioquinol (Vioform®)-Schüttelmixtur behandeln. Das Ganze mit einem Watteverband abdecken.
Kurzwellenbestrahlungen können die Reifung fördern. Die befallene Körperstelle sollte möglichst ruhig gestellt werden. Eine zusätzliche Antibiotikaeinnahme ist obligat (systemische Antibiotikatherapie).
Reifer Furunkel: Vorgehen der Wahl ist die Stichinzision, damit der Eiter ablaufen kann (nicht im Gesicht!). Davon einen Abstrich für den Erregernachweis nehmen. In die Wundhöhle Framycetin und Lidocain (z.B. Leukase®-Kegel) und Gentamicin (z.B. Refobacin®-Creme) bringen. Es ist auch möglich, mit einem Vioform®-Gazestreifen zu tamponieren und das Ende durch einen geschlitzten Tupfer zu ziehen, damit das Sekret abfließen kann. Innerlich verabreichte Antibiotika sind auch bei einem reifen Furunkel über längere Zeit nötig.

Vor und nach der Behandlung gründlich die Hände reinigen. Gebrauchtes Verbandmaterial sofort vernichten.

Karbunkel

Ein Karbunkel ist die Vereinigung von mehreren, nebeneinander liegenden Furunkeln. Infolgedessen zeigen sich mehrere Öffnungen, aus denen Eiter hervortritt. Sowohl die lokalen als auch die Allgemeinerscheinungen sind oft schwerer als beim Furunkel. Schmerzen, Spannungsgefühl, Rötung und Ödeme sind stark ausgeprägt.

Vorsicht: Die Sepsisgefahr ist bei einem Karbunkel noch wesentlich höher als bei einem Furunkel.

Therapie

Sie entspricht der Furunkelbehandlung. Karbunkel erfordern häufiger eine chirurgische Eröffnung.

Intertrigo

Ursache: Schweißneigung an übereinander liegenden Hautarealen („feuchte Kammer").

Symptome und Befund

Sitz: Körperfalten (Achselhöhlen, inguinal, Gesäßfalten, unter den Brüsten und am „Hängebauch").
Es findet sich eine scharf begrenzte Rötung mit leicht nässender Oberfläche (☞ Abb. 8.5). Gleichzeitig besteht Juckreiz oder Brennen. Meist ist eine starke bakterielle Besiedelung nachweisbar, gelegentlich auch ein Candidabefall, also eine Pilzinfektion.

Therapie

Seifenwaschungen vermeiden. Zwischen den Hautfalten einen Gazestreifen einlegen, nachdem man die befallenen Hautgebiete mit Solutio Pyoctanini (0,5 %) oder Mercurochrom bepinselt hat.

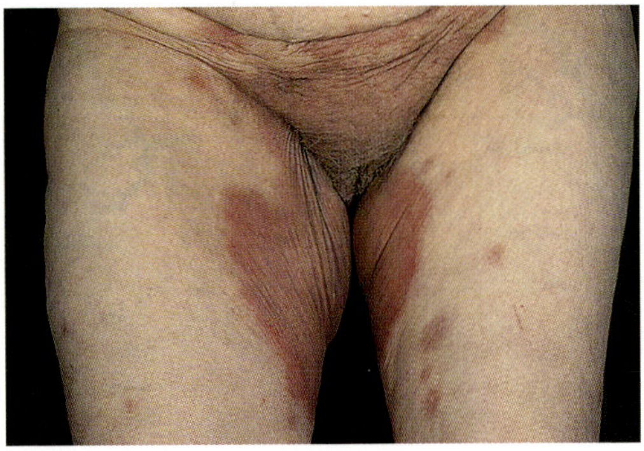

Abb. 8.5: Intertrigo.

Erysipel (Wundrose)

Erreger

Streptokokken, die durch kleine Wunden in die Haut, dann in die hautnahen Lymphgefäße eindringen.
Inkubationszeit: Stunden bis 5 Tage.

Symptome und Befund

Sitz: zu 50 % untere Extremität, zu 30 % Gesicht.

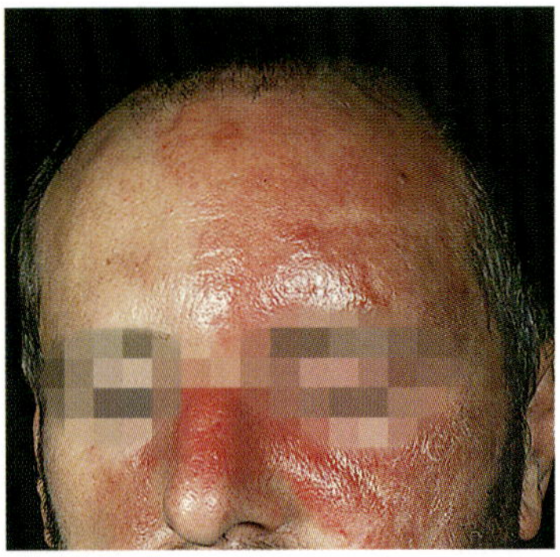

Abb. 8.6: Erysipel.

Typisch sind flammende Rötung und Schwellung (☞ Abb. 8.6) und deren rasche periphere Ausbreitung. Auf dem Erythem zeigen sich seltener auch Bläschen und Blasen. Gleichzeitig besteht ein allgemeines Krankheitsgefühl (Schüttelfrost und Fieber bis 40 °C, hohe BSG). Die regionären Lymphknoten sind schmerzhaft geschwollen.
Komplikationen: selten Nephritis; öfter – besonders bei rezidivierendem Erysipel – Lymphgefäßverschluss und bleibendes Ödem (Elephantiasis).
Differenzialdiagnose: akute Kontaktdermatitis, Thrombose, Insektenstich.

Therapie

Lokal: feuchte Chinosol®-Umschläge (Verdünnung 1 : 2000). Größere Blasen eröffnen. Wichtig ist die Sanierung der Eintrittspforte (Argentum-nitricum-Stift, Pyoktanin-Pinselung). Peinlichste Sauberkeit ist auch beim Erysipel erforderlich!
Systemisch: 1 Million Einheiten Penicillin pro Tag über 8 Tage. Bei chronisch rezidivierendem Erysipel 1 Million Einheiten Penicillin pro Tag über Wochen (Gesamtdosis etwa 40–60 Millionen Einheiten).

Wegbereiter eines Erysipels sind häufig Interdigitalmykosen.

Phlegmone

Bei der Phlegmone handelt es sich um eine fortschreitende, mit Gewebeuntergang einhergehende Entzündung vorwiegend der tiefen Hautschichten, die auf Sehnen, Faszien und Muskeln übergreifen kann.

Erreger

Vorwiegend Staphylokokken.

Symptome und Befund

Sitz: Extremitäten (Hände!), Hals und Mundboden.
Im Bereich einer kleinen oder größeren Verletzungswunde zeigt sich eine umschriebene oder diffuse, spontane und auch druckschmerzhafte Schwellung. Die Haut ist je nach der Tiefe des Sitzes bald früher oder später gerötet. Bei Daumendruck bildet sich eine Delle im entzündlichen Ödem. Bei längerer Krankheitsdauer kann sich Eiter durch die Haut entleeren.

Therapie

Konservativ: Systemische Antibiotikagabe. Ruhigstellung des befallenen Körperteiles, Alkoholumschläge.
Chirurgisch: Längsinzision mit Einlegen von Gummilaschen.

8.1.2 Erkrankungen durch Corynebakterien

Erythrasma

Erreger

Propionibacterium minutissimum (keine Pilzerkrankung, wie gelegentlich vermutet wird!).

Symptome und Befund

Sitz: Oberschenkelinnenseite, seltener Achselhöhle.
Typisch sind braunrote Flecken, die rundlich zusammenfließen und leicht schuppen. Sie zeigen eine ziegelrote Fluoreszenz im Woodlicht.

Therapie

Benzoylperoxid, Miconazol, Framycetin.

Ein Erythrasma steckt nicht an!

Trichomycosis palmellina (Trichobacteriosis palmellina)

Erreger

Corynebacterium tenuis.

Symptome und Befund

Sitz: Achselbehaarung, selten auch Genitalbehaarung.
Typisch sind gelblich-rötliche Auflagerungen, die nicht abstreifbar sind (= fest haftende Bakterien).

Therapie

Intertriginösen axillären Bereich abtrocknen. Auf Körperhygiene achten. Eventuell Entfernung der Achselhaare durch Rasur. Desinfizierende Tinkturen.

8.1.3 Lupus vulgaris (fressende Flechte, Wolf)

Die Hauttuberkulose ist selten geworden. Die häufigste Form ist der Lupus vulgaris.

Erreger

Das 1882 von Robert Koch entdeckte Tuberkelbakterium (Mycobacterium tuberculosis).
Infektionsweg: Bereits im Kindesalter kommt es häufig zu einer tuberkulösen Infektion, meist der Lungen mit gleichzeitigem Mitbefall der Lymphknoten (Primärkomplex). Danach besteht Immunität. An der Haut jedoch kann trotzdem eine Superinfektion auftreten (Inokulation). Noch seltener ist eine Keimabsiedlung auf dem Blutweg.

Symptome und Befund

Sitz: Gesicht (Nase, Wangen, Ohrrand), Hände, Gesäß und Schleimhaut.
Die Hauttuberkulose äußert sich als kleine, bräunliche, leicht erhabene Knötchen (= Lupusknötchen). **Typische Kennzeichen:**
- Positiver Glasspateldruck: hellbräunliche Eigenfarbe der Knötchen, wenn durch den Glasspatel die Haut blutleer gedrückt wird. Dieser Nachweis ist spezifisch nur bei der Hauttuberkulose und dem Morbus Boeck
- Zentraler Gewebezerfall in den einzelnen Knötchen; daher bricht die Knopfsonde leicht ein („positives Sondenphänomen")

- Nach längerer Zeit fließen die Knötchen zusammen („Lupusfleck") und breiten sich nach peripher aus. Zentrale Vernarbung.

Lupusnarben sind ein Terrain für die Karzinomentstehung („je länger, desto lieber").

Therapie

Tuberkulostatika, evtl. chirurgische Exzision.

Seltene Sonderformen

- Verruköse Hauttuberkulose
- Kolliquierende Hauttuberkulose
- Tuberkulide (Lichen scrophulosorum, Tuberculosis papulonecrotica, Erythema induratum Bazin).

Diese Formen sind so selten, dass sie heute kaum noch beobachtet werden.

8.1.4 Milzbrand (Anthrax)

Erreger

Bacillus anthracis, der besonders Rinder und Schafe befällt. Der Keim ist durch Sporenbildung sehr widerstandsfähig. Die Infektion erfolgt direkt durch das Tier oder dessen Produkte. Milzbrand ist **meldepflichtig!**

Formen:

- Lungenmilzbrand wird durch Einatmung sporenhaltigen Staubes z. B. in der wollverarbeitenden Industrie hervorgerufen
- Darmmilzbrand entsteht durch Aufnahme von infiziertem Fleisch oder verseuchter Milch
- Am häufigsten ist der Hautmilzbrand. Die Erreger dringen an Hautverletzungen ein.

Symptome und Befund

Nach wenigen Tagen entsteht im Bereich der Eintrittspforte zunächst ein roter Fleck, der sich zentral zu einer Blase (zunächst serös, dann blutig) umwandelt. Trocknet diese ein, bleibt ein schwärzlicher Schorf zurück, der sich nach etwa 7 Tagen unter Narbenbildung ablöst. Die regionären Lymphknoten sind schmerzhaft geschwollen.

Komplikationen: Milzbrandödem und Milzbrandsepsis; jedoch relativ selten.

Bei Milzbrandverdacht sorgfältig jegliches Verbandmaterial sofort verbrennen, da hier die widerstandsfähigen Sporen zu finden sind.

Therapie

Den Patienten sofort isolieren; die befallene Körperpartie ruhig stellen. Antibiotika (Tab. 8.1).

Vorsicht: Bei Milzbrand keine feuchten Verbände!

8.2 Viruserkrankungen

Zu den Viruserkrankungen, die sich vorwiegend an der Haut manifestieren, gehören:

- Warzen
- Kondylome (Condylomata acuminata, Spitze Kondylome, Feigwarzen)

Infektion	Erreger	Infektionsquelle	Ursache für Infekt	Therapie	
				I. Wahl	II. Wahl
Anthrax (Milzbrand)	Bacillus anthracis	Ställe, Haare, Wolle, Knochen	Beruflich	Penicillin	Erythromycin
Erythrasma	Propionibacterium minutissimum	Infizierte Haut	Fraglich	Miconazol	Erythromycin, Tetracyclin
Katzenkratzkrankheit	Bartonella henselae	Infizierte Katze	Biss- oder Kratzwunden	Unbekannt	
Schwimmbadgranulom	Mycobacterium murinum	Infizierte Zierfische, Wasser	Kontakt, Inokulation	Rifampicin, Ethambutol	

Tab. 8.1: Spezielle Infektionen der Haut.

- Molluscum contagiosum (Dellwarze)
- Herpes simplex
- Herpes zoster (Zoster, Gürtelrose)
- Masern, Pocken und Röteln (s. spez. Lehrbücher).

Papillomviren

Warzen und Papillome werden durch Viren ausgelöst, die zur Gruppe der humanen Papillomviren (HPV) gehören. Es gibt mehr als 75 verschiedene Subtypen. Allein im Genitalbereich sind mehr als 30 verschiedene HPV-Typen nachgewiesen.
Typische Erkrankungen durch HPV sind:
- Plantarwarzen (HPV-Typ 1)
- Verrucae vulgares (HPV-Typ 2, 4)
- Verrucae planae juveniles (HPV-Typ 3, 10)
- Epidermodysplasia verruciformis (HPV-Typ 5, 8)
- Condylomata acuminata (HPV-Typ 6, 11)
- Zervixkarzinom (HPV-Typen 16, 18, 31, 33, 35, 39, 45, 51, 56, 58, 59)
- bowenoide Papulose (HPV-Typ 16)
- orale Papillome (HPV-Typ 6, 11)
- Morbus Heck (fokale epitheliale Hyperplasie; HPV-Typ 13, 32).

Untersuchungen zeigten, dass die Mehrzahl der Zervixkarzinome viral bedingt sind. Etwa einer unter 30 HPV-16-infizierten Epithelbereichen kann sich bösartig umwandeln. Die Latenzzeit beträgt 30–50 Jahre. Die Infektion allein führt nicht zum Krebs, vielmehr sind zusätzliche Realisationsfaktoren erforderlich (z. B. Herpes-simplex, Rauchen).

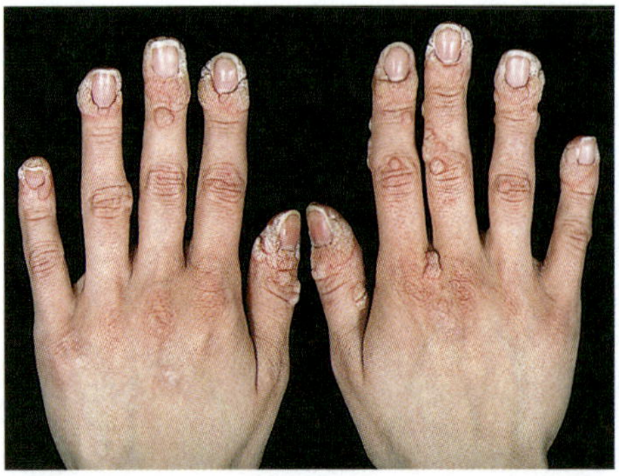

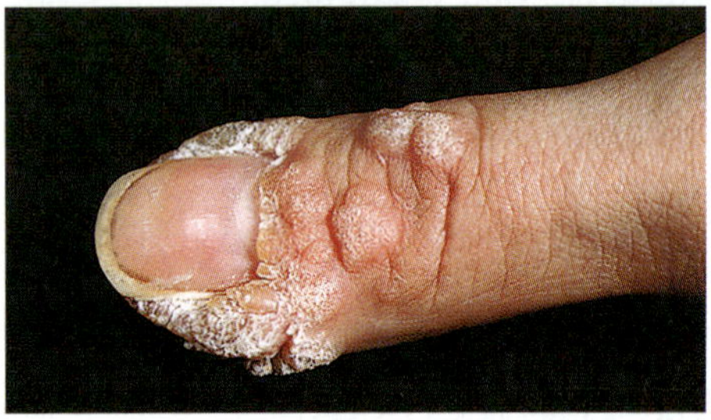

Abb. 8.7a–b: Verrucae vulgares.

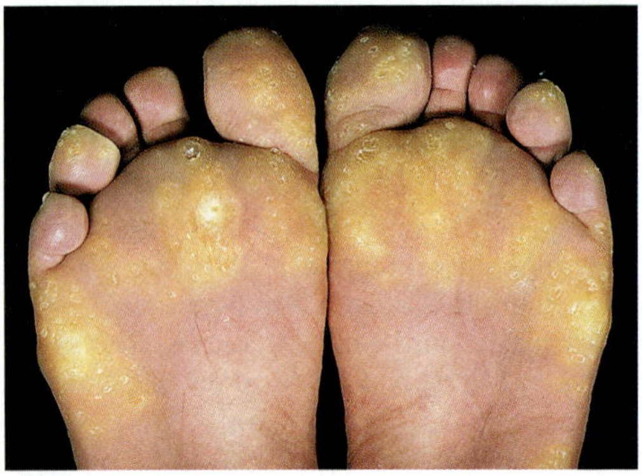

Abb. 8.8: Plantarwarzen.

8.2.1 Verrucae vulgares (vulgäre Warzen)

Symptome und Befund

Sitz: Warzen bevorzugen Hände und Füße. Im Kindes- und Jugendalter sind sie weit verbreitet (☞ Abb. 8.7).
Typisch sind kleine, an der Oberfläche hornig-harte Knötchen mit gerade sichtbaren Blutungspunkten (Kapillarthrombosen). An den Sohlen sind sie flach und liegen im Hautniveau (Druckschmerz! ☞ Abb. 8.8). Seltener sind flache Warzen im Gesicht (juvenile Flachwarzen; ☞ Abb. 8.9).

Therapie

Verschiedene Behandlungsmaßnahmen stehen zur Verfügung.
Scharfer Löffel: Säuberung der Haut mit Alkohol oder Merfen. Unterspritzung mit 1 %iger Mepivacain-(Scandicain®-)Lösung. Sodann wird die Warze mit einem scharfen Löffel vom Rande her abgehebelt. Dabei entstehende kleinere Blutungen können mit einer Eisenchloridbetupfung (10 % Eisen) beherrscht werden.

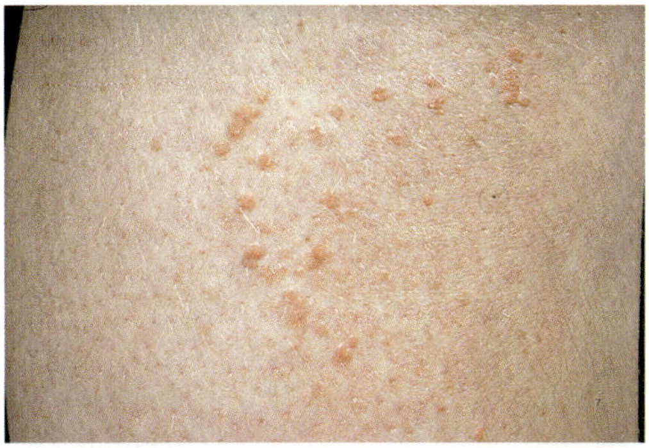
a

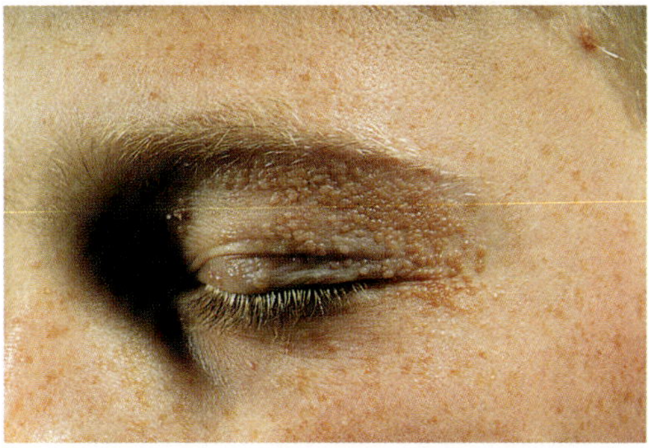
b

Abb. 8.9a–b: Juvenile plane Warzen.

Flüssiger Stickstoff oder Kohlensäure-Schnee: Das Hautareal muss hierzu fixiert werden, da Druck erforderlich ist. Es wird ein Stieltupfer in den flüssigen Stickstoff gebracht, den man sofort etwa 5 Sekunden lang auf die Warze presst. Diese verfärbt sich weißlich. Die Weißfärbung soll 1–2 mm auf die umgebende Haut übergreifen. Wird dies durch einmaliges Betupfen nicht erreicht, muss der Vorgang wiederholt werden. Bei ausreichender Vereisung entsteht an dieser Stelle bis zum nächsten Tag eine subepidermale Blase, auf der zentral die Warze sitzt. Ist dies nicht der Fall, muss die Pozedur noch einmal wiederholt werden.
Mit einer Schere wird die Blase dann vom Rande her abgetragen. Druckverband. Anschließende Wundbehandlung mit Tetracyclin-Salben (Aureomycin®-Salbe). Zusätzlich können vor jedem Verbandswechsel Chinosol®-Bäder (1 Tablette Chinolinsulfat 1,0/1 l Wasser) verordnet werden.

Vorsicht: Bei Warzen am Nagelwall! Hier kann es leicht zu Zerstörungen des Nagelbetts und der Nagelmatrix kommen.

Salicyl-Pflaster (Guttaplast®): Die Anwendung eignet sich v.a. für Fußsohlenwarzen. Man beklebt diese mit einem Salicyl-Guttaplast®-Stückchen (60 %) in Warzengröße und belässt es 5 Tage. Bei ausreichender Erweichung (Weißfärbung) kann die Warze mit einem scharfen Löffel ausgehebelt werden. Eine anschließende elektrische Stichelung mit der Diathermienadel unter Lokalbetäubung ist ratsam. Nachbehandlung wie bei Stickstoff beschrieben.

8.2.2 Condylomata acuminata (Feigwarzen)

Symptome und Befund

Sitz: ausschließlich Genitoanalbereich (☞ Abb. 8.10).
Typisch sind stecknadelkopfgroße, rötlich-weiße Papeln, die sich blumenkohlartig ausbreiten können (Riesenkondylome). Die Oberfläche stark zerklüftet, die einzelnen Elemente lassen sich auseinander blättern. Bei Mazeration (z.B. in der Rima ani) sind Feigwarzen beetartig flach.

Therapie

- Ätzbehandlung mit 25 %igem Podophyllin in Öl oder Alkohol unter Abdeckung der Umgebung mit Zinkpaste. Höchstens 1-mal pro Woche anwenden. Die Podophyllin-

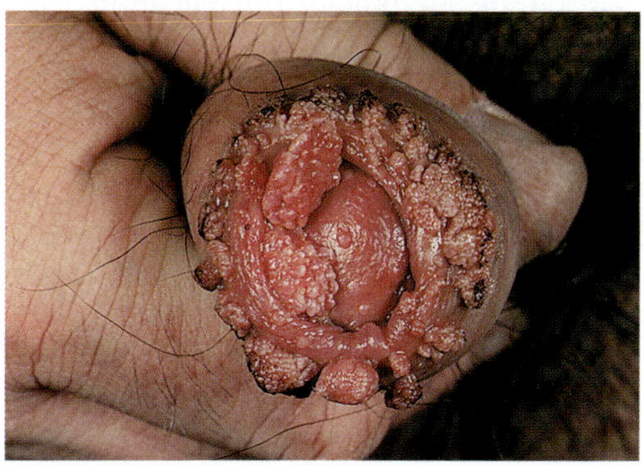

Abb. 8.10: Condylomata acuminata.

Lösung sollte nach 4-stündiger Einwirkzeit abgespült werden
- Beim männlichen Genitale: Kranzfurche mit Mullstreifen tamponieren, Dermatol-Puder
- Größere Beete werden mit der elektrischen Schlinge oder chirurgisch entfernt
- Als weitere therapeutische Maßnahme kann Aldara® (Creme 5%; 3-mal/Woche über 8 Stunden) eingesetzt werden.

Spitze Kondylome gedeihen in feuchtem Milieu; deshalb prophylaktische Sitzbäder, Streifeneinlage, Puderbehandlung.

8.2.3 Mollusca contagiosa (Dellwarzen)

Betroffen sind vorwiegend Jugendliche und Kinder mit Neurodermitis.

Symptome und Befund

Sitz: Gesicht, Genitalbereich, Extremitäten; meist nicht behaarte Körperteile.
Mollusca contagiosa sind rötliche oder hautfarbene, glasig durchscheinende Knötchen von Stecknadelkopf- bis ausnahmsweise Erbsgröße. Sie sitzen halbkugelig auf sonst unveränderter Haut (☞ Abb. 8.11). Charakteristisch ist eine leichte zentrale Eindellung (Dellwarze). Drückt man ein solches Knötchen kräftig zusammen, so entleert sich zentral eine weißliche, talgartige Masse.

Therapie

Warze mit einer gebogenen chirurgischen Pinzette ausdrücken (weißliche Masse entleert sich) oder mit scharfem Löffel abtragen. Danach mit Merbromin (Mercuchrom®) betupfen.
Bei ängstlichen Kindern: Mit einem zugespitzten Holzstab (z.B. Zahnstocher) zweimal täglich eine antivirale Lösung (z.B. Verrumal®) auf nicht entzündete Dellwarzen auftragen. Sobald sich diese danach entzünden, die Behandlung abschließen. In den folgenden Tagen heilen die Dellwarzen ab.
Die Umgebung ist stets mit rückfettenden Cremes zu behandeln, um eine Ausbreitung oder Rezidive zu verhindern.

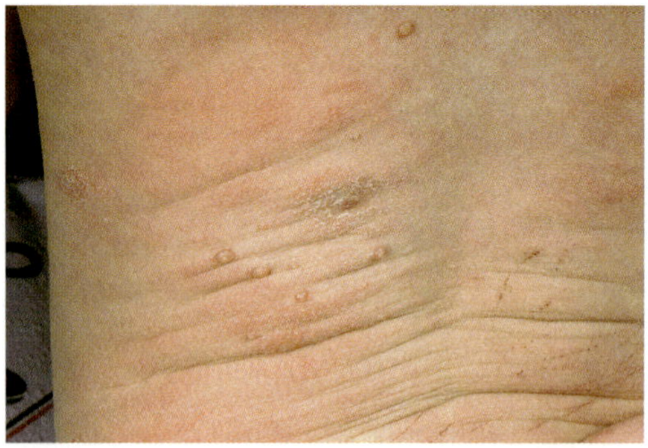
a

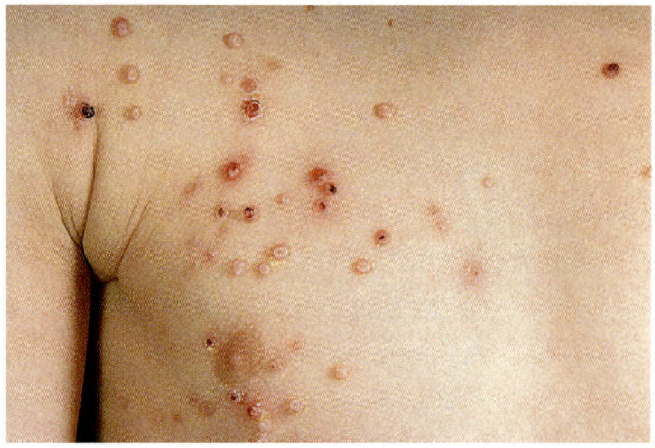
b

Abb. 8.11a–b: Mollusca contagiosa.

8.2.4 Herpes simplex

Erreger

Herpesvirus hominis, Typ 1 oder Typ 2 (Herpes progenitalis), HSV-1 und HSV-2.

Symptome und Befund

Sitz: häufig an den Übergangsstellen von Haut zu Schleimhaut (Genitale, Lippen, Analregion, ☞ Abb. 8.14) sowie im Gesicht.
Die Ersterkrankung des Kleinkindes äußert sich oft als **Gingivostomatitis herpetica** (Stomatitis aphthosa; ☞ Abb. 8.13). Später an umschriebener Stelle zunächst Juckreiz. Dann Rötung, leichte Schwellung, Bläschenbildung in Gruppen (☞ 8.14). Eintrocknung, Verkrustung und Abheilung innerhalb von 10 Tagen.

Vorsicht: Der Bläscheninhalt ist virushaltig und damit infektiös!

Besonders unangenehm ist der **Herpes recidivans,** eine in fast regelmäßigen Abständen auftretende Bläschenbildung. Durch entzünd-

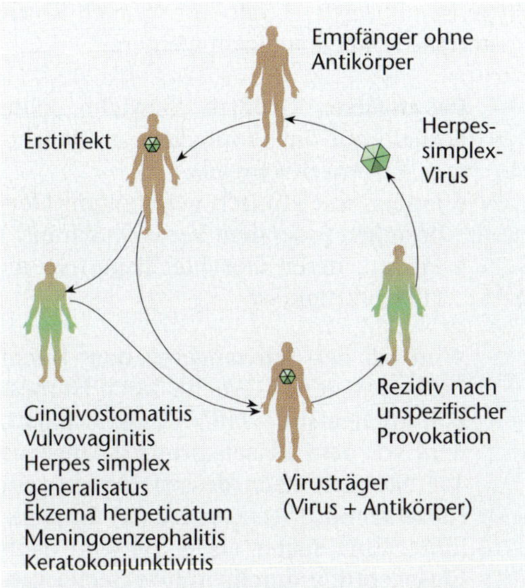

Abb. 8.12: Infektionskreis der Herpes-simplex-Infektion des Menschen.

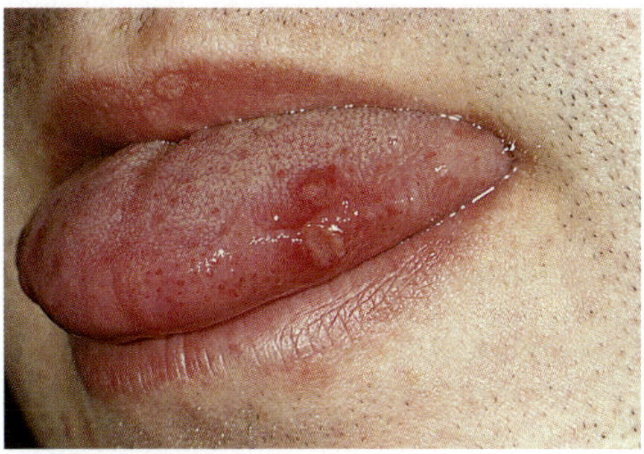

Abb. 8.13: Stomatitis aphthosa.

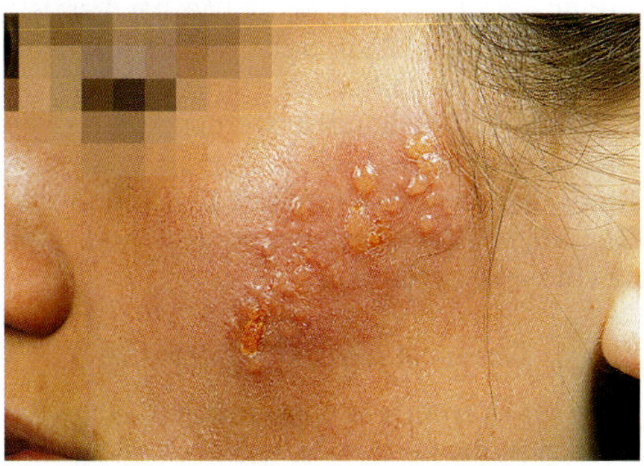

Abb. 8.14: Herpes simplex.

liche Lymphwegsverlegungen kann eine dauernde Schwellung bestehen bleiben (Elephantiasis nostras).
Besteht gleichzeitig ein Ekzem (Neurodermitis), so kommt es durch die Oberflächendefekte leicht zu einer generalisierten Bläscheneruption mit meist hohem Fieber und schweren Allgemeinsymptomen (Ekzema herpeticatum).

Vorsicht: Ekzematiker sollten jeglichen Körperkontakt mit Herpes-simplex-Patienten meiden!

Therapie

Wichtig ist vor allem Sauberkeit, den infektiösen Bläscheninhalt nicht verschmieren! Häufig die Wäsche wechseln. Befallenen Bezirk mit alkoholischen Lösungen abtupfen.
Bei leichter Verlaufsform: Lokalbehandlung z.B. mit Aciclovir-Creme (Zovirax®-Creme), foskarnethaltiger Antiviralsalbe (Triapten®) oder mit zinksulfathaltiger Salbe (Lipaktin®).
Bei schwerer Verlaufsform (multilokuläre Herde): oral 5×800 mg Aciclovir (täglich, über 5–7 Tage). Bei immungeschwächten Patienten sind evtl. Gammaglobulingaben sinnvoll.

Vulvovaginitis herpetica

Die vorwiegend durch **HSV-2** verursachte Erkrankung kann als Primärinfektion bei Kindern oder als rezidivierende Sekundärinfektion bei Erwachsenen auftreten. Sie kann akut fieberhaft verlaufen. Typisch ist eine ödematös geschwollene Vulva mit herpetiform angeordneten Bläschen – auch der proximale Teil von Vagina und Portio kann mitbetroffen sein.

Meningitis und Encephalitis herpetica

Meningitis

Die HSV-bedingte Meningitis wird meist durch **HSV-2** verursacht und tritt als Komplikation des Herpes genitalis, vermutlich durch Virämie, auf. Es kommt zu meningitischen Zeichen (Kopfschmerzen, Lichtscheu, Nackensteife). Im Liquor lässt sich eine Lymphozytose nachweisen. Die Symptomatik ist reversibel.

Enzephalitis

Die HSV-bedingte Enzephalitis dagegen wird ausschließlich durch **HSV-1** verursacht. Das klinische Bild unterscheidet sich nicht wesentlich von anderen Enzephalitiden und wird oft verkannt. Sie kann in jedem Lebensalter auftreten. Serologische Untersuchungen haben gezeigt, dass sowohl Primär- als auch Sekundärinfektionen unter diesem klinischen Erscheinungsbild vorkommen. Der Infektionsweg erfolgt wahrscheinlich über den N. olfactorius.
Verlauf und Vorgehen: Klinisches Bild und Krankheitsverlauf sind schwer; sie variieren vom langsamen progredienten Verlauf mit unspezifischer Symptomatik bis zur akuten Verlaufsform mit plötzlichem Auftreten eines Status epilepticus. Charakteristisch ist der Verlauf in mehreren Phasen:

- Starke Kopfschmerzen, manchmal psychotische Zustände
- Progressive neurologische Symptomatik mit Krämpfen, Dysphasien, Hemiparesen.

Die Diagnose ist schwierig zu stellen, selbst unter Einsatz von CT-Untersuchung mit Liquordiagnostik. Die therapeutische Gabe von Aciclovir i. v., auch bei Verdachtsdiagnose, ist daher gerechtfertigt, evtl. in Kombination mit Interferon.

Herpessepsis

Die Herpessepsis ist die schwerste Form der **Primärinfektion durch HSV.** Das Virus wird fast stets während des Geburtsvorgangs durch die an Herpes erkrankte Mutter auf das Kind übertragen. Deshalb sind v. a. Neu- und Frühgeborene betroffen. Nicht alle infizierten Neugeborenen haben charakteristische Hauterscheinungen. Die **Prognose** der Infektion, gleichgültig ob durch HSV-1 oder HSV-2 verursacht, ist schlecht.
Verlauf und Vorgehen: Zusätzlich zur bekannten Herpessymptomatik mit Gingivostomatitis oder Keratokonjunktivitis kommt es zur schweren Allgemeinerkrankung mit hohem Fieber, Leber- und Milzschwellung, Ikterus, Blutungsneigung, zerebraler Symptomatik, Kreislaufkollaps, Exitus. Eine sichere Therapie existiert nicht. Gammaglobuline, Hyperimmunseren, Aciclovir i. v., auch Kortikosteroide können versucht werden.

Prophylaxe: Größtes Gewicht sollte deshalb auf die Prophylaxe gelegt werden. **Risikoschwangere:**

- Frauen mit klinisch gesichertem Herpesinfekt (oder dem Verdacht darauf)
- Frauen, deren Geschlechtspartner an HSV erkrankt ist.

Wird bei der Schwangeren oder ihrem Partner ab der 32. Woche durch Herpeskulturdiagnostik HSV diagnostiziert, wird vor dem Blasensprung (spätestens 4–6 Stunden nach dessen Eintritt) ein Kaiserschnitt (Sectio caesarea) durchgeführt. Eine später als 6 Stunden nach Blasensprung durchgeführte Sectio verhindert die Infektion des Kindes nicht.

Ekzema herpeticatum

Das Ekzema herpeticatum (☞ 9.6) entsteht durch Infektion von ekzematös veränderter Haut, z. B. bei Kindern mit atopischem Ekzem (Neurodermitis).
Verlauf und Vorgehen: Prodromalerscheinungen in der Inkubationszeit fehlen gewöhnlich. Das Krankheitsbild imponiert durch akutes Auftreten von Allgemeinsymptomen wie Fieber, Kopfschmerzen, Abgeschlagenheit. Auf den ekzematös veränderten Hautarealen schießen isoliert stehende Bläschen auf, die bis linsengroß werden können. Sie können, verbunden mit hohem Fieber, 8–10 Tage florieren, dann eintrüben und unter Hinterlassung hämorrhagischer Erosionen zerplatzen. Therapiert wird wie bei Herpessepsis; der Kreislauf muss sorgfältig überwacht, die Hauteffloreszenzen mit Lotionen austrocknend behandelt werden. Fettsalben sind kontraindiziert.
Komplikationen: Gefürchtet sind Lidödeme, Durchfälle, Bronchopneumonien und eine zerebrale Symptomatik.

Keratoconjunctivitis herpetica

Die HSV-Keratitis ist eine relativ häufige Erkrankung, die als Primär- wie auch als Sekundärinfektion auftreten kann. Mikrotraumen scheinen bei der Auslösung der Infektionen eine eher untergeordnete Rolle zu spielen. Beim Auftreten einer herpetiformen Symptomatik im Bereich des ersten und zweiten Trigeminusastes muss der Patient zum Ausschluss einer Hornhautbeteiligung immer zum Ophthalmologen überwiesen werden.

8.2.5 Zoster (Gürtelrose)

Erreger

Zoster-Varizellen-Virus.

Symptome und Befund

Typisches Bild ist die segmentgebundene Ausbreitung von gruppiert stehenden Bläschen auf gerötetem Grund (☞ Abb. 8.15 und 8.16). Nach 2–3 Tagen trübt der Bläscheninhalt ein (Gelbfärbung). Abtrocknung nach etwa 2 Wochen, Abheilung meist ohne Narbenbildung.

> Der Zoster verursacht neuralgiforme Schmerzen, die auch nach Abheilung der Hauterscheinungen lange anhalten können. Schmerzmittel sind dann oft erforderlich! Bei schwerem Verlauf zeigen sich Zosterbläschen auch am übrigen Integument **(Zoster generalisatus).**

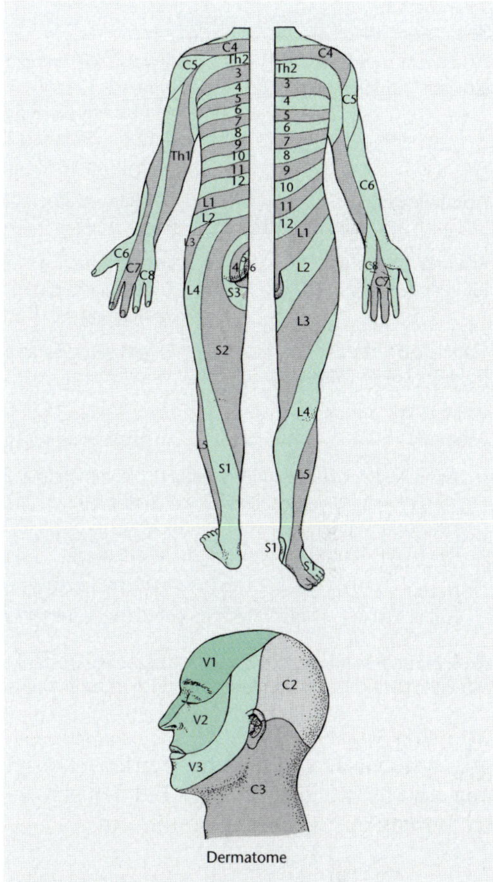

Abb. 8.16: Dermatome. Hautstreifen, die jeweils von einem bestimmten Rückenmarkssegment versorgt werden. [A300]
Zuordnung aus Buchstaben-Zahlen-Kombination:
C1–C8 = zervikale Rückenmarkssegmente (C1 besitzt kein Dermatom)
T1–T12 = thorakale Rückenmarkssegmente
L1–L5 = lumbale Rückenmarkssegmente
S1–S5 = sakrale Rückenmarkssegmente
V1–V3 = viszerale Segmente

Therapie

Bläschenstadium: Schüttelmixturen (Lotio alba aquosa oder Vioform®-Lotio).
Borkenstadium: Fettsalben (Aureomycin®-Salbe) täglich zweimal auftragen. Nachbehandlung mit milden Steroid-Cremes (Volonimat®-Creme).

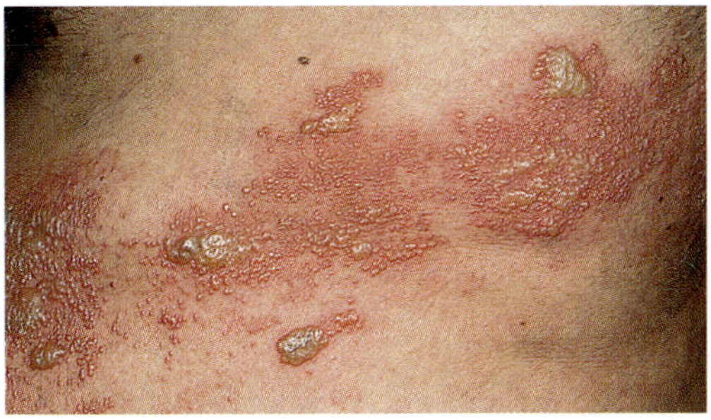

Abb. 8.15: Zoster.

Virustatikatherapie: Das Virustatikum Aciclovir (Zovirax®) wird erfolgreich bei der Zostererkrankung angewendet. Intravenöse Applikation von Zovirax® führt zu einer raschen Eintrocknung der Bläschen und zu einer Verminderung des Erythems. Auch die typischen Zosterneuralgien werden günstig beeinflusst. (Virustatika und ihre Dosierung ☞ Tab. 8.2).
Zur Verringerung der entzündlichen Reaktion können Kortikosteroide (etwa nach dem 4. Tag nach Auftreten der Hauterscheinun-

Virostatikum	Dosierung	Behandlungsdauer
Aciclovir i.v.-Infusionen* (Zovirax® und Generika)	Erwachsene, Säuglinge bis 3 Monate; Kinder > 12 Jahre: 3x5 mg/kg KG; im Abstand von 8 Stunden Kinder > 3 Monate bis 12 Jahre: 3x250 mg/m² KO im Abstand von 8 Stunden	Mindestens 5 Tage
Aciclovir per os (Zovirax®, 800 oder Generika)	Erwachsene: 5x täglich 800 mg im Abstand von 4 Stunden (tagsüber)	5–7 Tage
Brivudin per os**** (Brivudin/Zostex®)	Erwachsene: 1x1 Tablette à 125 mg Kinder: 3x täglich 5 mg/kg; im Abstand von 8 Stunden	7 Tage 5 Tage; 7–10 Tage in schweren Fällen
Famciclovir per os (Famvir® Zoster 250 mg)	Erwachsene: 3x täglich 250 mg	7 Tage
Valaciclovir per os (Valtrex®)	Erwachsene: 3x täglich 1000 mg im Abstand von 8 Stunden	7 Tage
* Aus klinischen Erfahrungen ist eine Dosis von dreimal 5–10 mg/kg/KG für Erwachsene oder dreimal 250–500 mg/m² KO für Kinder zu empfehlen. Die Behandlung sollte über fünf bis sieben Tage fortgeführt werden. Für Immunsupprimierte wird die Höchstdosis über zehn Tage empfohlen. Bei Patienten mit einem schweren Krankheitsbild ist die intravenöse Therapie zu bevorzugen		
** Nach ersten Ergebnissen laufender klinischer Studien scheint eine Dosisreduzierung möglich zu sein. Wechselwirkungen mit anderen Medikamenten (siehe Beipackzettel) sind zu beachten		

Tab. 8.2: Zur Behandlung des Zoster zugelassene Virostatika – Dosierung und Behandlungsdauer (alphabetisch nach Fachinformation; modifiziert nach: Deutsches Ärzteblatt 95, Heft 3, 1/1998).

gen) systemisch verabreicht werden (Dosierung etwa 30–40 mg pro Tag). Bei den schweren Formen evtl. Gammaglobulin i.m.

8.3 Dermatomykosen (Hautpilzerkrankungen)

Jeder dritte bis vierte Mensch trägt Pilze auf seiner Haut. Es handelt sich dabei um pflanzliche Parasiten (niedrige Pilzarten = Dermatophyten), die verschiedene Erkrankungen des verhornten Gewebes, d.h. der epidermalen Hornschicht, der Nägel und von Haaren auslösen können. Es sind Fadenpilze, die man in drei Gattungen einteilt:

- Trichophyton
- Epidermophyton
- Mikrosporum.

Sie bilden ein aus septierten Fäden bestehendes Flechtwerk (= Myzel), welches asexuelle Sporen (= Konidien) trägt. Man unterscheidet geophile (erdlebende), zoophile (tierpathogene) und anthropophile (die menschliche Haut befallende) Dermatophyten (☞ Tab. 8.3).

Dermatophyten sind in der Lage, über die Entwicklung besonderer Enzyme (Keratinasen) in das Hornmaterial einzudringen, um sich dort zu vermehren. Spezielle Absonderungsprodukte besitzen antigene Funktion, wodurch es zu einer zellulären Immunreaktion beim Wirt kommt.

8.3.1 Nachweismethoden von Pilzerkrankungen

Zur Diagnostik der Pilzerkrankungen stehen verschiedene Methoden zur Verfügung:

Nativpräparat

Benötigte Utensilien

- 70 %iger Alkohol
- 10–20 %ige Kalilauge
- Objektträger und Deckgläschen
- Skalpell oder scharfer Löffel.

Materialentnahme

- Befallene Stelle mit Alkohol betupfen
- Schuppen vom Rande des Herdes abneh-

Geophil	Zoophil	Anthropophil
• M. cookei	• M. canis	• M. audouinii
• M. fulvum	– Var. canis	• M. concentricum
• M. gypseum	– Var. distortum	• M. ferrugineum
• M. nanum	• M. equinum	• E. floccosum
• M. persicolor	• M. gallinae	• T. gourvilli
• T. phaseoliforme	• T. menta-grophytes	• T. megninii
• M. praecox	– Var. menta-grophytes	• T. mentagro-phytes
• M. racemosum	– Var. erinacei	• T. rubrum
• M. simii	– Var. quinckea-num	• T. sudanense
• T. vanbreus-ghemii	• T. verrucosum	• T. tonsurans
• M. vanbreus-ghemii		• T. violaceum
		• T. yaoundei
E. = Epidermophyton, M. = Mikrosporum, T. = Trichophyton		

Tab. 8.3: Einteilung der Dermatophyten.

men. Keine Schuppen verwenden, die bereits locker aufliegen, da die Pilze bereits durch die Austrocknung geschädigt sind (☞ Abb. 8.17)
- Wurde bereits eine Pilzbehandlung eingeleitet, dann trotzdem Schuppenmaterial entnehmen, da im Nativpräparat noch abgetötete Pilze zu beobachten sind
- Bei Nägeln: Nur von sichtbar pilzbefallenen Stellen abnehmen (☞ Abb. 8.18)
- Beim V.a. Candida-Paronychie: Streifige Veränderungen am Nagelrand; Nagel mit dem Skalpell abkratzen (☞ Abb. 8.19)
- Bei Haaren: Nur die Haare zur Untersuchung verwenden, die dicht über der Kopfhaut abgebrochen sind. Häufig findet man kleine abgebrochene, gekrümmte Haare erst unter den Schuppen; z.B. bei Bartpilzerkrankungen. Mindestens zehn Haare entnehmen.

Herstellung des Nativpräparats

Folgende Möglichkeiten stehen zur Verfügung:
- ungefärbtes Präparat
- gefärbtes Präparat
- Dauerpräparat.

Ungefärbtes Präparat: Zur Herstellung von 10–20 %iger Kalilauge werden ca. 75 Kaliumhydroxid-Plätzchen bis 100 ml mit Aqua dest. aufgefüllt. Schütteln, da Hitze entsteht! Den Kaliumhydroxid-Behälter nach Entnahme so-

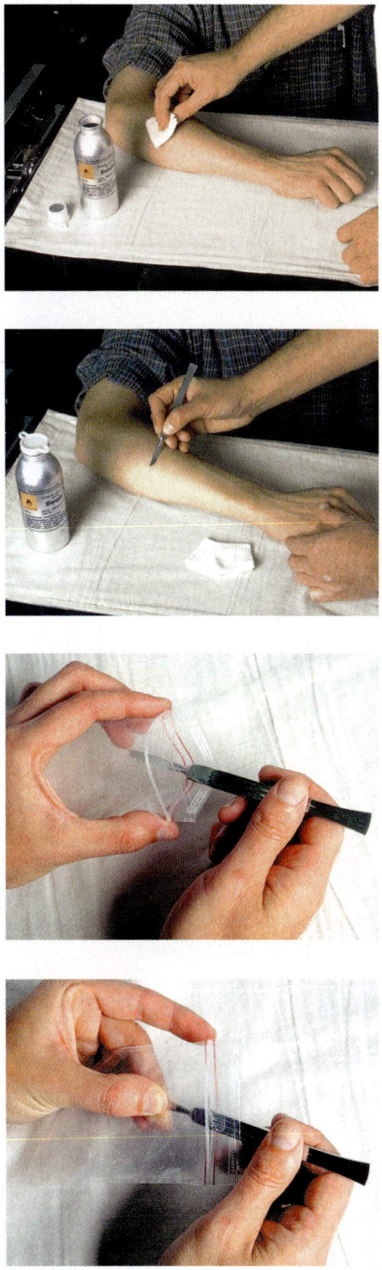

a b c d

Abb. 8.17: Abschaben von Hautschuppen zum Dermatophytennachweis. **a:** Haut mit Alkohol abreiben und trocknen lassen. **b:** Skalpell im Winkel von etwa 15 ° zur Haut halten, dann schaben. **c:** Skalpell mit den Hautschuppen in den geöffneten Beutel bringen, ohne dass Material am Beutelrand hängen bleibt. **d:** Von außen die Klinge so zwischen die Finger nehmen, dass man sich nicht verletzen kann, dann die Klinge aus dem Beutel ziehen und das Untersuchungsmaterial abstreifen. [K183]

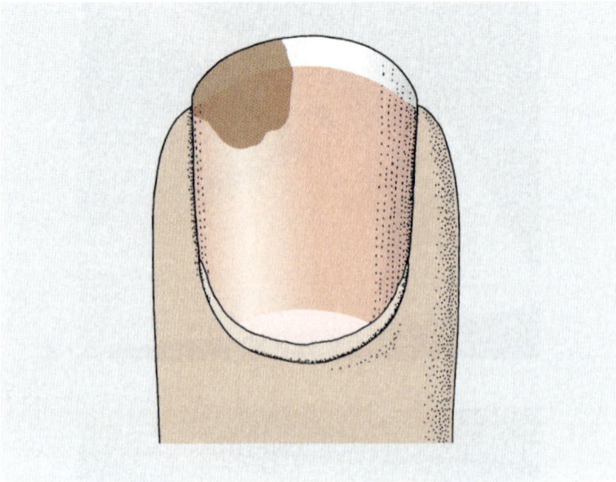

Abb. 8.18: Materialentnahme von fadenpilzerkrankten Nägeln.

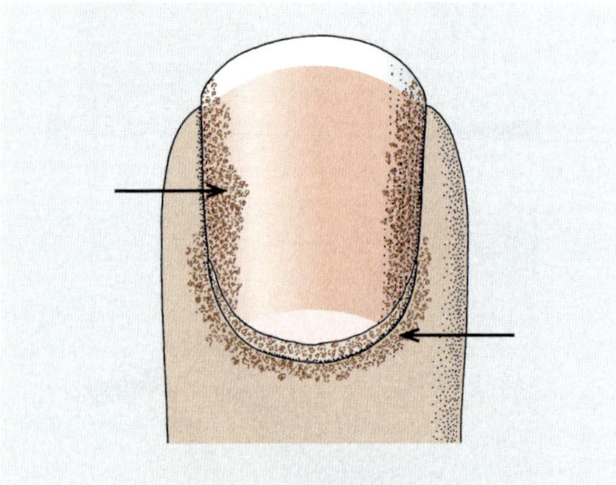

Abb. 8.19: Erkrankte Areale bei Candida-Paronychie.

fort wieder verschließen, da die Plätzchen stark wasseranziehend sind.

- Öse ausglühen und kurz in bereitgestelltem Agar befeuchten
- Schuppenmaterial mit der Öse entnehmen, auf einen Objektträger bringen und fein verteilen
- Von der hergestellten Kalilauge 1–2 Tropfen entnehmen und auf das Schuppenmaterial bringen
- Anschließend ein Deckgläschen auflegen. 1/4–1/2 Stunde warten.

Hat die Beurteilung schnell zu erfolgen, so kann man das hergestellte Präparat kurz durch eine Bunsenflamme ziehen. Die Kalilauge darf nicht kochen, es dürfen keine Kristalle entstehen. Anstelle von Kalilauge kann Tetraethylammoniumhydroxid-Lösung verwendet werden. Diese hat den Vorteil, dass sie eine sofortige Betrachtung des Materials ermöglicht.

Die Betrachtung erfolgt unter dem Mikroskop, zunächst mit kleiner Vergrößerung. Zeigt sich eine verdächtige Stelle, diese unter weiteren Vergrößerungen genauer betrachten.

Gefärbtes Präparat: Zwei Färbemethoden sind geeignet:

- Parker Superchrome Blue Black Ink. Hiervon 1 Teil nehmen und 10 Teile 10 %ige Kalilauge zufügen (Mischungsverhältnis 1:10). Bläulich angefärbte Pilzelemente werden sichtbar. Der Nachteil des Verfahrens besteht darin, dass die Färbung erst nach 12–24 Stunden eintritt und Zellstoffelemente mitangefärbt werden
- Lactophenolcotton - Blue - (LPCB-) Lösung (Zusammensetzung: Phenol 20,0. Milchsäure 20,0. Glyzerin 40,0. Aqua dest. 20,0). Hierzu zwischen 0,05 g und 0,5 g Cotton-Blue zufügen. Der Vorteil der LPCB-Lösung liegt darin, dass sich die Pilzelemente sehr schnell anfärben.

Dauerpräparat: Ein Pilzpräparat ist bis zu einem Tag verwertbar, wenn man 15 %ige Kalilauge mit einem 20 %igen Glyzerinzusatz verwendet (KOH-Plätzchen 15,0 = ca. 75 Plätzchen. Glyzerin 20,0. Aqua dest. ad 100,0).

Pilzkultur

Die meisten Pilze können auf festen oder flüssigen Nährböden gezüchtet werden.

Feste Nährböden

Kimmig-Agar eignet sich gut als Primärkultur zur Anzüchtung von Fadenpilzen, Hefen oder Schimmelpilzen. Der Kimming-Basis-Nährboden kann bereits in Pulverform bezogen werden. Nach Vorschrift Aqua dest. zugeben und im Dampftopf oder Autoklaven sterilisieren.

Zusammensetzung:

Pepton. e carne „Merck“ 5,0
Glukose 10,0
Glyzerin 5,0
NaCl 5,0
Standard II Nährbouillon „Merck“ 15,0

Agar-Agar 18,0
Aqua dest. ad 1000,0

Selektiv-Agar für pathogene Pilze wird bei stark verunreinigten Materialien verwendet. Der Zusatz von Cycloheximid und Chloramphenicol soll das Wachstum bestimmter Schimmelpilze und Bakterien hemmen.

Zusammensetzung:
Sojamehlpepton 10,0
Dextrose 10,0
Agar 15,5
Cycloheximid 0,4
Chloramphenicol 0,05
Aqua dest. ad 1000,0

Sabouraud-Glukose-Agar eignet sich gut für Subkulturen, wenn die Primärkultur keine eindeutige Identifizierung zulässt.

Zusammensetzung:
Pepton 10,0
Glukose 40,0
Agar-Agar 18,0
Aqua dest. ad 1000,0

Plattenbeimpfung

- Gebogene Öse ausglühen
- Mit der noch warmen Öse in bereitstehenden Agar einstechen
- Mit der damit angefeuchteten Öse durch das Schuppenmaterial fahren (Schuppen bleiben haften)
- An einer Stelle des Pilznährbodens schräg einstechen. Die Schuppen etwas andrücken. Deckel nicht sehr weit anheben (Gefahr der Verunreinigung durch Luftsporen!). Zwei weitere Stellen in ähnlicher Weise beimpfen
- Abbeimpfte Platten mit Tesafilm am Rand zukleben
- Bei Zimmertemperatur lagern (Deckel oben, Agar unten)
- Nach 2–3 Wochen ablesen.

Fluoreszenznachweis („Wood-Licht")

Infizierte Hautareale leuchten bei ultravioletten, langwelligen Strahlen fluoreszierend auf. Dieser Nachweis beschränkt sich auf Mikrosporie, Pityriasis versicolor und Erythrasma. Je nach Erkrankung zeigen sich folgende Verfärbungen:
- Grün-bläulich: Mikrosporie
- Ziegelrot: Erythrasma (bakteriell bedingt!)
- Gelb: Pityriasis versicolor.

8.3.2 Tinea des Körpers und des Kopfes

Synonyme: Trichophytie, Kälberflechte, Tinea corporis, Tinea capitis.

Erreger

Verschiedene Dermatophyten (Trichophyton-, Epidermophyton-, Mikrosporum-Arten). Übertragung häufig durch Haustiere.

Symptome und Befund

Sitz: überall möglich.
Man unterscheidet zwei verschiedene Formen:
- Oberflächliche Trichophytie
- Tiefe Trichophytie.

Oberflächliche Trichophytie: Kreisrunder, scharf begrenzter, rötlicher und schuppender Herd mit starker Randbetonung (☞ Abb. 8.20). Wächst am Rande weiter, bisweilen quälender Juckreiz.

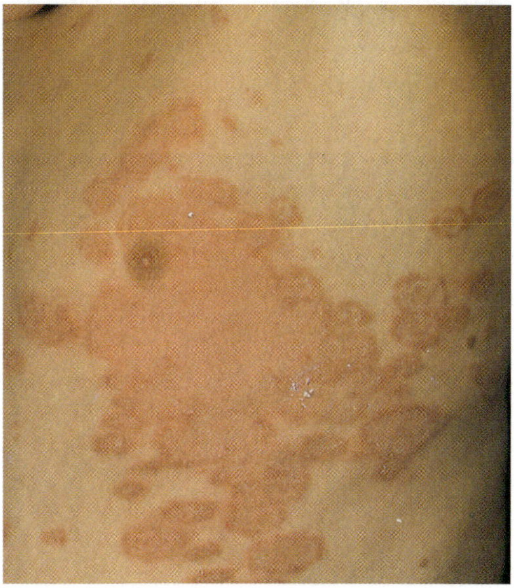

Abb. 8.20: Rumpfmykose (oberflächliche Trichophytie).

Tiefe Trichophytie: Entwickelt sich häufig aus einer oberflächlichen Trichophytie. Die Pilze besetzen Haarkanal und Haarschaft. Folge sind Entzündungen des Haarfollikels, vielfach mit Pustelbildung. Quälender Juckreiz. Die Haare sind leicht extrahierbar. Barthaar, Inguinalbereich und kindliche Kopfhaut sind bevorzugt betroffen.

Therapie

In aller Regel lokale Therapie, möglichst mit nicht allergisierenden pilzabtötenden Mitteln. Evtl. innerlich zusätzlich Griseofulvin (z.B. Fulcin® S 500, Likuden® M) oder Ketoconazol (z.B. Nizoral®, 1 Tablette pro Tag) oder Itraconazol (z.B. Sempera, 1×1 Tablette), Terbinafin (1 Tablette pro Tag) oder Fluconazol. Bei Einschmelzung und Pustelbildung (tiefe Trichophytie) drei Tage lang zusätzlich feuchte Umschläge mit Chinolinol (Chinosol®, 1 Tablette 0,1 auf 1 l Wasser). Bei Tinea im **Kindesalter** Fluconazol (Diflucan®-Derm-Saft).

8.3.3 Mikrosporie

Symptome und Befund

Sitz: fast nur an der behaarten Kopfhaut; tritt bevorzugt bei Schulkindern auf.
Abgebrochene kurze Haare, die mit einer feinen Schuppung bedeckt sind (☞ Abb. 8.21). Keine Rötung. Ansteckend! Der Nachweis erfolgt an den Haaren im Kalilaugenpräparat (☞ 8.3.1), in der Pilzkultur und im Wood-Licht (grün-bläuliche Farbe).

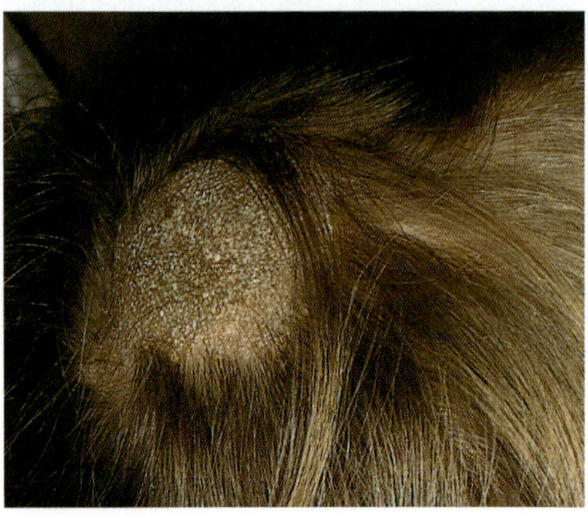

Abb. 8.21: Mikrosporie.

Therapie

Wie bei Tinea.

8.3.4 Fußmykose (Tinea pedum)

Erreger

Epidermophyton floccosum und verschiedene Trichophytonarten.
Vorkommen: Die Hand- und Fußpilzerkrankungen sind häufig zu beobachten, da die Ansteckungsmöglichkeit sehr groß ist. Die Pilze bevorzugen ein feucht-warmes Milieu, sodass sie häufig in Schwimmbädern, Turnhallen, Duschen (Lattenrost!) und Waschräumen anzutreffen sind. Auch fördern zu enges Schuhwerk und Strümpfe aus synthetischem Material bei erhöhter Schweißneigung den Pilzbefall.

Symptome und Befund

Sitz: bevorzugt 3. und 4. Zehenzwischenraum. Die Fußpilzerkrankung beginnt fast immer in den Zehenzwischenräumen und zeigt weißliche, gequollene Epithelmassen (☞ Abb. 8.22). Die Folge ist ein oberflächlicher Gewebedefekt (Erosion, Rhagade, Eintrittspforte für Erysipelerreger!). Gelegentlich Ausbreitung auf den Fuß.
Bei stärkerem Pilzbefall kann es zu allergischen Reaktionen kommen (Mykide), die sich bevorzugt an den Fingerseiten in Form von stecknadelkopfgroßen Bläschen manifestieren. Häufig besteht heftiger Juckreiz. Diagnostik ☞ 8.3.1.

Therapie

Allgemeinmaßnahmen: Zunächst gilt es, das feuchte Milieu zu beseitigen. Luftige Schuhe, Baumwollstrümpfe anziehen, keine Perlon- oder Nylonstrümpfe. Einen etwa 2 cm breiten Mullstreifen durch sämtliche Zehenzwischenräume ziehen (☞ 8.3.8).
Lokale Antimykotika:
- Azole: z.B. Imazol®, Canesten®, Daktar®, Epi-Pevaryl®, Mycospor®, Nizoral®, Terzolin®.
- Alylamine: z.B. Lamisil®, Exoderil®
- Polyene: z.B. Candiohermal®, Moronal®, Ampho-Moronal®

- Sonstige Wirkstoffklassen: Amorolphin (z. B. Loceryl®), Ciclopiroxolamin (z. B. Batrafen®)

Prophylaxe: Zur Vermeidung einer Reinfektion pilzbefallene Schuhe und Strümpfe mit Incidin oder Dodecylxiphenylphosphoriumbromid (Myxal-S-Konzentrat®) desinfizieren (Strümpfe mit der Lösung waschen, Schuhe aussprayen). Prophylaktisch antimykotische Lösungen anwenden.

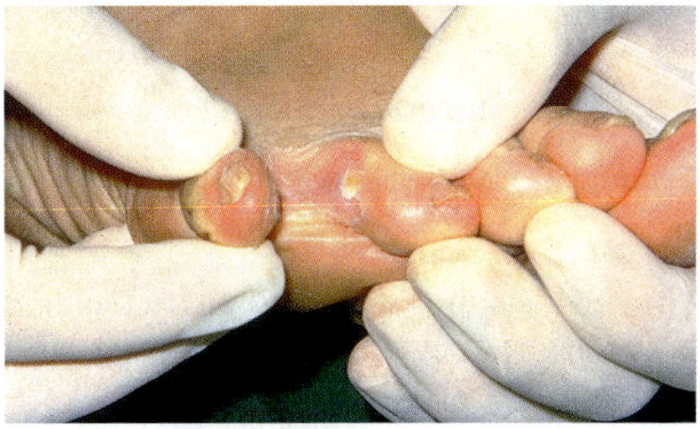

Abb. 8.22: Fußmykose. [T195]

8.3.5 Nagelmykose (Onychomykose)

Erreger

Verschiedene Fadenpilzarten und Hefepilze, seltener Schimmelpilze.

Symptome und Befund

Kennzeichnend sind gelblich-bröckelige und verdickte Nagelplatten (☞ Abb. 3.1).

> Nicht jede Nagelveränderung ist ein Nagelpilz. **Differenzialdiagnosen** sind Nagelpsoriasis, Lichen ruber, parunguale Ekzeme mit sekundärer Nageldystrophie, Onycholysen bei Sklerodermie.

Therapie

Pilzmittel durchdringen nicht die lebenden Schichten der Haut, sondern sind im Wesentlichen oberflächenwirksam. Tiefer reichende Pilzinfektionen lassen sich deshalb nur selten ausschließlich lokal behandeln. Entfernung in Lokalanästhesie oder Vollnarkose ist gelegentlich erforderlich.

Postoperative Versorgung: Wichtig ist eine konsequente postoperative Wundversorgung des Nagelbetts! Der erste Verband verbleibt 2–3 Tage, dann wird mit täglichen (Chinolinol®)-Bädern weiterbehandelt. Stets ist das Wundbett sorgfältig zu reinigen (Kürettage).

Konservative Nagelentfernung: Der Nagel kann mit Kalium jodatum und Lanolin zu gleichen Teilen schonender als durch eine Operation entfernt werden. Diese Salbe wird messerrückendick auf die erkrankten Nägel aufgetragen und mit Leukoplast umwickelt. Der Verband ist täglich nach einem warmen Bad zu wechseln. Nach einem Zeitraum von etwa 3–4 Wochen lässt sich die erkrankte Nagelplatte ablösen und kurzschneiden. Sind die restlichen Hornmassen (mit der Nagelfeile) abgetragen, so wird eine spezifische antimykotische Lokaltherapie durchgeführt.

Lokale Nachbehandlung: Anwendung von antimykotischen Lösungen und Salben. Diese Behandlung wird so lange durchgeführt, bis der Nagel wieder ganz nachgewachsen ist. Sind in der Pilzkultur Erreger nachgewiesen worden so erfolgt zusätzlich eine systemische Behandlung mit Antimykotika:

- Griseofulvin 500 mg 1 x 1 Tablette tägl. (z. B. Likuden M®)
- Itraconazol 100 mg 1 x 1 Kapsel tägl. (z. B. Sempera®)
- Fluconazol 200–400 mg 1 x 1 Kapsel tägl. (z. B. Diflucan®)
- Terbinafin 250 mg 1 x 1 Kapsel tägl. (z. B. Lamisil®).

> Die systemische Behandlung soll nur in Verbindung mit einer intensiven Lokaltherapie durchgeführt werden.

Azole, Amorolfin und Terbinafin wirken nur auf Pilzzellen während der Zellteilung, ruhendes Myzel (Pilzzellen) wird nicht abgetötet. Deshalb sind vor allem bei Nagelmykosen Rezidive nicht selten.

8.3.6 Pityriasis versicolor (Kleienflechte)

Erreger

Pityrosporum orbiculare.

Symptome und Befund

Sitz: fast ausschließlich am Rumpf. Erhöhte Schweißneigung fördert die Ausbreitung.
Die scharf begrenzten, leicht schuppenden, hellen Herde haben meist Linsengröße. Sie können in seltenen Fällen großflächig konfluieren. Charakteristisch ist die verstärkte mehlstaubartige Schuppung bei Bestreichen mit einem Holzspatel („Hobelspanphänomen").

Nachweis

Der Pilz wird direkt nachgewiesen, seine kulturelle Züchtung gelingt nur schwer:
- **Kalilaugenpräparat** (☞ 8.3.1)
- **Tesa-Abrissstreifen:** Ein Streifen Tesafilm® wird auf die erkrankte Haut gebracht, leicht angepresst und sofort abgezogen. In der Klebeschicht haftet nun diagnostisch verwertbares Pilzmaterial in den Schuppen. Nach Aufkleben auf einen Objektträger werden wie im Nativpräparat herdförmig angeordnete, kleine Kugeln (Sporen) und kurze Pilzfäden sichtbar
- **Wood-Licht:** gelbliche Fluoreszenz.

Therapie

Häufig baden und duschen, dabei synthetische Seifen benutzen. Danach betroffene Stellen mit antimykotischen Lösungen (Fabry-Spiritus) bzw. Tinkturen der Imidazolderivate (z.B. Daktar®, Epi-Pevaryl®-P. v., Batrafen® u.a.) einreiben und luftige Wäsche anziehen.

Pityrosporon-Hefen

Drei Hefen wurden ursprünglich als selbstständige Arten aufgefasst; heute hat man sie als unterschiedliche Wuchsformen einer einzigen Spezies erkannt:
- Malassezia fufur
- Pityrosporon orbiculare
- Pityrosporon ovale.

Den Pityrosporon-Hefen werden drei Erkrankungen zugeschrieben:
- **Pityriasis versicolor** ist eine häufige Mykose mit oberflächlicher Lokalisation in der Hornschicht und nur geringen, kaum erkennbaren, Entzündungszeichen
- **Pityrosporon folliculitis** wurde erst in den letzten Jahren einheitlich als eigenes Krankheitsbild erkannt. Es zeigen sich an Rücken und Schulter, aber auch an Stirn und Wangen gerötete follikuläre, halbkugelige Papeln, oft mit einer Pustel. Pityrosporon-Infektionen treten bei Patienten mit geschwächter Infektabwehr auf
- **Seborrhoisches Ekzem** ist ein eigenes Krankheitsbild, das häufig im Bereich des behaarten Kopfes lokalisiert ist und mit starker Schuppenbildung einhergeht. Es ist häufiges Frühsymptom bei AIDS-Patienten.

8.3.7 Hefepilzerkrankungen

Synonyme: Candidiasis, Soor

Erreger

Pilze der Gattung Candida, meist Candida albicans.
Vorkommen: Candida liebt Schleimhäute und feuchtes Milieu. Begünstigend für das Wachstum sind verzehrende Erkrankungen, länger angewandte Antibiotika, Steroide und Zytostatika, Schwangerschaft.

Symptome und Befund

Sitz: an Schleimhäuten (☞ Abb. 8.23), in Körperfalten, an Fingern und Zehen.
Schleimhautbefall: Grauweiße, leicht abstreifbare Plaques, die manchmal flächenhaft konfluieren. Die befallene Schleimhaut ist gerötet. Mundwinkelrhagaden (Perlèche) können auf eine Candidiasis hinweisen.

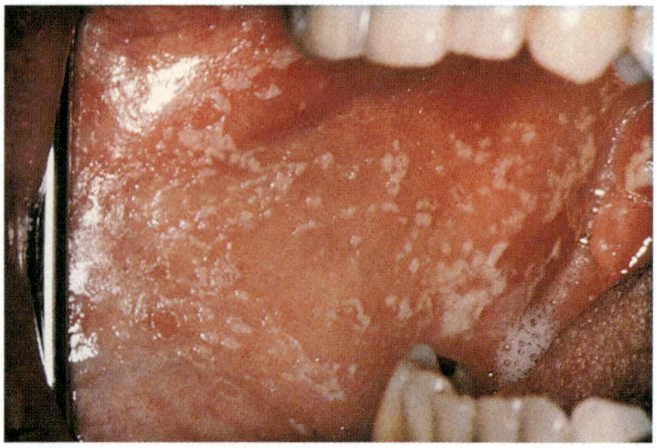

Abb. 8.23: Candidiasis.

Befall von Körperfalten, Zehen, Fingern: Typisch sind flächenhaft scharf begrenzte Erytheme mit punktförmigen Satellitenherden in der Umgebung. Randständige Schuppenkrause.

Befall der Hand- und Fußnägel: Ein typisches klinisches Bild gibt es nicht. Es entspricht der beschriebenen „Onychomykose", jedoch fehlt gelegentlich die Hyperkeratose.

Nachweis

- **Direktpräparat:** Weißliches Pilzmaterial auf einen Objektträger auftragen, ausstreichen und mit einem Deckgläschen versehen. Von der Seite her Kalilauge einfließen lassen. Nach kurzer Erwärmung werden im Mikroskop eiförmige Sporen oder Hyphen (Fäden) sichtbar
- Kultur (Reisagar; ☞ 8.3.1).

Therapie

Die Behandlung ist lokalisationsabhängig.

Körperfalten: Nässende Herde mit feuchten Umschlägen zum Abtrocknen bringen: Chinolinol (Chinosol®), Kaliumpermanganat. Anschließend Farbstoff-Therapie (Solutio Pyoctanini 0,5 %) oder Natamycin-Creme (Pimafucin®)-Streifen einlegen. Brüste hochbinden.

Mundhöhle: Amphotericin B (Ampho-Moronal®)-Lutschtabletten, Nystatin-Dragees (z.B. Candio-Hermal®), Nystatin-Suspension (z.B. Candio-Hermal® 2- bis 3-mal täglich 1 ml auf die Wangenschleimhaut aufträufeln; Dauer: 14 Tage). In besonderen Fällen kann man auch Mund oder Vagina mit 0,5 %iger wässriger Pyoctanin-Lösung bepinseln. Zahnbürste desinfizieren oder durch neue ersetzen!

Scheide: Wie oben beschrieben; zusätzlich Ampho-Moronal®-Ovula, Candio-Hermal®. Umgebung (äußeres Genitale) mit Ampho-Moronal®-Creme behandeln. Chinolinol (Chinosol®)-Sitzbäder. Pyoctanin-Pinselungen (0,5 %ig). Oftmals besteht zusätzlich eine Candida-Besiedlung des Darmes. Deshalb auch innerlich therapieren: Amphotericin (Moronal®)-Tabletten (3 Tabletten/Tag) über 10 Tage oder Ketoconazol (Nizoral® 1 Tablette/Tag).

Griseofulvin hilft nicht bei Candidiasis! Nystatin wird im Darm nicht resorbiert.

8.3.8 Wichtige Hinweise bei Pilzinfektionen

- Wärme- und feuchtigkeitsstauende Kleidung bzw. Schuhe sind zu meiden
- Kleidungsstücke, die mit pilzerkrankter Haut in Berührung kommen, sowie Handtücher und Waschlappen sind täglich zu wechseln und bei mindestens 60 °C, besser 95 °C, zu waschen. Empfehlenswert sind auch Einmal-Waschlappen und -Handtücher.
- Die erkrankten, juckenden Körperstellen dürfen nicht aufgekratzt werden. Dies kann zur Ausbreitung führen.
- Nach dem Waschen, Duschen oder Baden sind die befallenen Hautstellen sorgfältig abzutrocknen und trocken zu halten. Bei starker Schweißbildung ist die zusätzliche Anwendung eines antimykotischen Puders angebracht.
- Bei Pilzerkrankungen der Füße sollten die Schuhe möglichst frei von Pilzkeimen sein. Dies kann durch Einsprühen eines Antimykotikum-Sprays in die Schuhe erreicht werden (z.B. Incidin® Spezial-Sprayflüssigkeit).

8.4 Erkrankungen durch Protozoen

Kutane Leishmaniose

Erreger

Die Leishmaniose wird durch das Protozoon Leishmania hervorgerufen (alte Bezeichnung: Aleppo-Beule, Orient-Beule). Es lebt intrazellulär vorwiegend in Makrophagen und wird durch die Sandfliege übertragen. Vorkommen überwiegend in Kleinasien, Mittelmeer-Gebiet und tropischen Ländern (Reise-Dermatose).

Symptome und Befund

An der Stelle des Sandfliegenbisses tritt ein Knötchen auf, das im Zentrum zerfällt und unter Narbenbildung abheilt.

Therapie

Tioglucantim, Tiobentazol-Injektion intraläsional nach vorheriger Behandlung mit EMLA-Creme unter Tegaderm®-Folie.

8.5 Erkrankungen durch tierische Parasiten

Die parasitären Erkrankungen der Haut werden vorwiegend durch Läuse, Flöhe, Wanzen und Milben hervorgerufen. In den letzten Jahren ist eine deutliche Zunahme zu beobachten.

8.5.1 Läuse (Anoplura)

Man unterscheidet drei Formen:

- Kopflaus (Pediculus humanus capitis)
- Kleiderlaus (Pediculus humanus corporis, ☞ Abb. 8.25)
- Filzlaus (Phthirus pubis).

Kopflaus

Aussehen: Die Kopflaus ist ein flügelloses, flaches, bräunliches Insekt von etwa 2–3 mm Größe. Der Kopf besitzt ein Beiß- und Saugwerkzeug, kurze Antennen und ist über einen Hals mit dem Rumpf verbunden. Im vorderen Rumpfbereich befinden sich sechs kräftige Beine. Der Hinterleib trägt scharfe Einkerbungen.

Entwicklung: Das befruchtete Weibchen legt 150–300 Eier und befestigt diese mit einer Kapsel am Haarschaft (Nissen, ☞ Abb. 8.24). Die Larven schlüpfen nach etwa 8 Tagen, nach 3 Wochen ist das Tier geschlechtsreif. Als Nahrung dient Blut, das im Abstand von mehreren Stunden aufgenommen wird.

Übertragung: Von Mensch zu Mensch; auch über Kleidungsstücke möglich (z. B. beim „Mützentausch"; dicht nebeneinander hängende Jacken, Kopfstützen im Auto u. Ä.).

Symptome und Befund

Heftiger Juckreiz besonders hinter den Ohren zwingt den Betroffenen zum Kratzen. Die Folge ist oft ein Ekzem (Läuseekzem). Bei Sekundärinfektion: Follikulitis, Furunkel. Diagnostische Kennzeichen sind nicht abstreifbare Nissen am Haarschaft (zunächst in Kopfhautnähe, evtl. perlschnurartig aufgereiht); Bissstellen, Kratzspuren.

Abb. 8.24: Kopflausbefall: Perlschnurartig an den Haaren klebende Nissen.

Therapie

Die Behandlung fast aller Hautparasiten erfolgt heute mit Lindan (z. B. Jacutin®), Benzylbenzoat (z. B. Antiscabiosum Mago®) oder natürlichen/synthetischen Chrysanthemenextrakten (Jacutin N®: Allethrin und Piperonylbutoxid = Kombinationspräparat); Spregal® (= Allethrin und Piperonylbutoxid) ist für Kinder zugelassen, aber nicht für Säuglinge und Frauen im ersten Drittel der Schwangerschaft. Aus kosmetischen Gründen empfiehlt sich das Jacutin®-Gel.

Vorgehen

Den Kopf mit einem synthetischen Waschmittel (z. B. Satina®, Dermowas®) mehrmals kräftig waschen, die Haare abtrocknen, scheiteln und mit Jacutin®-Gel einreiben. Es muss mindestens 3 Tage im Haar verbleiben und ist dort nicht spürbar. In der Regel reicht diese Behandlung aus, um auch die Nissen abzutöten. Es sollte aber auf jeden Fall nach 8–12 Tagen eine Nachkontrolle erfolgen und evtl. eine zweite Einreibung vorgenommen werden.

Jacutin® nicht in die Augen bringen.

Entfernt werden die Nissen durch warme Essigwasserspülungen (1 Teil Speiseessig auf 1 Teil warmes Wasser). Zusätzlich ist die Anwendung eines Läusekamms sinnvoll, um die gelösten Nissen auszukämmen.

- Wie bei allen parasitären Erkrankungen benutzte Bett- und Leibwäsche täglich wechseln und waschen
- Nicht waschbare Gegenstände und Kleidungsstücke desinfizieren (im Autoklaven oder chemisch).

Kleiderlaus

Aussehen: Sie ist etwas größer als die Kopflaus (3–4,5 mm; ☞ Abb. 8.25) und hält sich vorzugsweise in den Falten und Nahtstellen der Kleidung auf. Hier werden auch die Nissen eingekittet, die jedoch gleichfalls im Bereich der Lanugohaare, Achsel- und Schambehaarung angetroffen werden können. Kleiderläuse sind die Überträger des Fleckfiebers.
Übertragung: Durch engen menschlichen Kontakt.

Symptome und Befund

Kleiderläuse verursachen an den Einstichstellen kräftig juckende, rote Papeln. Kratzeffekte (Nacken-Gürtel-Region!). Die Abheilung erfolgt evtl. unter kleinen Narbenbildungen mit bräunlichem Rand.

Therapie

Zunächst den Körper durch ein Seifenbad gründlich reinigen; besonders vorher benutzte Salben und Öle entfernen. Abtrocknen, den ganzen Körper mit Jacutin®-Gel einreiben (Gesicht freilassen). Tägliche Wiederholung über 3 Tage.

Abb. 8.25: Kleiderlaus.

Die Wäsche muss gründlich desinfiziert und gereinigt werden.

Filzlaus

Aussehen: Filzläuse sind nur 1,5–2 mm groß. Sie haben eine breite, schildartige Form. Sie schlüpfen in 1–8 Tagen und durchlaufen drei Larvenstadien in 13–17 Tagen. Eine erwachsene Laus lebt 31–35 Tage lang.
Sitz: Filzläuse breiten sich von unten nach oben aus: Schamhaare, Brusthaare, Achselhaare, Augenbrauen („Körperhaarstraße").
Übertragung: Vorzugsweise durch körperlichen Kontakt.

Symptome und Befund

Der Biss der Filzlaus verursacht kleine, in der Haut liegende Blutungen (blaue Flecken). Nur mäßiger Juckreiz.

Therapie

Wie beim Kleiderlausbefall.

8.5.2 Flöhe

Es sind viele Floharten bekannt: Menschen-, Hunde-, Hühner-, Katzen- und Rattenflöhe, wobei die letzt genannten Überträger der Pest sind. Hier wird nur der Menschenfloh besprochen.
Aussehen: Der Menschenfloh ist 3–3,5 mm lang. Der vordere Rumpf trägt drei Beinpaare, wovon das letzte am längsten ausgebildet ist.
Vermehrung: Das Weibchen legt etwa 400 Eier, nach 4–6 Wochen ist das Tier geschlechtsreif.
Übertragung: Da die Insekten bis zu 18 Monate hungern können, können sie sich lange unbemerkt in Kleidungsstücken aufhalten und auf diese Weise übertragen werden.

Symptome und Befund

Besonders an kleiderbedeckten Körperstellen rufen die Flohstiche flüchtige Quaddeln mit einem zentralen Einstichpunkt hervor, der Juckreiz verursacht (☞ Abb. 8.26).

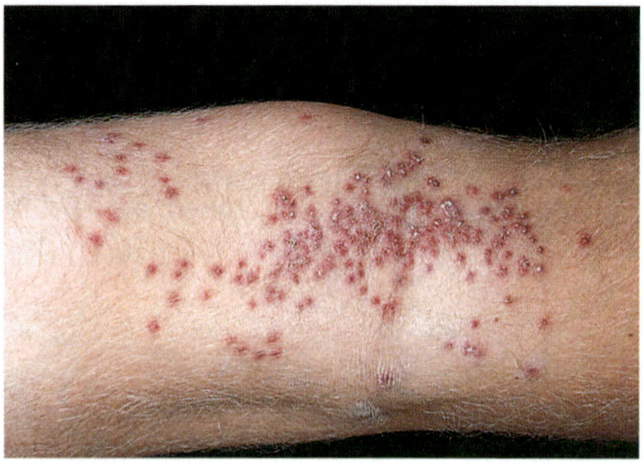

Abb. 8.26: Flohstiche.

Therapie

Desinfektion der Wäsche, Jacutin®-Einreibungen, Sauberkeit.

8.5.3 Wanzen

Aussehen: Das Tier hat eine oval-flache Form.
Entwicklung: Das Weibchen legt unter normalen Bedingungen täglich an versteckten Stellen zwei bis drei Eier. Erst nach 2 Monaten entwickelt sich das geschlechtsreife Tier. Bettwanzen beißen nur etwa alle 7 Tage.

Symptome und Befund

Wanzenbisse jucken stark und erzeugen Quaddeln mit zentralem Einstichpunkt. Bei starkem Befall tritt jedoch häufig ein Gewöhnungseffekt ein. Die Patienten klagen dann trotz zahlreicher Bissspuren nicht über Beschwerden.

Therapie

Entspricht der Floh-Behandlung.

Bei Wanzenbefall sorgfältige Raum- und Möbeldesinfektion.

8.5.4 Milben

Krätzmilbe (Skabies)

Aussehen: Die Krätzmilbe ist nur 0,3 mm groß, deshalb gelingt der Nachweis nur mikroskopisch.
Entwicklung: Die Weibchen graben in der Hornschicht der Epidermis Gänge, in denen täglich etwa zwei bis drei Eier abgelegt werden. Innerhalb von etwa 17–22 Tagen entwickelt sich ein geschlechtsreifes Tier.
Übertragung: durch engen Körperkontakt, Wäschestücke.

Symptome und Befund

Sitz: zwischen Fingern und Zehen, Handgelenksbeugeseiten, vorderen Achselfalten, Brustwarzen, Gürtelbereich und Genitale (Papeln am Penis!).
Typisch für die Krätzeerkrankung sind feine, millimeterlange, strichförmige, ganz leicht erhabene Milbengänge (☞ Abb. 8.27). Durch den vorwiegend nächtlichen Juckreiz (Bettwärme) werden diese leicht aufgekratzt, sodass es zu Ekzematisationen und Sekundärinfektionen kommen kann.

Nachweis

Es gibt zwei Nachweismöglichkeiten.
Erste Methode: Man sucht sich einen noch frischen Milbengang heraus, den man oberflächlich mit einer feinen Injektionskanüle oder einem Moncorps-Messerchen eröffnet. Am Ende des Gangs kann die Krätzmilbe ausgehoben werden. Mikroskopischer Nachweis nach Auftragung des gesamten ausgehobenen Materials auf einen Objektträger.
Zweite Methode: Man klebt Tesafilm über einen Milbengang und reißt diesen dann gleich wieder ab. Dieser Vorgang wird öfter wiederholt. Die einzelnen Tesafilmstreifen werden auf einen Objektträger geklebt und dann unter dem Mikroskop betrachtet.

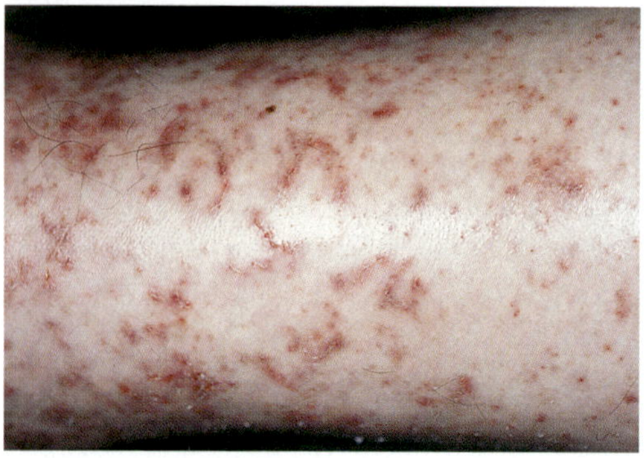

Abb. 8.27: Krätze: Typischer Hautbefund.

Topische Therapie

Wirkstoffe	Lindan 0,3 %	Benzylbenzoat 10 %	Crotamiton 10 %	Permethrin** 5 %
Präparate-Beispiele	Jacutin-Emulsion	Antiscabiosum	Crotamitex	Lyclear
Früh-/Neugeborene	–	–	• 1 x tägl. dünn auftragen für 3–5 Tage	• Einmalige Anwendung für 6 Stunden
Säugling/Kleinkind	• 1./3. Tag: Untere Körperhälfte einreiben und nach 3 Stunden mit klarem lauwarmem Wasser abwaschen* • 2./4. Tag: Obere Körperhälfte einreiben und nach 3 Std. mit klarem lauwarmem Wasser abwaschen	• 1.–3. Tag: 1 x tägl. einreiben • 4. Tag: Vollbad oder Dusche	• Mehrmals tägl. dünn auftragen für 3–5 Tage	• Einmalige Anwendung für 8–14 Stunden
	Im Anschluss für 1 Woche pflegende Externa, ggf. top. Steroide (Klasse I-II nach Niedner)			

* Heißes Wasser, Seifen, Syndets und fetthaltige Externa fördern die Resporption von Lindan und sollten nicht verwendet werden. Damit das Belecken unterbleibt, sind die Hände zu verbinden.
** In Deutschland nicht zu gelassen.

Wirkstoffe	Lindan 0,3 %	Benzylbenzoat 10 %	Crotamiton 10 %	Permethrin** 5 %
Schwangerschaft	Strenge Indikationsstellung**	Strenge Indikationsstellung**	Strenge Indikationsstellung**	Nach Lit. am ehesten zu empfehlen* **
Stillzeit	Strenge Indikationsstellung**	Empfohlen** ***	Strenge Indikationsstellung**	Nach Lit. am ehesten zu empfehlen* **

* In den USA ab dritten Monat zugelassen, zu beziehen über die Internationale Apotheke
** Unter ärztlicher Kontrolle
*** Brustbereich aussparen

Tab. 8.4: Topische antiskabiöse Therapeutika – Anwendung im frühen Kindesalter sowie während Schwangerschaft und Stillzeit (nach Fölster-Holst).

Wirkstoffe

Lindan (γ-Hexachlorcyclohexan, z.B. Jacutin®), das seine akarizide Wirkung über die Neurotoxizität entfaltet, wird zur Therapie der Skabies seit über 50 Jahren verwendet. In Deutschland wird die 0,3 %ige Lindan Emulsion eingesetzt. Berichte über Intoxikationen **nach sachgerechter Anwendung** liegen nicht vor. **Alternative:** Bei Resistenz der Skabiesmilben gegenüber Lindan: Permethrin 5 % oder Ivermectin (s.u.). **Kontraindikation:** Schwangeren, Neugeborenen und Patienten mit neurologischen Grunderkrankungen soll Lindan nicht verordnet werden. **Anwendung:** Bei Erwachsenen und Kindern ab 10 Jahren: Ganzkörperbehandlung (Kopf ausgenommen) mit Emulsion, die an drei aufeinander folgenden Abenden aufgetragen und jeweils morgens abgewaschen wird. Kinder im Alter von 3–10 Jahren unterziehen sich einer 2-tägigen Ganzkörperbehandlung, dabei wird die Emulsion jeweils nach einer Einwirkzeit von 3 Stunden abgewaschen.

Bei Säuglingen und Kleinkindern (bis zu 3 Jahren) wird alternierend die obere (erster und dritter Behandlungstag) und untere Körperhälfte (zweiter und vierter Behandlungs-

tag) mit 0,3 % Jacutin®-Emulsion eingerieben und nach drei Stunden mit klarem lauwarmem Wasser wieder entfernt.
Benzylbenzoat (Antiscabiosum® 10 %, 25 %). **Nebenwirkung:** Gasping-Syndrom (progressive Enzephalopathie mit schwerer metabolischer Azidose, Knochenmarksdepression, schließlich Leber-, Nieren- und Kreislaufversagen) durch Benzylalkohol (Metabolit von Benzylbenzoat) bei Früh- und Neugeborenen in den USA. Hier bisher nicht als Nebenwirkung gesehen. Breite Anwendung in den so genannten Entwicklungsländern. **Kontraindikation:** Aus Sicherheitsgründen sollte in der neonatalen Phase die Anwendung unterbleiben. **Anwendung:** Erwachsene und Kinder unterziehen sich an drei aufeinander folgenden Tagen einer Granzkörperbehandlung mit Antiscabiosum® 10 % (Kinder) und 25 % (Erwachsene). Bei mehrfacher Anwendung Hautirritationen.
Crotamiton (Crotamitex®) Weniger wirksam. **Kontraindikation:** Schwangerschaft und Stillzeit (relative Gegenanzeige). Anwendung bei Früh- und Neugeborenen unproblematisch. **Anwendung:** Crotamitex® wird an drei bis fünf aufeinander folgenden Tagen als Ganzkörperbehandlung eingesetzt (mehrmals täglich dünn, bei Früh- und Neugeborenen einmal täglich dünn auftragen) und im Anschluss entfernt.
Permethrin 5 % (Lyclear®, Permethrin 25 % Rezepturkonzentrat). Permethrin ist ein synthetisches Pyrethroid, das in der Landwirtschaft und Veterinärmedizin zur Kontrolle von Ektoparasiten angewandt wird. Es ist zuverlässig wirksam und frei von toxischen Nebenwirkungen. Daher wird Permethrin v. a. zur Behandlung in der frühkindlichen Phase, während Schwangerschaft und Stillzeit sowie für Patienten mit neurologischen Krankheiten und Lindanresistenzen empfohlen. **Anwendung:** In Deutschland für die Indikation Skabies nicht zugelassen. Seit kurzem wird ein Permethrin 25 %iges Rezepturkonzentrat angeboten, das zur Behandlung für Kinder in einer 10fachen Verdünnung und für Erwachsene in einer 5fachen Verdünnung zur Anwendung kommt. Als Fertigpräparat ist 5 % Permethrin über die Internationale Apotheke zu beziehen (Lyclear®). Für Permethrin reicht eine einmalige Anwendung.
Allethrin und Piperonylbutoxid (Spregal®). **Anwendung:** Im Erwachsenenalter einmalige Spraybehandlung ausreichend. In der frühkindlichen Phase sowie Schwangerschaft und Stillzeit ist Spregal® nicht geeignet.

Systemische Therapie

Ivermectin ist ein Stoffwechselprodukt der Streptomyces avermitilis. Es führt zur Paralyse der Skabiesmilben. Eine orale Einmalgabe von Ivermectin (0,2 mg/kg) hat Heilungsraten von 80 %. **Anwendung:** Ivermectin ist in Deutschland für die Indikation Skabies nicht zugelassen. Über die Internationale Apotheke ist das Medikament unter dem Handelsnamen Stromectol® und Mectizan® zu beziehen. Da die Therapie mit Antiskabiosa häufig Irritationen, verbunden mit Juckreiz, nach sich zieht, ist eine 1-wöchige Nachbehandlung mit pflegenden Externa (z. B. Unguentum leniens) ggf. auch topischen Steroiden empfehlenswert. Nach zwei bis drei Wochen Kontrolle ggf. Behandlung.

Für eine effektive Skabiestherapie sind folgende Aspekte zu beachten:

- Das Antiskabiosum korrekt anwenden:
  - 1–2 Stunden vor der Behandlung die Haut mit klarem lauwarmem Wasser reinigen. Im Anschluss wird nach sorgfältigem Abtrocknen das Antiskabiosum auf die trockene, nicht erhitzte Haut appliziert (zu warme Bäder, Syndets und fetthaltige Grundlagen fördern die Resorption!)
  - Die Prädilektionsstellen (v. a. Hände, Füße, Axillae, Genitalien, Mammae, Nabel) sind sorgfältig zu behandeln, der Bereich unter den Nägeln ist nicht zu vergessen (Kratzen!)
  - Bei Kindern sind nicht selten Gesicht und Kopf mit betroffen
  - Bei der Behandlung ist die Irritabilität der Schleimhaut (Nase, Augen) zu beachten.
- Umgebung berücksichtigen (sozialmedizinischer Aspekt):
  - Kleidung, Handtücher und Bettwäsche täglich wechseln und nach 4-tägiger Aufbewahrung in einem Plastiksack bei hohen Temperaturen waschen. Die Milben können außerhalb des Stratum corneum nur 2–3 Tage überleben

– Kontaktpersonen sind mitzubehandeln, auch wenn typische Hautveränderungen noch fehlen. Bei der Primärinfektion kommt es erst 4 Wochen nach der Ansteckung zu Juckreiz und einem generalisierten papulovesikulären Exanthem, bei einer Reinfektion tritt dieses bereits nach 24–48 h auf
- Ein postskabiöses Ekzem als Reaktion auf verbliebenen Milbenkot und Teile der abgestorbenen Milben sowie als irritative Reaktion auf Antiskabiosa erfordert eine Nachbehandlung mit pflegenden Externa.

Herbstgrasmilbe oder rote Laufmilbe

Sie zählt zu den sog. Trombidien und lebt vorwiegend an Gräsern, Blumen und Sträuchern. Die sechsbeinigen Larven befallen kurzzeitig Mensch und Säugetier und rufen die sog. Erntekrätze oder Herbstbeiße hervor, indem sie sich voll Blut saugen und nach der Nahrungsaufnahme wieder abfallen.

Symptome und Befund

An der Haut bilden sich an den Einstichstellen kleine rote Punkte, die sich dann bis zu linsengroßen Quaddeln vergrößern.

Therapie

Lotio alba aquosa.

Hausstaubmilben

Zu den Milbenarten, die nicht infektiös, aber krankheitsverursachend sind, zählen die Hausstaubmilben. Zwei Arten sind besonders wichtig:
- Dermatophagoides pteronyssinus
- Dermatophagoides farinae.

Diese lösen allergische Reaktionen aus im Rahmen des Milbenkreislaufs (☞ Abb. 8.28). Neben Bestandteilen der Milbe besitzt vor allem der Milbenkot eine allergisierende Wirkung.
Vorkommen: Hausstaubmilben sind nur mikroskopisch erkennbar und am häufigsten in Bettzeug, Polsterdecken und Polstermöbeln und Teppichen vorhanden. Sie ernähren

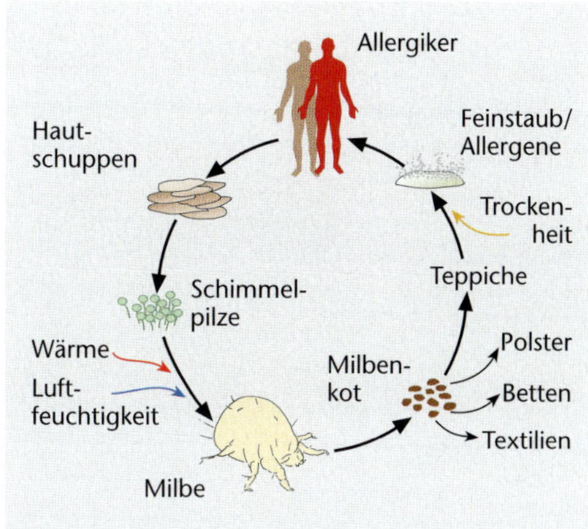

Abb. 8.28: Der Milbenkreislauf (nach v. Bronswijk).

sich von menschlichen oder tierischen Hautschuppen und benötigen eine Temperatur von 17–32 °C.
Verbreitung: Die Ausbreitung der Hausstaubmilben wird durch höhere Raumluftfeuchtigkeit (über 55 % relative Luftfeuchtigkeit) sowie Staub und zusätzliches Schimmelpilzwachstum gefördert.

Therapie

Die Beseitigung von Milben in der Wohnung erfolgt durch Acarosan®-Schaum sowie Hausstaubsanierung, Herabsetzung der Feuchtigkeit unter 55 %. Bei nachgewiesener Allergie sind entsprechende Maßnahmen durchzuführen.

8.5.5 Zecke (Holzbock)

Der Holzbock ist eine Zecke (☞ Abb. 8.29), die Mensch und Tier befällt. Sie bohrt sich mit dem Kopf in die Haut, weshalb man leicht den Körper von dem fest haftenden Kopf abreißt. Der in der Haut verbleibende Kopf führt dann nicht selten zu heftigen Entzündungen. Zecken können u. U. Borrelien und FSME-Viren (endemisch) übertragen.

Zeckenentfernung

Zeckenkörper vorsichtig mit der gebogenen Pinzette fassen und mit Kopf herausdrehen.

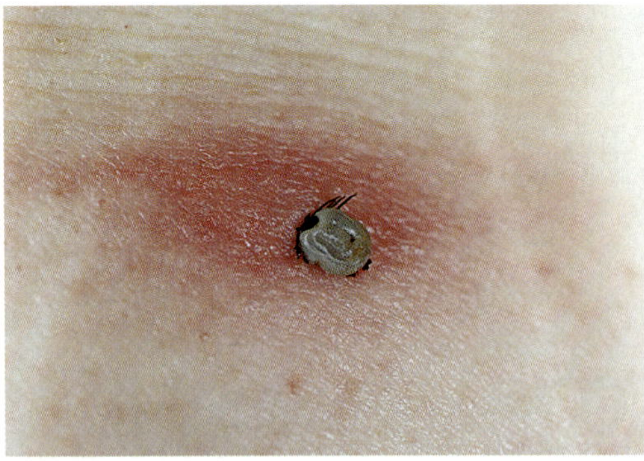

Abb. 8.29: Zecke.

Nicht den Zeckenkörper quetschen, da sonst infizierter Darminhalt übertragen wird!

Durch Borrelien-Infektion nach Zeckenbiss (Borreliose, Lyme-Borreliose) können drei Hauterkrankungen entstehen:
- Lymphadenosis cutis benigna
- Erythema chronicum migrans
- Acrodermatitis chronica atrophicans Herxheimer.

Auslöser ist derselbe Erreger: Borrelia burgdorferi.

Symptome und Befund

- **Lymphadenosis cutis benigna:** Meist im Gesicht (Ohrläppchen) lokalisierter; rötlich-blauer infiltrierter Knoten
- **Erythema chronicum migrans (Wanderring):** Im Bereich der Bissstelle beginnender, langsam zentrifugal fortschreitender hellroter Ring
- **Acrodermatitis chronica atrophicans Herxheimer:** An Armen oder Beinen zunächst meist großflächige blaurote Hautverfärbung mit leichter Schwellung und anschließender ausgeprägter Hautverdünnung (Atrophie).

Diagnostik

Die Borrelieninfektion kann durch Bestimmung spezifischer Antikörper im Blut nachgewiesen werden.

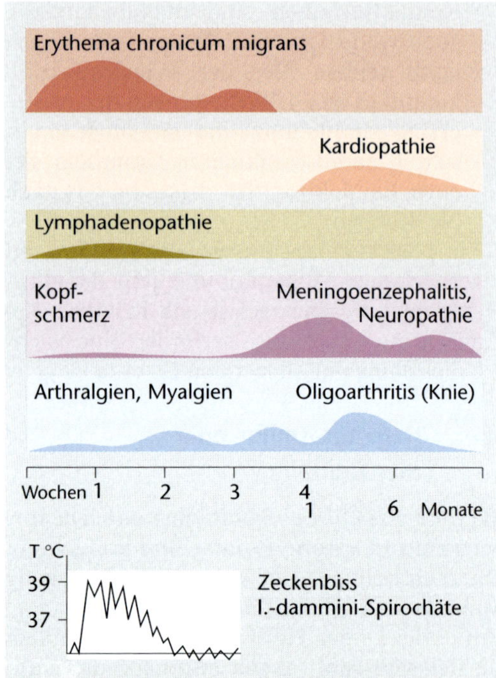

Abb. 8.30: Durch Zeckenbiss erfolgte Infektion mit Borrelien, die zu sehr unterschiedlichen und vielfältigen Krankheitserscheinungen führen kann und sich über viele Wochen hinzieht.

Zecken sollten generell so früh wie möglich entfernt werden, da die Übertragung von Borrelien oft erst Stunden nach dem Biss erfolgen kann (bis zu 24 Stunden).

Therapie der durch Zeckenbiss hervorgerufenen Erkrankungen

- Erwachsene mit Erythema chronicum migrans sollten mit oralen Tetracyclinen, z. B. Doxycyclin (Vibramycin®), über 10 Tage bei üblicher Dosis behandelt werden. Bei Kindern unter 8 Jahren Penicillin
- Bei neurologischer Symptomatik (Meningitis, Radikuloneuritis, Myokarditis und Reizleitungsstörungen) wird eine tägliche Dosis von 20–24 Mill. IE Penicillin G empfohlen
- Bei Arthritis und auch ausgeprägter Meningitis empfiehlt es sich, neben Penicillin auch Ceftriaxon (Rocephin®, bis zu 4,0 g/Tag) über 10–14 Tage einzusetzen.

Gelegentlich kommt es während der ersten drei Behandlungstage zu einer Jarisch-Herxheimer-Reaktion (Fieber, Gelenkschmerzen, Kopfschmerzen). Hier wird kurzfristig zusätzlich ein Kortikosteroid eingesetzt.

- Hoch empfindlich sind neben Cephalosporinen der 3. Generation (Ceftriaxon, Cefuroxim) Makrolidantibiotika (Erythromycin, Azithromycin u.a.), Minocyclin, Doxycyclin und Ampicillin
- Weniger wirksam sind Benzylpenicillin, Oxacillin und Ciprofloxacin
- Kaum wirksam sind Gentamycin, Rifampicin und Co-trimoxazol.

Arzneimittel**	Dosierung – Erwachsene	Dosierung – Kinder
Bevorzugt – oral: Amoxicillin	500 mg dreimal täglich	50 mg/kg/täglich, aufgeteilt in dreimal täglicher Gabe (maximal 500 mg pro Dosis)
Doxycyclin	100 mg zweimal täglich*	• < 8 Jahre: nicht empfohlen • > 8 Jahre: 1–2 mg/kg zweimal täglich (maximal 100 mg/Dosis)
Alternativen – oral: Cefuroxim-Axetil	500 mg zweimal täglich	30 mg/kg täglich aufgeteilt in zweimaliger Gabe (maximal 500 mg/Tag)
Bevorzugt – parenteral: Ceftriaxon	2 g i.v. einmal täglich	75–100 mg/kg i.v. einmal täglich (maximal 2 g)
Alternativen – parenteral: Cefotaxim	2 g i.v. dreimal täglich	150–200 mg/kg täglich i.v. in drei Applikationen (maximal 6 g)
Penicillin G	18–24 Millionen Einheiten i.v. täglich aufgeteilt und vierstündlich verabreicht	200 000–400 000 Einheiten/kg täglich, aufgeteilt in vierstündlichen Gaben** (maximal 18–24 Mill. Einheiten/Tag)

* Tetrazykline sind kontraindiziert bei schwangeren und stillenden Frauen sowie bei Kindern unter 8 Jahren
** Die Penicillin Dosierung muss bei Patienten mit eingeschränkter Nierenfunktion reduziert werden
Quelle: Zeitschrift für Chemotherapie Jan./Feb. 2001, 22. Jahrgang

Tab. 8.5: Empfohlene antimikrobielle Substanzen zur Behandlung von Patienten mit Lyme-Borreliose.

9 Entzündliche Hauterkrankungen

9.1 Ekzem (Dermatitis) – Stadien und Formen

Zwischen den Bezeichnungen Ekzem und Dermatitis gibt es grundsätzlich keine wesentlichen Unterschiede. Sie benennen die häufigste krankhafte Veränderung der Haut: die Entzündung. Die Veränderungen finden immer in den obersten Hautschichten statt (Epidermis und Papillarkörper) und zeichnen sich klinisch durch Rötung, Bläschenbildung und Schuppung aus (☞ Abb. 9.1ff). Ein Ekzem juckt immer.

Man unterscheidet drei Stadien:
- Akutes Ekzem
- Subakutes Ekzem
- Chronisches Ekzem.

Je akuter eine Dermatitis, desto stärker gerötet und feucht nässend ist die Haut.

Akutes Ekzem: innerhalb weniger Stunden einsetzende heftige Rötung mit Bildung von Bläschen, die leicht platzen und die Hautoberfläche in ein nässendes, hochrotes und juckendes bis brennendes Feld verwandeln (☞ Abb. 9.1).

Subakutes Ekzem: gerötete verkrustete Bereiche mit beginnender Schuppung.

Chronisches Ekzem: Eine länger bestehende Dermatitis veranlasst die Haut, sich durch Verdickung der Oberhaut einen Schutzwall zu bauen. Man erkennt dies an der stark ausgeprägten Schuppung und der Vergröberung der Hautfältelung (Lichenifikation, ☞ Abb. 9.4). Natürlich besteht die Rötung weiter fort. Juckreiz führt zu Kratzeffekten (Exkoriationen und Rhagaden), die sich wiederum infizieren können (Bildung von Eiterbläschen = Impetiginisation) oder aber die chronische Dermatitis in einen akuten Zustand überführen.

Ekzemformen

- Kontaktekzem (allergisch, nichtallergisch toxisch, ☞ 9.2)
- Atopisches Ekzem (atopische Dermatitis, Neurodermitis), ☞ 9.6
- Nummulär-mikrobielles Ekzem
- Dyshidrotisches und dyshidrosiformes Ekzem, ☞ 17.5.4
- Exsikkationsekzem
- Seborrhoisches Ekzem.

Nummulär-mikrobielles Ekzem

Diese Ekzemform zeigt sich vorwiegend bei Erwachsenen in Form von scharf abgegrenzten, hochroten, z.T. krustig bedeckten Herden, die zu größeren Arealen zusammenfließen (☞ Abb. 9.3). Die Herde sind relativ dicht

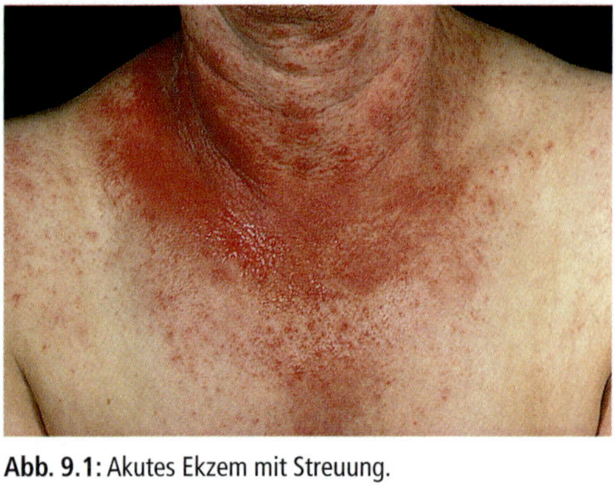

Abb. 9.1: Akutes Ekzem mit Streuung.

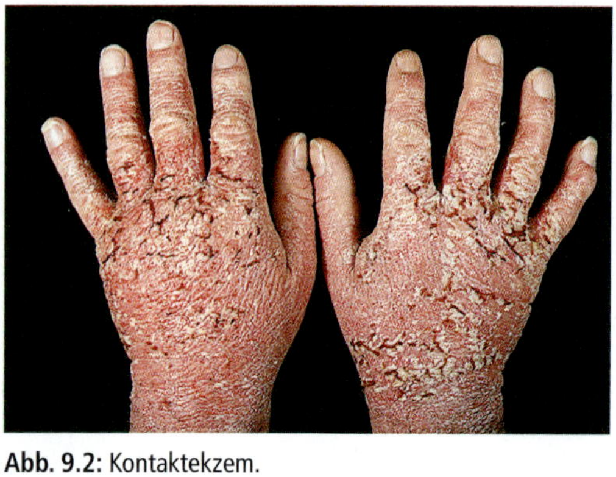

Abb. 9.2: Kontaktekzem.

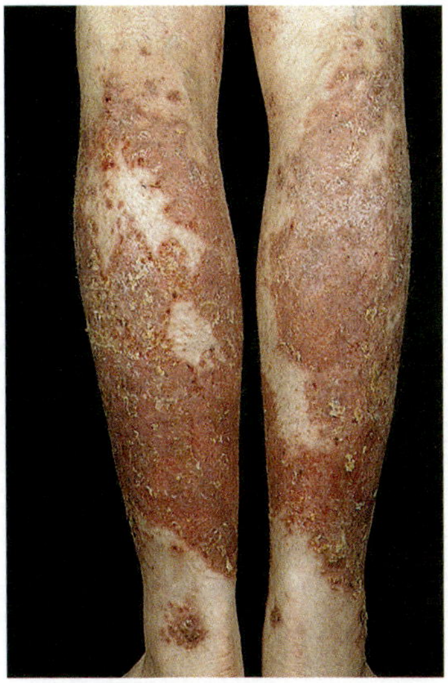

Abb. 9.3: Nummulär-mikrobielles Ekzem.

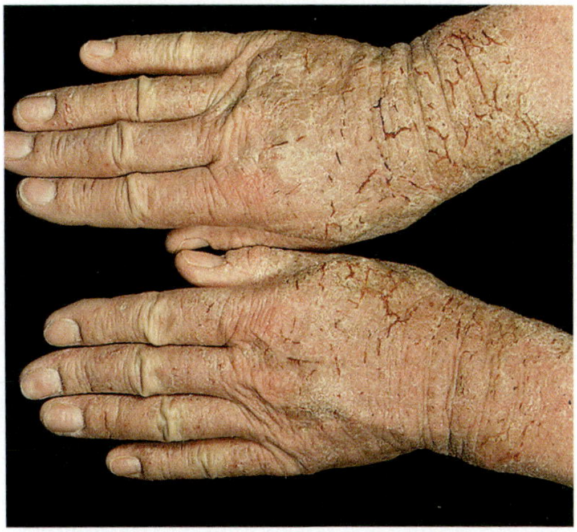

Abb. 9.4: Lichenifiziertes Ekzem.

von Bakterien bewachsen (insbesondere Staphylococcus aureus). Es besteht Juckreiz und Neigung zur großflächigen Ausdehnung.

9.2 Kumulativ-toxisches Ekzem

Die dauernde oder sich oft wiederholende Einwirkung u.a. von synthetischen Reinigungsmitteln (Tenside) führt zu einem kumulativtoxischen Ekzem.
Sitz: häufig an kindlicher Haut oder als Folge beruflicher Tätigkeiten an den Händen (Hausfrauenhände u.a.).

Therapie

Haut mit Öl reinigen, häufiges Rückfetten der Haut, Noxen vermeiden.

9.3 Windeldermatitis

Bei konstitutionell empfindlicher Haut kann es zu oberflächlichen Entzündungen kommen.
Ursache: An der Entstehung der Windeldermatitis sind mehrere Faktoren beteiligt:
- Feuchtigkeitsstau
- Mechanische Beanspruchung
- Chemische Irritation durch Urin und Stuhlbestandteile.

Auf den Wundflächen können sich **Candidamykosen** ausbreiten. Nach Untersuchungen finden sich keine Anhaltspunkte dafür, dass es Unterschiede in der Hautverträglichkeit zwischen Stoffwindeln und Einmal-Windelhosen gibt.

Symptome und Befund

Sitz: vor allem im Gesäßbereich und zwischen den Beinen.
Relativ scharf begrenzte, hochrote Flächen mit nässenden Bezirken, die nach Abtrocknung mit flächigen Schuppen bedeckt sind (☞ Abb. 9.5).

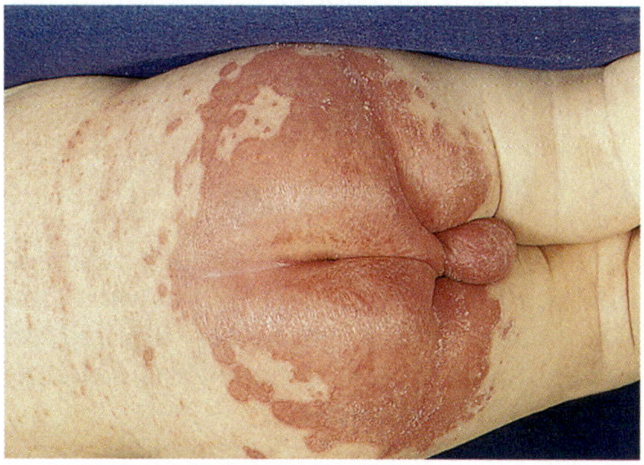

Abb. 9.5: Windeldermatitis.

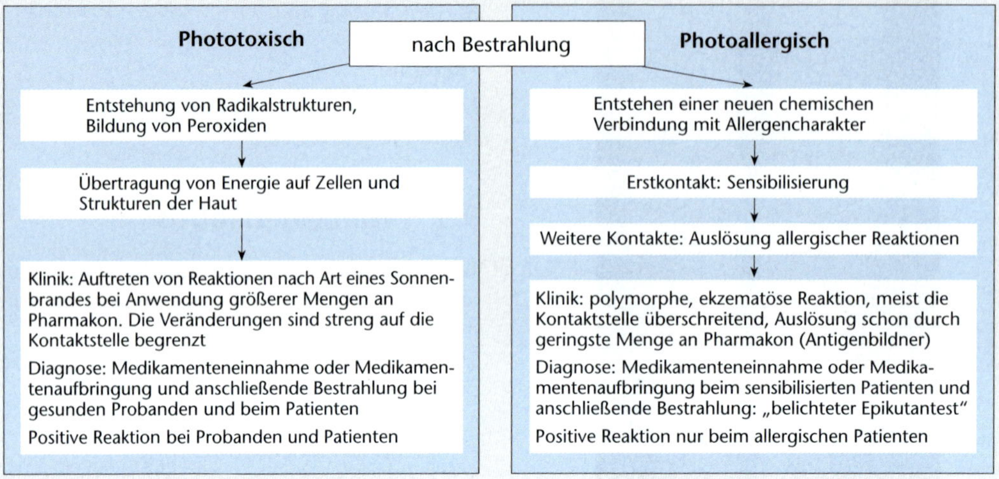

Abb. 9.6: Unterscheidung phototoxischer und photoallergischer Reaktionen und Arzneimittelreaktionen.

Therapie

Säuberung der Haut mit Öl, Bäder, u.U. Zusatz von Gerbstoffen (z.B. Tannolact®). **Prophylaxe** durch häufiges Windel wechseln und sorgfältige Säuberung unter Verwendung der üblichen Wäschepflegemittel.

9.4 Phototoxisches Ekzem

Die klinisch wichtigen Unterschiede zwischen einer phototoxischen und photoallergischen Reaktion sind in Abb. 9.6 dargestellt. Während das klinische Bild oft eine ähnliche Morphologie (Rötung, Bläschenbildung, Ekzemreaktion) aufweist, ist die Entwicklung dieser lichtbedingten Reaktionen grundsätzlich verschieden. Das wird bei der Testung deutlich. Zum photokontaktallergischen Ekzem ☞ 9.5.

9.5 Photodermatosen

Photodermatosen sind eine Gruppe sehr unterschiedlicher Erkrankungen, die durch eine Überempfindlichkeit gegenüber bestimmten Wellenbereichen des Sonnenlichts gekennzeichnet sind. **Merkmale:**

- Hautveränderungen bleiben auf lichtexponierte Areale beschränkt

Phototoxine	UV Spektrum
Psoralene	• UV-A
Porphyrine	• sichtbares Licht
Teer	• UV-A
Antibiotika, Antimykotika	
• Tetracycline	• UV-A
• Fluoroquinolone	• UV-A
• Nalidixinsäure	• UV-A
• Ceftazidim	• unbekannt
• Griseofulvin	• UV-A
• Ketoconazol	• unbekannt
• Trimethoprim	• unbekannt
• Sulfonamide UV-A	• UV-B
NSAIDS: Arylproprioninsäure-Derivate	
• Benoxaprofen	• UV-A und UV-B
• Carprofen	• UV-A
• Ibuprofen	• UV-A
• Ketoprofen	• UV-A
• Nabumenton	• UV-A
• Naproxen	• UV-A
Salicylsäure	
• Aspirin	• UV-A
• Diflunisal	• UV-A
Anthranilinsäure	
• Meclofenaminsäure	• UV-A

Tab. 9.1: Phototoxische Substanzen.

Phototoxine	UV Spektrum
Pyrazolidinedione	
• Phenylbutazon • Oxyphenbutazon	• UV-A • UV-A
Diuretika	
• Hydrochlorothiazid • Bendroflumethiazid • Furosemid	• UV-A • UV-A • unbekannt
Retinoide	
• Isotretinoin • Etretinat	• UV-A, evtl. UV-B • UV-A, evtl. UV-B
Zytostatika	
• 5-Fluorouracil • Dacarbazin • Methotrexat • Vinblastin	• unbekannt • UV-A, evtl. UV-B • unbekannt • UV-B
Farbstoffe	
• Eosin • Fluorescein • Methylenblau • Bengalrot	• unbekannt • sichtbares Licht • unbekannt • unbekannt
Verschiedenes	
• Amiodaron • Diltiazem • Phenothiazine • Chinin • Chinidin	• UV-A • UV-A • UV-A • UV-A • UV-A

Tab. 9.1: Phototoxische Substanzen (Fortsetzung).

- Verstärkung in sonnenreichen Monaten
- Unterschiedliche morphologische Bilder (☞ Tab. 9.2).

9.6 Neurodermitis (atopische Dermatitis)

Synonyme: Neurodermitis diffusa, endogenes oder atopisches Ekzem, Ekzema infantum.
Die atopische Dermatitis ist eine häufige, polygen vererbbare Hautkrankheit mit chronisch-rezidivierendem Verlauf. Atopie bedeutet eine veränderte Reaktionsbereitschaft des Organismus (Vererbung ☞ Tab. 9.3).

Photodermatosen	Hauptsymptome
Sommerprurigo	Juckende Papeln (mit Exkoriation)
Polymorphe Lichtdermatose	Papulovesikulöse Effloreszenzen (bei Erwachsenen öfter Erythem und Ödem)
Urticaria solaris	Ausschließlich Quaddeln
Hydroa vacciniformia	Größere Blasen, die tiefe Narben hinterlassen
Photokontaktallergische Dermatitis	Papeln oder Papulovesikeln mit Erythem, Juckreiz, geringe Pigmentierung
Phototoxische Dermatitis	Erythem, evtl. Blasen, starke Pigmentierung
Stoffwechselkrankheiten, z. B. Porphyrie	Verstärkte Erytheme, Bläschen, Quaddeln, evtl. Blasen
Xeroderma pigmentosum	Hyper- und Depigmentierung, Atrophien, Teleangiektasien, vesikulöse Effloreszenzen, Keratosen, Epitheliome, Angiome

Tab. 9.2: Die wichtigsten Photodermatosen und ihre Hauptsymptome (nach Simon).

Ursache

Die genaue Ursache für die familiär gehäuft auftretende Krankheit ist unbekannt.

- **Immunologische Faktoren** spielen eine entscheidende Rolle. So ist das Immunglobulin E (IgE) oft vermehrt und die Fähigkeit zu allergischen Reaktionen vom Spättyp herabgesetzt (Gehalt an T-Lymphozyten absolut und relativ vermindert). Die pathogenetische Bedeutung dieser Befunde ist noch unklar
- **Genetische Einflüsse** dominieren
- **Klimatische** und **psychologische Faktoren** können einen Krankheitsschub auslösen
- Im Verlauf kann eine Allergie auf bestimmte Antigene hinzutreten; sie stellt aber nicht den Basisdefekt dar.

Ein Teil des **atopischen Syndroms** ist die Übererregbarkeit des Bronchialsystems (bronchiale Übererregbarkeit). Untersuchungen zeigen, dass Gene für diese Störung in der

Atopie der Eltern	Atopie der Kinder
Beide Eltern Ein Elternteil Kein Elternteil	47 % der Kinder 29 % der Kinder 13 % der Kinder

Tab. 9.3: Vererbung der Atopie.

Nähe von IgE regulierenden Genen, auf den Chromosomen 5q und 11q liegen. Diese beiden sowie weitere Gene (auf den Chromosomen 3q, 6p, 14q, 16p) werden gemeinsam vererbt, wahrscheinlich gemeinsam mit weiteren Genen auf Chromosom 5, die für Asthma und Atopie verantwortlich sind.

Symptome und Befund

Die Krankheit ist charakterisiert durch
- Ekzematisation
- Lichenifikation
- Pruritus.

In der Mehrzahl der Fälle beginnt die Krankheit zwischen dem 2. und 6. Lebensmonat, selten später.

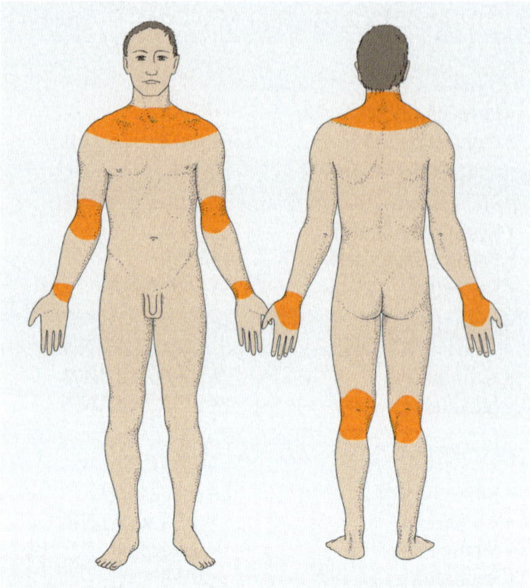

Abb. 9.7: Neurodermitis diffusa: bevorzugte Erkrankungszonen beim Erwachsenen.

1. Lebensjahr: Die Effloreszenzen sind vor allem im Gesicht (Wangen, Stirn) und an der Streckseite der Extremitäten lokalisiert. Sie

Faktoren	Wirkung
Genetik (polygen)	
Defekt bisher noch nicht ermittelt, die Regulierung der IgE-Produktion soll auf den Chromsomen 5q und 11q liegen	Familiäre Disposition zur Entwicklung atopischer Erkrankungen: Neurodermitis, Rhinitis allergica, Asthma bronchiale allergicum
Umwelt	
• Inhaltative, nutritive, mikrobielle Allergene	Effektorzellen: • Langerhans-Zellen (antigenpräsentierende Zellen) • T-Lymphozyten (TH_2-Zelle ↑) → IgE ↑, eosinophile Granulozyten ↑ • Eosinophile Granulozyten → basische Proteine • Basophile/Mastzellen → Mediatoren
• Kontaktallergene	Kontaktekzem (vermittelt über T-Zellen, überwiegend TH_1-Zellen)
• Irritanzien	Über gestörte Barrierefunktion toxisch irritatives Kontaktekzem
• Klima/Wetter	Z. B. Verminderung der antigenpräsentierenden Langerhans-Zellen durch UV-B-Strahlen
Psychische Faktoren	Stress → Exazerbation der Neurodermitis (Hypothese: über second messenger)
Stoffwechsel	Im Blut: Linolsäure ↑, Metaboliten der Linolsäure ↓ (Prostaglandine ↓) → Störung der T-Zellreifung im Thymus (Hypothese)
Vegetativum	Veränderte Ansprechbarkeit auf Adrenergika und Cholinergika

Tab. 9.4: Ätiopathogenese der Neurodermitis (nach R. Fölster-Holst/E. Christophers).

bestehen aus einzeln stehenden oder konfluierenden, stark juckenden, ödematösen Papeln oder Bläschen, die sich durch Kratzen bald in eine nässende, zum Teil mit Krusten bedeckte Fläche verwandeln. Bakterielle Sekundärinfektionen sind häufig. Die übrige Haut kann sehr trocken sein, die Kopfhaut schuppen („Milchschorf").

Kinder mit Neurodermitis sind unruhig und nervös. Nervosität zwingt zum Kratzen. Kratzen verstärkt den Juckreiz.

Nach dem 1. Lebensjahr: Besonders die Gelenkbeugen (Ellenbogen-, Hand-, Knie-, Fußgelenke) und die seitlichen Halspartien sind befallen. Eine umschriebene Dermatitis an Händen oder Füßen kann zunächst das einzige Krankheitszeichen sein. Für eine atopische Diathese sprechen auch:

- Eine feine Schuppung am Körper
- Hypopigmentierte Gesichtsflecken
- Kleine follikuläre Papeln an der Streckseite der Arme und Oberschenkel (Keratosis pilaris)
- verstärkte Palmarlinien.

Erwachsene: ☞ Tab. 9.5.

Verlauf

Kennzeichnend ist ein **chronisch-rezidivierender Verlauf** mit kürzeren oder längeren Spontanremissionen. Im Lauf der Kindheit

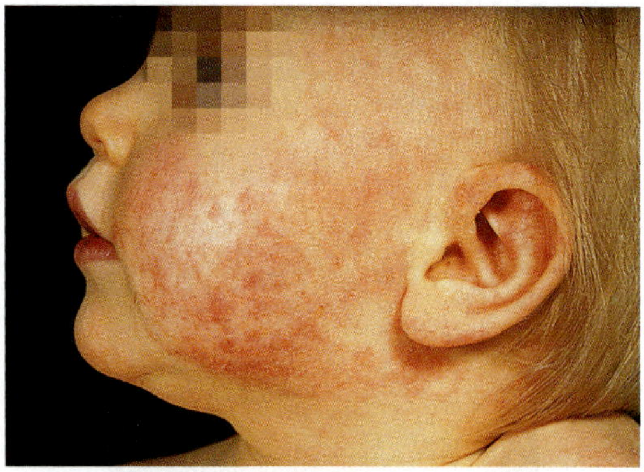

Abb. 9.8: Neurodermitis diffusa beim Kind. Typischer Befund im Gesicht eines Kleinkindes.

nimmt die Krankheit in der Schwere häufig ab, kann aber in der Pubertät exazerbieren. In etwa 25 % der Fälle dauert sie in milderer Form bis über das 30. Lebensjahr hinaus an. Spätmanifestationen kommen vor. In 54 % folgt einer atopischen Dermatitis ein Asthma bronchiale oder Heuschnupfen (☞ Tab. 9.6). Die atopische Dermatitis ist in etwa 50 % mit einer Ichthyosis vulgaris kombiniert.

Diagnostik

Das **klinische Bild** (☞ Tab. 9.5) und der Verlauf sind entscheidend. Im **Serum** sind Immunglobuline E in 70 % der Fälle vermehrt – abhängig davon, wie akut die Erkrankung ist. An nichtentzündeter Haut beobachtet man

	Säuglingsalter	Kindesalter	Erwachsenenalter
Hauptsymptome	Pruritus, Beugenekzeme, Entwicklung assoziierter atopischer Erkrankungen (Rhinitis allergica, Asthma bronchiale allergicum)		
Effloreszenzen	**Exsudativ:** Erythem, Bläschen, Pusteln, Erosionen, Krusten	**Chronisch lichenifiziert:** Papeln, Lichenifikationen, Exkoriationen, Erosionen, Krusten	
Verteilungsmuster	V. a. Gesicht Hals, Streckseiten der Extremitäten	Große Beugen	V. a. große Beugen, Hals, Gesicht, Hände, Füße
Komplikationen	**Infektionen** • Bakteriell: Staphylococcus aureus (impetiginisierte Neurodermitis) • Viral: Herpes simplex (Ekzema herpeticatum), Molluscum contagiosum (Mollusca contagiosa), Papillomviren (Verrucae vulgares) u. a. • Mykotisch: Pityrosporum orbiculare (Pityriasis versicolor) u. a.		
	extrakutan: Katarakt (10 %, v. a. i. Alter v. 5–25 J)		
	Erythrodermie		

Tab. 9.5: Klinik der Neurodermitis (nach R. Fölster-Holst/E. Christophers).

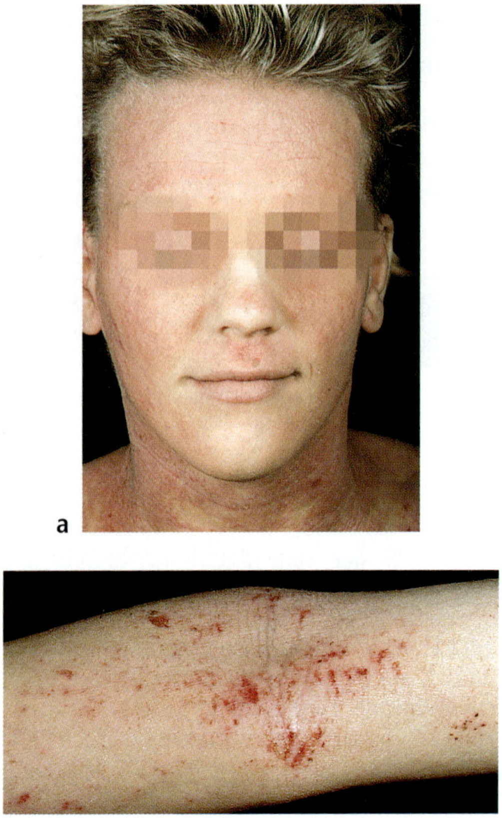

a

b

Abb. 9.9:
a Neurodermitis diffusa beim Erwachsenen.
b Kratzeffekte bei Beugenekzem.

Beginn	55% im 1. Trimenon, 88% im 1. Lebensjahr
Abheilung	39% bis 15. Lebensjahr
Respiratorische Atopie	In 54% der Fälle

Tab. 9.6: Verlauf der Neurodermitis (nach Wüthrich, 1983).

nach mechanischer Hautbelastung den sog. **weißen Dermographismus** (Weißreaktion): Nach kräftigem Bestreichen der Haut zeigt sich keine Rötung, sondern ein weißlich-anämischer Bezirk. Dieser ist aber für eine atopische Dermatitis nicht beweisend.

Therapie

- Bei **nässenden Effloreszenzen** feuchte Umschläge, z. B. mit physiologischer Kochsalzlösung, Chinolinsulfat (Chinosol®)-Lösung (1:1000), KMnO4-Lösung (1:10 000)
- Bei **Lichenifikation** äußerliche Kortikosteroidanwendung, Tacrolimus (Protopic®), Pimecrolimus (Elidel®); gegen Juckreiz kurzfristig Antipruriginosa oder Sedativa
- Bei **Impetiginisation** systemische oder lokale Anwendung von Antibiotika.

Kortikosteroide wendet man meist als Creme an, bei sehr trockener Haut evtl. als Salbe. Fluorierte Kortikosteroide wirken zwar intensiver, können aber bei längerer Anwendung zu Hautatrophie (besonders in Gesichtsfalten oder Beugefalten) führen. Zur Weiterbehandlung verwendet man kurzfristig Teerpräparate, evtl. Klimakuren (Seen, Berge, Fachkliniken).

Beratung zur Schubprävention

Präventive Maßnahmen gegen erneute Verschlimmerung:

- Überwärmung vermeiden (leichte Bettdecke, lockere nicht wollene Kleidung, keine heißen Bäder)
- Alkalische Seifen und Detergenzien meiden, die die Haut reizen. Stattdessen sollten nichtalkalische Hautreinigungsmittel (z. B. Dermowas® oder Satina®) verwendet werden
- Da viele Patienten eine trockene, schuppende Haut (Sebostase) haben, ist auch ohne entzündliche Veränderungen eine Hautpflege mit wasserfreien Fettsalben, weichen Pasten oder lipophilen Emulsionen ratsam, die die Haut feucht halten. Dagegen sind austrocknende Grundlagen zu vermeiden, wie Puder, alkoholische Lösungen, Schüttelmixturen, harte Pasten und hydrophile Emulsionen
- Bei einer Badetherapie ist Nachfettung der noch feuchten Haut mit einer fetthaltigen Salbe wichtig
- Diätetische Maßnahmen sind im Allgemeinen nicht erforderlich (☞ S. 113)
- Psychische Betreuung ist wichtig, auch Berufsberatung (Vermeidung reizender Chemikalien und physikalischer Traumen).

Der Kontakt mit Herpes-simplex-Patienten ist zu meiden (Gefahr des Ekzema herpeticatum; ☞ 8.2.4). Von

Stadien			
Akut	• Feuchte Umschläge • Farbstoffe (z. B. Pyoktanin 0,5 %) • Extern Kortikosteroide		
Subakut-chronisch	• Salben und Ölbäder • Teerhaltige Externa • Balneophototherapie		
Kutane Komplikationen	**Schwer**		**Leicht**
Ekzema herpeticatum	Aciclovir i. v. 5 mg/kg KG 3x/d	und	Desinfizierende Maßnahmen
Impetiginisierte Neurodermitis	Antibiotika i. v. oder oral (nach Erregermaß)	und	Desinfizierende Maßnahmen
Allgemeine Maßnahmen			
Trockene Haut	Siehe subakut-chronisches Stadium		
Pruritus	H_1-Antihistaminika, UV-B, teerhaltige Externa, Kontrolle des Pruritus mit Hilfe psychologischer Trainingsprogramme		
Psychologische Behandlung	Techniken der Stresskontrolle (psychologische Trainingsprogramme)		
Irritanzien	Meiden von Wolle, Seife, staubigen Räumen, Rauchen u. a.		
Allergene	Bei Sensibilisierungsnachweis Karenz; u. a. wird ein mindestens 4-monatiges Stillen empfohlen		
Geeignetes Klima	• Seeklima (z. B. Nordsee) • Höhenklima (> 1200 m), besonders für Hausstaubmilbenallergiker		

Tab. 9.7: Therapie der Neurodermitis (nach R. Fölster-Holst/E. Christophers).

Personen mit Mollusca contagiosa oder Verrucae vulgares können das Virus übertragen, das ein Ekzema molluscatum bzw. verrucatum hervorrufen kann.

Diät

Eine diätetische Behandlung der Neurodermitis, etwa durch Weglassen bestimmter Nahrungsmittel, stellt keine überzeugende Therapie dar. Neurodermitiker dürfen im Gegensatz zu Patienten mit einer gesicherten Nahrungsmittelallergie alles essen. Bei einer kleinen Zahl von Patienten besteht eine Nahrungsmittelallergie, die durch Testung ermittelt werden kann (RAST, orale Provokationstestung, Hauttestung; ☞ 10.1.2 und 10.3). Bei der Diagnostik und Symptomatik einer Nahrungsmittelallergie ist Folgendes zu beachten (☞ auch Tab. 9.8):

- Die Symptome müssen bei Weglassen des verdächtigen Nahrungsmittels verschwinden
- Die Symptome müssen bei Wiederaufnahme der Nahrungsmittel innerhalb von 48 Stunden erneut in Erscheinung treten
- Mindestens 3 Expositionstests müssen gleichsinnig ausfallen
- Die bei den Expositionstestungen auftretenden Symptome müssen rasch wieder abklingen (Goldmann-Postulate).

Rezidivierende Bronchitis	53 %
Durchfälle nach Kuhmilchexposition	48 %
Erbrechen	32 %
Rhinitis	31 %
Bauchkrämpfe	27 %
Asthma	17 %
Ekzeme	13 %

Tab. 9.8: Hauptsymptome bei einer Kuhmilchallergie im kindlichen Alter (nach Fahrländer, 1982).

Differenzialdiagnose

Bei Kindern ist es oft nicht leicht, die Neurodermitis vom sog. „seborrhoischen Ekzem im Kindesalter“ abzugrenzen. In Tab. 9.9 sind die wichtigsten Merkmale beider Krankheitsbilder aufgelistet.

9.7 Psoriasis (Schuppenflechte)

Die Psoriasis vulgaris ist eine erbliche Erkrankung mit multifaktorieller Genese bei wahrscheinlich polygener Vererbung. Die Ursache ist unbekannt.

Epidemiologie: Die Krankheit zeigt sich hauptsächlich im Erwachsenenalter. In mitteleuropäischen Breiten leiden 1–2 % der Bevölkerung an Psoriasis. Eskimos, Indianer und afrikanische Schwarze erkranken nicht daran, und in Asien ist sie selten. Vergleichende Untersuchungen haben ergeben, dass bestimmte Erkrankungen der Haut – z. B. Neurodermitis – bei Patienten mit Psoriasis seltener auftreten (☞ Abb. 9.11).

Pathophysiologie: Grundmechanismen der Psoriasis sind:

- Überstürzte Zellneubildung in der Epidermis mit fehlerhafter Verhornung (☞ Abb. 9.10 und Tab. 9.10),
- Entzündung im oberen Kutisbereich mit Austritt von Leukozyten in die Epidermis.

Symptome und Befund

Sitz: Bei geringer Ausprägung findet man Psoriasis-Herde am häufigsten an den Ellenbogen, an den Knien, am behaarten Kopf, in der Perianalgegend (hier keine Schuppung!) und am Bauchnabel. Bei stärkerer Ausprägung können Psoriasisherde am ganzen Körper auftreten. In seltenen Fällen steigert sich das Erkrankungsbild bis zur schweren, die ganze Haut einbeziehenden **Erythrodermie**. Nach fieberhaften Infekten der oberen Luftwege (Streptokokken) oftmals schubartiges Auftreten kleiner Herde (Psoriasis guttata).

Befund: Plattenartige, leicht erhabene, rötliche Herde, die von einer dicken, silbrig-glänzenden Schuppenauflagerung bedeckt sind (☞ Abb. 9.12 und 9.13). Sie sind scharf begrenzt, neigen zum Zusammenfließen, und nur an feuchten, intertriginösen Gegenden fehlt die charakteristische Schuppenbildung.

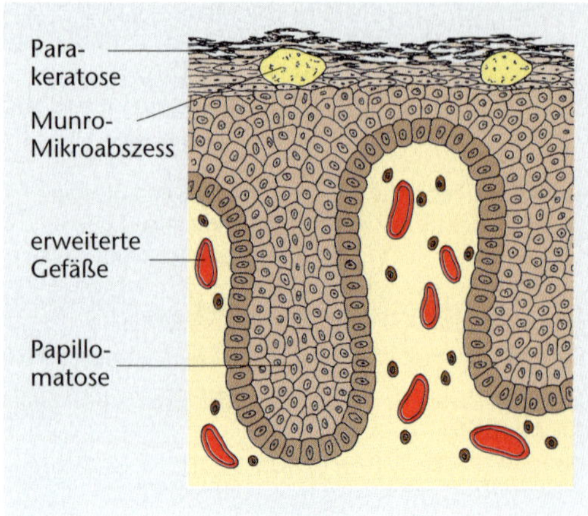

Abb. 9.10: Die Psoriasis zeigt als besondere Merkmale eine verbreiterte Epidermis mit lang ausgezogenen epithelialen Leisten und großen blutgefüllten dermalen Papillen. Im Stratum corneum finden sich Mikroabszesse und eine parakeratotische Verhornung.

	Neurodermitis	„Seborrhisches Ekzem im Kindesalter"
Familiäre Häufung	Ja	Nein
Beginn	Selten vor dem 3. Lebensmonat	Erste Lebenswochen
Verteilung	Im 1. Jahr Gesicht und Streckseiten der Glieder, später Gelenkbeugen	Behaarter Kopf, Halspartie, Genitoanalbereich
Effloreszenzen	Erythem, Papeln, Bläschen, später Lichenifikation	Erythem mit fettigen Schuppen
Juckreiz	Stark	Fehlend oder schwach
Verlauf	Chronisch rezidivierend	Verschwindet nach einigen Wochen oder Monaten

Tab. 9.9: Gegenüberstellung der wichtigsten Merkmale von Neurodermitis und „seborrhoischem Ekzem im Kindesalter".

	Normale Haut	Psoriasis
Zellneubildung (pro mm², pro Tag)	1250	35000
Zahl der Basalzellen (pro mm²)	27000	52000
Dauer des Zellzyklus (Std.)	300	36

Tab. 9.10: Vergleich von Zellneubildung, Basalzellzahl und Dauer des Zellzyklus bei normaler Haut und Psoriasis.

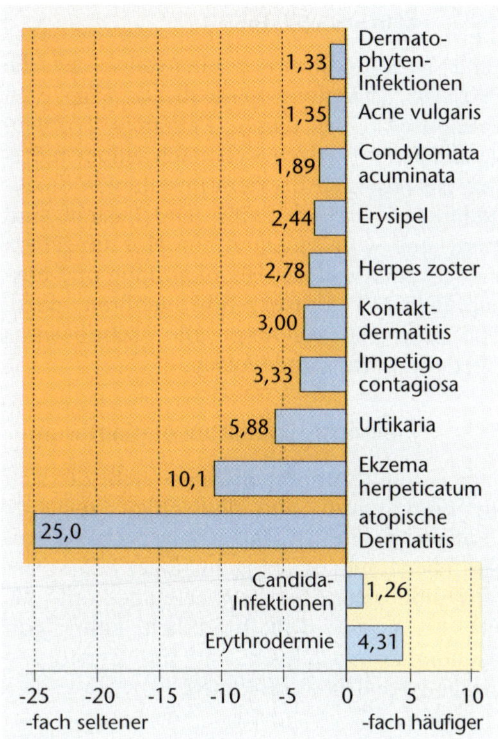

Abb. 9.11: Relative Häufigkeit weiterer Hautkrankheiten bei Psoriatikern.

Drei **diagnostische Merkmale** sind charakteristisch für die Psoriasis:

- Leichtes Kratzen: Bei leichtem Kratzen verfärbt sich die Schuppenauflagerung kerzenwachsartig weiß **(„Kerzenfleck-Phänomen")**
- Bei starkem Kratzen kann die gesamte Schuppenauflagerung abgehoben werden **(„letztes Häutchen")**
- Auf der verbleibenden hellroten, nun schuppenfreien Hautoberfläche zeigen sich punktförmige Blutungen **(„Tautropfen", sog. Auspitz-Phänomen).**

Diese drei Phänomene lassen sich ausschließlich bei der Schuppenflechte auslösen und sind von hohem diagnostischem Wert.

Die Psoriasis ist eine rezidivfreudige Erkrankung. Besonders unspezifische Reize (Kratzspuren, Druck, Sonnenbestrahlung, Stresssituationen) können einen neuen „Schub" auslösen. Charakteristisches Zeichen der Psoriasis ist das **Köbner-Phänomen** (Auslösung typischer Psoriasisherde durch unspezifische Schädigung der Haut, z.B. Kratzen mit dem Fingernagel).

Erkrankungstypen: Die Psoriasis ist eine gutartige Erkrankung, die niemals bösartige Veränderungen hervorruft. Sie kann in nichtpustulöser und pustulöser Form auftreten. Nach dem Manifestationsalter und dem Nachweis bestimmter Histokompatibilitäts-(HLA-)Antigene kann man zwei Typen der nichtpustulösen Psoriasis unterscheiden:

- **Typ I (Frühtyp):** Er zeigt ein frühes Erkrankungsalter (16.–22. Lebensjahr), hohe Vererbung (bis 30 %) und eine Assoziation mit den HLA-Typen HLA Cw6, B13, Bw57. Bei der Typ-I-Psoriasis erkranken etwa ein Fünftel der direkten Nachkommen an Psoriasis
- **Typ II (Spättyp):** spätes Auftreten plaqueförmiger Psoriasisherde, schwächere Assoziation mit HLA Cw2, B27. Keine erkennbare familiäre Belastung.

Verlauf: Beide Typen unterscheiden sich auch durch die klinische Ausprägung: Typ I verläuft schwer und mit hoher Rezidivneigung, während die Typ-II-Psoriasis eher stabile Plaques aufweist.

Bei zwei Dritteln der Patienten tritt die Krankheit zwischen dem 16. und 20. Lebensjahr erstmals in Erscheinung und bleibt über das ganze Leben in wechselvoller Ausprägung erhalten. Etwa 20 % der Patienten zeigen Gelenkbeschwerden (Arthritis psoriatica, s.u.).

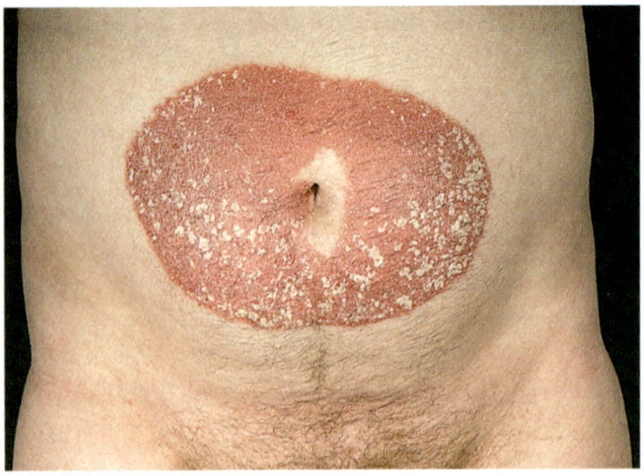

Abb. 9.12: Psoriasis vulgaris.

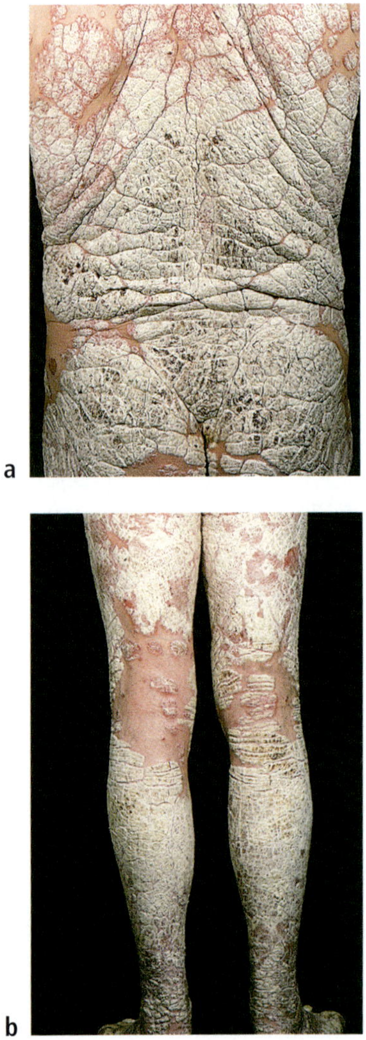

Abb. 9.13a–b: Psoriasis vulgaris: massive Ausprägung.

Nagelpsoriasis

Verschiedene Symptome zeigen sich oftmals gleichzeitig:

- Punktförmige Grübchen in der Nagelplatte (Tüpfelnägel)
- Gelblich-bräunliche, fleckförmige Verfärbung der Nagelplatte (ölfleckartig)
- Verstärkte Hornbildung im Nagelbett, die manchmal zur Ablösung der Nagelplatte aus dem Nagelbett führen kann.

Psoriasis pustulosa

Eine Variante des Krankheitsbildes ist die Psoriasis pustulosa generalisata (Typ von Zumbusch). Bei diesen Patienten (vorwiegend Frauen) zeigen sich nach einem plötzlich eintretenden Erythem Pusteln von Stecknadelkopf- bis Erbsgröße. Die Pusteln sind steril und von einem roten Hof umgeben. Fieber, Leukozytose, Hypokalzämie und ausgeprägtes Krankheitsgefühl gehören dazu. Spontane Rückbildung und schubweises Wiederauftreten sind typisch.

Pustulosis palmarum et plantarum

Eine Sonderform der Psoriasis stellt die sich an Handtellern und Fußsohlen zeigende Psoriasis pustulosa (Typ Königsbeck-Barber) dar. Hier treten in unregelmäßiger Folge Pustelschübe (steril!) von Stecknadelkopf- bis Erbsgröße auf. Die Krankheit kann sich flächenhaft ausdehnen und mit Zerstörung der Nagelmatrix einhergehen.

Psoriasis arthropathica

Bei bis zu 20 % der Patienten mit Psoriasis zeigen sich neben den Hauterscheinungen auch Gelenkveränderungen. Diese bestehen in schmerzhafter Bewegungseinschränkung, später Versteifung und Schwellung der kleinen Gelenke an Händen und Füßen. Große Gelenke bleiben durchweg frei. Klinisch ist diese Psoriasis arthropathica (Psoriasisarthritis) der rheumatoiden Arthritis sehr ähnlich. Schwere Arthritiden können deshalb bei Patienten ohne psoriatische Hauterkrankung mit rheumatoider Arthritis verwechselt werden. Die Bestimmung der serologischen Rheumafaktoren ist deshalb wichtig. Folgende Charakteristika zeichnen die Psoriasisarthritis aus:

- **Lokalisation:** bevorzugt Hände und Füße sowie Kreuzbeingelenke
- **Klinische Zeichen:** Schwellung, Rötung und schmerzhafte Bewegungseinschränkung sowie Schwellung der Finger und Zehen; morgendliche Steifigkeit
- **Labor:** negative Rheumaserologie, signifikante Assoziation mit HLA-B27
- **Röntgen:** Verschieden starke Ausprägung wie bei rheumatoider Arthritis
- **Verlauf:** schubweise, unterschiedlich ausgeprägt; in Einzelfällen Entwicklung schwerster Synostosen und Verformungen.

Therapie der Psoriasis

Jegliche Psoriasisbehandlung hat lediglich einen **morbostatischen Effekt,** d.h., nur die sichtbaren Erscheinungen der Krankheit (die Hautveränderungen) können beseitigt werden, die Krankheit selbst ist nicht heilbar. Deshalb besteht Rezidivneigung.

Vorgehen: Bei der Behandlung soll man sich zunächst auf ein rein äußerliches Therapievorgehen beschränken. Erst wenn alle äußerlich anwendbaren Heilmittel versagen, können auch innerliche Behandlungsformen versucht werden.

Lokalbehandlung

Die Lokalbehandlung verläuft zweiphasig:

- Zum Abschuppen wird am besten warmes Seifenbad verwendet, anschließend 3 %ige Salicylvaseline über 3 Tage täglich neu auftragen. Die hierdurch entfernten Schuppenauflagerungen ermöglichen ein besseres Eindringen wirksamer Substanzen
- Hochaktive **Kortikosteroidsalben** (z. B. Volon®, Celestan®, Jellin®, Sermaka®, Topsym®, Dermoxin®, Nerisona®, Halog®) führen unter halbtägig durchgeführten Plastikokklusivverbänden (☞ 5.1.10) zu einer wesentlichen Besserung.

Dithranol (Cignolin®, vorwiegend für die **stationäre** Krankenhausbehandlung) färbt Haut und Wäsche braun. Es wirkt in höherer Konzentration ausgesprochen hautreizend und sollte vorsichtig angewendet werden, z. B. in Vaseline 1/8–1- oder 2 %ig steigend, in Zinkpaste 1/8 bis zu 3- bis 5 %ig.

Für die **ambulante** Behandlung hat sich die Dithranol-Kurzzeitbehandlung bewährt:

- Dithranol (in Vaseline oder in Zinkpaste) wird in höherer Konzentration (ca. 1 %) kurzzeitig aufgetragen (beginnend mit 10–20 Min). Die Konzentration wie auch die Behandlungsdauer werden dann täglich oder mehrtägig gesteigert. Nach jeder Behandlung wird die Dithranol-Salbe mit Öl entfernt
- Intensivere Behandlungsmaßnahmen schließen tägliche Seifenbäder sowie Ultraviolettbestrahlungen vor Auftragung der Dithranol-Vaseline oder -Zinkpaste ein
- Dithranol kann auch in Form von Dithranol-Chloroform-Pinselungen aufgetragen werden.

Es dauert unter diesen Maßnahmen durchschnittlich 2,5–3 Wochen, bis die Haut erscheinungsfrei geworden ist. Nach Abheilung sind die früher erkrankten Hautareale jetzt weiß, im Gegensatz zu der vom Dithranol bräunlich verfärbten Haut in der Umgebung.

Einzelne Psoriasisherde lassen sich durch Unterspritzung mit Kortikosteroid-Kristallsuspension (Volon A®-Kristallsuspension, Celestan®-Kristallsuspension) gut behandeln.

Die Behandlung des **behaarten Kopfes** erfolgt grundsätzlich nach den Regeln der übrigen Hautbehandlung:

- Abschuppung
- Mehrfache kräftige Shampoowaschung
- Anschließend geeignete Kortikosteroidcreme, am besten unter halbtägigen Plastikokklusivverbänden.

An **intertriginösen** Stellen (Analfalte, submammär) erübrigt sich die Abschuppung. Dithranol führt hier zu Reizungen, deshalb Behandlung mit Kortikosteroidsalben, Solutio Castellani u. a.

Je frischer die Psoriasisherde sind, desto vorsichtiger sollten sie behandelt werden (Köbner-Phänomen!).

Systemische Behandlung

Prinzipien:
- Eine innerliche Kortikosteroidbehandlung der Psoriasis ist nicht zu empfehlen, da nach Absetzen der Therapie schwere Rezidive zu erwarten sind
- Die zytostatische Therapie mit **Methotrexat,** 2,5 mg/Tag oder 15–25 mg/Woche intramuskulär, kommt bei schweren Fällen mit ausgedehnten Hauterscheinungen infrage, die sich anderweitig nicht behandeln lassen. Sorgfältige stationäre Überwachung des Patienten ist erforderlich (Zytostatika-Toxizität!)
- Bei ausgedehnter Psoriasis des Erwachsenen kann man auch ein therapeutisches Ansprechen auf **Ciclosporin** (Sandimmun®) beobachten. Eine niedrige Dosierung (1,25–2,5 mg/kg KG/Tag) ist wirksam
- Für die **Langzeitbehandlung** eignet sich bei schwerer Psoriasis besonders **Fumarsäure** (z. B. Fumaderm®) als Tabletten. Flush und Magenbeschwerden werden anfangs gesehen. Laborkontrollen sind notwendig (Blutbild).

Phototherapie

Die **Photochemotherapie** (PUVA) oder SUP-Therapie **(selektive Ultraviolett-Phototherapie)** kann besonders bei ausgedehnter Psoriasis erfolgreich eingesetzt werden. Erfolgreich und für den Patienten wenig belastend ist die **Balneo-Phototherapie mit Sole** (☞ 5.1.3).

Kombinationstherapie

Die Kombinationstherapie hat sich bewährt, d. h., die Verbindung von Lichttherapie mit pharmakologisch aktiven Substanzen, z. B. verdünnte Meladinine®-Lösung im Badewasser (Bade-PUVA, ☞ 5.2.2).

Retinoid plus PUVA oder SUP: Die Verbindung von Retinoid (Neotigason®, Dosierung 50 mg/Tag) mit der standardisierten Photochemotherapie (PUVA) oder SUP führt zu einer Verminderung der erforderlichen Bestrahlungsdosis und der Bestrahlungsdauer um etwa die Hälfte. Auf Nebenwirkungen (Erhöhung der Blutfettwerte, trockene Lippen, Haarausfall, Kopfschmerzen bei hoher Dosierung) ist zu achten.

> **Vorsicht:** Acitretin (Neotigason®) ist fruchtschädigend und wird nur langsam aus dem Körper ausgeschieden. Frauen im gebärfähigen Alter ist deshalb das Medikament nicht zu verabreichen.

Lokalkortikosteroid plus PUVA oder SUP: Die alternierende Anwendung von Lokalkortikosteroiden (möglichst unter Folienverbänden) in Verbindung mit der Photochemotherapie oder SUP führt zu einer rascheren Abheilung der Herde bei gleich bleibend langen rezidivfreien Intervallen im Vergleich zu PUVA oder SUP allein. Der Vorteil liegt gleichfalls in einer Verminderung der erforderlichen Lichtdosis und Behandlungsdauer.

9.8 Lichen ruber (Knötchenflechte)

Es handelt sich um eine nicht seltene Dermatose des Erwachsenenalters mit unbekannter Ursache. Die Prognose ist günstig.

Symptome und Befund

Sitz: vornehmlich auf der Beugeseite der Handgelenke, Handrücken, Kreuzbeingegend, Unterschenkel, Schleimhäute.

Typisch sind einzelne bis erbsgroße oder plattenartig zusammenfließende Papeln (☞ Abb. 9.14) von rötlich-brauner (schiefriger) Farbe, mattglänzend mit einer feinen netzförmigen Grauzeichnung **(Lichen ruber planus).** Bei längerer Krankheitsdauer treten oft warzige (verruköse), stark erhabene Einzelherde auf (**Lichen ruber verrucosus;** ☞ Abb. 9.15).

Auf Schleimhaut, besonders der Wangen- (☞ Abb. 9.16) und Vaginalschleimhaut, auch perianal, zeigt sich eine weißlich-netzige Struktur **(Wickham-Zeichnung).**

> Der Lichen ruber juckt. An der Schleimhaut wird er oft schmerzhaft-erosiv. In seltenen Fällen kann es zu einer sehr unangenehmen Ausdehnung (Generalisation) über den gesamten Körper kommen, einschließlich der behaarten Kopfhaut.

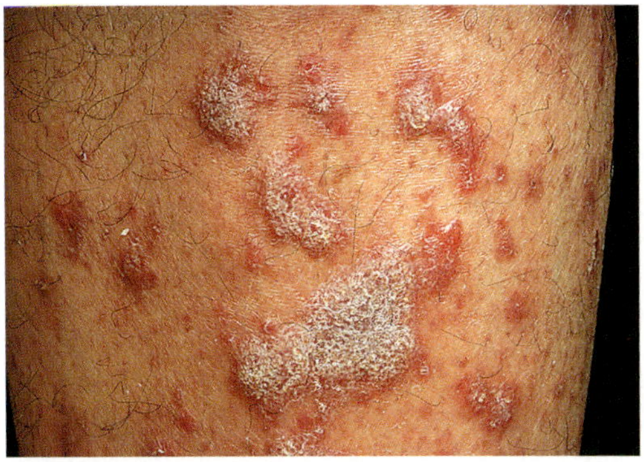

Abb. 9.14: Lichen ruber verrucosus.

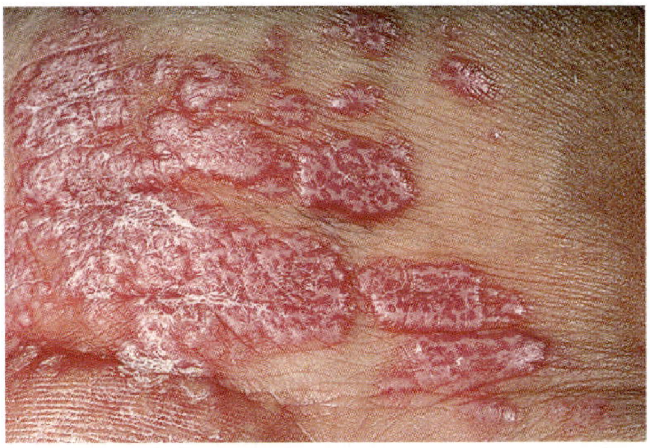

Abb. 9.15: Lichen ruber planus.

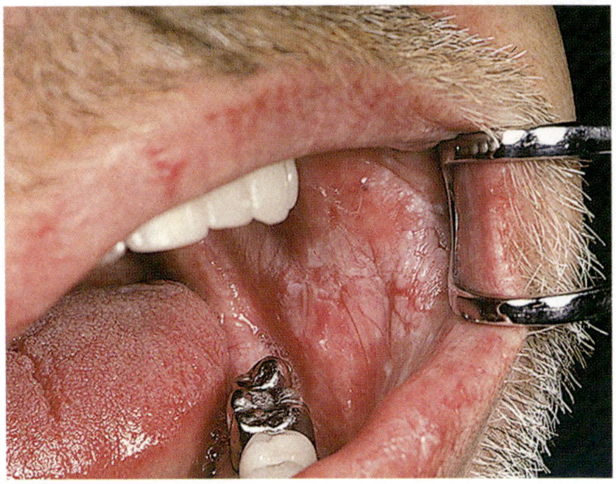

Abb. 9.16: Lichen ruber an der Wangenschleimhaut (Wickham-Zeichnung).

Therapie

Am besten wirken Kortikosteroide, bei Einzelherden intrakutan gespritzt oder unter Okklusivverband. Bei stärkerer Ausdehnung werden Kortikosteroide innerlich verabreicht; evtl. SUP-Bestrahlungen. Besonders beim Lichen ruber der Schleimhaut ist die Anwendung von Neotigason® empfehlenswert.

Besonderheit: Der Lichen ruber zeigt (wie die Psoriasis) das **Köbner-Phänomen**: In Hautgebieten, die durch eine unspezifische Verletzung (Kratzspuren, Druckstellen) vorgeschädigt sind, treten typische Lichen-ruber-Herde auf. Rezidive sind möglich.

9.9 Pityriasis rosea (Röschenflechte)

Ursache: nicht bekannt; infektallergisch (Virus?).

Symptome und Befund

Sitz: an Rumpf und proximalen Extremitätenabschnitten junger Menschen.
Meist zeigt sich zunächst an einer Stelle ein 2–6 cm großer, zentral abgeblasster roter Fleck, der am Rande eine feine Schuppenkrause aufweist (Primärmedaillon). Einige Tage später treten viele nach den Hautspalten ausgerichtete, rundovale Flecken auf, die schon bald die typische feine Schuppenkrause aufweisen; kaum Juckreiz.

Therapie

Gelegentlich spontane Abheilung, kurzfristige Anwendung von Kortikosteroiden.

9.10 Sarkoidose der Haut

Bei der Sarkoidose **(Morbus Boeck)** handelt es sich um eine chronisch granulomatöse Entzündung, die häufig isoliert an der Haut auftritt. In etwa einem Drittel der Fälle von Hautsarkoidose sind auch innere Organe beteiligt. Umgekehrt ist nur bei 10 % der Patienten mit Systemsarkoidose die Haut miterkrankt (☞ Abb. 9.17).

Symptome und Befund

- **Kleinknotig disseminierte Form:** Es treten am Körper kleine rote Papeln auf, die unter Glasspateldruck ein rosafarbenes (lupoides) Infiltrat zeigen. Später kommen Teleangiektasien hinzu

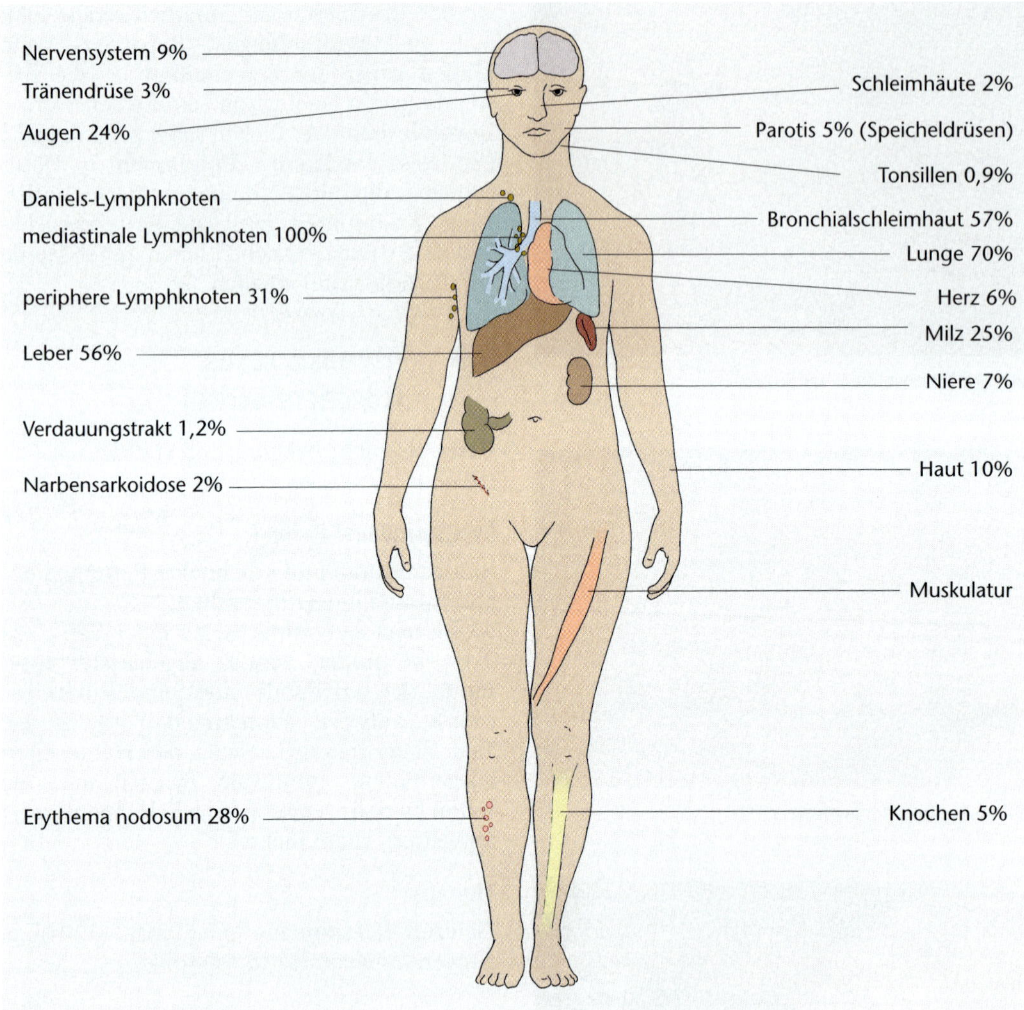

Abb. 9.17: Lokalisation der Sarkoidose.

- **Großknotige Form:** Typisch sind braunrote größere Knoten; später entwickeln sich Teleangiektasien
- **Flächenhaft infiltrierende Form:** Man sieht plattenartige, bläuliche Herde, die sich auch ringförmig (zirzinär) darstellen können.

Patienten mit Hautsarkoidose müssen auf eine Mitbeteiligung innerer Organe (parenchymatöse Organe, Knochensystem) hin untersucht werden.
Charakteristischer Befund ist eine herabgesetzte zelluläre Immunreaktion, die z.B. mit dem Multitest Mérieux® getestet werden kann. Das Ergebnis ist vom Ausmaß der Sarkoidoseerkrankung abhängig.

Therapie

Lokale Kortikosteroide, Photochemotherapie bzw. Phototherapie.

Sonderform

Eine Erkrankung, die als besondere Form der Sarkoidose auftreten kann, ist das **Löfgren-Syndrom.** Es handelt sich dabei um eine fieberhafte, in Schüben verlaufende Erkrankung, die Gelenkschwellungen und schmerzhafte Bewegungseinschränkungen zeigt, vergrößerte Lymphknoten am Lungenhilus sowie rote schmerzhafte Flecken (Erythema nodosum) an den Unterschenkeln. Betroffen sind vorwiegend junge Frauen.

9.11 Granuloma anulare

Ursache: unbekannt; rheumatisch-infektallergischer Formenkreis.

Symptome und Befund

Sitz: Fuß- und Handrücken, Finger, Ellenbogen.
Zunächst zeigt sich eine scharf begrenzte, an der Oberfläche leicht spiegelnde, derbe Papel, die sich am Rande kreisrund ausbreitet, dann zentral abflacht (☞ Abb. 9.18). Diese Entwicklung kann Monate dauern. Ulzerationen werden nicht beobachtet.

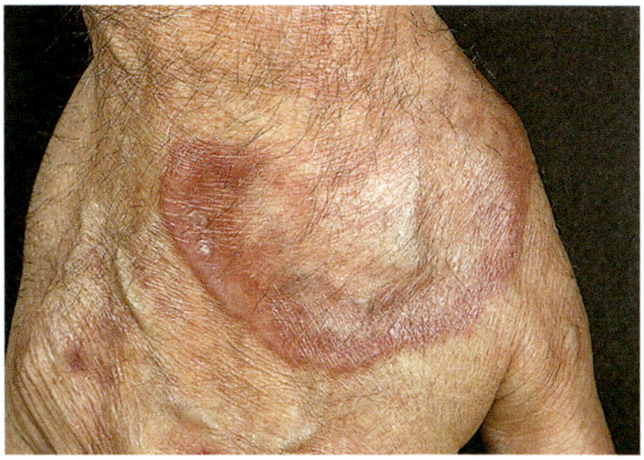

Abb. 9.18: Granuloma anulare am Handrücken.

Therapie

Lokale Unterspritzung mit Kortison-Kristallsuspension oder Okklusivverband (☞ 5.1.10) mit kortikoidhaltigen Cremes.

10 Immunerkrankungen

10.1 Immunologische und allergische Reaktionen der Haut

Unterschiedlich geartete Reaktionen des Immunsystems sind für eine große Zahl von Hauterkrankungen verantwortlich. Die morphologische Vielfalt der Krankheitsbilder ist bedingt durch:
- die jeweiligen Strukturen, an denen die Immunreaktion stattfindet
- den Typ der Immunreaktion (☞ Tab. 10.1)
- die Dauer
- die Intensität.

Das Immunsystem dient zur Abwehr des Fremden, des Lebensbedrohlichen: vor allem von Viren, Bakterien, Pilze und Parasiten. Bei ungehinderter Vermehrung töten sie den Wirtsorganismus.
Fehlsteuerungen der Immunreaktion können die Abwehrreaktion gegen Strukturen des eigenen Körpers richten und zu sog. Autoimmunerkrankungen (z. B. Pemphigus) führen.

Immunsystem

Das Immunsystem besitzt eine große Zahl von wirksamen Methoden, um eingedrungene Erreger zu bekämpfen. Sie haben sich über viele Millionen Jahre entwickelt. Zwei Systeme ergänzen sich dabei höchst sinnvoll (☞ Tab. 10.2):
- Das (ältere) angeborene Immunsystem
- Das (jüngere) erworbene (adaptive) Immunsystem.

Die epidermale **Langerhans-Zelle** ist Teil des Immunsystems der Haut. Sie ist eine dendritische Zelle in der oberen Epidermis, die aus dem Knochenmark stammt und in der Lage ist, antigenes Material aufzunehmen, damit zu den Lymphknoten zu wandern und dem lymphatischen Gewebe zu präsentieren.

Krankheiten

Viele Erkrankungen der Haut sind zwar immunologisch bedingt, jedoch kennen wir ihren genauen Mechanismus bislang nicht. Zudem können mehrere Immunreaktionen unterschiedlichen Typs, auch in zeitlicher Aufeinanderfolge, ablaufen. Weiterhin ist es möglich, dass entzündliche Reaktionen ohne direkte Beteiligung des Immunsystems, z. B. durch Komplementaktivierung bei Acetylsalicylsäure (z. B. Aspirin®-Intoleranz) ausgelöst werden.

10.1.1 Die vier Typen der Immunreaktion

Anaphylaktische Reaktion: Typ 1

Bei dieser Reaktion (☞ Tab. 10.3) spielt der Antikörper vom Typ IgE (Reagin) die entscheidende Rolle. IgE bindet sich an die Ober-

	Typ 1	Typ 2	Typ 3	Typ 4
Immunchemische Reaktion	Via IgE initiierte Freisetzung eines chemischen Mediators	Zytotoxische oder zytolytische AK (IgM oder IgG)	Zirkulierende AG-AK-Komplement-Komplexe	Sensibilisierte T-Lymphozyten
Einsetzen der Reaktion	Sofort (15 Minuten)	Sofort bis verzögert (Minuten bis Stunden)	Zwischenstellung (4–24 Stunden)	Spät (24–72 Stunden)
Klinisches Bild	Anaphylaktische Reaktion, allergische Rhinitis, allergisches Asthma	Hämolytische Anämie	Vaskulitis	Kontaktdermatitis

Tab. 10.1: Einteilung der Immunreaktionen auf ein Fremdantigen (nach Gell und Coombs).

	Angeborene Immunität	Erworbene Immunität
	Abwehr bleibt gleich (auch nach vielen Infektionen)	Abwehr wird geschult bzw. verbessert (bei mehrfachen Infektionen)
Faktoren	Komplement, Lysozym, Defensine, Interferon u. a.	Antikörper
Zellen	Makrophagen, Neutrophile, Eosinophile	T-Lymphozyten

Tab. 10.2: Angeborenes und erworbenes Immunsystem.

fläche von Mastzellen und bei Hinzutreten von antigenem Material (z. B. Pollen, Tierschuppen, Schimmelpilze, Konservierungsmittel, Penicillin u. a.) setzt die Mastzelle Histamin und andere vasoaktive Substanzen frei. Bei hochgradiger Sensibilisierung kann ein anaphylaktischer Schock auftreten. Dabei wird im Körper Histamin in großen Mengen freigesetzt. Häufigere Beispiele lokalisierter Antigen-IgE-Mastzellreaktion sind Urtikaria, Heufieber (Pollinosis). Der Nachweis erfolgt durch in-vivo-Testung:

- Pricktest
- Scratchtest
- Intrakutantest.

Zytotoxische Reaktion: Typ 2

Der Antikörper, meist IgG oder IgM, richtet sich gegen ein Antigen auf der Zellmembran. Durch Antigen-Antikörper-Reaktion (an der Zelle) wird Komplement freigesetzt, Entzündungen durch Zelltod sind die Folge (☞ Tab. 10.3). Beispiele an der Haut sind Autoimmunerkrankungen, wie z. B. Pemphigus, bullöses Pemphigoid, Lupus erythematodes. Testverfahren ☞ Tab. 10.4.

Arthus-Reaktion: Typ 3

Antigen-Antikörper-Komplexe können bei dieser Form im Blut zirkulieren und sich unter Verbrauch von Komplement an die Wände kleinkalibriger Gefäße anlagern (☞ Tab. 10.3). Die Folge ist eine umschriebene Entzündung, wobei durch Immunkomplexe Leukozyten angelockt werden (leukozytoklastische Vaskulitis oder Purpura Schoenlein-Henoch mit Schädigung der Endothelzellen, Austritt von Serum und Erythrozyten). In den tiefer liegenden Gefäßen der Haut kann die gleiche Reaktion zum Erythema nodosum führen oder zur Polyarthritis nodosa. Häufige **Ursachen** sind Medikamente (Penicillin), aber auch bakterielle Antigene (vorausgehende Streptokokkenangina!) oder virale Antigene. Testverfahren ☞ Tab. 10.4.

	Typ 1 Anaphylaxie	Typ 2 zytotoxische Reaktion	Typ 3 Arthus-Reaktion	Typ 4 zelluläre Allergie
„Antikörper"	IgE fixiert auf Mastzellen (thermolabil), nicht komplementbindend	IgG, IgM zellgebunden (an der Zielzelle)	IgG Komplementbindung	T-Zellen
Ort	Mastzelloberfläche	Zelloberfläche (z. B. Thrombozyten)	Gefäßnähe	Epidermal
Mediator	• H-Substanzen • Kinine • Komplement • Prostaglandine • Leukotriene • Chemotaxine/Zytokine	• Komplement	• Komplementspaltprodukte	• Zytokine
Effekte	Vasodilatation, Permeabilitätssteigerung der Gefäße	Zytolyse	Leukozytoklasie	Mononukleäre Entzündung

Tab. 10.3: Allergische Reaktionsmechanismen.

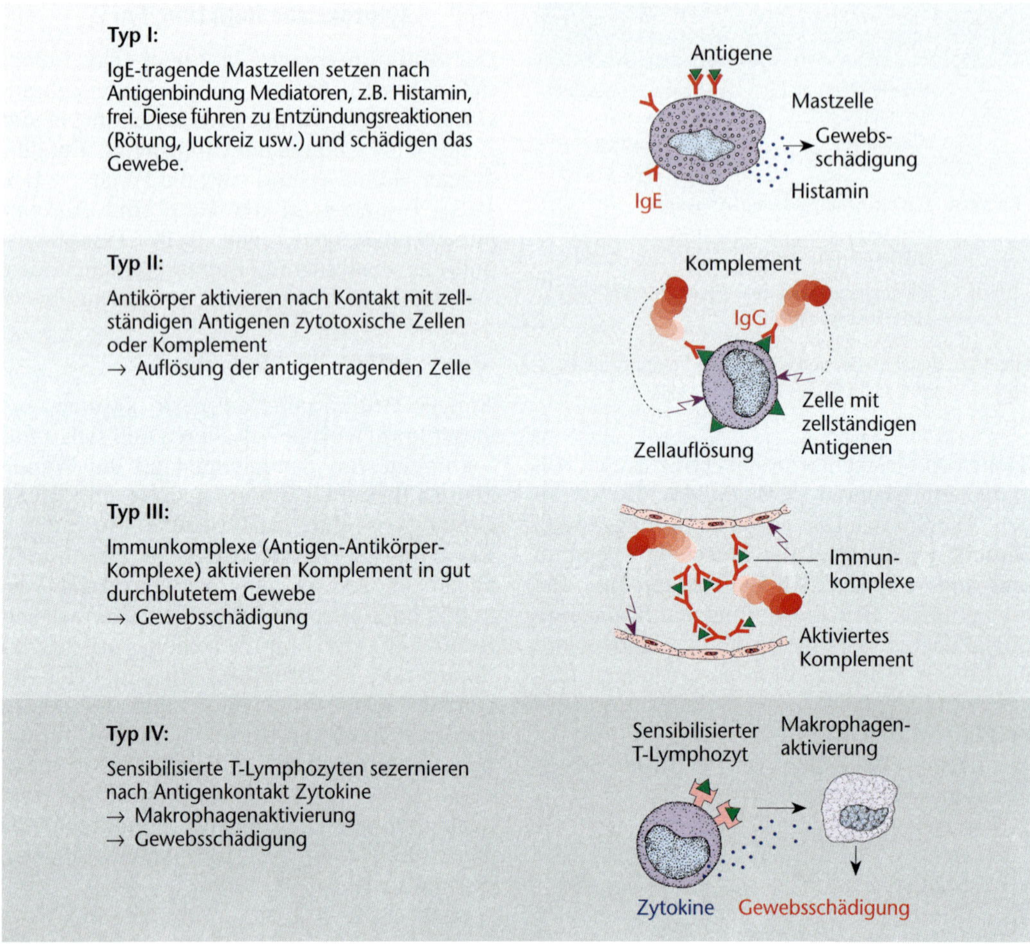

Abb. 10.1: Übersicht über die vier Typen allergischer Reaktionen. [A400]

Allergische Spätreaktion: Typ 4

Häufigste allergische Reaktion der Haut. Die Sensibilisierung erfolgt durch Kontakt mit einem Antigen, z. B. Nickel, das in die Haut dringt. Das Antigen wird von Langerhans-Zellen aufgenommen und an Lymphozyten (T-Zellen) vermittelt (☞ Tab. 10.3). In den regionalen Lymphknoten findet dann die Proliferation spezifisch sensibilisierter Lymphozyten statt. Während einer erneuten Aufnahme von Antigen erfolgt die rasch einsetzende Proliferation der spezifisch sensibilisierten Lymphozyten, die in der Haut entzündungsaktive Substanzen (Lymphokine) freisetzen, welche das Entzündungsgeschehen unterhalten und verstärken können.

10.1.2 Die allergologische Testung

Die allergische Spätreaktion kann dermal durch intrakutane Injektion von Antigen (z. B. Tuberkulin) oder epidermal durch lokale Auftragung von Antigen (z. B. Nickel-Sulfat) ausgelöst werden. Der grundsätzliche Mechanismus dieser Reaktion ist in beiden Fällen gleich. Testung durch:

- Epikutan-(Pflaster-)test (☞ 10.1.2)
- Selten: Intrakutantest (Tuberkulin-Test, Stempeltest, Tine-Test).

Vor jeder Testung, gleich welcher Art, ist eine sorgfältige allergologische Anamnese zu erheben. Beispiel:

10 Fragen bei der allergologischen Anamnese:

1. Seit wann bemerken Sie Krankheitssymptome?
2. Welches sind Ihre Beschwerden: an Haut? Nasenschleimhaut? Augen? Luftwegen? Darm?
3. Wann treten die Krankheitszeichen auf? Tags? Uhrzeit? Nachts?
4. Nach welchen Ereignissen? Mahlzeit? Tätigkeit?
5. Zu welcher Jahreszeit? Ganzjährig?
6. Räumliche Zuordnung: Symptome in bestimmter Umgebung?
7. Familiäre (genetische) Prägung?
8. Welche Ursache ist nach Ihrer Meinung verantwortlich?
9. Haben Personen in Ihrer Umgebung gleiche oder ähnliche Beschwerden?
10. Wie wurden Sie bisher behandelt?

Typ-1-Reaktion	• Intrakutantest • Pricktest • Scratchtest • Reibetest • Provokationstest am Organ (Nasal-, Konjunktival-, Inhalations-, Ingestionstest) • Expositionstest • Karenzversuch • RAST (in vitro)
Typ-2-Reaktion	• Expositionstest • Thrombozytensturz • Leukozytensturz
Typ-3-Reaktion*	• Intrakutantest • Pricktest • Scratchtest • Karenzversuch • Thrombopenietest (s. Typ 2) • Epikutantest (s. Typ 4) • RAST • Lymphozyten-transformationstest (LTT) • Exposition nach längerer Karenz (Risiko)
Typ-4-Reaktion	• Epikutantest mit 48 h Exposition • Epikutantest mit Stripping • Epikutantest mit Belichtung • LTT

* Bei Typ-3-Reaktionen können alle Tests negativ ausfallen

Tab. 10.4: Testverfahren bei den immunologischen Reaktionstypen.

Pricktest

Man tropft auf zuvor markierte Stellen eines Unterarms (Innenseite) jeweils einen Tropfen der zu prüfenden Testlösung und sticht mit einer Prick-Nadel durch den Tropfen in die Haut (Blutungen vermeiden!). Für jeden Tropfen wird eine neue Nadel verwendet. Am Anfang der Testreihe werden stets zwei Kontrolltests angelegt:

- Negativer Kontrolltest mit der Lösungsgrundlage (= 0-Quaddel)
- Positiver Kontrolltest mit Histamin (= Maximal-Quaddel).

Nach 20 Minuten werden die einzelnen Lösungen abgetupft. Bei positiver Reaktion zeigt sich eine blasse Quaddel mit kleinen Ausläufern mit einem roten Hof in der Umgebung (☞ Abb. 10.2).
Tritt bei der Histamin-Kontrolle keine Reaktion auf, so sind die anderen Hauttestungen ohne Aussagekraft.

Zur Relevanz positiver Hautreaktionen ☞ Tab. 10.5.

Scratchtest

Dem Pricktest sehr ähnlich. Hierbei wird die Haut am Unterarm mit einer Blutlanzette an mehreren Stellen etwa 1/2 cm weit leicht eingeritzt und ein Tropfen der entsprechenden Testlösung aufgetragen. Die Bewertung der Reaktion erfolgt wie beim Pricktest.

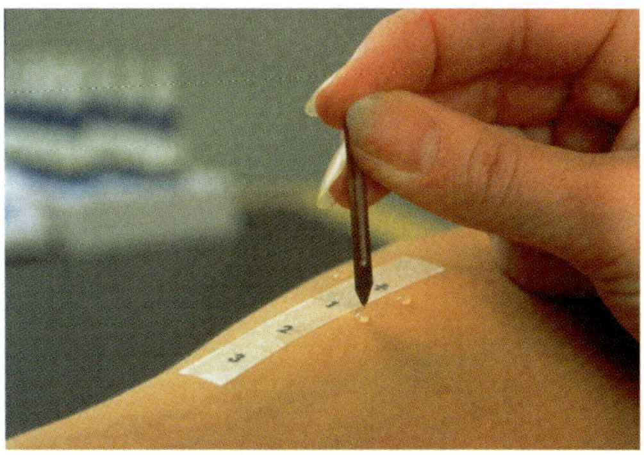

Abb. 10.2: Pricktest. [U153]

Allergen	Relevanz
Pollen (positiver Test erscheint früher als die Symptomatik)	100 %
Hausstaub (in 15% positive Symptome bei negativem Test)	60–70 %
Tierhaare (Hautreaktion später als die Symptome)	-60 %

Tab. 10.5: Relevanz positiver Hautreaktionen in den Tests.

Intrakutantest

Wesentlich empfindlicher als Prick- und Scratchtest, jedoch gefährlicher, da es zu unerwünscht starken Testreaktionen kommen kann. Mit einer Tuberkulinspritze werden in die Unterarm- oder Rückenhaut 0,01–0,03 ml des Allergenextrakts streng intrakutan gespritzt. Ablesung des Tests ebenfalls nach 20 Minuten.

Vorsicht: Bei einer Intrakutantestung dürfen zuvor keine Antihistaminika und höher dosierten Kortikosteroide (über 10–15 mg am Tag) verabreicht worden sein.

Provokationstest

Die Allergene werden an die Schleimhäute der Augen (Ophthalmotest), der Nase (Nasaltest) und der Lungen (Inhalationstest) gebracht. Diese Tests werden überwiegend stationär angewendet.

Expositionstest

Bei dringendem Verdacht und negativer Intrakutantestung werden fragliche Nahrungsmittelallergene (Konservierungsmittel, Farbstoffe) peroral verabreicht (**Vorsicht:** anaphylaktischer Schock!). Bedingungen für die orale Provokationstestung:
- Gezielte Anamnese
- Stationäre Aufnahme
- Einzelsubstanzen
- Exposition nüchtern
- Testdosis 1/10–1/5 Einzeldosis
- Venenzugang/Schockapotheke (☞ 7.4).

RAST

(Radio-Allergo-Sorbent-Test; ☞ Abb. 4.1) In vitro werden allergenspezifische IgE-Antikörper in zwei Schritten bestimmt: Ein Allergenextrakt (z. B. Gräserpollen) wird chemisch an Papierscheiben gekoppelt, die mit Patientenserum über 3 Stunden inkubiert werden. Enthält dieses spezifische IgE-Antikörper, so kommt es zu einem Antigen-Antikörper-Komplex. Sodann wird ein Antiserum, das radioaktiv markiertes Anti-IgE enthält, zugegeben; der markierte Antikörper bindet sich nun mit dem in der Papierscheibe liegenden Antigen-Antikörper-Komplex. Die Aktivität dieses Komplexes wird im Gammazähler bestimmt: Je höher sie ist, umso höher ist der Gehalt der Serumprobe an allergenspezifischen Antikörpern (IgE). **Beurteilung:** 0 = negativ, 1–4 = positiv.

Therapie

Bei einigen Allergien durch nicht vermeidbare Allergene hat sich die Hyposensibilisierung bewährt. Weitere Informationen und Durchführung ☞ 5.3.

10.2 Urtikaria (Nesselsucht)

10.2.1 Akute Urtikaria

Ursache: Über 50 % der Erkrankungsfälle sind auf eine Arzneimittelallergie zurückzuführen; seltener sind Nahrungsmittelallergien. Infrage kommende Arzneimittel sind Penicillin, Sulfonamide, Abführmittel, Seren, Hormone (Insulin), Schmerz- und Schlafmittel.
Weitere ursächliche Faktoren bei der Urtikaria-Entstehung:
- **Typ-1-Allergie:** Arzneimittel, Nahrungsmittel, Inhalationsallergene, Kontaktallergene
- **Zytotoxische Reaktion (Typ 2):** Arzneimittel, Bluttransfusionen
- **Immunkomplexe (Typ 3):** Arzneimittel, Serumerkrankung, Urtikaria-Vaskulitis.

Eine Urtikaria kann auch nichtallergisch bedingt sein (☞ Tab. 10.6).

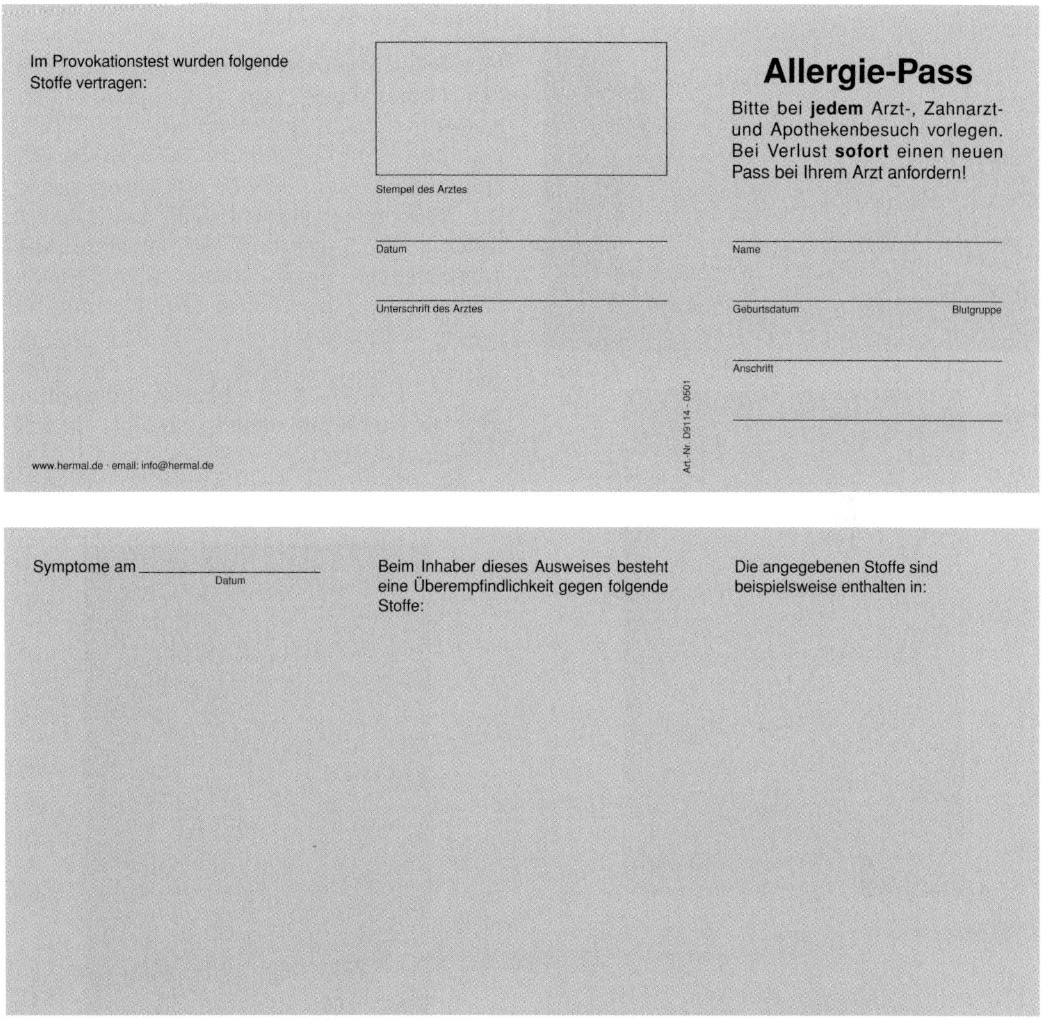
Im Provokationstest wurden folgende Stoffe vertragen:

Stempel des Arztes

Datum

Unterschrift des Arztes

www.hermal.de · email: info@hermal.de

Art.-Nr. D9114 · 0501

Allergie-Pass

Bitte bei **jedem** Arzt-, Zahnarzt- und Apothekenbesuch vorlegen. Bei Verlust **sofort** einen neuen Pass bei Ihrem Arzt anfordern!

Name

Geburtsdatum Blutgruppe

Anschrift

Symptome am ______ Datum

Beim Inhaber dieses Ausweises besteht eine Überempfindlichkeit gegen folgende Stoffe:

Die angegebenen Stoffe sind beispielsweise enthalten in:

Abb. 10.3: Allergische Reaktionen werden im Allergiepass dokumentiert. Produkte, in denen das Allergen vorkommt, werden ebenso aufgenommen, wie ggf. Alternativen, sofern z. B. Medikamente betroffen sind. [V204]

Solare Urtikaria	Lichtbedingt
Cholinergische Urtikaria	Bei Schweißsekretion
Adrenergische Urtikaria	Bei Anstrengung
Druck-Urtikaria	Bei Druck auf die Haut
Aquagene Urtikaria	Bei Kontakt mit Wasser
Prämenstruelle Urtikaria	Östrogenabhängig
Verspätete Druck-Urtikaria	–

Tab. 10.6: Nichtallergische Formen der Urtikaria.

Symptome und Befund

Das klinische Bild umfasst linsen- bis handtellergroße, scharf begrenzte, rötlich-weiße Quaddeln (☞ Abb. 10.4) und stärkeren Juckreiz.

10.2.2 Chronische Urtikaria

Sie ist meist nicht medikamentös bedingt. Jedoch kann es nach Anwendung von Depot-Penicillin zu lang dauernden urtikariellen Erscheinungen kommen.

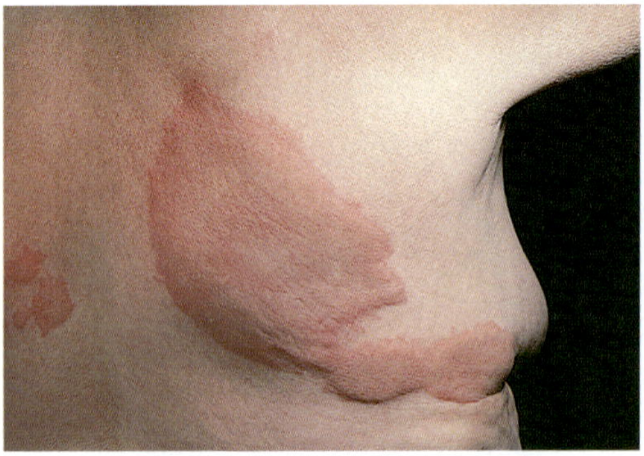

a

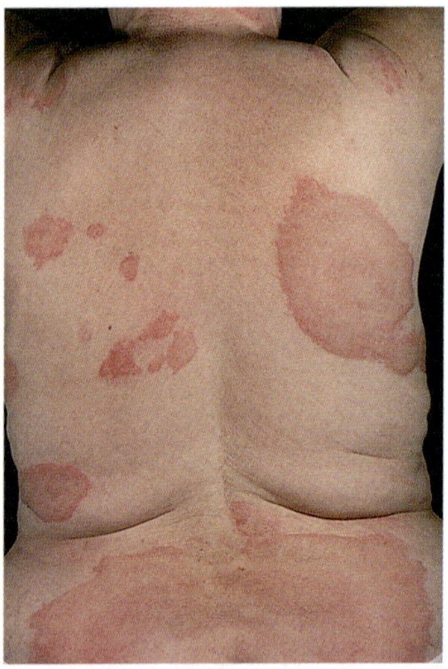

b

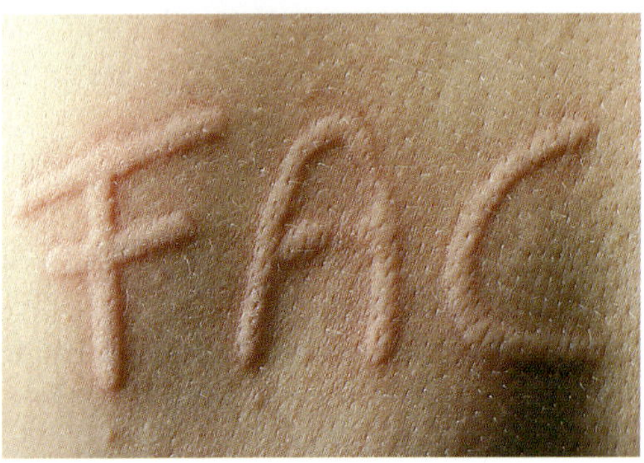

c

Abb. 10.4a–b: Urtikaria; **c:** Druck-Urtikaria (Urticaria factitia).

10.2.3 Quincke-Ödem

Plötzlich umschriebene Schwellungen, meist der Gesichtshaut und Schleimhäute. Die Augenlider sind geschwollen, die Lippen rüsselförmig deformiert (☞ Abb. 10.5). Die Haut ist in diesem Bereich nur gering gerötet. Das ererbte Quincke-Ödem kann durch Komplementaktivierung bedingt sein. Man unterscheidet zwei Formen des Quincke-Ödems (auch: hereditäres angioneurotisches Ödem; ☞ Tab. 10.7).

Vorsicht: Kommt es zu einer Schwellung im Kehlkopfbereich, besteht Erstickungsgefahr!

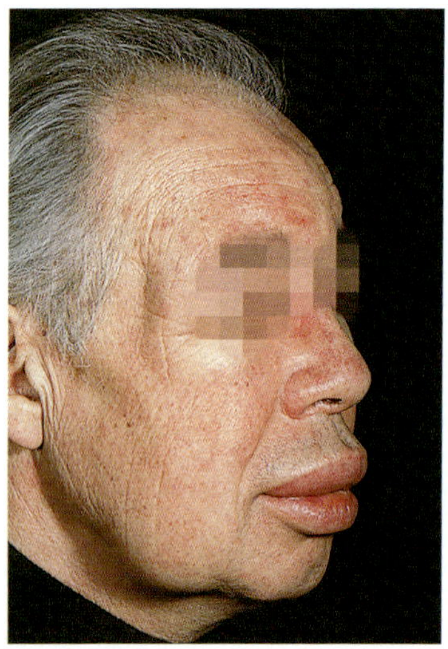

a

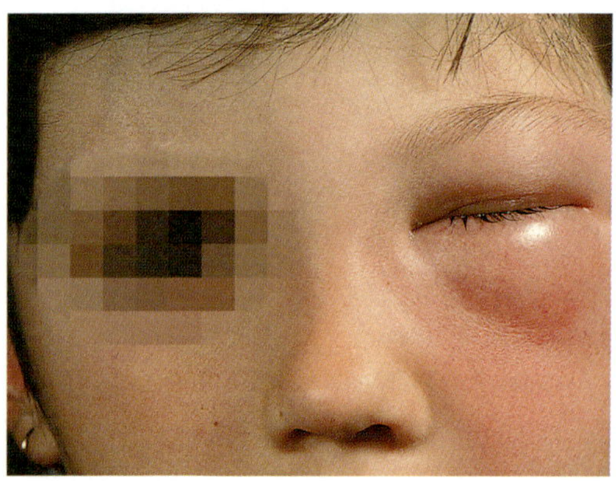

b

Abb. 10.5a–b: Quincke-Ödem.

Typ I	C_1-Inhibitor-Spiegel erniedrigt (meist auf < 30 % der Norm). Regulatorgendefekt?
Typ II	C_1-Inhibitor-Spiegel erhöht oder normal, jedoch dysfunktionelles bzw. funktionell inaktives Protein

Tab. 10.7: Einteilungskriterien beim Quincke-Ödem (Art des Defektes am C1-Inhibitor).

Ursache: Acetylsalicylsäure, Schmerzmittel (Phenacetin), Schlafmittel (Barbitursäure). Jedoch kommen auch nichtmedikamentöse Ursachen infrage (eiweißhaltige Nahrungsmittel, Kosmetika, Wolle, Hausstaub u.a.).

10.2.4 Arzneimittelreaktionen unter dem Bild der Serumkrankheit

Symptome und Befund

Nach Anwendung von Seren (z.B. Impfseren) oder Medikamenten mit lang dauernder Depot-Wirkung (Penicillin) kommt es 7–10 Tage nach der Injektion zur sog. Serumkrankheit. Diese äußert sich meist in Form eines stark juckenden, masern-, scharlachähnlichen oder urtikariellen Hautausschlages. Häufig bestehen gleichzeitig Fieber und Gelenkbeschwerden. Das Krankheitsbild klingt nach einigen Tagen wieder ab.

Pathophysiologie

Der Grund für die ungewöhnlich lange Latenzzeit (7–10 Tage) zwischen der Verabreichung des Medikaments und dem Auftreten der Symptome ist Folgender: Gegen das Medikament (Antigen) bilden sich langsam im Körper Gegenstoffe (Antikörper). Um den 7.–10. Tag sind genügend Antikörper vorhanden, um eine Reaktion mit den noch im Organismus verbliebenen Medikamentenresten zu ermöglichen. Wird das gleiche Medikament, das bereits einmal eine Serumkrankheit verursacht hat, auch nach mehreren Jahren wieder verabreicht, so tritt meist ein Rezidiv schon nach 2–4 Tagen ein, da im Körper noch genügend Antikörper vorhanden sind.

Vorsicht: Liegt aber die Erstinjektion noch kurz zurück, dann kann es bei der Zweitinjektion zum sog. **anaphylaktischen Schock** kommen:
- Der Patient bricht zusammen
- Die Gliedmaßen fühlen sich kalt an
- Die Pulsfrequenz: Werte über 100/min
- Der Blutdruck: unter 100 mmHg.

Mögliche Ursachen: Antibiotika, jodhaltige Verbindungen, Lokalanästhetika, Organextrakte (Serum), Allergenextrakte, Pyrazolonderivate, Salicylate, Insektengifte.

Schocktherapie (☞ 7.4):
- Den Patienten sofort flach lagern und Beine hochheben
- 0,5–1 ml Epinephrin (Suprarenin®, 1:1000) tief i.m.
- Antihistaminika i.v. und i.m.
- Höhere Dosen Kortikosteroide i.m. und i.v.
- Evtl. Herzmassage und künstliche Beatmung.

10.2.5 Nahrungsmittelallergien

Viele Menschen vermuten zu Unrecht, dass sich hinter ihren Unverträglichkeitsreaktionen eine Nahrungsmittelallergie steckt. Von einer *echten* Nahrungsmittelallergie sind nur 1,4–2,4 % der Erwachsenen und etwa 7 % der Kinder mit atopischer Disposition betroffen. Man unterscheidet generell toxische von nichttoxischen Reaktionen auf Nahrungsmittel.

Echte Nahrungsmittelallergien

Sie beruhen auf immunologischen Vorgängen und sind meist eine Typ-1-Reaktion, d.h. IgE-vermittelt (☞ 10.1.1). Findet im Körper eine Sensibilisierung gegenüber einem Nahrungsmittelallergen statt, dann binden sich die spezifischen IgE-Antikörper an die Membranoberfläche von Mastzellen und Basophilen. Bei erneutem Kontakt mit dem Allergen kommt es dann zur Degranulation und Mediatorfreisetzung (Histamin, Bradykinin) mit entsprechenden Haut- und Schleimhautreaktionen.

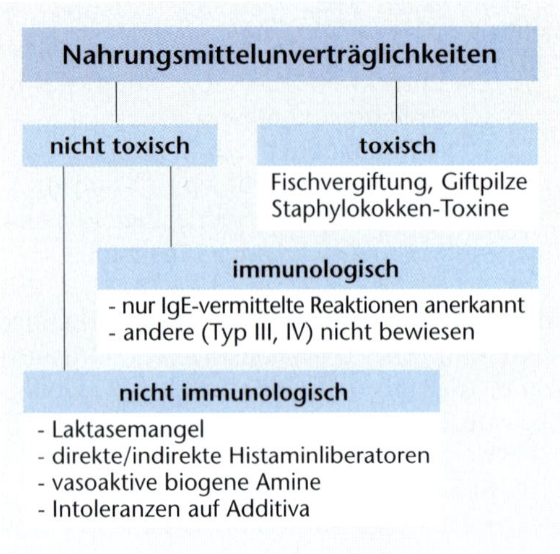

Abb. 10.6: Klassifikation der Nahrungsmittelunverträglichkeiten (nach Rompel/Petres, 1997).

Pseudoallergische Reaktionen

An der pseudoallergischen Reaktion sind keine IgE-vermittelten Vorgänge beteiligt, obwohl die Symptome der Typ-1-Allergie gleichen. So genannte unspezifische Histaminliberatoren – z.B. Erdbeeren und Tomaten – wirken direkt auf Mastzellen und Basophile und bringen sie zur Degranulation und Freisetzung von Histamin und anderen Mediatoren. Auch Lebensmitteladditiva wie Konservierungsmittel, Antioxidanzien, Farbstoffe, Füllstoffe und Geschmacksverstärker können zu solchen pseudoallergischen Reaktionen führen.

Gruppe	Beispiele
Unspezifische Histaminliberatoren oder hoher Gehalt an biogenen Aminen	• Z.B. Erdbeeren, Tomaten, Histamin (z.B. in Sauerkraut, Wein, Fischkonserven, Käse) • Serotonin (z.B. Bananen, Tomaten) • Tyramin (z.B. Käse, Schokolade, Hefe, Sauerkraut)
Konservierungsmittel	• Sorbinsäure und Sorbate • Benzoate • PHB-Ester • Sulfite • Nitrite
Antioxidanzien	• Butylhydroxyanisol • Butylhydroxytoluol
Farbstoffe	• Tartrazin, Gelborange, Amaranth, Cochenillerot, Erythrosin, Patentblau, Indigotin
Sonstige	• Glutamat, Salicylate

Tab. 10.8: Auslöser pseudoallergischer Reaktionen nach R. Rompel, J. Petres.

Diagnostik (☞ Abb. 10.7)

Sehr wichtig ist eine gezielte Anamnese, da ein **zeitlicher Zusammenhang** zwischen Unverträglichkeitsreaktion und Nahrungsmittelzufuhr bestehen muss.
Ein Hauttest (☞ 10.1.2) allein genügt nicht, sondern erst ein positiver Provokationstest ist für die Diagnose beweisend. Dasselbe gilt für serologische Nachweisverfahren wie den RAST oder ELISA-Test (☞ 4.2).
Der **Provokationstest** muss unter stationären Bedingungen erfolgen. Ist er positiv, dann folgt noch eine so genannte plazebokon-

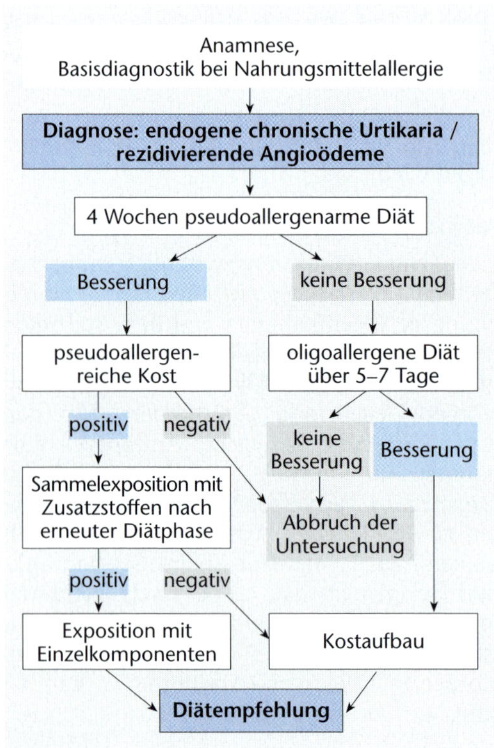

Abb. 10.7: Basisdiagnostik beim Verdacht auf Nahrungsmittelallergie.

trollierte Provokation: Es werden Kapseln mit und ohne entsprechende Nahrungsmittel verabreicht, ohne dass der Patient weiß, was in welcher Kapsel ist.

10.2.6 Therapie

Kortikosteroide sind bei den physikalischen Urtikaria-Formen unwirksam (außer Druck-Urtikaria). Zur Juckreizbekämpfung Lotio alba aquosa oder Antihistaminika (Soventol®)-Gel.
Werden in der Krankengeschichte urtikarielle oder unklare Hautausschläge angegeben, dann bis zur Abklärung kein Penicillin und keine eiweißhaltigen Medikamente (Insulin, Organextrakte, Impfstoffe) verabreichen!

10.3 Allergisches Kontaktekzem

Ein großer Anteil der Dermatitiden oder Ekzeme sind allergischer Natur (andere Ekzemformen ☞ 9.1–9.5). Der Kontakt mit bestimmten Substanzen wird vom Körper nicht „vertragen". Lymphozyten führen an den Stellen, wo die Haut mit der allergisierenden Substanz in Berührung kommt, zu einer heftigen entzündlichen Reaktion (Kontaktekzem).

Allergene

17 % aller „Handekzeme" sind Kontaktekzeme. Überwiegend sind es chemische Allergene, die ein solches allergisches Kontaktekzem auslösen (Pflanzen, Medikamente, Kosmetika, Metalle, Stoffe u.a.). Seltener wird ein Kontaktekzem ausgelöst, wenn eine Substanz, die selbst keine allergische Hautreaktion auslöst, von Sonnenlicht bestrahlt wird **(photoallergisches Kontaktekzem).** Dazu gehören besonders Seifen und Parfums (☞ Abb. 10.8).
In Tab. 10.9 sind die häufigsten Allergene in Zentraleuropa zusammengestellt. Wie man daran erkennt, ist Nickel mit Abstand das häufigste Allergen. An zweiter Stelle stehen die vor allem in der Kosmetik verwandten Duftstoffe. Beide Allergene waren bis vor kurzem vorwiegend bei Frauen nachweisbar. Die männliche Bevölkerung ist zunehmend betroffen, bedingt durch die steigende Verwendung von Kosmetika und Schmuckartikeln.

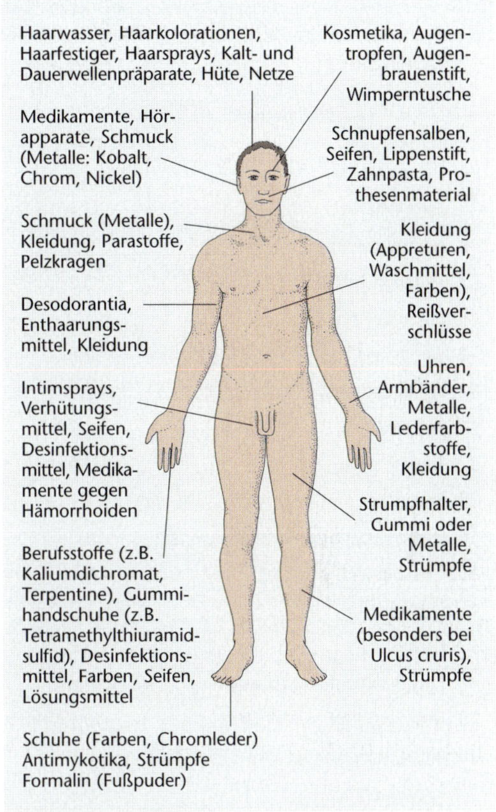

Abb. 10.8: Lokalisation von Kontaktekzemen und auslösende Noxen (modifiziert nach Nasemann-Sauerbrey).

Symptome und Befund

Ein allergisches Kontaktekzem zeigt die ersten Erscheinungen am Ort der Einwirkung (z.B. Hände bei Maurern, lichtexponierte Körperareale bei photoallergischem Kontaktekzem).
In der akuten Phase tritt eine kräftige Rötung und Schwellung mit bald (etwa nach acht Stunden) einsetzender Bläschen- und Blasenbildung auf. Es besteht heftiger Juckreiz.
Verlauf: Die fortdauernde Einwirkung des Allergens führt zu einem chronischen Kontaktekzem, bei dem vor allem eine Tendenz zur Ausbreitung auf weitere Körperareale (Rumpf, Arme und Beine) besteht. Das chronische Kontaktekzem zeigt Lichenifikation mit Vergröberung der Hautstruktur, Schwellung, Verdickung des Stratum corneums und heftigen Juckreiz (☞ Abb.9.4). Die regionalen Lymph-

Allergen	Prozent
1. Nickelsulfat	15,4
2. Duftstoff-Mix	8,2
3. Perubalsam	8,0
4. Kobaltchlorid	5,2
5. Formaldehyd	4,2
6. Neomycinsulfat	4,0
7. Kaliumdichromat	3,8
8. Kolophonium	3,4
9. Parabene-Mix	2,8
10. Wollfettalkohole	2,8
11. Kathon CG	2,2
12. Thiuram-Mix	2,0
13. Benzocain	1,2
14. p-tert. Butylphenolformaldehydharz	1,2
15. Quinolin-Mix	1,0
16. PPD-Mix	1,0
17. Carba-Mix	1,0
18. Ethylendiamindihydrochlorid	0,8
19. Mercapto-Mix	0,6
20. PPD-Dihydrochlorid	0,6
21. Epoxidharz	0,6
22. Quaternium 15	0,4
23. Primin	0,2

Tab. 10.9: Rangfolge von Allergenen des „European Standard".

knoten sind geschwollen. Je nach neuerlicher Allergeneinwirkung kann ein chronisches Kontaktekzem wieder in ein akut vesikulöses Ekzem übergehen.

Toxisches Ekzem: Toxische (chemisch-aggressive) Substanzen, z. B. Säuren oder besonders Laugen, können ein **nicht-allergisches** Kontaktekzem ebenfalls am Ort der Einwirkung hervorrufen. Die wiederholte Einwirkung innerhalb kurzer Zeitabstände vermindert die Abwehrleistung der Haut und führt zum Ekzem, z. B. dauerndes Hantieren mit Spülmitteln in heißem Wasser („toxisch-degeneratives Ekzem").

Nachweis einer Kontaktallergie

Die Diagnose eines allergischen Kontaktekzems beruht auf einer sorgfältigen **Beobachtung** der Lokalisation der Hauterscheinungen und einer genauen beruflichen **Anamnese.** Ein positives Testergebnis beim **Läppchentest (Epikutantest)** sichert die Diagnose: Fragliche Substanzen werden in geringer Menge auf die nichterkrankte Haut des Rückens aufgetragen und anschließend mit einem nicht reizenden Pflaster befestigt und über 2 Tage belassen (☞ Tab. 10.10, Abb. 10.9). Das so „getestete" Hautareal am Rücken wird am 2. und 3. Tag untersucht. Diese Testung ist gefahrlos, darf aber nicht häufig wiederholt werden, da durch die Testung selbst der Körper gegen die aufgebrachten Substanzen allergisiert werden kann.

Kontraindikationen zum Epikutantest: Die Indikation zur Durchführung einer Epikutantestung ist streng zu stellen. Es besteht die Gefahr der Sensibilisierung gegenüber anderen Antigenen, die bei der Testung mitverwendet werden. Kontraindikationen zur Epikutantestung sind

- Irritierte oder ekzematisierte Haut („angry back")
- Innerliche Kortikosteroidmedikation (über 20mg/Tag Prednisolon oder Äquivalenzdosen)
- Lokale Kortikosteroidanwendung im Testareal
- Immunsuppressive Therapie.

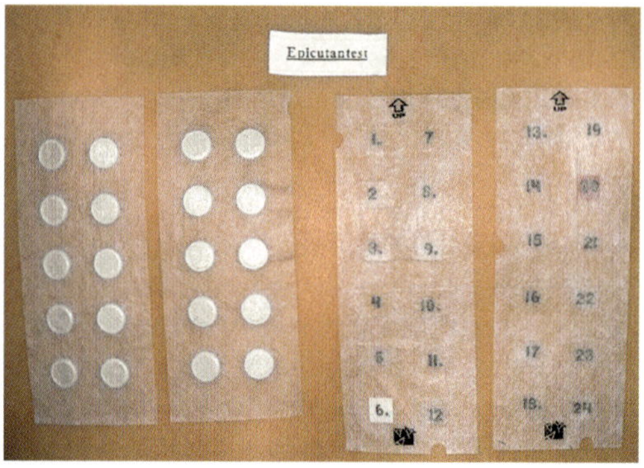

Abb. 10.9: Epikutantest. [M123]

Testsubstanz	Konzentration
1. Kaliumdichromat	0,5 %
2. p-Phenylendiamin, freie Base	1 %
3. Thiuram Mix	1 %
4. Neomycinsulfat	20 %
5. Kobaltchlorid	1 %
6. Benzocain	5 %
7. Nickelsulfat (x6 H2O)	5 %
8. Colophonium	20 %
9. Paraben-Mix	16 %
10. N-Isopropyl-N'-phenyl-p-phenylendiamin	0,1 %
11. Wollwachsalkohole	30 %
12. Mercapto-Mix	1 %
13. Epoxidharz	1 %
14. Perubalsam	25 %
15. p-tert.-Butylphenol-Formaldehydharz	1 %
16. Formaldehyd (in Wasser)	1 %
17. Duftstoff-Mix	8 %
18. 2-Mercaptobenzothiazol	2 %
19. (Chlor)Methylisothiazolon (3:1 in H_2O)	0,01 %
20. Vaseline, weiß	100 %
21. Quecksilber-II-amidochlorid	1 %
22. Cetylstearylalkohol	20 %
23. Zinkdiethyldithiocarbamat	1 %
24. Thiomersal	0,1 %
25. Euxyl K400	0,5 %
26. Terpentin	10 %
Zusätzliche Empfehlungen	
27. Ethylendiamin	1 %
28. Quaternium 15	1 %
29. Chlorchinaldol	5 %
30. 1,3-Diphenylguanidin	1 %

Tab. 10.10: Standardreihe für die Epikutantestung. In dieser und in allen anderen Testreihen ist das Testvehikel Vaselinum album.

Testbewertung

Eine positive allergische Testreaktion ist durch folgende Kriterien gekennzeichnet:

- Erythem und Infiltrat
- Papeln und Vesikel
- Streuung und Crescendo-Reaktion.

Vorsicht: Bei der Ablesung müssen insbesondere toxisch-irritative Reizungen und falsch-positive Befunde ausgeschlossen werden. Die Epikutantestung verlangt daher kritisches Denken und Spürsinn sowie chemische Grundkenntnisse und ein gutes allergologisches Wissen.

Toxisch-irritative Reaktionen: Hier fehlen Papeln, eine scharfe Begrenzung und eine prompte Abheilung wie bei einer Verbrennung. Fehlerhafte und zu hohe Konzentrationen der Testsubstanzen führen nicht selten zu toxisch-irritativen Reaktionen ohne Nachweis einer vorhandenen Allergie.

Falsch positive Befunde: Während die Epikutantestung als klassische Methode zur Diagnostik des allergischen Kontaktekzems der einzige Weg ist, um eine Sensibilisierung gegenüber einem Kontaktallergen zu beweisen, werden vielfach Reaktionen fälschlicherweise als positiv bewertet, mit sowohl für den Patienten wie für den Arzt oft unangenehmen Konsequenzen. Im Folgenden sind die häufigsten Fehler aufgeführt, die zum Ergebnis „falsch-positiver Epikutantests" führen:

- Falsche Indikation, z. B. bei Urtikaria und Typ-1-Reaktion
- Falsche Zeitwahl, Haut ist noch entzündet und irritiert („angry back")
- Falscher Testort; die Testareale (Rückenhaut) sollten immer gleich gewählt werden; ein Ausweichen auf Oberarmstreckseiten u. a. ist zu vermeiden
- Fehler im Testverfahren (Verwechslung der Testallergene)
- Ablesefehler durch falsches Protokoll (Verwechslung, „Unachtsamkeit")
- Ablesefehler durch falsche Bewertung (die Bewertung erfolgt mit 0 bis +++ und IR-Irritantreaktion).

Verdacht auf Berufskrankheit: Im Beruf ausgelöste allergische Kontaktekzeme zwingen zur Aufgabe des Berufs und zur Meldung an die Berufsgenossenschaft. Besonders bei Bauarbeitern, Friseuren, seltener Pflegenden, kann diese Form der Allergie bedeutsame Folgen haben (☞ Tab. 10.10).

Bei Verdacht auf eine Allergisierung durch

berufsbedingte Kontaktstoffe ist eine weitergehende Testung mit berufsspezifischen Testsubstanzen erforderlich („Friseurblock" ☞ Tab. 10.11, „Textilblock", Pflege- und Heilberufe u. a.). Man unterscheidet

- **Monovalente Kontaktallergie:** positive Reaktion gegen nur eine Testsubstanz
- **Polyvalente Kontaktallergie:** positive Reaktion gegenüber mehreren Testsubstanzen
- **Gruppenallergische Reaktion:** positive Reaktion auf verschiedene Stoffe mit chemisch ähnlicher Struktur (z. B. p-Gruppenallergie: Sulfonamide und Procain)
- **Kopplungsallergische Reaktion:** positive Reaktionen auf verschiedene Substanzen in einem Material.

Berufsbedingte Hauterkrankung (Berufsdermatosen) – Gesetzliche Anzeige: Die Berufskrankheitenverordnung schreibt vor, dass eine beruflich erworbene Erkrankung der Haut nur dann eine Berufserkrankung ist, wenn sie schwer oder wiederholt rückfällig ist und wenn sie den Patienten zur Aufgabe der Berufstätigkeit zwingt. In diesen Fällen ist vom Hautarzt (eine grüne) Berufskrankenanzeige zu erstellen. Wenn eine Berufsdermatose noch nicht schwer oder wiederholt rückfällig ist und den Patienten nicht zu einer beruflichen Veränderung zwingt, so wird die Berufsgenossenschaft mit dem (weißen) Hautarztbericht informiert.

Nr.	Substanz	Konzentration	Vehikel
51.1	Koloquinextrakt	1%	Spir. dil.
51.2	Diaminotoluol	1%	Spir. dil.
51.3	P-Aminoazobenzol	0,25%	Vas. flav.
51.4	Kaliumpersulfat	1%	H_2O
51.5	P-Toluylendiaminsulfat	1%	Vas. flav.
51.6	Kaliumbromat	0,5%	Vas. flav.
51.7	Ammoniumthioglykolat	1%	H_2O
51.8	P-Aminophenol	1%	Vas. flav.
51.9	Resorcin	2%	Vas. flav.
51.10	Nitro-p-Phenylendiamin	2%	Vas. flav.
52.1	Benzidin	1%	Spir. dil.
52.2	P-Aminodiphenylamin	0,25%	Vas. flav.

Tab. 10.11: Zusammenstellung beruflich relevanter Allergene für den Friseurberuf („Friseurblock"-Muster).

Therapie des Kontaktekzems

Grundsätzlich richtet sich die Behandlung nach der Form der Dermatitis. Wie beim allergischen Kontaktekzem erfordert auch das nichtallergische Kontaktekzem die strenge Vermeidung „toxischer" Substanzen.

Akute Dermatitis (nässend)

Feuchte Umschläge mit Chinolinol (Chinosol®) oder Kaliumpermanganat.
Prinzip: feucht auf feucht.

Durchführung des feuchten Umschlags

Mehrere Lagen sterilen Verbandmulls werden in Kaliumpermanganatlösung („burgunderrot") oder Chinosol®-Lösung (1 Tablette/1 l Wasser) eingetaucht, kurz ausgedrückt und nass auf die entzündlich nässenden Hautareale gelegt. Durch die erhöhte Hauttemperatur dampft die Feuchtigkeit ab. Der Verband muss deshalb in etwa halbstündigen Abständen erneuert werden.

Chronisches Kontaktekzem

Zunächst antientzündliche Behandlung mit topischen Kortikosteroiden; täglich mehrmals bestreichen, in hartnäckigen Fällen unter Plastikokklusivfolie. Der Hautbefund normalisiert sich unter dieser Behandlung relativ rasch.

Eine hochaktive Kortikosteroidsalbe darf nicht länger als 2 oder 3 Wochen aufgetragen werden. Zur Nachbehandlung rückfettende Cremes verwenden.

Bei Patienten mit einer Nickelallergie kann die orale Zufuhr von nickelhaltiger Nahrung das Krankheitsbild verschlimmern. Deshalb sind sog. Nickeldiäten empfehlenswert (☞ Tab. 5.12).

Handschuhe	Hersteller
Latexfreie OP-Handschuhe	
Elastyren	Thiele
Neolon	Becton-Dickinson
Manex neoderm	Beiersdorf
Dermaprene	Ansell
Sympren	Medimex
Handschuhe für Latexallergiker	
PVC-Handschuhe	Zahlreiche Hersteller
Regent Biogel Latex, innen beschichtet	Regent
Puderfreie Latexuntersuchungshandschuhe	
Sempermed Exam glove PF	–
Flexam powder-free	Baxter
No Powder Exam	Ansell
Softhand	Servoprax

Tab. 10.12: Handschuhe für Allergiker (nach Kleinhans).

Photokontaktallergisches Ekzem

Wird nur bei Lichtexposition (Sonnenlicht, diffusem Tageslicht, zuweilen auch bei künstlichem Licht) ausgelöst. Deshalb erkranken nur lichtexponierte Hautareale: Gesicht, Halsausschnitt, Handrücken und Unterarme, Unterschenkel bei Frauen. Eine Sensibilisierung (☞ Tab. 10.13) geht der Erkrankung voraus.

Zum phototoxischen Ekzem ☞ 9.4.

Diagnostik

Belichteter Epikutantest **(Photo-Patch-Test).** Es wird im Vorversuch zunächst die minimale Erythemdosis (MED = Dosis einer UV-Strahlung, die in der Haut nach 24–48 Stunden eine gerade sichtbare Rötung hervorruft) bestimmt. Man bringt danach zwei Testpflasterstreifen mit jeweils identischen Testsubstanzen auf. Nach 24 Stunden wird ein Streifen entfernt und mit langwelligem UV-Licht bestrahlt. Nach weiteren 24 Stunden erfolgt die Ablesung an beiden Arealen. Im belichteten Testareal zeigt eine positive Reaktion das Vorliegen einer Photokontaktallergie an.

Stoffgruppen	Reaktionstyp
1. Antibiotika und Sulfonamide	
Tetracycline	Phototoxisch
Griseofulvin	Phototoxisch
Nalidixinsäure	Phototoxisch
Sulfonamide	Phototoxisch, photokontaktallergisch
2. Antidiabetika	
Sulfonylharnstoffe	Phototoxisch, photokontaktallergisch
3. Diuretika	
Thiazide (zyklische Sulfonamide)	Phototoxisch, photokontaktallergisch
4. Neuroleptika, Antihistaminika	
Phenothiazine	Phototoxisch, photokontaktallergisch
5. Antibakterielle Substanzen, Antimykotika:	
Halogenierte Phenole halogenierte Salicylanilide	Phototoxisch, photokontaktallergisch
Halogenierte Carbanilide (Halogen: Chlor, Brom) Akridinfarbstoffe	Photokontaktallergisch
6. Antipsoriatika, Antiekzematika	
Teerprodukte	Phototoxisch, photokontaktallergisch
Psoralene	Phototoxisch, postinflammatorische Pigmentierung
7. Lichtschutzmittel	
P-Aminobenzoate	Phototoxisch? photokontaktallergisch?
8. Haushaltsstoffe, Kosmetika	
Weißmacher (Waschmittel) Eosin (Lippenstift)	Phototoxisch, photokontaktallergisch
Furocumarine (Kölnisch Wasser, Bräunungsmittel)	Phototoxisch

Tab. 10.13: Häufige Photosensibilisatoren (nach Jung).

10.4 Autoimmunerkrankungen

Autoimmunerkrankungen nehmen ab der 4. Lebensdekade zu, Frauen erkranken aus bislang nicht genau bekannten Gründen 6–8-mal

häufiger als Männer. Die überwiegende Zahl der Autoimmunerkrankungen geht mit der Bildung im Blut zirkulierender Antikörper (vorwiegend IgG) einher, die gegen bestimmte Bestandteile der Haut (Autoantigene) gerichtet sind. Diese bilden mit dem Autoantigen einen so genannten Immunkomplex, der durch Eintritt von Entzündungszellen oder durch Störung der Physiologie den Gewebeschaden und damit das Krankheitsbild auslöst.
Vorkommen: An der Haut sind Autoimmunerkrankungen häufiger als an jedem anderen Organ. Je nach Erkrankungsform unterscheiden wir:
- **Blasenbildende Autoimmunerkrankungen:** Pemphigus vulgaris, Pemphigus foliaceus, bullöses Pemphigoid, Dermatitis herpetiformis Duhring
- So genannte **Kollagenosen:** Lupus erythematodes, Sklerodermie, Dermatomyositis, Periarteriitis nodosa.

Behandlungsprinzipien: Da bei Autoimmunerkrankungen das Antigen (der verantwortliche Gewebebestandteil, z. B. Zellkern, Strukturprotein, Bestandteil der Basalmembran oder anderes) nicht entfernt oder verändert werden kann, gilt es, die Antikörpermenge zu senken. Die Behandlung kann deshalb zwar zum Krankheitsstillstand führen (morbostatische Wirkung), die Ursachen jedoch nicht beseitigen. Behandelt wird mit Kortikosteroiden, Antimetaboliten, Plasmapherese mit Zytostatika (Endoxan® u.a.) oder Immunmodulatoren. Oftmals wird durch die medikamentöse Behandlung von Autoimmunerkrankungen das ursprüngliche Krankheitsbild zwar beseitigt, aber es treten durch die medikamentösen Nebenwirkungen neue Krankheiten auf (z. B. Cushing-Syndrom durch Kortikosteroide).

Differenzialdiagnose blasenbildender Hauterkrankungen

Blasenbildung ist an der Haut häufig. Immer handelt es sich um flüssigkeitsgefüllte Hohlräume, die sich durch unterschiedliche Entstehungsmechanismen entwickelt haben (☞ Tab. 10.14). Die Differenzialdiagnosen blasiger Autoimmunerkrankungen sind in Tab. 10.15 dargestellt.

Ursache		Beispiele
Mikroorganismen	Viren	• Herpes simplex • Varizellen • Zoster
	Bakterien	• Impetigo • Bullöses Erysipel
	Pilze	• Dyshidrotische Tinea palmaris/plantaris
Insekten		• Stichreaktion
Toxisch	Mechanisch	• Druckblasen • Saugblasen
	Chemisch	• Säure- und Laugenverätzungen • Brennnessel
	Kalorisch	• Verbrühung • Erfrierung Grad 2
	Aktinisch	• UV-Dermatitis • Röntgen-Dermatitis
Phototoxisch		• Wiesengräserdermatitis, Berloque-Dermatitis • Photokontaktdermatitis • Phototoxische Arzneireaktionen • Porphyrien
Allergisch		• Allergische Kontaktdermatitis • Photoallergische Reaktion • Bullöse Arzneimittelreaktion • Erythema exsudativum multiforme • Lyell-Syndrom
Autoimmundermatosen		• Pemphigus vulgaris • Pemphigus foliaceus • Bullöses Pemphigoid • Herpes gestationis
Genetisch		• Epidermolysis bullosa hereditaria (> 15 Typen) • Erythrodermia ichthyosiformis congen. bullosa
Unbekannte Ursachen		• Pustulosis subcornealis • Lichen ruber pemphigoides • Lichen sklerosus et atrophicus • Incontinentia pigmenti

Tab. 10.14: Ursachen von Blasenbildung an der Haut (nach H. H. Wolff).

Erkrankung	Krankheitszeichen	Immunpathologischer Befund	Befunde im Serum
• Pemphigus vulgaris • Pemphigus foleaceus • Pemphigus bei Myasthenia gravis und Thymom • D-Penicillamin-induzierter Pemphigus	Intraepitheliale Blasenbildung	IgG, interzellulär	IgG-zirkulierende Antikörper, Titer abhängig von Krankheitsaktivität
Bullöses Pemphigoid	Subepidermale Blasenbildung	IgG und/oder Komplement in der BMZ, (Basalmembranzone) linear	IgG-zirkulierend, korreliert nicht mit Krankheitsaktivität
Vernarbendes Schleimhautpemphigoid	Subepitheliale Blasenbildung	IgG und/oder Komplement in der BMZ	IgG-zirkulierend als Anti-BMZ-Antikörper bei 10 %
Epidermolysis bullosa acquisita	Subepidermale Blasenbildung	IgG und/oder Komplement in der BMZ, linear	IgG als zirkulierender BMZ-Antikörper bei 25 %
Herpes gestationis	Subepidermale Blasenbildung bei Schwangeren	Komplement (100 %) IgG etwa 50 % in der BMZ, linear	Hageman-Faktor bei 50 %, IgG-Anti-BMZ-Antikörper bei 20 %
Dermatitis herpetiformis	Juckende, subepidermale Bläschen und Blasen, Jod provozierbar	IgA, Fibrin und Komplement in dermalen Papillen, granulär oder fibrillär	IgA-antiendomysiale Antikörper bei 70 % Gliadinantikörper bei 50 % Antiretikulinantikörper bei 25 %
Lineäre IgA-Erkrankung	Subepidermale Blasenbildung	IgA sowie Fibrin in der BMZ, linear	IgA-Anti-BMZ-Antikörper bei 10 %

Tab. 10.15: Differenzialdiagnosen blasenbildender Autoimmunerkrankungen.

10.4.1 Pemphigus vulgaris

Die Gammaglobulinfraktion des Serumeiweißes dieser Patienten enthält Antikörper, die sowohl gegen die Epidermis als auch gegen das Schleimhautepithel gerichtet sind – gegen Desmoglein, einem Protein der Interzellularbrücken = Desmosomen. Unter der Einwirkung dieser Antikörper lösen sich die Zellen voneinander ab. Es entstehen Spalten zwischen den mittleren Epidermiszellen (intraepidermal, ☞ Abb. 10.10), die sich rasch mit Serum füllen und dann als Blasen erscheinen. Diese Form der Einzelzellablösung heißt **Akantholyse.** Die Erkrankung tritt im mittleren bis höheren Alter und bei Frauen häufiger als bei Männern auf.

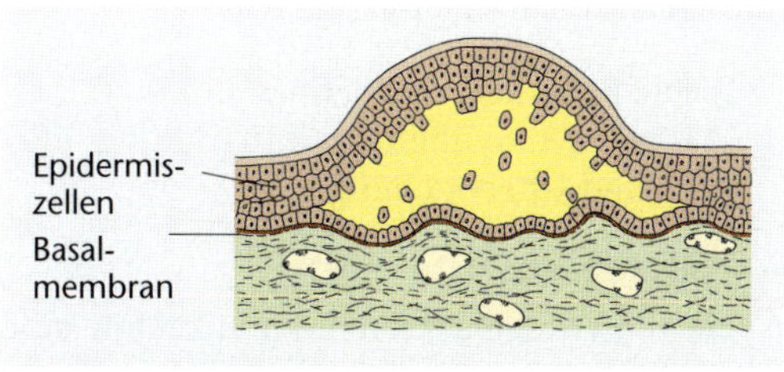

Abb. 10.10: Beim Pemphigus vulgaris lösen sich die Epidermiszellen oberhalb der Basalzellschicht voneinander. Durch Serumeinstrom entsteht eine Blase (nach Nasemann et al).

Symptome und Befund

Sitz: am ganzen Körper, einschließlich der Schleimhaut des Mundes, der Vagina und des Anus.

Typisch sind erbs- bis kirschgroße Blasen mit serösem, leicht ausfließenden Inhalt (☞ Abb. 10.11). Die Blasendecke ist dünn, zerreißt leicht, und es entstehen großflächige, nässende, rote Bezirke. Es kann wie bei Verbrennungen zu großen Ablösungen des gesamten Oberflächenepithels kommen. Besonders an der Mundschleimhaut macht die Blasenbildung die Nahrungsaufnahme manchmal unmöglich. Der Eiweißverlust und die sich oft hinzugesellenden sekundären bakteriellen In-

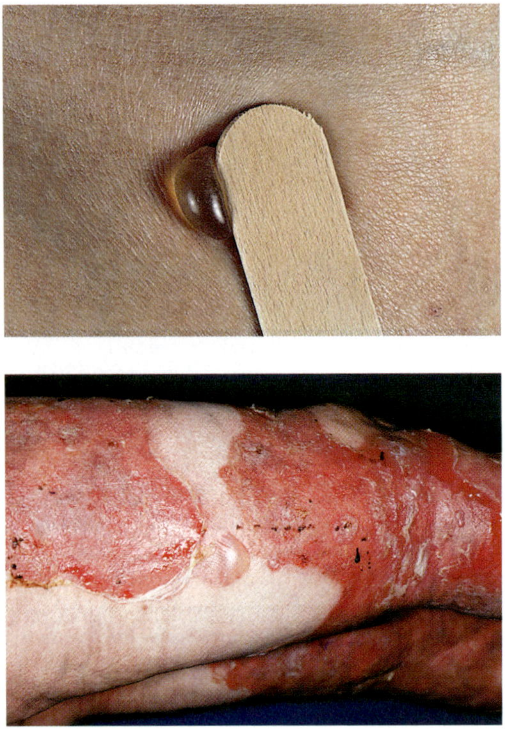

a

b

Abb. 10.11: Pemphigus vulgaris. **a:** Nikolski-Phänomen. **b:** Großflächiger nässender roter Bezirk nach Ablösung des Oberflächenepithels

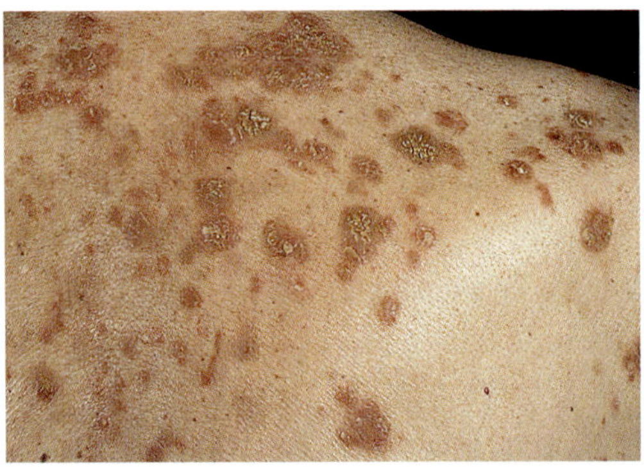

Abb. 10.12: Pemphigus vulgaris (eingetrocknete Blasen).

fektionen reduzieren den Allgemeinzustand. Die normal aussehende Haut in der Umgebung der Blasen ist bereits so vorgeschädigt, dass die Blase sich bei leichtem Druck auf die Blasendecke leicht nach der Seite vergrößern lässt **(Nikolski-Phänomen).** Dieses Zeichen ist charakteristisch für den Pemphigus vulgaris.

Therapie

Innerlich: Sowohl der Pemphigus vulgaris als auch das bullöse Pemphigoid (s. 10.4.2) machen die Anwendung sehr hoch dosierter **Kortikosteroide** erforderlich. Man gibt anfangs bis zu 200 mg Prednisolon und belässt diese Dosis über 2 Wochen, um dann langsam zu reduzieren. Innerhalb der nächsten 4–6 Wochen wird die Kortikosteroid-Medikation auf eine Dosis eingestellt, die die Bildung von neuen Blasen gerade noch verhindert (Erhaltungsdosis). Die Patienten müssen jahrelang regelmäßig kontrolliert werden, besonders, da sie nach der Verabreichung von Kortikosteroiden zwar nun nicht mehr unter dem Pemphigus leiden, stattdessen aber unter den Folgen der Kortikosteroid-Therapie, dem Morbus Cushing.

Nach Überwindung der akuten Krankheitsphase werden zusätzlich **Immunsuppressiva** (Imurek®, Imuran®, Endoxan®, 1–2 mg/kg KG) verabreicht, die die Antikörperbildung hemmen. In jüngster Zeit wurden wiederholte **Plasmapheresen** (Plasmaaustausch) in Kombination mit Endoxan®-Bolus-Injektionen erfolgreich angewandt. Dabei sollte es zum völligen Sistieren der Antikörperproduktion kommen.

Äußerlich:

- Blasen eröffnen und bis zum Abtrocknen der nässenden Flächen feuchte Umschläge mit Chinolinol (z. B. Chinosol®) oder Kaliumpermanganat
- Nach dem Abtrocknen: Clioquinol-Zinköl, in intertriginösen Bereichen Pyoktanin
- Bei völliger Epithelisation der Bezirke Trockenpinselungen mit Lotio alba
- An den Schleimhäuten (besonders Mund) Pinselungen mit Borax-Glyzerin und Spülungen (Hexoral®); flüssige Kost.

Die Patienten sind schwer krank und erfordern eine intensive Behandlung, Pflege und Überwachung.

Komplikationen

Auch wenn keine Blasen mehr auftreten, sind die Gefahren einer durch die hohe Kortisondosis verursachten Infektion sehr groß (Bronchopneumonien, Pyelonephritiden, Soorinfektionen).

10.4.2 Bullöses Pemphigoid

Diese Erkrankung tritt nur bei älteren Menschen auf. Die zirkulierenden Antikörper sind gegen Antigene in der Basalmembran gerichtet. Der Antikörpernachweis erfolgt durch Immunfluoreszenz.

Symptome und Befund

Sitz: Die subepidermalen Blasen sind größer als beim Pemphigus vulgaris und erscheinen am Rumpf und an den körpernahen Extremitätenabschnitten, weniger im Gesicht, selten an der Schleimhaut.
Bei der Blasenbildung trennt sich hier die gesamte Epidermis von der Dermis, wodurch es leicht zu Blutungen in die Blasenhöhle kommt und dem Inhalt ein schwärzliches Aussehen verleiht (☞ Abb. 10.13 und 10.14).

Therapie

Wie beim Pemphigus vulgaris (☞ 10.4.1).

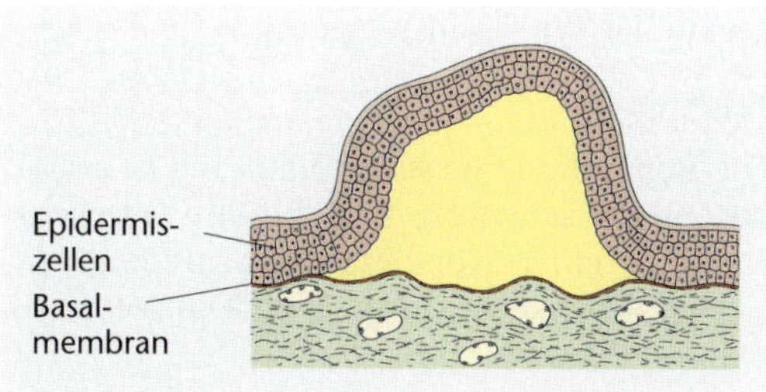

Abb. 10.13: Bullöses Pemphigoid mit subepidermaler Blase.

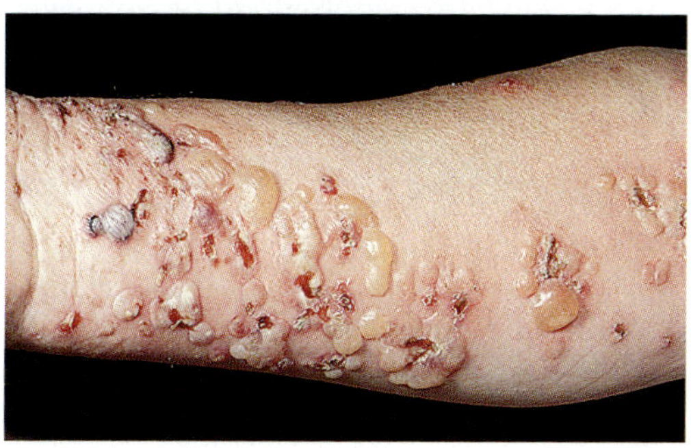

Abb. 10.14: Bullöses Pemphigoid.

10.4.3 Dermatitis herpetiformis (Morbus Duhring)

Es erkranken überwiegend ältere Menschen. Zusammenfassend hat die Erkrankung folgende Kennzeichen:

- Herpetiforme Bläschen, Juckreiz
- Subepidermale IgA-Ablagerungen (meist granulär, selten linear, ☞ Abb. 10.15)
- Gluten-Enteropathie mit Atrophie der intestinalen Schleimhaut
- Antikörper gegen diätetische Proteine (IgG, IgA)
- HLA-Assoziation.

Wichtig ist bei der Dermatitis herpetiformis die Assoziation mit bestimmten HLA-Antigenen (☞ Tab. 10.16). Patienten mit Dermatitis herpetiformis Duhring tragen alle das Antigen DQw2, was bedeutet, dass dieses Antigen ein sehr hohes Risiko für die klinische Manifestation der Erkrankung darstellt.

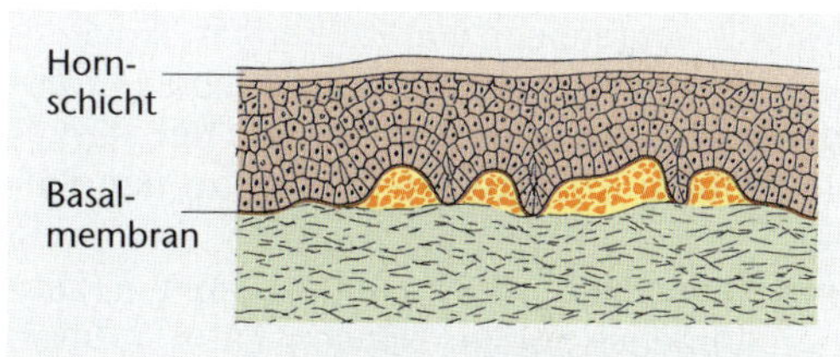

Abb. 10.15: Dermatitis herpetiformis. Subepidermale Bläschen mit entzündlichem Infiltrat. Autoantikörper der IgA-Klasse im Basalmembranbereich der Papillenspitzen.

HLA-Antigen	% der Patienten	Relatives Risiko
AI	74	9,2
B8	88	28,6
DR2	95	68,2
DQw2	100	Unendlich

Tab. 10.16: Assoziation von HLA-Antigenen mit Dermatitis herpetiformis.

Symptome und Befund

Sitz: Befallen sind die Schulter und die Beckenregion des Rückens, aber auch die körpernahen Extremitätenabschnitte.

Es zeigen sich dicht stehende (gruppierte), rötliche Papeln, die von Kratzspuren und geröteter Haut umgeben sind. Daneben treten bis erbsgroße subepidermale Bläschen mit serösem Inhalt auf (☞ Abb. 10.14). Besonders quälend ist der heftige Juckreiz, der durch diese Erkrankung hervorgerufen wird. In der Haut (an den Papillenspitzen) ist IgA abgelagert, das durch Immunfluoreszenz nachgewiesen wird.
Verlauf: Die Krankheit ist außerordentlich langwierig, oft treten Sekundärinfektionen hinzu. Bei der überwiegenden Zahl der Patienten ist der Dünndarm beteiligt. Die Dünndarmzotten werden atrophisch und verlieren ihr physiologisches Relief. Es kommt zu Störungen der Resorption. Zusätzlich besteht eine Überempfindlichkeit gegenüber Gluten (Gluten-Enteropathie). Brom und Jod (Hustensaft, Seefisch; s. u.) verstärken die Symptome.

Therapie

Äußerlich: Kortikosteroide sind unwirksam, deshalb verabreicht man äußerlich Trockenpinselungen und antibiotische Salben (Aureomycin®-Salbe, Sulmycin®-Salbe). Bei starker Hautrötung Kortikosteroidzusatz zu den Salben.
Innerlich erhalten die Patienten **Dapson** (Diaminodiphenyl-Sulfon, Dapson-Fatol®) durch die Klinik. Das Dapson verursacht in höherer Dosierung Methämoglobinbildung (blaue Lippen!). Eine regelmäßige Kontrolle in 2- bis 3-wöchigen Abständen ist deshalb erforderlich. 1 g Vitamin C pro Tag vermindert das Risiko.
Eine langfristige **glutenfreie Diät** bei Dermatitis herpetiformis führt zur Verbesserung der Darmfunktion wie auch zur Abheilung der Hautveränderungen, die Durchführung ist jedoch oft schwierig (☞ Tab. 5.11). Im Folgenden eine Übersicht über jodhaltige Nahrungsmittel, die bei der Dermatitis herpetiformis ebenfalls möglichst zu meiden sind:
- Meerfisch
- Lebertran
- Jodiertes bzw. Meersalz
- Spinat
- Zitrusfrüchte
- Bohnenkaffee, Tee
- Leber, Niere, Innereien
- Milchprodukte und -speisen
- Eier und Eierspeisen.

Getreideprodukte (Gerste, Hafer, Roggen, Weizen) sind zu meiden. Durch glutenfreie Kost (☞ Tab. 5.11) kann die erforderliche Dapson-Dosis bei der Behandlung der Dermatitis herpetiformis reduziert werden.

10.4.4 Epidermolysis bullosa acquisita (EBA)

Diese seltene Erkrankung entwickelt sich bei Erwachsenen in der zweiten bis vierten Lebensdekade.

Symptome und Befund

Es entstehen am ganzen Körper große subepidermale Blasen. Im Blut zirkuliert ein IgG-Antikörper, der gegen das Lamina-densa-Antigen der Basalmembran (vorwiegend Typ-VII-Kollagen) gerichtet ist. Die Patienten sind HLA-DR2-positiv, es besteht Autoimmunität gegenüber Typ-VII-Kollagen.

Therapie

Die Behandlung dieser Erkrankung ist außerordentlich schwierig und besteht versuchsweise in einer Kombination von hoch dosierten Kortikosteroiden und Dapson (z. B. Dapson-Fatol®).

10.4.5 Lupus erythematodes

Der Lupus erythematodes (LE) ist eine klassische Autoimmunerkrankung, bei der man das Antigen bislang nicht kennt. Die Krankheit erscheint:
- Akut
- Subakut
- Chronisch.

An der Haut beobachten wir einen chronischen LE als
- Erythematodes chronicus discoides (☞ Tab. 10.17)
- Subakuten kutanen Erythematodes (in 50 % der Fälle mit systemischen Zeichen)
- Akuten Erythematodes (Hauterscheinungen aber nicht obligat).

Lupus erythematodes chronicus discoides

Wie der Name sagt, handelt es sich um einen chronischen, münzenförmigen Prozess an der Haut. Eine eindeutige Ursache ist bei dieser Erkrankung nicht bekannt, jedoch werden bei den Patienten Antikörper in den erkrankten Hautarealen gefunden. Frauen erkranken doppelt so häufig wie Männer.

Symptome und Befund

Umschriebene rundliche Herde erscheinen in lichtexponierten Arealen, besonders an Gesicht, Halsausschnitt, Armen, seltener am behaarten Kopf oder am übrigen Körper (☞ Abb. 10.16). Durch die fortbestehende Entzündung verändern sich die Herde: Zunächst vermehrte zentrale fest haftende Schuppung, nachher Atrophie mit schüsselförmiger, weißlicher Einsenkung. Es besteht Hyperästhesie. Ältere Herde zeigen am Rande ein hochrotes Erythem, das sich in die Peripherie fortsetzt, während im Zentrum weißlich-hyperkeratotisches Horn über einer sehr dünnen, leicht verletzlichen Epidermis liegt. Die Herde neigen zur Konfluenz. Am behaarten Kopf Haarausfall.

Therapie

Unterbrechung des Krankheitsprozesses durch Kortikosteroide, am besten unter Okklusivbedingungen. Einzelne Herde können unterspritzt werden, und nur bei starker Ausdehnung (über den Körper) ist eine innerliche Kortikosteroidmedikation über längere Zeit erforderlich. Antimalariamittel wie Chloroquin (Resochin®, Quensyl®) über längere Zeiträume (bis zu Monaten) wirken vorteilhaft.

Prognose: Die Krankheit heilt nur unter Vernarbung aus. Bei starker Ausbreitung der Herde kann ein chronisch-diskoider Erythematodes in einen systemischen Erythematodes übergehen.

> Zur Behandlung des Erythematodes chronicus discoides gehört ein konsequenter Lichtschutz, v.a. die Anwendung von Lichtschutzsalben (z.B. Contralum®, Anthelios L®).

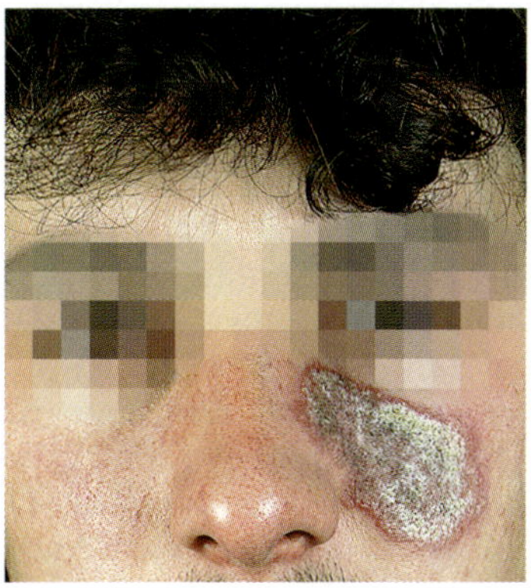

Abb. 10.16: Diskoider Lupus erythematodes.

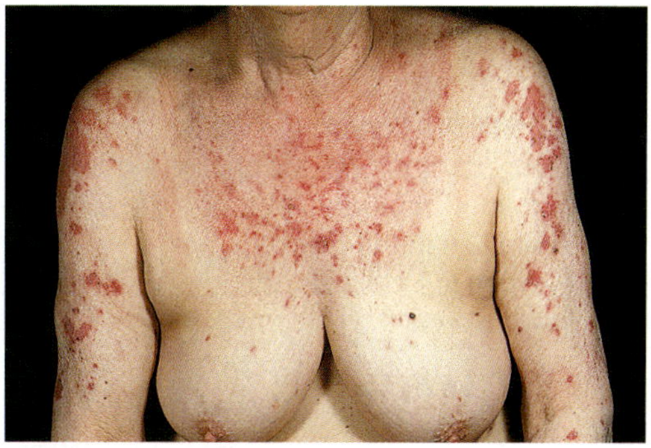

Abb. 10.17: Subakuter Lupus erythematodes.

Diskoider LE (15–20 %)	Rundliche Herde über Kopf und Hals, Abheilung mit Narbenbildung, fest haftende Schuppung
Subakuter kutaner Erythematodes (10–15 %)	Disseminierte, nicht vernarbende Läsionen über Gesicht, Hals und lichtexponierten Arealen
Akuter kutaner LE (30–50 %)	Disseminierte, indurierte erythematöse Läsionen über Gesicht, Hals, Schulter, Streckseiten der Arme. Interne Organerkrankung muss erwartet werden

Tab. 10.17: Klassifikation des kutanen Lupus erythematodes (nach Gilliam und Sondheimer).

Systemischer Lupus erythematodes (SLE)

Die Erkrankung kommt bei Frauen 6- bis 10-mal häufiger vor als bei Männern. Sie ist eine Autoimmunerkrankung, bei der die Patienten – oftmals nach Lichtexposition – Antikörper gegen sehr unterschiedliche Zellbestandteile produzieren.

Symptome und Befund

Charakteristisch ist, dass immer mehrere (mindestens zwei) Organe erkrankt sind. Die häufigsten Symptome sind (der Reihenfolge nach):

- Müdigkeit und Gewichtsverlust
- Fieber
- Gelenkschmerzen und Schwellung
- Hauterscheinungen
- Glomerulonephritis
- Pleuritis und Perikarditis.

Die charakteristischen Hauterscheinungen bestehen in einem schmetterlingsförmigen **Erythem,** das sich über den Nasenrücken auf beide Wangen mit Aussparung der Nasolabialfalten ausdehnt (☞ Abb. 10.18). Die Erytheme treten besonders nach Sonnenexposition auf; sie brennen leicht und bilden sich oft ohne Vernarbung zurück.

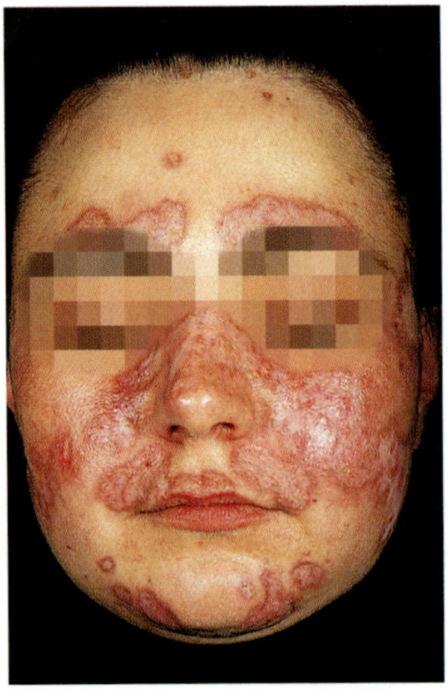

Abb. 10.18: Schmetterlingserythem beim systemischen Lupus erythematodes.

Die zweithäufigsten Hauterscheinungen sind makulopapulöse **Exantheme**: Leicht juckende, rötliche Flecken am ganzen Körper, die leicht mit Arzneimittelreaktionen verwechselt werden.
An dritter Stelle stehen **Herde,** die beim Erythematodes chronicus discoides besprochen wurden: münzenförmige, zentral hyperkeratotische Herde, besonders im Gesicht.
Die dazugehörige **Erkrankung innerer Organe,** besonders Gelenk- und Nierenentzündungen sowie die entzündlichen Veränderungen am Herz-Lungen-System, rufen ein schweres Krankheitsbild hervor. Die Patienten werden bettlägerig. Intensive diagnostische und therapeutische Maßnahmen sind erforderlich. Klassifikationskriterien sind in Tab. 10.17 aufgeführt.

Therapie

Neben Medikamenten, mit denen die einzelnen Organmanifestationen behandelt weren sollen, sind Kortikosteroide das Mittel der Wahl. Anfangs 60–80 mg Prednison täglich mit langsamer Reduktion der täglichen Einzeldosen auf eine Erhaltungsdosis. Wie bei allen Patienten, die lange Zeit mit Kortikosteroiden behandelt werden, ist hier eine sorgfältige, regelmäßig erfolgende Kontrolle möglicher Nebenwirkungen erforderlich (Cushing-Syndrom, Diabetes mellitus, Osteoporose u.a.). Gleichzeitig können Antimalariamittel (Resochin®) und Immunsuppressiva gegeben werden (Azathioprin, z.B. Imurek®).
Prognose: Die Prognose des systemischen Erythematodes richtet sich nach der Schwere der Organerkrankungen. Bei gleichzeitiger Miterkrankung der Nieren ist sie ungünstiger. Bei dem seltenen akuten Verlauf kann durch eine Myokarditis oder Nephritis der Tod eintreten.

> Die Klassifikation enthält elf Kriterien (☞ Tab. 10.18). Die Verdachtsdiagnose Lupus erythematodes besteht, wenn vier oder mehr dieser elf Kriterien erfüllt werden (ARA = American Rheumatism Association).

Symptome	Beschreibung
Gesichtserythem	Fixierte erhabene Erytheme über Nase und Wangen mit Aussparung der Nasolabialfalten
Diskoide Herde	Rundliche erythematöse Herde mit fest haftender Schuppung und follikulären Keratinpfröpfen = Tapeziernägel-Phänomen
Pathologische Lichtempfindlichkeit	Ungewöhnliche bis extreme Reaktion auf Licht
Orale Geschwüre	Orale oder nasopharyngeale Ulzera, oft nicht schmerzhaft
Arthritis	Schmerzhafte Schwellung mehrerer Gelenke
Serositis	Pleuritis, vielfach mit Pleuraergüssen
Nierenerkrankung	Mit Proteinurie über 0,5 g/Tag, hyaline Zylinder im Harnsediment
Neurologische Symptome	Absencen oder Psychosen
Hämatologische Störungen	Hämolytische Anämie, Leuko-, Lympho- oder Thrombozytopenie
Immunologische Störungen	Positives LE-Zell-Phänomen, Anti-DNA-Antikörper, Anti-SM-Antikörper, falsch-negative Serotests für Syphilis
Antinukleäre Antikörper	Abnorme Titer für antinukleäre Antikörper (ANA)

Tab. 10.18: Kriterien für die Klassifikation des systemischen Lupus erythematodes (ARA-Klassifikation).

10.4.6 Dermatomyositis

Die Dermatomyositis ist eine relativ seltene Erkrankung, die in jedem Lebensalter, bevorzugt jedoch im mittleren auftritt. Frauen erkranken häufiger. Wie der Name sagt, handelt es sich um Entzündungen von Muskeln und Haut. Die Ursache ist unbekannt, man nimmt jedoch einen Autoimmunmechanismus an. Charakteristisch ist die Vergesellschaftung dieser Erkrankung mit malignen internen Tumoren in 24 % aller Fälle. Bei der kindlichen Form der Dermatomyositis treten bösartige Tumoren dagegen nicht auf. Die Erkrankung kann langsam oder foudroyant-rasch verlaufen.

Symptome und Befund

Die Muskelschwäche betrifft besonders den Schultergürtel- und Beckenbereich. Die Patienten können sich nicht mehr kämmen und haben einen „schwachen Händedruck".

Hautbefunde: Rötung bzw. livide Färbung und Schwellung im Bereich der Augenlider, über den Fingergelenken, am Nagelfalz. Hier treten besonders Kapillarblutungen auf. Die Patienten fühlen sich krank und sind oftmals depressiv. Die Erkrankung wird leicht fehldiagnostiziert.

Diagnostik

Aus dem klinischen Bild, den mikroskopischen Untersuchungen von Muskel- und Hautexzisionen, dem Anstieg von Muskelfermenten (Creatin-Phosphokinase = CPK) im Serum mit hoher BSG, Leukopenie und positiven **Immunphänomenen** (antinukleäre Faktoren, Anti-Muskel-Antikörper) ergibt sich die Diagnose (☞ Tab. 10.19). Die Erkrankungsaktivität kann durch die Bestimmung der Kreatinausscheidung im 24-Stunden-Sammelurin bestimmt werden. Bösartige Tumoren (Magen-, Bronchial-, Ovarialkarzinom) können sich bereits vor dem Einsetzen der Dermatomyositissymptome entwickeln.

Krankheit	Marker
SLE	NDNA, Sm, PCNA, Ki, Ma-1
Neonataler LE	SS-A
Diffuse Sklerodermie	Scl-70
Polymyositis	Jo-1
Polydermatomyositis	Mi-1, Mi-2
CREST	Zentromer

Tab. 10.19: Serologische Marker von Kollagenosen (Spezifität = 90 %).

Therapie

- **Akut:** Anfangs hohe Dosen Kortikosteroide (Vorsichtsmaßregeln wie bei Pemphigus, ☞ 10.4.1).
- **Dauertherapie:** Immunsuppressiva.

Die Patienten müssen dabei ständig ärztlich begleitet werden, um unerwünschte Wirkungen rechtzeitig zu registrieren und ggf. die Therapie anzupassen. Lokale Anwendung von Kortikosteroidsalben und -cremes in den geröteten und geschwollenen Hautarealen. Eine mögliche Entzündung des Herzmuskels (Myositis) verdient besondere Beachtung.

10.4.7 Sklerodermie

Generalisierte oder umschriebene Verhärtungen und Fibrosierungen im Bindegewebslager der Haut äußern sich klinisch unterschiedlich. Insgesamt werden vier Typen der Sklerodermieerkrankung abgegrenzt:

- Zirkumskripte Sklerodermie (Morphea)
- Systemische progressive Sklerodermie (systemische Sklerose)
- Sklerodermieformen, die mit anderen Erkrankungen assoziiert sind (Pseudosklerodermie)
- Beruflich erworbene Sklerodermie (z.B. Polyvinylerkrankung).

Progressive Sklerodermie (systemische Sklerose)

Es handelt sich um eine Erkrankung, die ausschließlich das Bindegewebe betrifft und sichtbare Veränderungen der Epidermis zur Folge haben kann (Pigmentstörungen, Ulzerationen u.a.; ☞ Tab. 10.20). Betroffen sind überwiegend Frauen im mittleren bis höheren Alter.

Typ I	Nur Akren und Gesicht sind befallen (bis zum Handgelenk)
Typ II	Periphere Lokalisation an Akren und Gesicht, Befall aber weiter nach zentral fortgeschritten
Typ III	Beginn und maximale Ausprägung am Stamm, zentrifugale Ausbreitungsrichtung
a	Entzündlicher Verlauf: Mindestens drei der folgenden Parameter sind positiv: • BSG > 40 mm/2 h • Gammaglobuline > 16 g/l • Waaler-Rose-Test oder Latextest positiv • Leukozytenzahl > $12{,}6 \times 10^9$/l • Antinukläre Antikörper mit einem Titer > 1:40
b	Nichtentzündlicher Verlauf

Tab. 10.20: Einteilungskriterien der progressiven Sklerodermie in Bezug auf die Befundausbreitung bzw. die Befundlokalisation zu Erkrankungsbeginn (nach Barnett).

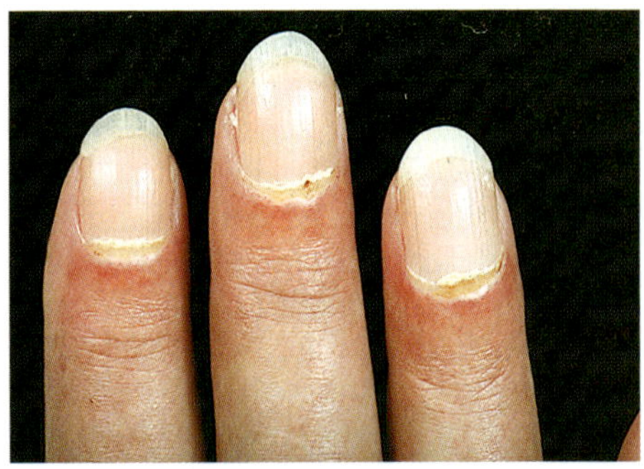

Abb. 10.19: Progressive Sklerodermie.

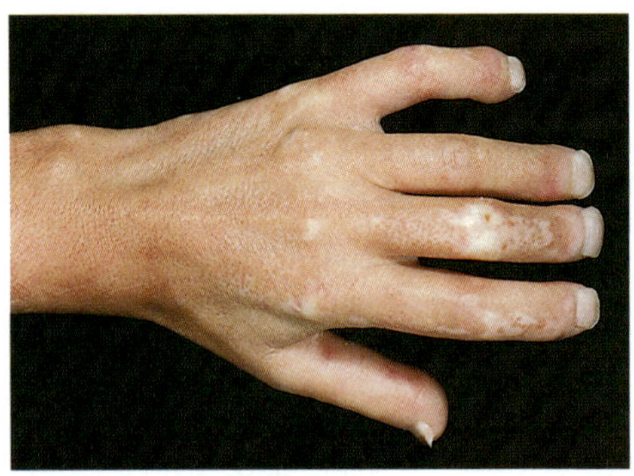

Abb. 10.20: Progressive Sklerodermie.

Symptome und Befund

Die Krankheit beginnt in der Regel an den Händen (☞ Abb. 10.19): zunächst mit übermäßigem Kälteempfinden, anfangs Schwellung, dann Atrophie mit Bewegungseinschränkung (Raynaud-Syndrom, ☞ 14.3). Der Krankheitsprozess breitet sich symmetrisch auf die Unterarme aus. Bald kommt eine Verschmälerung des Mundes mit tief eingezogenen radiären Falten hinzu (Mikrostomie), das Zungenbändchen verkürzt sich, und die Patienten klagen über Schluckbeschwerden (der Ösophagus ist miterkrankt). An den nun hochgradig sklerotisch verhärteten Gelenken treten Druckgeschwüre auf, die monatelang nicht heilen. Bei Fortschreiten der Sklerodermie kann es zur Verhärtung der gesamten Körperhaut kommen, die Atmungsbewegungen sind eingeschränkt. Auch innerlich ist ein Übergreifen auf die Lunge (Fibrose) und den Herzmuskel möglich.

Therapie

Es ist keine spezifische Behandlung bekannt. Physikalische Maßnahmen bestehen in Bewegungsübungen, antibiotischen Salbenverbänden bei Geschwüren, Warmluftbehandlung, sorgfältiger Betreuung. Hoch dosierte Penicillininfusionen oder Rheomacrodex® bringen nur unsichere Besserung. Die Krankheit kann in den verschiedenen Stadien zum Stillstand kommen und sich dort über Jahre unverändert zeigen.

> Hautpflege, Bewegungsübungen, Bäderbehandlung, Lymphdrainage und Massagen sind wirkliche Hilfen – vielfach jedoch die einzigen.

Zirkumskripte Sklerodermie

Symptome und Befund

An der Haut zeigen sich einzelne oder mehrere plattenartige Verhärtungen mit rötlich-lividem Ring. Selten sind auch Faszien und Muskeln beteiligt.

Therapie

Symptomatisch; bei Ausbreitung der Herde Okklusionsverbände mit Kortikosteroiden; Bade-PUVA-Behandlung.

10.5 Arzneimittelreaktionen

Steigender Verbrauch und die zunehmende Zahl an Arzneimitteln werfen ihre Schatten: Arzneimittelnebenwirkungen nehmen zu. Mögliche Folgen an der Haut:

- Lokale Unverträglichkeit, z. B. Überdosierung mit toxischer Reaktion
- Störungen des biologischen Gleichgewichts, z. B. Pilzinfektionen nach Antibiotikabehandlung
- Jarisch-Herxheimer-Reaktion (☞ 23.3.4)
- Arzneimittelausschlag, „Arzneimittelexantheme“
- Anaphylaktischer/allergischer Schock.

Unter **Arzneimittelexanthemen** versteht man meist allergische Reaktionen, die durch die interne Verabreichung (p. o., i. m., i. v., s. c.) von Medikamenten ausgelöst werden. Nicht nur die interne Verabreichung führt jedoch zu einer Sensibilisierung, sondern auch äußerlich auf die Haut aufgebrachte Medikamente können den Körper sensibilisieren. Wird nun die gleiche Substanz zu einem späteren Zeitpunkt innerlich verabreicht, so kann ein Arzneimittelexanthem auftreten (Urtikaria ☞ 10.2, allergisches Kontaktekzem ☞ 10.3). Zur Allergisierung und für die Auslösung eines Arzneimittelexanthems genügen schon kleinste Mengen!

> **Vorsicht:** Antibiotika wie Penicillin oder Sulfonamide, oder auch Lokalanästhetika, die innerlich und äußerlich angewendet werden, sind starke Allergene. Der Hautkontakt mit diesen Substanzen sollte deshalb vermieden werden.

Der Zeitraum zwischen der Anwendung eines Medikaments und dem Auftreten von Hauterscheinungen ist sehr unterschiedlich und kann wenige Minuten, Stunden oder 9–12 Tage dauern.

Symptome und Befund

Arzneimittelexantheme werden nach der Morphologie diagnostiziert, also makulös, papulös, vesikulös, purpuriform u. a.
Verlauf: Der Verlauf ist sehr unterschiedlich und hängt von der Intensität der Erscheinungen ab, nicht aber von der Art des betreffenden Medikaments.
Lokalisation: stets symmetrisch, da die oral verabreichten Arzneistoffe über den Blutweg an die Haut gelangen. Es besteht jedoch eine gewisse Tendenz zu den Extremitätenstreckseiten.

10.5.1 Masern- oder scharlachartige Arzneimittelexantheme

Symptome und Befund

In Verbindung mit Fieber und Lymphknotenschwellungen kommt es um den 9. Tag nach Behandlungsbeginn zu masern- oder scharlachähnlichen Hautausschlägen, die z.T. jucken oder brennen. Häufig besteht gleichzeitig eine erhöhte Lichtempfindlichkeit.

Ursache: Grippemittel, Sulfonamide, Schlafmittel (Barbiturate), Antibiotika (Penicillin, Tetracycline, Streptomycin), Beruhigungsmittel.

10.5.2 Blasenbildende Arzneimittelexantheme

Das Stevens-Johnson-Syndrom und die toxische epidermale Nekrolyse (Lyell-Syndrom) sind lebensbedrohliche Formen einer blasigen Abhebung der Epidermis (tödlicher Verlauf bei 30–40 % der Erkrankten). Die schwerste Form ist die **toxische epidermale Nekrolyse,** die leichtere das **Stevens-Johnson-Syndrom,** das auch durch Infektionen (Virus-Infektionen, Staphylokokken-Infektionen) oder aber durch die Kombination von Infektionen mit Medikamenten ausgelöst werden kann.

Risiko-Medikamente:

- Sulfonamid-Antibiotika (insbesondere Trimethoprim-Sulfamethoxazol)
- Chorpromazin
- Aminopenicilline
- Chinolone
- In geringem Maße Cephalosporine.

Medikamente, die langfristig angewendet werden (Monate bis Jahre), zeigen ein erhöhtes Risiko in den ersten 2 Monaten nach der Einnahme. Typische Vertreter sind Carbamazepin, Phenobarbital, Phenytoin, nichtsteroidale Antiphlogistika, Allopurinol.

Erwachsenenform des Lyell-Syndroms

Ursache: häufig Sulfonamide, Phenylbutazon, Barbiturate.

Symptome und Befund

Schweres Krankheitsbild mit rascher Entwicklung großflächiger, konfluierender Blasen, wobei sich die gesamte Epidermis von der Dermis ablöst (Bild der verbrannten Haut; ☞ Abb. 10.21). In besonders schweren Fällen kommt es zum Verlust fast der gesamten Epidermis. Die Folgen sind ernst (Fieber, schweres Krankheitsbild, Nierenbeteiligung). Diagnostik s. kindliche Form.

Therapie

Hoch dosierte Kortikosteroide, am besten als Infusion mit reichlich Flüssigkeit; lokal feuchte Umschläge, die häufig gewechselt werden müssen, Dekubitus-Matratzen, bei Abtrocknung antibiotische Pasten und Cremes.

Kindliche Form des Lyell-Syndroms

Ursache: Staphylokokken-Toxine (Exfoliation), die zu einer Ablösung der Hornschicht führen. Von der Ursache her wie auch histologisch umfasst die kindliche Form des Lyell-Syndroms zwei verschiedene Erkrankungen, die klinisch jedoch ein ähnliches Bild hervorrufen.

Symptome und Befund

Einem fieberhaften Staphylokokken-Infekt folgt etwa 2 Wochen danach eine generalisierte Rötung der Haut, die sich innerhalb von wenigen Tagen großlamellös abschuppt. Die Kinder haben zu diesem Zeitpunkt Fieber und ein deutliches Krankheitsgefühl. Für den Ver-

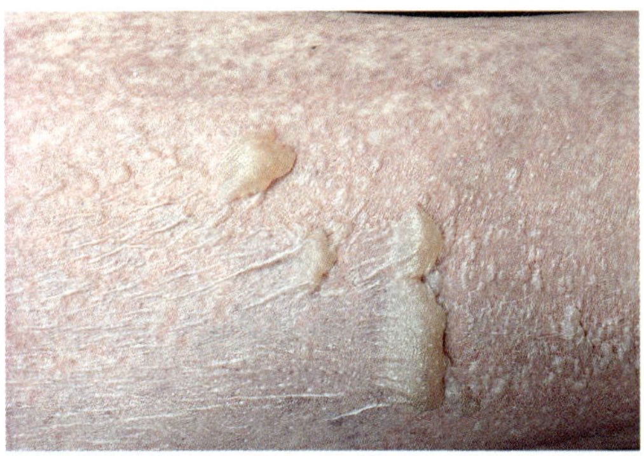

Abb. 10.21: Lyell-Syndrom.

lauf ungünstig sind Sekundärinfektionen, die sich auf die geröteten und teilweise nässenden Hautareale aufpfropfen.

Diagnostik

Zur sicheren Diagnose führt die feingewebliche Untersuchung der Blasendecke. Danach richtet sich die Therapie.
Befund: Bei der **Erwachsenenform** ist die gesamte Epidermis betroffen, bei der **kindlichen Form** nur die Hornschicht.

Therapie

- **Innerlich:** antibiotische Therapie unter Verwendung penicillinasefester Penicilline oder Erythromycin oder Cephalosporine
- **Äußerlich:** Intensive Lokalmaßnahmen wie bei Verbrennungen.

Vorsicht: Keine Kortikosteroide. Nierenkontrolle!

10.5.3 Knotige (nodöse) Arzneimittelexantheme

Symptome und Befund

Meist an den unteren Extremitäten befinden sich in oder unter der Haut entzündlich gerötete, umschriebene Knoten.
Ursache: Sulfonamide, jodhaltige Medikamente.

10.5.4 Arzneimittelexanthem mit Hautblutung (Purpura)

Symptome und Befund

Bei der Purpura kommt es durch eine Antigen-Antikörper-Reaktion zur Gefäßschädigung mit Blutaustritt (☞ 14.10).
Ursache: Grippe- und Schlafmittel (Carbamide!), Sulfonamide, Jodverbindungen, Goldpräparate und Abführmittel. Zu Pathogenese und Klinik ☞ Tab. 10.21.

10.5.5 Fixes Arzneimittelexanthem

Ursache: Schmerz und Fieber senkende Mittel, Sulfonamide, Schlafmittel, Chinin, Phe-

Leitsymptom	Begleitsymptom	Prädilektionsstellen	Ätiopathogenese	Diagnose
Hämatome	Keine Begleiteffloreszenzen Rumpel-Leede-Test negativ		Plasmatische Gerinnungsstörungen	
Petechien	Keine Begleiteffloreszenzen Rumpel-Leede-Test positiv		Thrombozytopathien (Morbus Werlhof)	
Hämorrhagisch-nekrotische Purpura	Entzündliche Erytheme, Urtikae, Blasen, oberflächliche Nekrosen	Unterschenkel und Oberschenkel, Schleimhäute	• Infektallergie (Typ Schoenlein-Henoch rheum. Purpura) • Medikamenten-Allergie	Anaphylaktische Purpura
Kleinfleckige Purpura	Lichenoide, juckende, ekzemähnliche Papeln und gelb-bräunliche diffuse Pigmentierung	Unterschenkel, Oberschenkelrückseiten, Gesäß	• Adalin und andere Medikamente • Andere, noch ungeklärte Faktoren	Purpura pigmentosa progressiva
Purpura jaune d'ocre		Nur am distalen Drittel der Unterschenkel und Fußrücken	• Zirkulationsstörungen • Lymphstauungen	Stasis-Blutungen
Ekchymosen oft massiv (oft auslösbar durch Kneifen und Druck)	Altersatrophie oder Kortikosteroidschäden	Lichtexponierte Hautpartien, besonders Unterarmstreckseiten, Handrücken, evtl. Dekolleté	• Aktinische Schädigung • Kortikosteroidschädigung	Purpura senilis

Tab. 10.21: Klinik und Pathogenese der Purpura.

nolphthalein (Abführmittel). Man sollte in Betracht ziehen, dass

- Phenolphthalein manchmal in Rotwein enthalten ist
- Chinin in verschiedenen alkoholischen und nichtalkoholischen Getränken enthalten sein kann (Tonic-Wasser).

Symptome und Befund

Stets an einer gleichen Hautstelle führen die eingenommenen Medikamente zu bräunlichroten Hauterscheinungen. Auch Schleimhäute können betroffen sein.

Diagnostik

Nach dem Abklingen eines Arzneimittelausschlags können (☞ 10.1.2) die infrage kommenden Stoffe getestet werden. Bei einer Intrakutantestung liegt der Aussagewert unter 50 %, sodass trotz negativen Testergebnisses eine Arzneimittelallergie vorliegen kann. Häufig führt nur eine genau erhobene Krankenvorgeschichte auf die fragliche allergisierende Substanz.

Therapie

Alle infrage kommenden Medikamente sofort absetzen. **Innerlich:** Kortikosteroide (Prednison 50 mg). **Lokal:** Steroid-Cremes, bei blasigen Ausschlägen zunächst feuchte Umschläge.

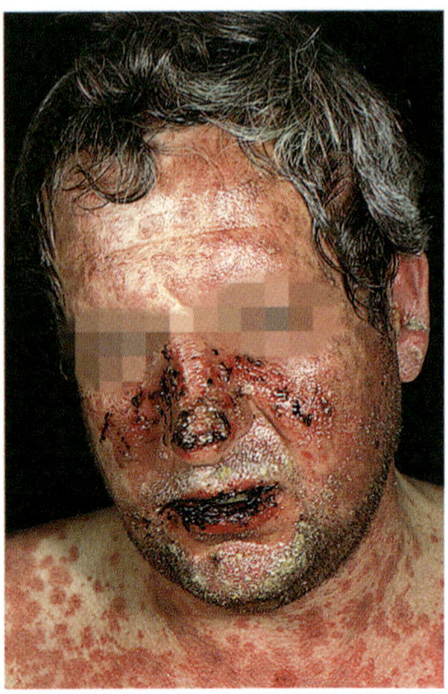

Abb. 10.22: Erythema exsudativum multiforme.

10.6 Erythema exsudativum multiforme

Ursache: vermutlich allergischer Natur (Arzneimittel, Infektionskrankheiten).

Symptome und Befund

Man unterscheidet zwei Formen:
Leichte Form (rheumatischer oder anginöser Typ): Ihr geht oft eine akute Mandelentzündung (Tonsillitis) oder ein Herpes simplex voraus. Dann treten vorwiegend an den Streckseiten der Extremitäten rote Flecken auf, die sich zu kokardenförmigen Herden umwandeln; meist pfenniggroße, kreisrunde, am Rande oder zentral blasig aufgeworfene, scharf begrenzte Erytheme. Die Blasen können hämorrhagisch werden. Schleimhäute nicht befallen.
Schwere Form: Besonders an den Schleimhäuten großflächige Blasenbildungen, die sich rasch in teilweise verschorfende Geschwüre umwandeln (☞ Abb. 10.22). Schweres Krankheitsbild mit großer Rezidivneigung (Stevens-Johnson-Syndrom).

Therapie

Leichte Form: kortikoidhaltige Lösungen. Treten Erosionen hinzu, sind antibiotische Salben indiziert. Innerlich sind Kortikosteroide bis zu 50 mg erforderlich; stufenweiser Abbau.
Schwere Form: Laufende Mundtoilette: Hexetidin (z. B. Hexoral®), Kamillenextrakt (z. B. Kamillosan®) oder bei Schmerzen Benzocain (z. B. Subcutin®-Lösung). Antibiotikahaltige Salben für Verkrustungen an der Lippe.
Innerlich sind täglich größere Mengen Kortikosteroide (100 mg) angezeigt; zusätzlich Antibiotika zur Vermeidung einer Superinfektion.

10.7 Erythema nodosum

Ursache: vermutlich infektallergisch. In Verbindung mit vergrößerten Hiluslymphknoten kann ein Löfgren-Syndrom (☞ 9.10) vorliegen.

Symptome und Befund

Es treten – häufig nach einer Mandelentzündung – an den Streckseiten beider Unterschenkel kutan oder subkutan liegende entzündlich gerötete Knoten oder Platten auf (☞ Abb. 10.23), die stark druckschmerzhaft sind. Ulzerationen kommen nicht vor. Der Verlauf erstreckt sich über Wochen.

Therapie

Lokal kortikoidhaltige Cremes unter Okklusion, innerlich entzündungshemmende Behandlung.

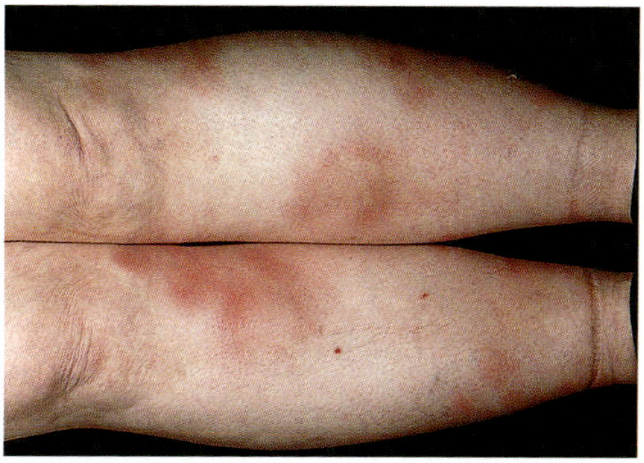

Abb. 10.23: Erythema nodosum.

11 Gutartige Tumoren der Haut

11.1 Hämangiome

Hämangiome sind gutartige Fehlbildungen der Hautgefäße, die sich meist im frühen Kindesalter zeigen. Kavernöse Hämangiome (Blutschwämme) und Nävi flammei (Feuermäler) sind meist bei der Geburt vorhanden oder bilden sich in den ersten Lebenswochen aus. Etwa 10 % aller Säuglinge zeigen die eine oder andere Form einer Gefäßfehlbildung.

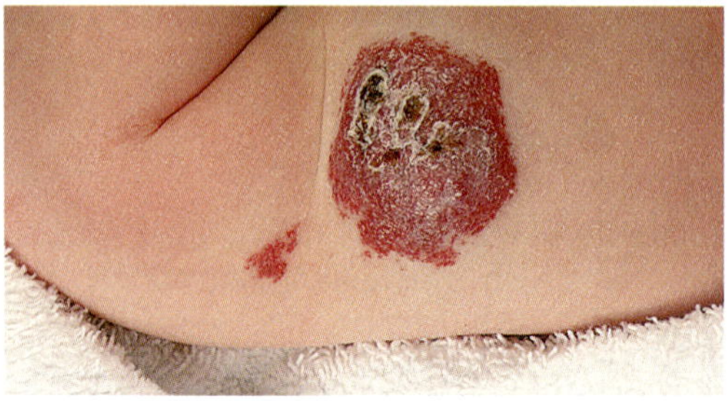

Abb. 11.1: Kavernöses Hämangiom.

11.1.1 Feuermal (Naevus flammeus)

Ursache: angeborene Erweiterung der feinsten Hautkapillaren.
Vorkommen: bei Neugeborenen; im Erwachsenenalter haben sich 80 % aller Befunde zurückgebildet.

Symptome und Befund

Sitz: Nacken, Gesicht.
Unterschiedlich große, hell- bis braunrote, scharf umschriebene Flecken.

Therapie

Kosmetische Überdeckung, Laserbehandlung (☞ 1.1.2) oder Infrarotkoagulation; keine Röntgentherapie.

11.1.2 Blutschwamm (kavernöses Hämangiom)

Symptome und Befund

Sitz: überall möglich.
Zum Zeitpunkt der Geburt oder kurz danach tritt ein kleiner roter Fleck auf, der sich tumorhaft zur Oberfläche oder in den tiefen Hautschichten vergrößern kann. Er ist leicht ausdrückbar (☞ Abb. 11.1).

Therapie

Die Behandlung mit Farbstofflasern, mit der Kryotherapie oder die Kortikoidmedikation bei wachsenden Hämangiomen hat heute zu einem Umdenken geführt: Früher galt es, Hämangiome nicht zu behandeln und die spätere spontane Rückbildung abzuwarten. Die Behandlung erfolgt nun je nach Hämangiomform und -ausdehnung:
- **Flach erhabenes Hämangiom:** gepulster Farbstofflaser, hochenergetische Blitzlampe, ggf. Kontaktkryotherapie
- **Tuberöses Hämangiom** (3–10 mm): Kontaktkryotherapie
- **Nodöses Hämangiom:** Neodyn-YAG Laser, ggf. chirurgische Entfernung.

Die Behandlung besonders mit Kryotherapie und Lasern kann schmerzhaft sein. Empfehlenswert ist deshalb eine Vorbehandlung der betroffenen Areale mit Emla®-Creme, bei später auftretenden Schmerzen Paracetamol-Suppositorien.

11.1.3 Senile Angiome

Vorkommen: vorwiegend bei älteren Menschen.

Symptome und Befund

Sitz: Stamm.
Meist stecknadelkopfgroße, disseminiert oder einzeln angeordnete, wegdrückbare rote Knötchen. Harmlos.

Therapie

Nicht erforderlich.

11.2 Nävi (Male)

Nävi sind angeborene oder im Laufe des Lebens auftretende, umschriebene, gutartige Fehlbildungen.
Bei **organoiden Nävi** liegt eine überstarke Anlage mehrerer normaler Hautbestandteile vor (verruköser Nävus, Talgdrüsennävus, Blutgefäßnävus).
Unter den erworbenen Nävi (im Gegensatz zu den angeborenen Nävi) unterscheidet man, auch aus morphologischen Gründen, vier Typen:

- Papillomatöse Nävi des Rumpfes **(Unna-Nävi):** weiche, bräunlich-homogene und etwas gelappte Knötchen oder Papeln an der Rumpfhaut
- Hautfarbene oder leicht bräunliche, rundlich-erhabene und an der Oberfläche glatte Knötchen, vorwiegend bei Frauen im Gesicht **(Miescher-Nävi)**
- Bräunliche, leicht erhabene, scharf begrenzte Herde an der kindlichen Gesichts- und Rumpfhaut: **Spitz-Nävi** (ältere Bezeichnung: sog. juveniles Melanom Allan-Spitz)
- Über 4 mm große, bräunliche, oftmals zackig landkartenförmig begrenzte, im Zentrum leicht papulöse Herde an der Rumpfhaut: **dysplastische Nävi.**

Therapie

Ggf. Exzision.

11.2.1 Nävuszellnävus

Kennzeichnend sind eine gleichmäßig bräunliche Farbe und eine glatte oder papillomatöse Oberfläche. Diese Erscheinungen können manchmal größere Körperflächen bedecken. Auf großflächigen Nävuszellnävi wachsen oft Haare.

- Jedes Wachstum und jede Dunkelverfärbung eines Nävus ist melanomverdächtig.
- Nävi an exponierten, irritierten Körperstellen (z.B. im Gürtelbereich) sollten vorsichtshalber exzidiert werden, da eine ständige Irritation (z.B. Reibung) die Entartung begünstigt.

ABCD-Regel für die Beschreibung eines Nävus:
A: Asymmetrie?
B: Begrenzung?
C: Colorit?
D: Durchmesser?

11.2.2 Verruköser Nävus

Durch Vermehrung epithelialer Elemente kommt es zu warzenähnlichen Gebilden, die auch streifenförmig in Erscheinung treten.

11.2.3 Talgdrüsennävus

Ein Talgdrüsennävus bildet sich häufig im Bereich des behaarten Kopfes, es handelt sich um einen gelblichen, flachen Tumor mit gefurchter Oberfläche (vermehrte und vergrößerte Talgdrüsen). Im höheren Lebensalter ist er oft mit bösartigen Geschwülsten (Basaliomen u.a.) vergesellschaftet (☞ Morbus Pringle, 13.4).

11.3 Seborrhoische Warzen (Fettwarzen, Verrucae seborrhoicae)

Vorkommen: Bei Männern und Frauen mittleren und höheren Alters.

Symptome und Befund

Sitz: Rumpf, Arme, Gesicht und Halsbereich. Hautfarbene, gelbliche oder braune, meist flache Veränderung von Linsen- bis Centgröße. Die Oberfläche ist stumpf und leicht gekörnt.

Therapie

Aus 30 cm Entfernung Chloräthylspray aufbringen, bis Warze und Umgebung vereist sind, dann mit dem scharfen Löffel entfernen. Kleinere Blutungen mit Eisenchloridlösung betupfen. Seborrhoische Warzen entarten nie bösartig.

11.4 Fibrome

Fibrome sind gutartige Bindegewebstumoren.

11.4.1 Weiches Fibrom (Fibroma molle)

Symptome und Befund

Sitz: häufig Stamm und Hals, aber auch z. B. Zunge (☞ Abb. 11.2).
Meist mehrere kleine, hautfarbene, weiche Knötchen, die oft gestielt sind (Fibroma pendulans).

Therapie

Abtragung mit der elektrischen Schlinge oder mit der Schere. Kleinere Blutungen mit Eisenchloridlösung stillen.

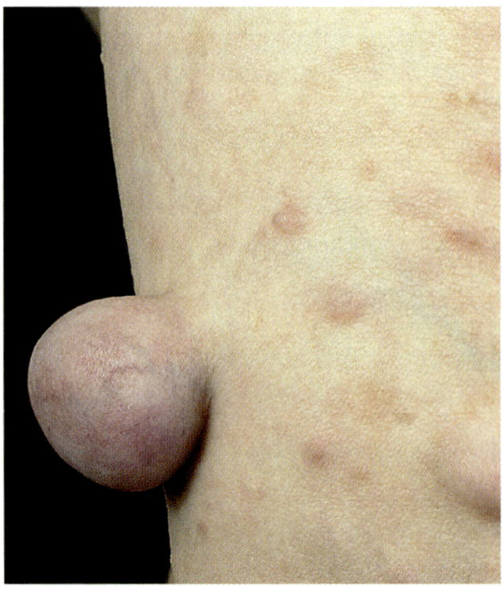

Abb. 11.2: Weiches Fibrom.

11.4.2 Hartes Fibrom (Fibroma durum)

Symptome und Befund

Sitz: Oberschenkel, Lendenbereich.
Meist findet sich nur ein einzelner gelber, bräunlicher Knoten bis Kirschkerngröße. Zuweilen liegt er im Hautniveau.

Therapie

Chirurgische Abtragung bzw. Exzision.

11.4.3 Dermatofibroma lenticulare (Histiozytom)

Symptome und Befund

Sitz: an den unteren Extremitäten, seltener an Armen und Stamm.
Linsengroße, hart-derbe und scharf begrenzte Knötchen, die meist im Hautniveau liegen und einen rötlich-braunen Farbton tragen.

Therapie

Entfernung durch Exzision (aus kosmetischen Gründen). Histiozytome entarten nie bösartig.

11.5 Epithelzysten (Grützbeutel, Atherome)

Hautzysten sind mit Epithel umgebene Hohlräume, die überall, jedoch besonders am Kopf auftreten können (☞ Abb. 11.3). Kleinste Zysten in Narben und auch am Auge werden als Milien bezeichnet (gelbliche Papeln).

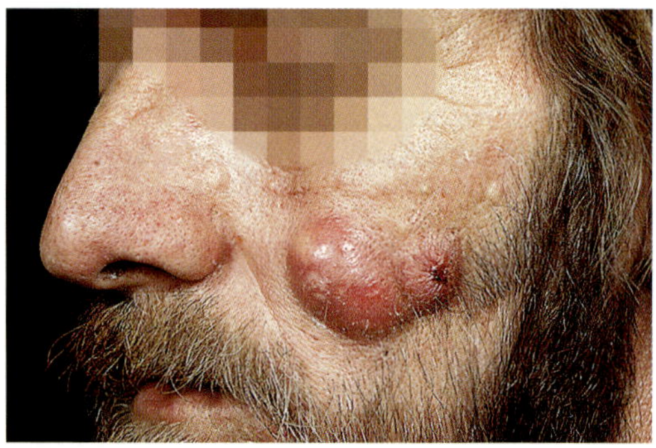

Abb. 11.3: Epidermalzyste.

Therapie

Sorgfältige chirurgische Entfernung. Verbleibt ein Rest in der Haut, entwickelt sich eine neue Zyste.

11.6 Xanthome

Ursache: familiär gehäuft auftretende Wucherungen von cholesterinspeichernden Zellen.
Vorkommen: zweite Lebenshälfte. Häufig besteht gleichzeitig ein Altersdiabetes und

Hochdruck, deswegen internistische Abklärung!

Symptome und Befund

- **Augenlidxanthelasmen (Xanthelasma palpebrarum planum):** meist gelbe, flach erhabene Herde von Stecknadel- bis Linsengröße; oft symmetrische Anordnung (☞ Abb. 11.4)
- **Knotige Xanthome:** Diese sind bevorzugt an Ellenbogen und Knie, an der Ferse, in der Gesäßgegend, an Fingersehnen und Handlinien lokalisiert. Es sind halbkugelig vorgewölbte, gelbliche, derbe Knoten von Stecknadelkopf- bis Kirschgröße. Häufig liegt eine Fettstoffwechselstörung vor, sodass eine internistische Abklärung erforderlich ist.

Xanthelasmen sind harmlos, Xanthome dagegen gefährlich, denn sie sind Zeichen einer Fettstoffwechselerkrankung, die besonders an den Innenflächen der Blutgefäße zu Lipidablagerungen führen kann. Mögliche Folge sind Gefäßverschlusserkrankungen.

11.7 Lipome

Symptome und Befund

Lipome sind umschriebene, in der Subkutis liegende, lappige, weiche Geschwülste von unterschiedlicher Größe (☞ Abb. 11.5). Sie bilden sich meist solitär, seltener multipel, und sind gelegentlich gefäßreich (Angiolipom).

Therapie

Bei störendem Sitz chirurgische Entfernung. Lipome entarten fast nie.

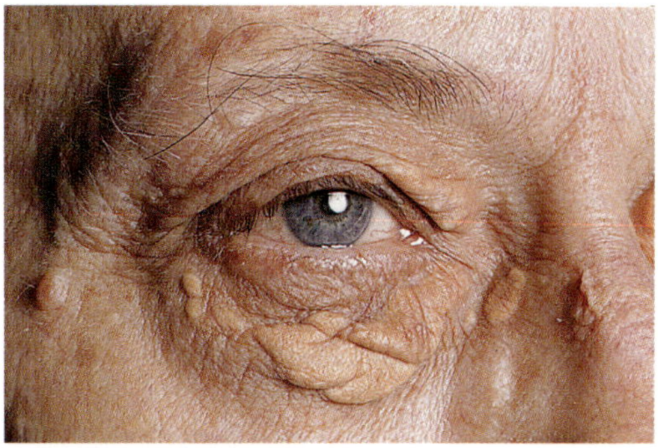

Abb. 11.4: Xanthelasmen.

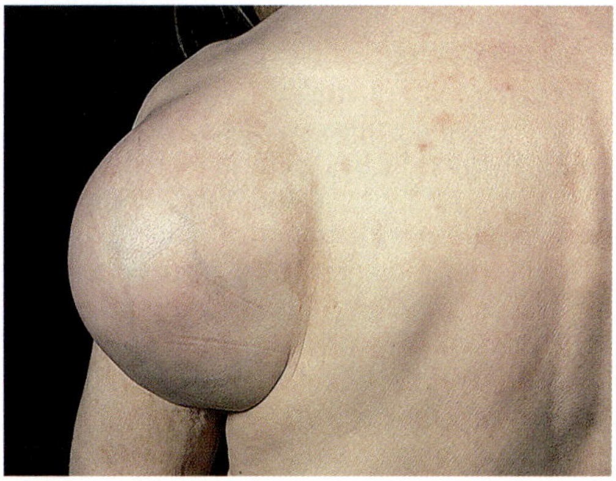

Abb. 11.5: Lipom.

12 Bösartige Tumoren der Haut

Hautalterung und chronische Lichtschädigung der Haut

Die Hautalterung verläuft wie die Alterung des Körpers individuell und mit genetisch gesteuerter Gesetzmäßigkeit. Unabhängig davon kann sie jedoch durch verschiedene Faktoren begünstigt werden. So führt die starke und wiederholte Einwirkung von ultravioletten Strahlen (UV-Strahlen) zu einer vorzeitigen und beschleunigten Alterung der Haut (Lichtalterung), die sich gleichfalls individuell ausprägen kann.

Symptome und Befund

Die **physiologische Alterung** äußert sich:
- Als verstärktes Schlaffwerden der Haut mit Neigung zur Faltenbildung
- Durch eine verringerte Zellzahl in Epidermis und Dermis, die beide dünner werden.

Die **Lichtalterung** tritt nur in lichtexponierten Arealen auf (Gesicht, Hals, oberer Brustbereich, Unterarme und Handrücken). Sie zeigt die Merkmale der physiologischen Alterung, in besonderem Maße aber die Symptome des chronischen Lichtschadens:
- Pigmentunregelmäßigkeiten (Hyper- und Depigmentierungen)
- Ausgeprägte Atrophie von Epidermis und Dermis („dünne Haut")
- Verstärkte Hornbildung (Hyperkeratosen) und Trockenheit der Haut
- In der Dermis Verlust an Collagen mit Elastin-Einlagerung (Elastose)
- Teleangiektasien
- Hohe Bereitschaft zur Entwicklung von Hautkrebs.

Therapie

Die physiologische Alterung der Haut ist medikamentös kaum zu beeinflussen. Dagegen ist Lichtschutz (UV-Schutz) in jeder Form wohl geeignet, die Lichtalterung und ihre Folgen zu verhindern:
- Sinnvoller Umgang mit natürlicher Sonne: Kleidung, Lichtschutz-Cremes mit wirksamen UV-Filtern
- Besondere Beachtung verdient dabei die kindliche Haut.

12.1 Präkanzerosen

Bei Präkanzerosen handelt es sich um (Zell-) Veränderungen, die der eigentlichen malignen Entartung des Gewebes vorangehen. An der Haut finden sie sich vor allem in lichtexponierten Arealen bei älteren Menschen („Landmannshaut").

12.1.1 Aktinische Keratose

Symptome und Befund

Sitz: lichtexponierte Areale, besonders Stirn, Ohren, Wangenknochen, Nase und Handrücken (☞ Abb. 12.1).
Typisch sind ein oder mehrere scharf begrenzte, rötliche Herde mit rauer, sehr horniger Oberfläche. Die Herde sind flach, die Hornmassen lassen sich nicht entfernen.

Therapie

Exzision oder Abtragen mit dem scharfen Löffel. Flächenhafte Bezirke: Behandlung mit Fluorouracil (Efudix®)-Salbe und Dermabrasion, Aldara®-Creme.

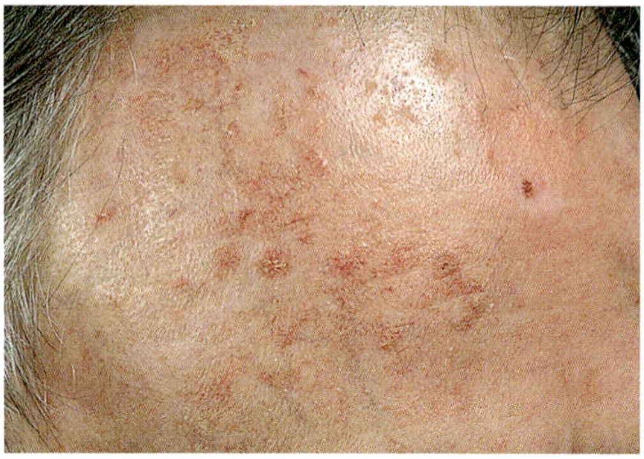

Abb. 12.1: Aktinische Keratosen an der Stirn.

12.1.2 Morbus Bowen

Morbus Bowen tritt meist mit einzelnen Herden auf, besonders bei Patienten, die früher Arsen als Medikament eingenommen haben.

Symptome und Befund

Sitz: Rumpf und Gesicht.
Die Herde sind linsen- bis münzengroß, rötlich-braun und scharf begrenzt. Sie sind flach und schuppen nur geringfügig (☞ Abb. 12.2).

Therapie

Exzision; ggf. Bestrahlung.

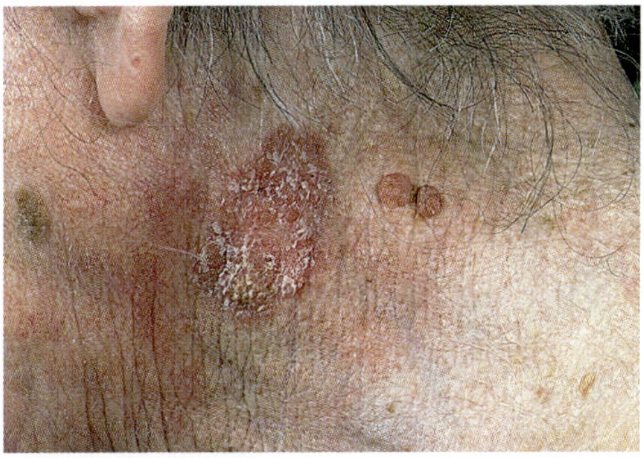

Abb. 12.2: Morbus Bowen im Halsbereich.

12.1.3 Bowenoide Papulose

Hierbei handelt es sich um dunkel pigmentierte, aggregierte Papeln, die von dem Virus HPV 16 („high risk") verursacht werden.

Symptome und Befund

Sitz: Genitale (Labien, Penis).
Typisch sind bräunlich bis bläulich pigmentierte weiche Papeln, die bis linsengroß werden und konfluieren. Die Oberfläche ist trocken und mattglänzend. Kein Juckreiz, keine Beschwerden.

Therapie

Die Exzision ist empfehlenswert, da es zu maligner Entartung kommen kann.

12.1.4 Lentigo maligna (umschriebene präkanzeröse Melanose)

Symptome und Befund

An lichtexponierten Arealen, auch an den unteren Extremitäten, zeigt sich eine scharf begrenzte, dunkelbraune Verfärbung, die langsam wächst. Die Herde sind flach und wechselnd braun bis tiefschwarz verfärbt.

Therapie

Exzision oder Röntgenbestrahlung ist erforderlich, da sich aus dem Herd ein malignes Melanom entwickeln kann.

12.2 Bösartige Tumoren der Epidermis

12.2.1 Basaliom, Basalzellkarzinom

Das Basaliom ist der häufigste bösartige Tumor der Haut, der jedoch nicht metastasiert. Aus diesem Grunde wird er manchmal auch als semi-maligne („halbbösartig") angesehen. Basaliome breiten sich durch Zerstörung (destruierendes kontinuierliches Wachstum) des umgebenden Gewebes aus und machen vor Knorpel und Knochen keinen Halt. Basaliome treten fast ausschließlich im höheren Lebensalter auf.

Je früher ein Basaliom entdeckt wird, desto leichter lässt es sich entfernen.

Symptome und Befund

Sitz: Basaliome sind zu über 80 % im Gesicht lokalisiert (☞ Abb. 12.3).
Sie zeigen je nach Ausdehnung und Tiefe unterschiedliche Formen. Charakteristisch für fast alle Basaliomformen ist der weißliche kleinknotige **Randwall,** der sich durch eine spiegelnde Oberfläche und durchscheinende **Äderchen** (Teleangiektasien) von der normalen Haut abhebt. Manchmal sind Basaliome zentral ulzeriert oder zeigen plattenartige Verhärtung.

- Eine Sonderform ist das so genannte **Rumpfhautbasaliom,** das sich durch flache, rötlich-bräunliche Herde mit peripherem Wall auszeichnet (☞ Abb. 12.4)

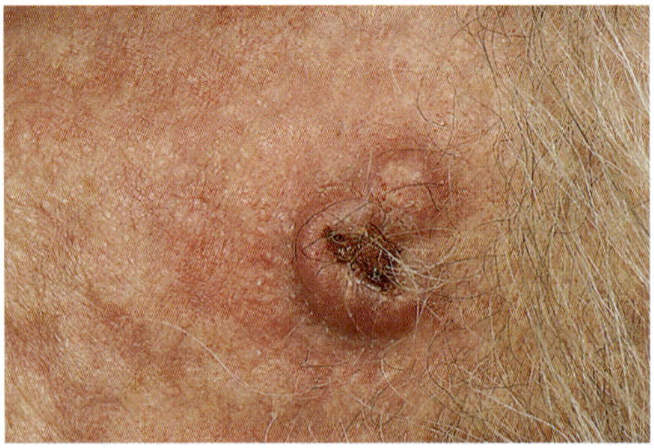

Abb. 12.3: Basaliom im Gesicht.

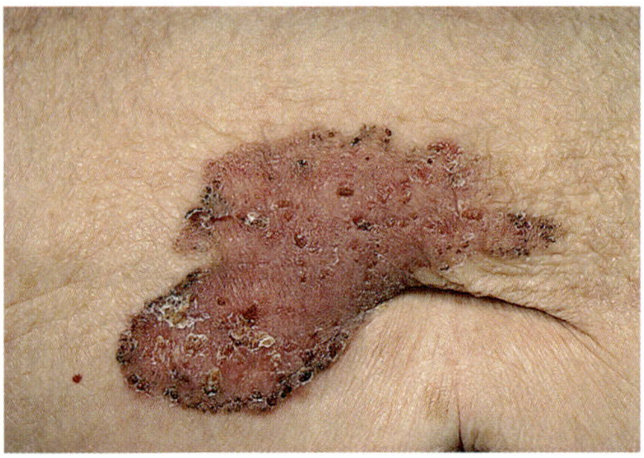

Abb. 12.4: Rumpfhautbasaliom.

- Am schwierigsten ist das so genannte **sklerodermiforme Basaliom** nur durch Inspektion zu diagnostizieren. Es ist oft wesentlich größer, als man mit bloßem Auge erkennen kann, da es die Umgebung infiltriert. Die weißliche Eigenfarbe mit Teleangiektasien ist das charakteristischste Merkmal
- Als Sonderformen können auch **pigmentierte Basaliome** aufgefasst werden, bei denen sich durch die Teilpigmentierung meist die Differenzialdiagnose „malignes Melanom" ergibt
- Sehr aggressiv wachsende Formen von Basaliomen sind das **Ulcus rodens** und das **Ulcus terebrans,** die sich durch eine besonders schnelle Wachstumstendenz auszeichnen und Knorpel und Knochen zerstören.

Therapie

Standardtherapie ist die vollständige **Exzision** von Basaliomen mit histologischen Randschnittkontrollen. Nur dieses Verfahren ermöglicht eine gesicherte vollständige Entfernung. Alternativ kommen die **Röntgenbestrahlungen** bei älteren Patienten sowie die **Laser-, Kryo- (Kälte-) oder auch photodynamische Therapie** (mit speziellem Lichtsensibilisator) in Betracht. In neuester Zeit konnten auch **Cremes** (Imiquimod/Aldara®) eine Wirkung bei oberflächlichen Basaliomen zeigen.

12.2.2 Spinaliom (Stachelzellkrebs, spinozelluläres Karzinom)

Spinaliome sind etwa fünf- bis zehnmal seltener als Basaliome. Im Gegensatz zum Basaliom kann das Spinaliom jedoch metastasieren, meist lymphogen. Die Metastasierungsrate ist abhängig von Größe und Lokalisation des Primärtumors. Spinaliome treten gleichfalls im höheren Lebensalter auf.
Risikofaktoren: Prädestiniert zur Entwicklung von Spinaliomen sind vor allem Menschen mit sehr heller Haut und chronischer Lichtexposition, aber auch Patienten mit ausgedehnten Narben, chronischen Entzündungen oder Immunsuppression (z. B. Organtransplantierte). Immunsupprimierte entwickeln etwa 1000-mal häufiger als Nicht-Immunsupprimierte epitheliale Hauttumoren (Basaliome, Spinaliome).

Symptome und Befund

Sitz: Spinaliome finden sich fast ausschließlich an chronisch lichtexponierter Haut (vor allem Stirn, Wange, Nasenspitze, Unterlippe, oberer Ohrrand, Handrücken; ☞ Abb. 12.5).
Typisches Kennzeichen des Spinalioms ist die fest haftende, bräunlich-gelbliche **Horn-**

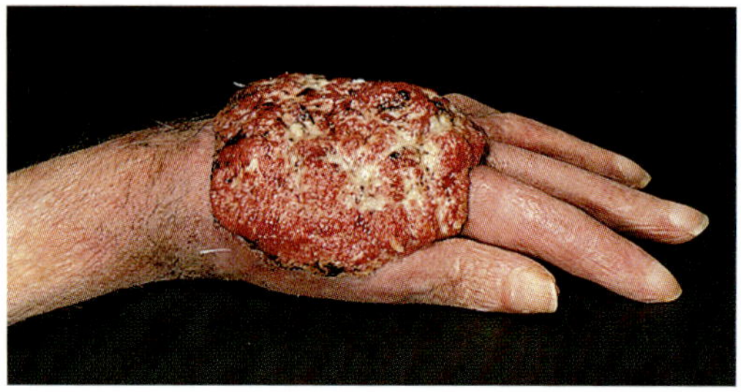

Abb. 12.5: Spinaliom des Handrückens.

schuppe, unter der sich ein harter, meist schmerzloser **Knoten** befindet. Wird das Spinaliom größer, kann es im Zentrum ulzerieren.

Vorsicht: Ein krustenbedecktes, mit einem harten Rand versehenes Ulkus mit fest haftender Hyperkeratose ist stets krebsverdächtig!

Differenzialdiagnose

Als Differenzialdiagnose kommt das **Keratoakanthom** (☞ Abb. 12.6) in Betracht. Bei diesem gutartigen Tumor handelt es sich um eine knotenförmige Epithelwucherung, die vor allem im Gesicht auftritt. Keratoakanthome wachsen typischerweise sehr rasch und können auch spontan abheilen. Die Trennung von Keratoakanthomen und Spinaliomen gelingt klinisch und auch histologisch nicht immer sicher.

Therapie der Spinaliome

Eine vollständige **Exzision** des tumortragenden Areals entspricht dem Standard. Die Ränder müssen mituntersucht werden („schnittrandkontrollierte Chirurgie"). Alternativ können bei älteren Menschen auch Röntgenbestrahlungen vorgenommen werden. Oberflächliche Spinaliome können ggf. auch mit einer Lokaltherapie mit Imiquimod-**Creme** (Aldara®) versorgt werden.
Sind Lymphknotenmetastasen vorhanden, ist eine radikale **Lymphadenektomie** (Entfernung der regionären Lymphknoten) unumgänglich. Eine Chemotherapie wirkt in diesen Fällen nur eingeschränkt.

12.2.3 Malignes Melanom (Schwarzer Hautkrebs)

Melanome sind nach Basaliomen und Spinaliomen die dritthäufigsten malignen Hauttumoren, zeichnen sich aber durch eine besondere Bösartigkeit aus. Während 1935 noch etwa 80 % aller Patienten mit Melanomen an diesem Tumor verstarben, betrug die Sterberate im Jahr 2000 nur noch 20–25 %. Dies ist auf eine gute Früherkennung und Präventionskampagnen zurückzuführen. Die Häufigkeit maligner Melanome in verschiedenen Regionen der Erde ist in Tab. 12.1 aufgeführt.
Männer und Frauen sind etwa gleich häufig von malignen Melanomen betroffen. Die **Altersgipfel** liegen bei Frauen zwischen 30 und 40 Jahren sowie 60 und 70 Jahren, bei Männern zwischen 40 und 50 Jahren sowie 60 und 70 Jahren.

Lokalisation

Maligne Melanome sind bei Frauen am häufigsten an den Unterschenkeln, bei Männern am Rücken lokalisiert.

Risikofaktoren

Ein Drittel aller Melanome entsteht durch bösartige Umwandlung von **Nävuszellnävi**.

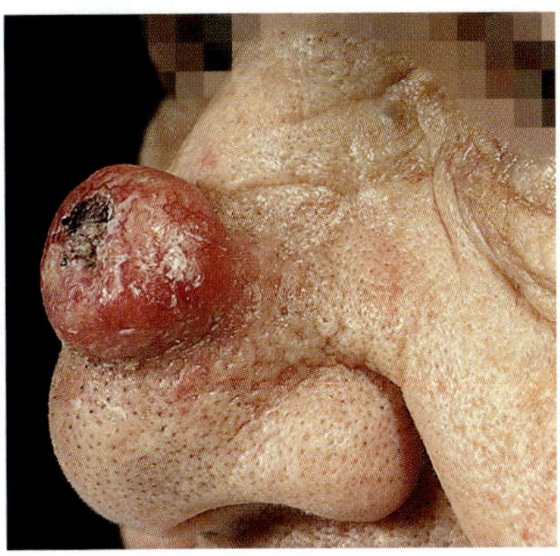

Abb. 12.6: Keratoakanthom an der Nase.

Deutschland	10
Skandinavien	12
Italien	5
Nördliche USA	10
Südliche USA	30
Queensland (Australien)	60
Afrika	0,1–0,5
Asien	0,1–0,5

Tab. 12.1: Inzidenz des malignen Melanoms in verschiedenen Ländern (Zahl der Neuerkrankungen pro 100 000 Einwohner und Jahr).

Weitere Risikofaktoren:
- Hellhäutiger Hauttyp
- Eine Vielzahl von Sonnenbränden, besonders im Kindesalter
- Angeborene große Nävuszellnävi
- Besonders viele Nävuszellnävi
- Dysplastische Nävuszellnävi
- Immunsuppression.

	Männer	Frauen
	(Angaben in %)	
Kopf und Hals (davon Gesicht)	26,6 (11,9)	17,1 (10,4)
Stamm	38,6	21,9
Obere Extremitäten	21,5	26,3
Untere Extremitäten	13,3	34,7
Zahl der Fälle	N = 1103	N = 1198

Tab. 12.2: Verteilung maligner Melanome der Haut (nach National Cancer Survey, USA).

Als Gedächnisstütze zur Erkennung von Atypie und Bösartigkeit bei pigmentierten Hautveränderungen dient folgende **ABCD-Regel:**
A: Asymmetrie (polyzyklische Begrenzung; nicht rund oder nicht oval)
B: Unscharfe Begrenzung
C: Besonders dunkle oder inhomogene Colorierung („Color")
D: Durchmesser über 5 mm.

Formen

Die in Tab. 12.4 aufgeführten Formen des malignen Melanoms unterscheiden sich durch das klinische Bild des Tumors, die Histologie sowie die Anamnese und den Verlauf der Erkrankung.

Symptome und Befund

Fast alle Melanome zeichnen sich durch eine tiefschwarze bis dunkelbraune Farbe aus (☞ Tab. 12.4). Tumorzellen können sich früh-

	Maligne Transformation	Zeitdauer	Alter
Lentigo maligna (Melanoma in situ)	Obligat	Jahre	Senium
Dysplastische Nävi sporadisch, familiär	Möglich	Jahre	Frühes und mittleres Erwachsenenalter
Tierfellnävus	Häufig	Wenige Jahre	Angeboren
Giant hairy nevus	Möglich	Jahrzehnte	Erwachsenenalter

Tab. 12.3: Melanom-Vorstufen.

Lentigo-maligna-Melanom (LMM), 10% aller Melanome	Langsame Entwicklung über Jahre aufgrund einer melanotischen Präkanzerose („Lentigo maligna"). Vorwiegend bei älteren Menschen und in lichtexponierter Haut auftretend; lange Anamnese mit bösartiger Weiterentwicklung über Jahre.
Superfiziell spreitendes Melanom (SSM), ca. 65% aller Melanome	Primär horizontales Tumorwachstum, längere Anamnese. Flach-erhabener, plattenartiger Tumor, häufiger aus einem Nävuszellnävus hervorgehend. Entwicklung von Regressionszonen durch rötlich-weißliche Anteile im Tumor erkennbar.
Noduläres malignes Melanom	Im Unterschied zum SSM mit primär vertikalem Wachstum beginnend, kurze Anamnese. Knotig erhabener, meist dunkler Tumor; aufgrund der größeren Eindringtiefe häufig Indikator einer schlechten Prognose.
Akrolentiginöses Melanom (ALM)	Tumor des mittleren und höheren Lebensalters, an der Leistenhaut lokalisiert (palmoplantar oder subungual); beginnt häufig mit fleckförmigen, unregelmäßig pigmentierten Hautveränderungen, oft spät erkannt; häufig amelanotische (nichtpigmentierte) Formen.

Tab. 12.4: Formen des malignen Melanoms.

zeitig in die regionalen Lymphknoten absiedeln; danach Metastasierung in Lunge, Leber, Herz, Gehirn oder in die Haut.

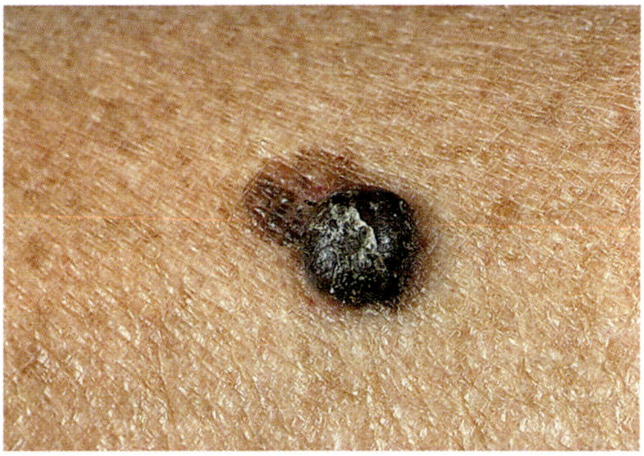

Abb. 12.7: Knotiges malignes Melanom.

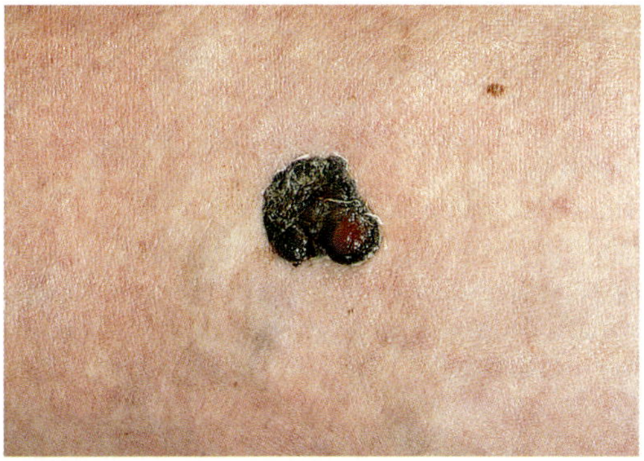

Abb. 12.8: Oberflächlich (superfiziell) spreitendes Melanom.

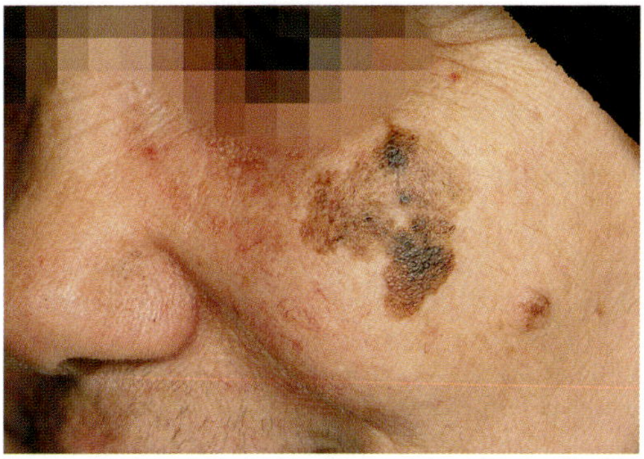

Abb. 12.9: Lentigo-maligna-Melanom.

Diagnostik

Die Diagnose wird üblicherweise klinisch gestellt (Blickdiagnose). Zur Verbesserung der Diagnostik wurde die Auflichtmikroskopie (10fach-Vergrößerung, ähnlich einer Lupe) eingeführt. Sie gewährleistet eine bessere Sensitivität und Spezifität bei der Beurteilung pigmentierter Hautveränderungen.

Differenzialdiagnosen

Die Differenzialdiagnosen des malignen Melanoms umfassen eine große Zahl von pigmentierten gutartigen Veränderungen der Haut. Oft ist es schwierig, das maligne Melanom von derartigen Pigmentknoten abzugrenzen. Gerade hier ist es nötig, konsiliarischen Rat einzuholen und nicht etwa einen Pigmenttumor oberflächlich zu beurteilen! Mögliche Differenzialdiagnosen des malignen Melanoms sind:

- Nävuszellnävi, blauer Nävuszellnävus (Naevus ceruleus)
- Spitz-Nävus („juveniles benignes Melanom“)
- Lentigo senilis
- Seborrhoische Keratose
- Pigmentiertes Basaliom
- Pigmentiertes Histiozytom
- Granuloma pyogenicum
- Eruptives Angiom.

Unklare pigmentierte Hautveränderungen müssen vollständig exzidiert werden.

Klassifikation und Prognose des Melanoms

Prognose

Die Prognose des Melanoms hängt im Wesentlichen von der maximalen vertikalen Tumordicke (nach Breslow) ab. Daneben spielen die Ulzeration des Primärtumors und der Befall von Lymphknoten in Form von Mikro- oder Makrometastasen (Sentinel-Lymphknoten) eine wesentliche Rolle. Bei Patienten mit Fernmetastasen werden Heilungen nur sehr selten beobachtet. Hier geht es bei der Therapie im Wesentlichen um eine verlängerte Überlebenszeit bei möglichst guter Lebensqualität.

Stadium	Charakteristika	Prognose/ Heilungsrate
I	Primärtumor ohne Lymphknoten- oder Fernmetastasen	Ca. 85 %
II a	Intransit-Metastasen, keine Lymphknotenmetastasen	Ca. 70 %
II b	Regionäre Lymphknotenmetastasen	Ca. 60 %
III a/b/c	Ein bis drei Lymphknoten mit Mikro- oder Makrometastasen und/oder Intransit-, Haut- oder Satellitenmetastasen	35–55 %
IV	Fernmetastasierung mit Befall innerer Organe	0–5 %

Tab. 12.5: Melanomklassifikation (AJCC 2002).

Wichtige Prognosefaktoren: Bei regionaler Metastasierung in die Lymphknoten oder in die Haut spielen die Größe und Zahl der Metastasen eine entscheidende Rolle, bei der Fernmetastasierung das Metastasierungsmuster mit Befall einzelner Organe. Die Metastasierung erfolgt am häufigsten in Lunge, Leber, Gehirn und Knochen. Häufig streut das maligne Melanom in mehrere Organsysteme gleichzeitig.
Wichtige Faktoren für die Prognose der Melanomerkrankungen:

- Geschlecht
- Alter
- Lokalisation
- Wuchsform
- Ulzerationen
- Metastasierung
- Invasionstiefe (Clark-Level)
- Tumordicke (nach Breslow).

Level I	In-situ-Melanom oberhalb der Basalmembran
Level II	Infiltration in das Stratum papillare des Koriums, das Stratum reticulare ist höchstens von einzelnen Zellen erreicht
Level II	Tumor füllt das Stratum papillare aus und infiltriert den Übergang zum Stratum reticulare des Koriums
Level IV	Infiltration des Stratum reticulare
Level V	Infiltration der Subkutis

Tab. 12.6: Histologische Einteilungskriterien (Tiefe der Infiltration) beim malignen Melanom (nach Clark).

Stadium I	Primärtumor ohne Lymphknotenbefall, ohne Satellitenknoten
Stadium Ia	Lokalrezidive
Stadium Ib	Transitmetastasen
Stadium II	Lymphknotenbefall oder Satellitenknoten
Stadium III	Fernmetastasen

Tab. 12.7: Klinische Stadien des malignen Melanoms.

Therapie

Ein malignes Melanom sollte zunächst vollständig exstirpiert werden. Die **operative Therapie** stellt den Standard dar. Eine Ausnahme ist das Lentigo-maligna-Melanom, das sehr strahlensensibel ist und mit **Röntgen-Weichstrahlen** behandelt werden kann.
Abhängig von der Tumordicke werden Melanome mit einem unterschiedlichen Sicherheitsabstand operiert:

- < 2 mm Tumordicke → 1 cm Sicherheitsabstand
- > 2 mm Tumordicke → 2 cm Sicherheitsabstand.

Bei Tumoren unter 1 mm Tumordicke wird der erste drainierende Lymphknoten („Schildwächter-Lymphknoten“, Sentinel-Node-Biopsy) mitentfernt. Dieser ist ein sehr guter Prognosemarker.
Eine **Chemotherapie** ist nur beim fernmetastasierten Melanom indiziert. Zur prophylaktischen adjuvanten Behandlung von Melanomen wird heute **Interferon** α in unterschiedlichen Dosierungen verwendet. Die meisten Patienten werden im Rahmen von klar definierten Therapieprotokollen behandelt, um die bisherige Therapie effektiver zu gestalten.

Nachsorge

Die sorgfältige Eigen- und Patientenuntersuchung ist das wichtigste bei der Nachbeobachtung von Melanompatienten. Anfänglich erfolgen die Nachuntersuchungen in vierteljährlichen, später in halbjährlichen, nach fünf Jahren in jährlichen Abständen. Darüber hinaus werden apparative Untersuchungen (Ultraschall vom Abdomen, Röntgen der Lunge) sowie Blutuntersuchungen (Blutbild, Leberwerte, Tumormarker) durchgeführt.

Prophylaxe

Nur durch die Vermeidung bzw. Verringerung der o.g. Risikofaktoren kann die Rate maligner Melanome in den nächsten Jahrzehnten wirkungsvoll gesenkt werden. Eine wichtige Rolle kommt dabei der Aufklärung über die Bedeutung und Durchführung des Sonnenschutzes zu.

12.2.4 Dysplastisches Nävus-Syndrom

Multipel auftretende, bizarr geformte und mehrere Millimeter im Durchmesser messende Nävi mit zentraler, leicht erhabener Knötchenbildung kommen als Vorläufer des malignen Melanoms in Betracht. Diese Nävi zeigen histologisch auffällige Zellatypien (Dysplasien) und treten in manchen Familien gehäuft auf. Frühe Exzision und langfristige Kontrollen sind empfehlenswert (Synonyma: BK-mole-Syndrom, FAMMM-Syndrom).

Symptome und Befund

Kennzeichen des dysplastischen Nävus-Syndroms:

- Melanozytäre Nävi von 5–15 mm Durchmesser
- Anzahl zwischen 10–100
- An proximaler Rumpfhaut, Armen, Kopf lokalisiert
- Morphologische Variabilität
- Atypische melanozytäre Hyperplasie
- Lymphozytäres Infiltrat
- Fibroplasie, Angioproliferation
- Melanoma in situ.

12.2.5 Morbus Paget

Diese Erkrankung tritt fast nur im Bereich der weiblichen Brustwarze auf. Kennzeichnend ist ein ekzematöses Bild (Nässen, Krusten, scharfe Begrenzung), das sich langsam über die Brust ausdehnt. Dabei handelt es sich um ein Karzinom des Milchdrüsenausführungsgangs, das in die Epidermis eingedrungen ist. Die **Therapie** hängt vom Tumorstadium ab.

> Ein einseitiges Brustwarzen„ekzem" ist immer karzinomverdächtig.

12.3 Bösartige bindegewebige Tumoren

Bösartige Geschwülste, die vom Mesenchym, insbesondere von dermalen Strukturen ausgehen, sind in der Haut selten. Der wichtigste Tumor ist das **Sarkom,** eine rasch wachsende, rasch metastasierende, relativ harte Geschwulst in der Dermis, die auch von Blutgefäßen ausgehen kann (Angiosarkom). Eine radikale Operation, u.U. mit Bestrahlung, ist hier erforderlich.
Die in der Tab. 12.8 aufgeführten bösartigen Geschwülste des Bindegewebes, der Gefäße und Nerven sind insgesamt selten. Oftmals wird die Diagnose erst histologisch gestellt. Bedingt durch die hochentwickelte Gefäßversorgung der Haut, kann es auch zu systemischen Absiedelungen von Blutkrebs (Leukämien) in der Haut kommen (= Metastasen).

12.4 Kutane maligne Lymphome

Maligne Lymphome sind bösartige Tumoren der Lymphozyten. Sie entstehen besonders häufig in Organen, die für die Immunkompetenz des Organismus von Bedeutung sind. Dies sind neben den primären (Thymus, Knochenmark) und sekundären (Lymphknoten, Milz, Tonsillen) lymphatischen Geweben diejenigen Organsysteme, die direkt mit der Außenwelt in Kontakt stehen, wie etwa der Magen-Darm-Trakt und insbesondere die Haut. Maligne Lymphome, die in der Haut entstehen, bezeichnet man als **primär kutane maligne Lymphome.**

Klassifikation

Innerhalb des lymphatischen Systems findet sich eine Vielfalt unterschiedlich differenzierter Lymphozytenformen. Man geht heute davon aus, dass Lymphozyten aller Differenzierungsformen maligne entarten können und dann zu malignen Lymphomen führen, die die morphologischen und immunologischen Charakteristika der Ausgangszelle aufweisen. Eine moderne Klassifikation muss deshalb sowohl morphologische als auch immunologische Kriterien berücksichtigen. Diesem An-

Tumoren	Zellen	Gewebe
Dermatofibrosarcoma protuberans	Fibroblasten	Fibröses Bindegewebe
Fibrosarkom	Histiozyten	
Maligne (fibröse) Histiozytome	Histiozyten, Lymphozyten	Monozyten/Histiozyten/Makrophagen-System lymphatisches Gewebe
Kaposi-Sarkom	Endothelzellen, Perizyten	Blut- und Lymphgefäße
Angiosarkom		
Malignes endovaskuläres papilläres Hämangiom		
Angioendotheliomatosis proliferans systemisata		
Lymphangiosarkom		
Malignes Hämangioperizytom		
Liposarkom	Fettzellen (Lipoblasten, Adipozyten)	Fettgewebe
Leiomyosarkom	Myoblasten	Glatte Muskulatur
Rhabdomyosarkom		Quer gestreifte Muskulatur
Malignes Schwannom (Neurofibrosarkom)	Schwann-Zellen	Nervengewebe

Tab. 12.8: Klassifikation der Haut- und Weichteilsarkome (nach Kerl).

spruch genügt die **Kieler Klassifikation.** Darin ist zusätzlich der Malignitätsgrad der Lymphome eingegangen (☞ Tab. 12.9).

A. Morbus Hodgkin	
B. Non-Hodgkin-Lymphome (NHL)	
1. niedrig-maligne NHL	• Lymphozytische maligne Lymphome: – CLL – Haarzell-Leukämie – Mycosis fungoides – Sézary-Syndrom • Immunglobulin-sezernierende maligne Lymphome (Immunozytome): – Lymphoplasmozytisches Immunozytom – Lymphoplasmozytoides Immunozytom – Plasmozytisches Immunozytom (Plasmozytom) • Keimzentrumslymphome – Zentrozytisches Lymphom – Zentroblastisch-zentrozytisches Lymphom
2. hoch-maligne NHL	• Zentroblastisches Lymphom • Lymphoblastisches Lymphom • Immunoblastisches Lymphom

Tab. 12.9: Kieler Klassifikation der malignen Lymphome (nach Lennert).

12.4.1 Kutane maligne T-Zell-Lymphome niedriger Malignität

Mycosis fungoides

Das häufigste kutane maligne Lymphom, die Mycosis fungoides, tritt überwiegend in höherem Alter auf.

Symptome und Befund

Sie beginnt klinisch wie histologisch uncharakteristisch. Meist entwickeln sich großflächige, ekzematöse Herde an Stamm und Extremitäten, die oft über viele Jahre bestehen und zunächst histologisch einem chronischen Ekzem entsprechen (**ekzematöses Stadium;** ☞ Abb. 12.10). Subjektiv besteht meist Juckreiz. Später werden diese Areale zunehmend von den neoplastischen T-Lymphozyten infiltriert **(Plaque-Stadium).** Schließlich entwickeln sich rasch wachsende ulzerierende Tumoren **(Tumor-Stadium),** die mit einer sehr kurzen Überlebensdauer der Erkrankten assoziiert sind.

Verlauf und Diagnostik

Unbehandelt besteht die Mycosis fungoides 10–15 Jahre. Im Verlauf dieses Zeitraums

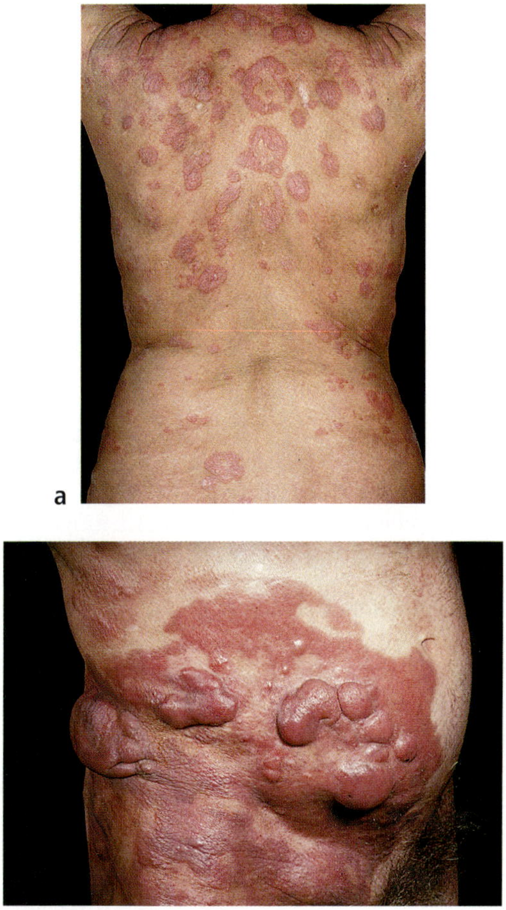

Abb. 12.10a–b: Mycosis fungoides.

T: Haut	
T0	Klinisch und/oder histologisch verdächtige Veränderungen
T1	Ekzematöse Herde, Plaques: < 10 % Körperoberfläche
T2	Ekzematöse Herde, Plaques: > 10% Körperoberfläche
T3	Tumoren (mehr als einer)
T4	Erythrodermie
N: Lymphknoten	
N0	Klinisch keine palpablen Lymphknoten; histologisch kein Anhalt für Mycosis fungoides
N1	Palpable Lymphknoten; histologisch kein Anhalt für Mycosis fungoides
N2	Klinisch keine palpablen Lymphknoten; histologisch Mycosis fungoides
N3	Palpable Lymphknoten, histologisch Mycosis fungoides
B: peripheres Blut	
B0	Keine atypischen Lymphozyten im peripheren Blut (< 5 %)
B1	Atypische Lymphozyten im peripheren Blut (> 5 %)
M: viszerale Organe	
M0	Keine Beteiligung viszeraler Organe
M1	Histologisch gesicherte viszerale Beteiligung

Tab. 12.10: TNBM-Klassifikation der Mycosis fungoides.

werden zunächst die Lymphknoten, dann auch die inneren Organe befallen. Für eine Stadieneinteilung werden deshalb alle wesentlichen Organe untersucht (☞ Tab. 12.9 und Tab. 12.10).

Therapie

Therapeutisch stehen nur **palliative Maßnahmen** zur Verfügung. Deshalb behandelt man die Patienten zunächst mit PUVA, SUP und topischen Kortikosteroiden, womit die Infiltrate über viele Jahre kontrolliert werden können. Später stehen die Ganzkörperbestrahlung mit Röntgenstrahlen oder schnellen Elektronen sowie die Zytostatikatherapie zur Verfügung.

Sézary-Syndrom

Ein der Mycosis fungoides verwandtes kutanes T-Zell-Lymphom ist das Sézary-Syndrom, das durch

- Erythrodermie,
- generalisierte Lymphknotenschwellung und
- leukämische Ausschwemmung der malignen Lymphozyten

charakterisiert ist. Die Prognose des Sézary-Syndroms ist ungünstiger als die der Mycosis fungoides.

Stadien	Therapeutische Kombinationsmöglichkeiten			
Stadium Ia, Ib, IIa	PUVA	• Re-PUVA • Interferon, PUVA	HN_2 BCNU	Radiatio
Stadium IIb	Interferon, Retinoide	Radiatio, (Dermopan, schnelle Elektronen)		Kombinationen
Stadium III	Photophorese	IFN-α, Re-PUVA, Kortison und Chlorambuzil, Methotrexat		
Stadium IV	Interferon, Retinoide in experimentellen Protokollen, systemische Chemotherapie			

Tab. 12.11: Stadiengerechte Therapie der kutanen T-Zell-Lymphome.

12.4.2 Kutane maligne B-Zell-Lymphome niedriger Malignität

Symptome und Befund

Die verschiedenen Lymphome dieser Gruppe (☞ Tab. 12.9) sind sich klinisch sehr ähnlich und manifestieren sich in kutan-subkutanen Knoten ohne epidermale Beteiligung. Der Farbton der Infiltrate variiert von hautfarben über rötlich bis hin zu blau-violetten Schattierungen. Die Klassifikation ist meist nur durch kombinierte histologische und immunologische Untersuchungen möglich.

12.4.3 Kutane maligne Lymphome hoher Malignität

Primär kutane maligne Lymphome hoher Malignität (☞ Tab. 12.9) sind selten. Sie entstehen entweder im Verlauf von niedrigmalignen Lymphomen wie etwa der Mycosis fungoides oder ohne vorbestehendes Lymphom.

Symptome und Befund

Man erkennt sie klinisch an rasch aufschießenden, teils bizarr konfigurierten Plaques und Knoten, dem rasanten Befall innerer Organe und dem raschen Verfall der Patienten. Die früher für diese Krankheiten benutzten Begriffe Retikulose, Retikulosarkom und Retikulosarkomatose werden heute nicht mehr verwendet.

13 Genetisch bedingte Hauterkrankungen

13.1 Epidermolysis bullosa hereditaria

Bei dieser Erkrankung besteht eine angeborene Neigung, aufgrund geringer Verletzungen – manchmal allein durch Druck oder Reiben – Blasen zu bilden (Epidermolyse = Ablösung der Epidermis). Je nach Ausprägung der Erkrankung unterscheidet man verschiedene Formen (☞ Tab. 13.1).

Symptome und Befund

Bei der **einfachsten Form** entwickeln sich nur Blasen bei Belastung, besonders an Füßen, Händen, Ellenbogen, die relativ rasch wieder abheilen.
Die **schwere Form** (dystrophische Form) führt an Stellen, wo sich Blasen gebildet haben, zu Hautnarben. Die Finger- und Zehenspitzen werden zunehmend atrophisch, die Nägel fallen aus, und wegen der Narben können die Finger, manchmal auch größere Gelenke, nicht mehr bewegt werden. Blasenbildung tritt auch an Schleimhäuten auf, besonders am Ösophagus (Vorsicht bei Intubationsnarkosen!). Meist sind die Kinder, wenn sie ins Schulalter kommen, im Wachstum zurückgeblieben und durch die dermogenen Kontrakturen (= Bewegungseinschränkung durch Narbenbildung) weitgehend fehlgebildet.

Therapie

Eine kausale Behandlung gibt es nicht.

Erkrankung	Vererbung
Ohne Vernarbung	
Epidermolysis bullosa simplex • Typ Köbner • Typ Weber-Cockayne	Autosomal-dominant
Epidermolysis bullosa gravis (letalis) Typ Herlitz	Autosomal-rezessiv
Mit Vernarbung	
Epidermolysis bullosa dystrophica	Autosomal-dominant oder -rezessiv

Tab. 13.1: Die wichtigsten Formen der Epidermolysis bullosa.

13.2 Neurofibromatose (Morbus Recklinghausen)

Symptome und Befund

Die Recklinghausen-Erkrankung ist ein neurokutanes Syndrom, das im Laufe des zunehmenden Alters vielfache Veränderungen zeigen kann:
- Weiche, der Haut aufsitzende, hautfarbene Tumoren am ganzen Körper, die Kartoffelgröße erreichen können (Neurofibrome); sie können auch am Augenhintergrund oder im Gehirn auftreten
- Milchkaffeefarbene Pigmentflecken
- Verschiedene Nävi und Fehlbildungen des Skelettsystems
- Zerebrale Störungen.

Man hat zwei Gene entdeckt, von denen eines für die Hirntumoren (zentraler Typ) und das andere für die übrigen Veränderungen (peripherer Typ) verantwortlich ist (☞ Tab. 13.2).

Therapie

Die Behandlung besteht, falls erforderlich, in der operativen Entfernung der Tumoren.

NF-1	Klassische Form, Recklinghausen-Krankheit; periphere Neurofibromatose, autosomal-dominant vererbt; Lokus auf Chromosom 17
NF-2	Früher bilaterale Akustikus-Neurofibromatose; geht mit bilateralen Akustikusneurinomen einher; autosomal-dominant vererbt; Lokus wahrscheinlich auf Chromosom 22

Tab. 13.2: Typen der Neurofibromatose (Einteilung der NIH Consensus Conference).

13.3 Ichthyosis

Ursache: anlagebedingte Störung der Verhornung, bei der sich die Hornschuppen nicht von der Haut lösen (☞ Tab. 13.3).

Symptome und Befund

Sitz: Extremitäten und Stamm.
Typisch ist die trockene Schuppung der Haut ohne Entzündungserscheinungen (☞ Abb. 13.1), die von Fall zu Fall sehr verschieden ausgeprägt ist: puderförmig bis zu dicken Hornauflagerungen (Krokodilhaut). Die Schweißproduktion ist vermindert.

Therapie

Die Ursache ist nicht beeinflussbar, deshalb sind je nach Typ der Ichthyosis entschuppende Maßnahmen indiziert:
- Öl-, Weizenkleie- oder Kochsalzbäder (3–5 %), abtrocknen und mit Calmurid- oder Urea-Kochsalz-Salbe einreiben
- Seebäder
- Acitretin (Neotigason®), anfangs 50 mg/Tag, langsam reduzieren.

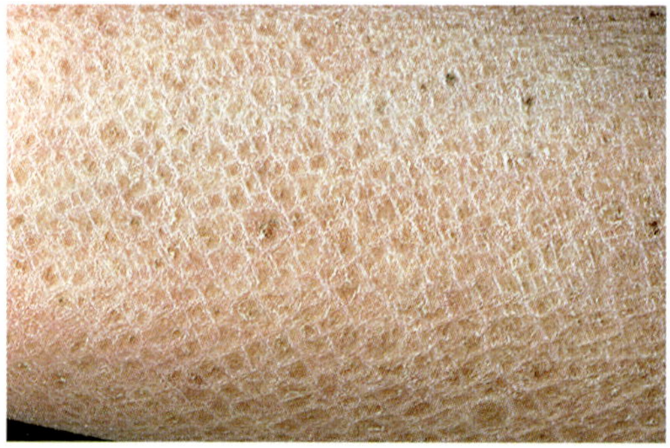

Abb. 13.1: Ichthyosis vulgaris.

13.4 Morbus Pringle

Ursache: autosomal-dominante Erbkrankheit.

Symptome und Befund

Hauterscheinungen: Meist im Bereich der Wangen (Nasolabialfalten) treten stecknadelkopf- bis erbsgroße, weiche, rötlichbraune Knötchen auf (Adenoma sebaceum); ebenso an Nagelfalz und Zahnfleisch (Koenen-Tumoren); Pigmentflecken (Naevus spilus).

Diagnose	Manifestation	Klinische Besonderheiten	Fakultative Begleitsymptome	Histologischer Typ	Ultrastruktur	Erbgang
Autosomal dominante Ichthyosis vulgaris	1. Lebensjahr	Milde Schuppung, Beugefalten frei, Keratosis follicularis, vergröbertes Handfurchenmuster; Abortivfälle häufig	Atopie (Asthma, Rhinitis, Neurodermitis)	Retentions hyperkeratose (mit follikulärer Beteiligung)	Keratohyalin defekt	Autosomal-dominant
X-chromosomal-rezessive Ichthyose	Geburt oder 1. Lebensjahr	Mäßige Schuppung, Beugen beteiligt; betrifft nur Männer; Palmae und Plantae o. B., keine Keratosis follicularis	Hornhauttrübungen	Retentions-hyperkeratose (ohne follikuläre Beteiligung)	Keratohyalin normal	X-chromosomal-rezessiv
Ichthyosis congenita	Geburt oder Säuglingsalter (selten)	Starke Schuppung, Beugenbefall, variable Rötung; Ektropion	Palmoplantarkeratosen	Proliferations-hyperkeratose	Quantitative Verschiebungen	Autosomal-rezessiv
Erythrodermia congenitalis ichthyosiformis bullosa	Geburt	Starke Schuppung, Beugenbetonung, Blasen; Palmoplantarkeratosen	–	Akanthokeratolyse	Tonofibrillenverklumpung	Autosomal-dominant

Tab. 13.3: Differenzialdiagnose der wichtigsten hereditären Ichthyosen (nach Voigtländer, Anton-Lamprecht und Schnyder).

Organerscheinungen: Veränderungen am Klein- und Großhirn, Augenhintergrund und Skelett sind häufig.
Während die Hauterscheinungen meist erst zur Pubertät auftreten, zeigen sich die Folgen der Gehirnveränderungen oft früher, häufig in Form einer Epilepsie.

Epilepsie und geistige Minderentwicklung können auf einen Morbus Pringle hinweisen.

Therapie

Nur symptomatisch möglich; ggf. operative Entfernung der Gesichtsknötchen.

13.5 Mastozytosen

In der Haut liegen normalerweise 7000–10000 Mastzellen pro mm^3. Als anlagebedingte Fehlbildung ist diese Zahl erhöht und kann krankhafte Veränderungen auslösen. Die Mastzellvermehrung der Haut (Mastozytose) ist selten und wird vor allem im Säuglings- und Kindesalter beobachtet.

13.5.1 Solitäres Mastozytom

Symptome und Befund

Sitz: am Stamm, selten im Kopfbereich.
Typisch sind bis münzgroße, bräunlich pigmentierte Flecken, gelegentlich leicht erhaben, die bei Reiben urtikariell anschwellen – es besteht dann Juckreiz.

13.5.2 Urticaria pigmentosa (exanthematische Mastozytose)

Symptome und Befund

Sitz: vorwiegend an Stamm und proximalen Extremitätenbereichen.
Man sieht disseminiert stehende, bräunliche bis linsengroße Flecken mit scharfer Begrenzung. Auch hier findet der Reibetest eine urtikarielle Antwort; ein Befall innerer Organe ist möglich (bei 10 %).

13.5.3 Seltene Formen

Teleangiectasia macularis eruptiva perstans: generalisierte Mastozytose der Haut mit starker Gefäßneubildung und Kutisatrophie.
Diffuse Mastozytose des Kindes: Anfallsartige urtikarielle Schwellung der Haut mit heftiger Rötung und blasiger Abhebung der Epidermis. Gefährliches Krankheitsbild, oft vergesellschaftet mit einer systemischen Mastozytose.

13.5.4 Therapie

Beim solitären Mastozytom ist keine spezifische Therapie erforderlich, bei der Urticaria pigmentosa die Behandlung mit **PUVA** indiziert. Sie führt zu Beschwerdefreiheit und nachlassender Mastzellneubildung.

13.6 Histiozytosen

Es handelt sich um tumoröse Erkrankungen, die von sog. Histiozyten (Gewebemakrophagen) ausgehen. Die Veränderungen können gut- und bösartig sein.

13.6.1 Juveniles Xanthogranulom

Symptome und Befund

Seltenes, im Kindesalter beobachtetes Auftreten von kleinen bis halbkugelig hervortretenden Knötchen und Knoten von gelblicher Eigenfarbe.

Therapie

Nicht erforderlich, allenfalls Exzision.

13.6.2 Histiocytosis X

Die Histiocytosis X ist der Oberbegriff für folgende Erkrankungen:
- Abt-Letterer-Siwe-Syndrom
- Hand-Schüller-Christian-Erkrankung
- Eosinophiles Granulom des Knochens.

Die Diagnose muss in jedem Falle histologisch gesichert werden.

Therapie

Die Therapie dieser z.T. letal verlaufenden Erkrankungen (Abt-Letterer-Siwe-Syndrom, Hand-Schüller-Christian-Erkrankung) folgt den Regeln einer Tumorbehandlung.

13.6.3 Weitere genetisch bedingte Erkrankungen

Erkrankung	Verändertes Gen/Protein
Porphyria cutanea tarda	Uroporphyrinogen-Decarboxylase
Akute intermittierende Porphyrie	Porphobilinogen-Deaminase
Erythropoetische Porphyrie	Uroporphyrinogen-III-Synthetase
Osteogenesis imperfecta	Typ-I-Kollagen
Ehlers-Danlos-Syndrom	Kollagen (verschiedene Typen)
Marfan-Syndrom	Fibrillin
Chronisch-septische Granulomatose	Neutrophile NADPH-Oxidase
Angioneurotisches Ödem	C1-Inhibitor
Neurofibromatose	Neurofibromatosegen
Xeroderma pigmentosum	DNS-Exzisionsreparaturgen
McCune-Albright-Syndrom	G-Protein
Morbus Fabry	α-Galaktosidase
Albinismus (Typ IA)	Tyrosinase
Lesch-Nyhan-Syndrom	Hypoxanthinguanin-Phosphoribosyltransferase

Tab. 13.4: Genetisch bedingte Erkrankungen der Haut mit z. T. vererbbaren Punktmutationen.

14 Zirkulationsstörungen

14.1 Akrozyanose

Ursache: Erweiterung von venösen Kapillaren, gesteigerter Gefäßtonus der Arteriolen, vegetative Dysregulation, vorwiegend im Jugendalter.

Symptome und Befund

Livid- bis Blaufärbung der Körperspitzen (Nasenspitze, Ohrmuschel, Kinn, Hände, Knie und Füße), die sich besonders bei Kälte vertieft. Die Haut ist kühl.

Therapie

Wechselbäder: Unterschenkel zuerst 3 Minuten in warmes, dann 1 Minute in kaltes Wasser eintauchen. In gleicher Weise täglich 10- bis 20-mal wechseln. Durchblutungsfördernde Mittel wie Benzylnikotinat (Rubriment®-Essenz) können zugesetzt werden. Oberstes Prinzip: Wärmeschutz (Handschuhe, gefütterte Stiefel). Mit zunehmendem Alter bessert sich die Symptomatik.

14.2 Frostbeulen (Perniosis)

Ursache: vegetativ gestörte Gefäßfunktion schon bei geringgradig erniedrigten Außentemperaturen. Betroffen sind vorwiegend junge Menschen.

Symptome und Befund

Sitz: vorzugsweise an den unteren Extremitäten, aber auch an den Ohrmuscheln, der Nase und den Händen.
Typisch sind knotige, z.T. konfluierende, umschriebene, blaurote, entzündliche Schwellungen. Druck-, selten Spontanschmerz. Bei Wärme auch stärkerer Juckreiz.

Therapie

Wie bei der Akrozyanose.

14.3 Raynaud-Syndrom

Ursache: Durch Kältereize auslösbare, anfallsweise Verengung (Spasmus) der Fingerarterien. Vorkommen:

- **Primär** bei jungen Frauen,
- **Sekundär** bei
  - Arteriosklerose
  - Thrombangiitis obliterans
  - Diabetes mellitus
  - chronischen Vibrationstraumata (Presslufthammer)
  - Sklerodermie und anderen Kollagenosen
  - Blei- und Arsenvergiftungen
  - Medikamenten (z. B. Betablocker)
  - hämatologischen Störungen (insbesondere Kälteagglutinine)
  - Halsrippen- oder Scalenus-anterior-Syndrom.

Die Krankheit tritt sehr oft in der Initialphase der progressiven Sklerodermie auf (☞ 10.4.7).

Symptome und Befund

Der Arterienspasmus führt zunächst zur Blässe, dann zu einer blauroten Verfärbung (Zyanose), die schließlich in eine hellrote Farbe übergeht und ist sehr schmerzhaft.

Therapie

Indiziert sind gefäßerweiternde Mittel (Pentoxifyllin, z.B. Trental®) und Unterwassermassagen der nicht betroffenen Körperteile. Kältereize vermeiden! Bei starker Ausprägung des Krankheitsbildes chirurgische Durchtrennung der Sympathikusnerven und internistische Abklärung.

14.4 Teleangiektasien

Vorkommen: bei Hauterkrankungen (☞ Tab. 14.1) und nach lang währender lokaler Kortikosteroidanwendung.

Symptome und Befund

Sitz: im Gesicht älterer Menschen.
Man sieht feinste Kapillarerweiterungen, die vereinzelt oder dicht zusammenstehen (☞ Abb. 14.1).

Therapie

Infrage kommt die kosmetische Abdeckung, evtl. auch das elektrische Veröden mit dem Elektrokauter oder die Laser-Therapie (☞ 5.2.4).

14.5 Besenreiser-Varizen

Symptome und Befund

Sitz: besonders bei Frauen im Bereich der Oberschenkel und der Knie, am Rippenbogen bei Asthmatikern („Hustenkranz").
Man sieht oberflächlich verlaufende, geschlängelte, bläuliche Gefäßzeichnungen, die einige Zentimeter lang werden können.

Therapie

Falls erforderlich, können die Besenreiser verödet werden: 0,5 %iges Polidocanol (z.B. Äthoxysklerol®) in einer kleinen Vollglasspritze aufziehen und eine dünne Kanüle (Nr. 20) aufsetzen. Flach in das Gefäßlumen einstechen und 0,3–0,4 ccm Verödungsmittel einspritzen. Nach Entfernung der Nadel dieses Gebiet sofort mit einem Tupfer komprimieren und einen Kompressionsverband anlegen.

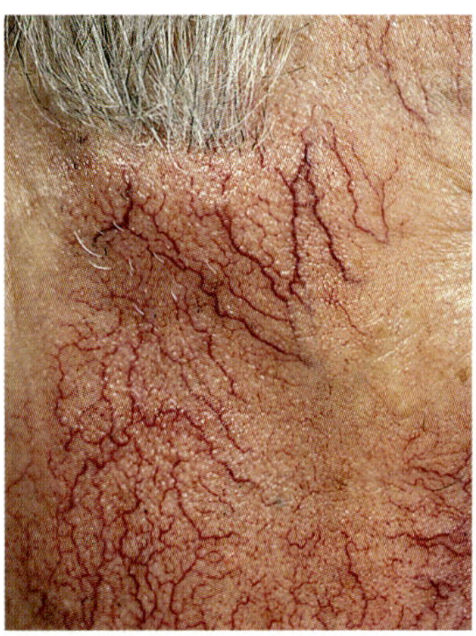

Abb. 14.1: Teleangiektasien.

Angeboren als …	Symptomatisch bei …
Naevus flammeus Naevus araneus (Spinnen- oder Spidernävus) Naevus teleangiectaticus Essenzielle Teleangiektasien	Sklerodermie Lupus erythematodes Dermatomyositis Generalisierten Hautatrophien (Poikilodermie, Xeroderma pigmentosum, Pseudoxanthoma elasticum)
Im Rahmen von Syndromen:	
Klippel-Trénaunay	Narben
Rendu-Osler-Weber	Strahlenatrophie
Mafucci	Kortisonatrophie
Sturge-Weber	Basaliom
Ataxia teleangiectatica	Rosazea
Universelle Angiomatose	Mastozytose

Tab. 14.1: Teleangiektasien.

14.6 Thrombangiitis obliterans (Morbus Winiwarter-Buerger)

Ursache: Entzündung der großen Arterien und Venen mit Einengung oder Verschluss des Gefäßlumens. Viele Betroffene sind starke Raucher! Die Thrombangiitis obliterans ist bevorzugt bei Männern mittleren Alters anzutreffen.

Symptome und Befund

Sitz: vorwiegend Unterschenkel.
Zunächst besteht eine schnelle Ermüdbarkeit der Beine mit stärkerer Blässe; dann beim Gehen zunehmende Schmerzen („intermittierendes Hinken"), sodass eine kurze Pause eingelegt werden muss. Schließlich kommt es zu zyanotischen, unregelmäßig begrenzten, schmerzenden Erythemen mit Gewebeuntergang (Ulzera).

Differenzialdiagnose

Raynaud-Syndrom (zur Abgrenzung ☞ Tab. 14.2).

Thrombangiitis obliterans	Raynaud-Syndrom, beginnende Sklerodermie
Vorzugsweise sind die Beine betroffen	An Händen häufiger als an Füßen und Beinen
Peripherer Puls fehlt fast immer	Peripherer Puls meist tastbar
Dauerschmerz	Schmerzattacken
Eine Extremität ist meist stärker befallen	Meist symmetrisch
Ohne Behandlung kontinuierliches Fortschreiten der Erkrankung bis zu Nekrosen	Selten Nekrosen; bei Sklerodermie „Rattenbissnekrosen" der Fingerspitzen
Organischer Gefäßprozess, Systemerkrankung	Funktionelle Angiopathie, morphologische Gefäßveränderungen erst im Spätstadium
Röntgenologische Gefäßveränderungen, Verschlüsse sind sichtbar	Im Arteriogramm meist keine pathologischen Veränderungen

Tab. 14.2: Differenzialdiagnose von Thrombangiitis obliterans und Raynaud-Syndrom.

Therapie

Medikamentös sind gefäßerweiternde Mittel indiziert. Eine Weitstellung der Gefäße kann auch mit einer Durchschneidung des N. sympathicus erzielt werden. Rauchverbot!

- Bei Ulzerationen: antibiotische Salben; Fersenring als Dekubitusschutz; Kälte vermeiden. Schmerzmittel
- Bei ausgedehnten Gefäßverschlüssen: Amputation.

14.7 Thrombophlebitis, Venenthrombose

Unter der Thrombophlebitis versteht man eine umschriebene Entzündung der Venenwand mit Thrombenbildung. Man unterscheidet je nach Sitz:

- Die oberflächliche Thrombophlebitis
- Die tiefe Phlebothrombose.

14.7.1 Thrombophlebitis

Die oberflächliche Thrombophlebitis (Venenentzündung) ist eine leichte Erkrankung von durchschnittlich 10 Tagen Dauer. Sie hat keine nennenswerten Folgen; Embolien sind äußerst selten und treten nur dann auf, wenn sich durch längere Bettruhe und der damit verbundenen Blutstromverlangsamung noch an anderer Stelle Thromben gebildet haben.

Symptome und Befund

Im Bereich einer Vene erscheint ein druckschmerzhafter, entzündlich geröteter Streifen oder Knoten. Gelegentlich besteht ein entzündliches Ödem. Der Allgemeinzustand ist kaum verändert, die Temperatur normal oder anfangs nur gering erhöht.

Therapie

Durchführung des Kompressionsverbandes

Mit einer 12 cm breiten elastischen Binde wird der ganze Unterschenkel (Zehen freilassen) unter dosiertem Druck eingebunden; d.h. am Fußgelenk und im unteren Unterschenkeldrittel fest, im Wadenbereich und unter dem Knie weniger fest. Der Verband wird gewechselt, sobald er locker geworden ist. Durchschnittlicher Verbandswechsel alle 2–3 Tage. Der Patient soll viel mit dem Kompressionsverband laufen.

Weitere Maßnahmen:

- **Lokal:** Mucopolysaccharidpolyschwefelsäureester (z.B. Hirudoid®), Heparinoid (z.B. Lasonil®), Heparin-Natrium (z.B. Thrombophob®-60 000-Salbe)
- **Innerlich:** entzündungshemmende Mittel, z.B. Aspirin®
- Evtl. Inzision und Ausdrücken eines Koagulums.

Ein Patient mit einer oberflächlichen Venenentzündung gehört nicht ins Bett!

14.7.2 Phlebothrombose (tiefe Venenthrombose)

Zivilisationsbedingte Ursachen (chronischer Bewegungsmangel, Übergewichtigkeit) spielen häufig eine Rolle.

Symptome und Befund

Sitz: einseitig im Bein- bzw. – seltener – im Beckenbereich.

Typisch ist das Ödem: Durch den akuten Verschluss der tiefen Venen kommt es infolge des

Blutstaus zu einer Flüssigkeitsansammlung im Gewebe. Deshalb bilden sich bei Fingerdruck Dellen, die nur langsam zurückgehen. Vor allem im Stehen kann sich die Haut blaurot verfärben (Zyanose). Allgemeinsymptome wie Fieber, Pulsanstieg und Beeinträchtigung des Allgemeinbefindens können fehlen. Schmerzzeichen einer tiefen Venenthrombose:

- Wadenschmerz bei stärkerer Belastung der Wadenmuskulatur
- Druckschmerz im Wadenbereich.

Die gefährlichste Komplikation: Lungenembolie!

Therapie

- Vollheparinisierung
- Straffer Kompressionsverband
- (Kurzzeitig) konsequente Bettruhe
- Ggf. Auflösung des Koagulums (Fibrinolyse, Thrombolyse)
- Langfristige Kompressionstherapie
- In ausgedehnten Fällen längerfristige Gabe von gerinnungshemmenden Mitteln und Thrombozytenaggregationshemmern, Acetylsalicylsäure (z. B. Colfarit®).

Vorsicht: Bei tiefer Venenthrombose ist jegliche Massage zu unterlassen!

14.8 Krampfadern (Varizen)

14.8.1 Krankheitsbild und Therapie

Dieses Leiden ist so häufig, dass man es fast als Volkskrankheit bezeichnen kann. Zur Diagnostik s. 14.8.2.

Symptome und Befund

Oft sind sack- oder schlauchförmig überdehnte und geschlängelte Venen sichtbar, besonders im Bereich der unteren Extremitäten (☞ Abb. 14.2). Die Betroffenen klagen über eine rasche Ermüdung der Beine, Spannungsschmerzen und besonders abends über Schmerzen in der Wadenmuskulatur (☞ Abb. 14.4). Man unterscheidet:

Primäre Krampfadern: Sie entwickeln sich spontan, meist schon im jungen Alter, ohne erkennbaren Grund. Die Ursache ist eine an-

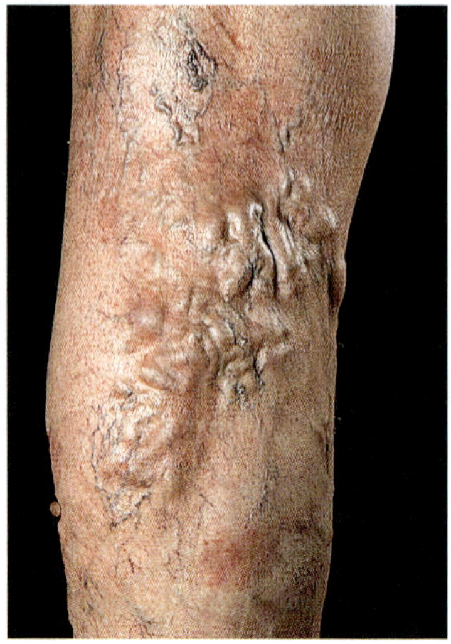

Abb. 14.2: Stammvarikosis.

geborene „Bindegewebsschwäche“. Gleichzeitig besteht eine Neigung zu Leistenbrüchen, Plattfüßen und Varizen am Nebenhoden.

Sekundäre Krampfadern: Sie bilden sich meist nach Thrombosen in den tiefen Beinvenen. Es kommt hier zu stärkeren Veränderungen der Venenwände und Venenklappen, sodass das venöse Blut größtenteils über das oberflächliche Venensystem abfließt und diese Venen übermäßig belastet.

Mögliche Krampfaderfolgen

- Hautpigmentierungen: Durch den erhöhten Venendruck kommt es zu kleinen Blutaustritten. Das Abbauprodukt des Hämoglobins wird in Bindegewebszellen eingelagert
- Stauungsekzem: nässende, schuppende Hautoberfläche
- Stauungsödeme
- Hautverhärtung: meist manschettenförmig mit glatter, atrophischer Oberfläche
- Beingeschwüre
- Venenentzündungen.

Bei Krampfadern ist die Vorsorge am wichtigsten:

- Regulierung des Körpergewichts
- Viel gehen, nicht stehen
- Rechtzeitig hinreichend feste Kompressionsstrümpfe tragen
- Unfälle vermeiden.

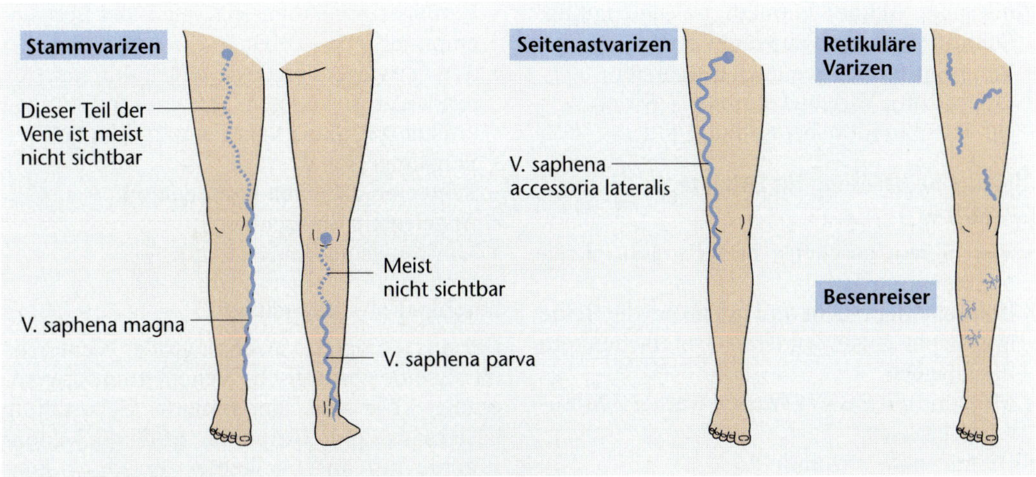

Abb. 14.3: Klinische Darstellung der Varikosis (nach Hach). [A400-157]

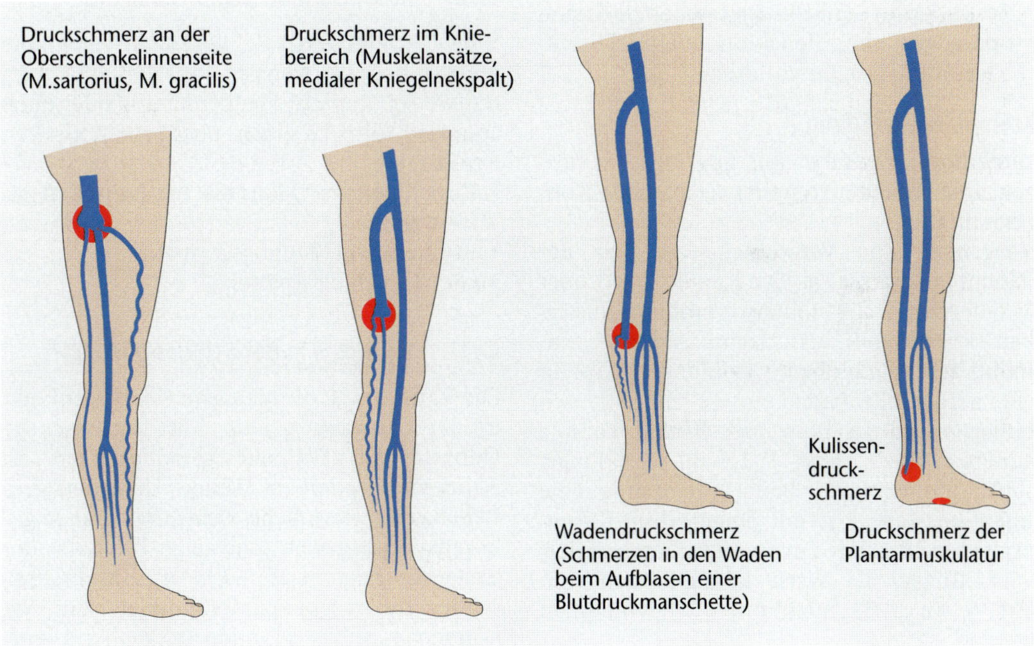

Abb. 14.4: Schmerzpunkte bei Varikosis. [A400-157, A400-190]

Therapie

Verschiedene Behandlungsmöglichkeiten stehen zur Verfügung (Verödung s. u.):

- **Kompressionsverbände:** ausgezeichnetes Mittel zur Behandlung von stärker ausgeprägten Krampfadern. Hiermit wird der Blutfluss wieder beschleunigt und damit allen chronischen Folgen von Krampfadern vorgebeugt. Wichtig ist, dass der ganze Unterschenkel (Zehen freilassen!) mit einer festen Binde vom Fuß her eingewickelt wird. Dabei soll der Druck von unten nach oben abnehmen. Welche spezielle Verbandtech-

nik man hierbei benutzt, ist gleichgültig. Schnürtouren sind zu vermeiden
- **Venenmittel:** Sie versagen fast immer
- **Operation:** Varizenexhairese („Stripping“, ggf. Kombinationsbehandlung, s. u.).

Allgemeine Beratung für Patienten mit Varizen

- Viel laufen, möglichst barfuß, nicht sitzen oder lange stehen
- Während der Nacht und in Pausen die Beine mit leicht angewinkelten Unterschenkeln hoch lagern
- Morgens mit kaltem Wasser Waden 2 Minuten abbrausen
- Übergewicht vermindern
- Enge Kleidung vermeiden, insbesondere abschnürende Strümpfe und Schuhe
- Fußgymnastik, Schwimmen und Rad fahren
- Besonders in der Schwangerschaft und nach operativen Eingriffen konsequente Thromboseprophylaxe durchführen.

Krampfaderverödung

Indikation: Kleinere, gut zugängliche Varizen; gute Patientencompliance, fehlende Kontraindikationen.

Vorgehen: Zur Verödung setzt sich der Patient auf eine Liege. Die Kanüle (Nr. 1 oder 2) einer mit 1–2 Millilitern Verödungsflüssigkeit (Polidocanol, z. B. Aethoxysklerol®; Na-Jodid, z. B. Varigloban®) gefüllten Spritze in eine gut gefüllte Varize einstechen. Patienten hinlegen und das Bein über die Horizontale anheben lassen. Jetzt 1–1,5 ml Verödungssubstanz einspritzen. Nadel entfernen und die Injektionsstelle fest mit einem Tupfer komprimieren, der mit einem Heftpflaster fixiert wird. In gleicher Weise können noch weitere (etwa 2–3) Injektionen vorgenommen werden.

Elastische Binde fest anlegen. Der Patient muss anschließend 1–2 Stunden gehen. Vor dem Zubettgehen den Verband abnehmen, morgens wieder anlegen. Nach abgeschlossener Venenverödung sollte der Verband noch 3–4 Wochen getragen werden. Pro Sitzung sollten insgesamt nicht mehr als 5–6 ml Verödungsmittel injiziert werden!

Kontraindikationen: Es darf nicht verödet werden bei
- Bettlägerigen Patienten (Gefahr der Lungenembolie!)
- Schwerwiegenden Begleiterkrankungen (Arteriosklerose, Nieren-, Lebererkrankungen ernster Art, akute Venenentzündungen)
- Schwangerschaft
- Schweren örtlichen Beinödemen
- Angelegtem Stauschlauch
- Verödungsmittelunverträglichkeit.

Kombinationsbehandlung

Bei ausgeprägter Varikose großer Venen ist häufig eine chirurgische Venenentfernung angezeigt. Die sog. kombinierte Behandlung besteht in dem „Stripping“ größerer Venenstämme mit anschließender Verödung kleinerer Varizen.

Postthrombotisches Syndrom

Eine Thrombose der tief liegenden Venen, die nicht innerhalb weniger Tage beseitigt wird (entweder operativ, medikamentös oder auch spontan) führt zu einem postthrombotischen Syndrom:
- Zunehmendes Ödem bis zur Elephantiasis (nostras)
- Erythem und Stauungsdermatitis
- Ulcus cruris als Spätfolge.

Varikosis in der Schwangerschaft

Die Varikosis ist die häufigste Gefäßkrankheit in der Schwangerschaft. Mit zunehmender Geburtenzahl nehmen Veränderungen im Beinvenenbereich zu. Weitere Ursachen sind Lebensalter, berufliche Belastung und angeborene Bindegewebsschwäche. Bei 30 % der Erstgebärenden und 60 % der Mehrgebärenden treten Krampfaderbildungen auf. Sie können schubweise oder schleichend entstehen.

Symptome und Befund

- Schwere- und Stauungsgefühl in den Beinen, Beinmüdigkeit
- Nächtliche Fuß- und Wadenkrämpfe
- Diffuse Beinschmerzen
- Juckreiz an den unteren Extremitäten
- 90 % zeigen zusätzlich Beinödeme unterschiedlicher Ausprägung.

Therapie

- Kompressionsverbände
- Gymnastik
- Hydrotherapie
- Versuchsweise Ödemprotektiva: Es handelt sich dabei um Medikamente, die Aescin (Rosskastanie) und Rutoside enthalten. Diese kann man während der Schwangerschaft unbedenklich einnehmen.

14.8.2 Verfahren zur Untersuchung der Venenfunktion

Funktionstests

Zur Untersuchung der Venendurchgängigkeit und der Venenklappenfunktion dienen folgende Tests:

Perthes-Versuch

Vorgehen: Am stehenden Patienten Stauschlauch oberhalb des varikösen Bezirks anlegen. Dabei dürfen die tiefen Venen nicht komprimiert werden. Anschließend forciertes Gehen (5 Minuten).
Bewertung: Wenn sich die Varizen weitgehend und schnell entleeren, sind die tiefen Venen durchlässig. Eine nur teilweise Entleerung der Varizen deutet auf eine Insuffizienz der Vv. perforantes hin.

Linton-Versuch

Vorgehen: Am Oberschenkel des stehenden Patienten wird ein Stauschlauch angelegt. Im Liegen wird das Bein dann über die Horizontale angehoben.
Bewertung: Bei Durchlässigkeit der tiefen Venen entleeren sich die Varizen.

Trendelenburg-Versuch

Vorgehen: Man hebt das varikose Bein beim liegenden Patienten über die Horizontale an und streicht es nach zentral aus. Anschließend legt man unterhalb der Leiste einen Stauschlauch an, oder die Fossa ovalis wird mit den Fingerspitzen komprimiert.
Bewertung: Wenn sich nach dem Aufstehen die varikösen Venen rasch füllen, weist dies auf eine Insuffizienz der Vv. perforantes hin. Füllen sie sich nicht, so sind die Venenklappen intakt.

Mahorner-Ochsner-Versuch

Vorgehen: Der Patient steht. In unterschiedlicher Höhe werden am betroffenen Bein Stauschläuche angelegt und von proximal nach distal vorgeschoben.
Bewertung: Eine rasche Füllung der oberflächlichen Varizen zwischen zwei Stauschläuchen weist auf insuffiziente Verbindungsvenen hin.

Apparative Funktionsuntersuchungen

Doppler-Sonographie

Prinzip: Das Prinzip des Doppler-Ultraschallverfahrens beruht darauf, dass sich bei bewegten Schallquellen die wahrgenommene Frequenz ändert (ein herannahendes Auto hat eine andere Tonfrequenz als wenn es sich wieder entfernt). Wenn von einer Sonde Ultraschallwellen mit konstanter Frequenz ausgesendet werden, werden sie an fließenden Blutzellen reflektiert und dann von einem Empfängerkristall in der Sonde wieder empfangen. Die Eindringtiefe hängt von der jeweiligen Sondenfrequenz ab: Sie beträgt für oberflächliche Gefäße 8 MHz und für tiefe 4 MHz. Man kann mit der Doppler-Sonographie sowohl die Venen als auch die Arterien untersuchen, je nach Indikation am liegenden, sitzenden oder stehenden Patienten.
Vorgehen: Zunächst wird ein Kontaktgel auf die Haut gegeben (nicht auf die Sonde) und die Sonde in einem Winkel von 45 Grad zum Gefäßverlauf auf die Haut gestellt. Je nach Strömungsgeschwindigkeit des Blutes entstehen Geräusche von unterschiedlicher Frequenz, die der Untersucher bewertet. Nach der Messung vorsichtig die Sonde von dem Kontaktgel mit kunststoffgeeigneten Mitteln (z. B. Zephirol) reinigen. Die Sonde soll auch nicht übermäßiger Wärme ausgesetzt werden.

Lichtreflexionsrheographie (LRR)

Die Lichtreflexionsrheographie ist eine nichtinvasive Methode zur Überprüfung der Venenfunktion. Dazu wird Infrarotlicht in die Haut eingestrahlt, und der von den tieferen Hautschichten reflektierte Anteil wird über einen Photodetektor gemessen. In dieser Weise lassen sich bei bestimmten Fußbewegungen (Dorsalflexion) auftretende Venendruckschwankungen als Reflexions- bzw. Helligkeitsänderungen der Haut messen und als sog. LRR-Kurve graphisch aufzeichnen (☞ Abb. 14.5).

Vorgehen: Beim sitzenden Patienten wird der Messkopf des Gerätes 10 cm oberhalb des Innenknöchels mit einer Klebefolie an der Haut befestigt. Anschließend 10-mal maximale Dorsalflexion innerhalb von 15 Sekunden durch Anheben der Fußspitze bei festaufliegender Ferse. Durch diese Muskelarbeit senkt sich während des Bewegungsprogramms der periphere Venendruck, und die Hautgefäße entleeren sich. Dadurch steigt die LRR-Kurve an. In der Ruhephase füllen sich die Venen wieder durch nachströmendes Blut.

Bewertung: Beim Gesunden dauert die venöse Auffüllzeit (t_0) mehr als 25 Sekunden; sie nimmt jedoch bei gestörter Venenfunktion in Abhängigkeit vom Schädigungsausmaß ab (☞ Abb. 14.5). Es lassen sich drei Schweregrade einteilen:

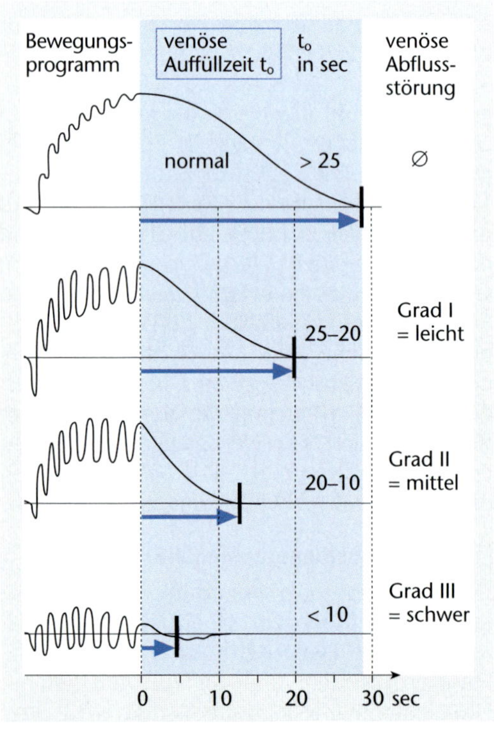

Abb. 14.5: Die venöse Auffüllzeit im LRR bei der venösen Insuffizienz (Grad I-III).

- Grad I = leicht
- Grad II = mittel
- Grad III = schwer.

Phlebographie

Die Phlebographie ist die sicherste, aber auch komplizierteste Methode zum Nachweis von Veränderungen im Venensystem: Man injiziert Kontrastmittel und führt anschließend eine Röntgenuntersuchung durch. Mögliche **Nebenwirkungen** sind Phlebitis, Kontrastmittelallergie, paravenöse Injektion.

14.9 Unterschenkelgeschwür (Ulcus cruris)

Ursache

- Verletzung bei Krampfaderleiden (chronische venöse Insuffizienz = CVI)
- Infektionen (Ekthyma)
- Spontaner Gewebeuntergang infolge gestörter Gewebeernährung bei verminderter oder aufgehobener arterieller Durchblutung und Störung des venösen Abflusses.

Zur Differenzialdiagnose von venösen und arteriellen Geschwüren ☞ Tab. 14.3.

Symptome und Befund

Sitz: Das venöse Ulkus tritt am häufigsten im unteren Unterschenkeldrittel auf der Innenseite auf.

Substanzverlust der Haut und der darunter liegenden Gewebeschichten von unterschiedlich großer Ausdehnung (☞ Abb. 2.8, 14.6). Der Ulkusgrund ist oft schmierig-eitrig belegt, der Rand entweder plattenartig verhärtet oder entzündlich gerötet.

Therapie

Kompressionsverband

Zunächst müssen die Stauungserscheinungen beseitigt werden. Ödemfreiheit ist nur mit Hilfe eines Kompressionsverbands erreichbar. Hierfür stehen verschiedene Wickeltechniken zur Verfügung: Brann-, Fischer-, Pütter-Verband u. a.

	Ulcus venosum	Ulcus arteriosum
Häufigkeit	Häufig	Selten
Entstehungszeit	Lang	Kurz
Lokalisation	Medialer Malleolus, später auf den übrigen Unterschenkel übergreifend	Schienbeinmitte, Fußränder, Zehen, Fersen
Umgebung	Zeichen der CVI: Varizen, Dermatosklerose, Atrophie, Pigmentablagerung	Umgebende Haut blass, kühl
Fußpulse	Manchmal infolge der pathologisch veränderten Umgebung nicht tastbar	–
Oszillographie	Seitengleiche Ausschläge	Amplituden der arteriellen Pulsation sind vermindert oder fehlen
Phlebographie	Stellt die Klappenveränderungen dar	Entfällt
Arteriographie	Entfällt	Lokalisiert die Gefäßverengung oder den Verschluss

Tab. 14.3: Differenzialdiagnose von venösen und arteriellen Ulzera (nach Grußendorf).

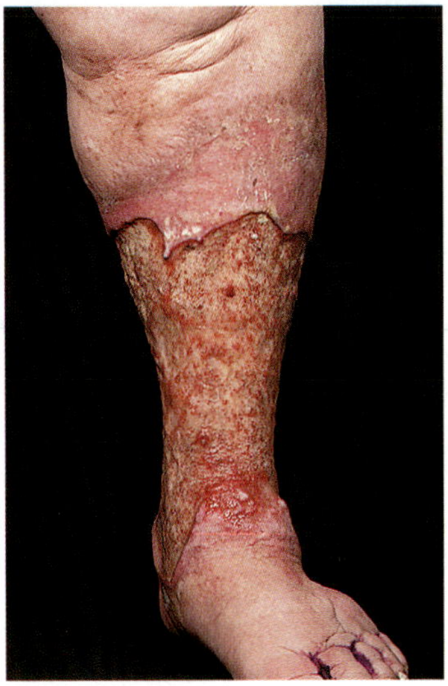

Abb. 14.6: Manschettenulkus.

Das **Prinzip** ist immer dasselbe: Abnehmender Druck vom Fuß bis zum Knie; Ferse mit einwickeln, da sonst die Gefahr eines Fensterödems besteht. Der Fischer-Verband reicht bis zur Leiste; jedoch sind Oberschenkelverbände in den wenigsten Fällen erforderlich (Ausnahme: postthrombotisches Syndrom und insuffiziente Krossen).

Ein venöses Ulkus kann nur abheilen, wenn das Bein ödemfrei ist. Der Kompressionsverband ist vom Arzt oder von geschultem Pflegepersonal anzulegen.

Verbandswechsel

Bei großen Wunden täglich, bei kleineren 2- bis 3-mal wöchentlich.
Eine Ausnahme stellt der Brann-Verband dar, der im Wesentlichen aus einer elastischen Binde mit einer darüber liegenden Steifgazebinde besteht. Dieser Verband wird nur einmal wöchentlich gewechselt. Der sich hierbei entwickelnde Sekretstau beeinträchtigt die Wundheilung nicht, sondern fördert sie.

Lokale Ulkusbehandlung

- Anfangs täglich feuchte Umschläge oder Beinbäder mit Chinolinol (z. B. Chinosol®) oder Kaliumpermanganat-Lösungen
- Ulkus und Umgebung mit Solutio Pyoctanini bepinseln (= Erregerbekämpfung)
- Umgebung des Ulkus mit weicher Zinkpaste abdecken (= Hautschutz!)
- Zunächst (nicht allergisierende) antibiotische Salben; nach Wundreinigung granulationsfördernde Salben
- Ulkus mit Mullkompressen und Schaumgummi abdecken
- Zusätzlich in der näheren Umgebung Varizen veröden und bei bestehender Herzinsuffizienz entsprechende Therapie
- Nach Abheilung: Zweizug-Maßgummistrümpfe (z. B. JUZO), die alle 6 Monate neu angemessen werden, da in dieser Zeit der Kompressionsdruck nachlässt.

Kompressionsklassen: Man unterscheidet bei den Gummistrümpfen vier Kompressionsklassen:

- Klasse I leichte Kompression
- Klasse II mäßige Kompression
- Klasse III starke Kompression
- Klasse IV sehr starke Kompression

Maß nehmen für Kompressionsstrümpfe

Das richtige Maß zu ermitteln, erfordert einige Übung. Man ermittelt mit Hilfe eines Maßbands verschiedene Längen- und Umfangmaße des Beines. Die Vorgehensweise entspricht dabei den Herstellerangaben der jeweiligen Strumpfart, da auch maschinell hergestellte Strümpfe zwar nicht nach dem individuellen, so doch nach bestimmten Standardmaßen gefertigt sind, die sich je nach Hersteller unterscheiden können (Beispiel in Abb. 14.7). Entsprechen die individuell ermittelten Werte nicht dem Toleranzbereich der Konfektionsgröße, muss der Kompressionsstrumpf individuell maßangefertigt werden.

14.10 Einblutungen in die Haut (Purpura)

Einblutungen in die Haut sind immer Zeichen einer pathologischen Störung entweder der Gefäßwand oder des Gerinnungssystems.
Bei **kleinfleckigen** Einblutungen (besonders an den Unterschenkeln) spricht man von Purpura. Die kleinfleckige Purpura, z.B. durch Medikamente ausgelöst (Schlafmittel!), bildet sich im Zeitraum von Monaten langsam zurück.
Bei Störungen des Gerinnungssystems (Koagulopathie) manifestieren sich purpuriforme Einblutungen weniger kleinfleckig, sondern eher in Form **größerer Flächen** (Sugillation oder Hämatom).

Ursachen

Die überwiegende Zahl der purpuriformen Einblutungen ist entzündlicher Natur (☞ Tab. 10.21). Ihnen liegt eine Vaskulitis oder Angiitis der kleinen und mittelkalibrigen Gefäße zugrunde.

Umfangmaße

m = Taille
l = halbe Bauchhöhe
k = Schritthöhe um den ganzen Körper
g = Oberschenkelumfang im Schritt (bei Strümpfen A – G ca. 3 cm unter dem Schritt)
f = ca. 15 cm oberhalb e-Maß
e = über die Patella bei leicht angewinkeltem Knie
d = unterhalb des Knies
c = stärkste Wadenstelle
b1 = Wadenansatz
b = Fesselumfang kurz oberhalb des Knöchels
h = Umfang Ferse-Spann bei dorsalflektiertem Gelenk
a = am Zehenansatz

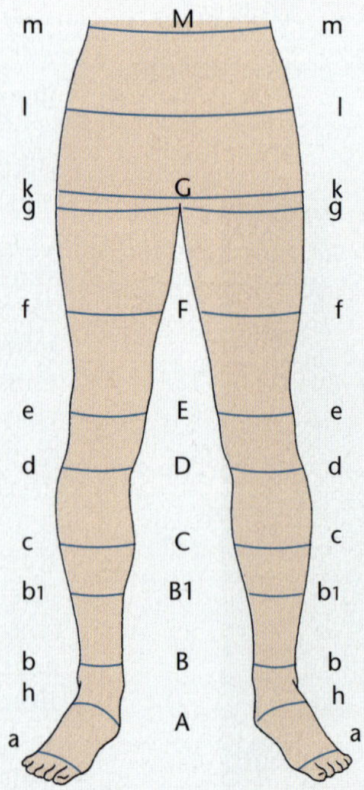

Längenmaße

jeweils von der Ferse (A) bis zum entsprechenden Umfangmesspunkt
A – D
A – F
A – G

Bei Strumpfhosen zusätzlich die Leibhöhe:
G – M vorn und hinten (Schritt bis Taille)

Fußlänge:
a – h (ohne Spitze)
ganzer Fuß (mit Spitze)

Abb. 14.7: Messpunkte zur Ermittlung des Beinumfangs.

Symptome und Befund

Neben der Einblutung ins Gewebe entsteht eine umschriebene Gewebenekrose mit Ulkusbildung (☞ Tab. 14.4, Abb. 14.8).

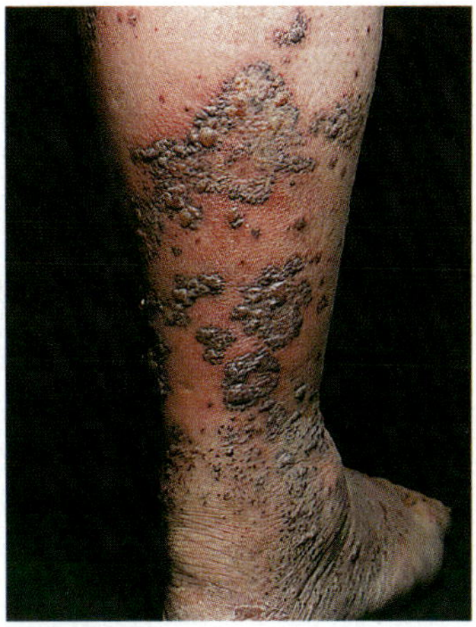

Abb. 14.8: Vaskulitis.

14.11 Extremitätengangrän

Die arterielle Verschlusskrankheit (AVK) zählt zu den so genannten Durchblutungsstörungen und tritt vorwiegend im höheren Alter auf.
Ursachen: Risikofaktoren sind Rauchen, Diabetes mellitus, Hypercholesterinämie mit Arteriosklerose. Auch Entzündungen können zum Gefäßverschluss führen (Arteriitiden).

	Anamnese	Erscheinungsbild
Medikamentöse Genese		
Cumarinnekrose	Beginn der Cumarintherapie in den letzten 10 Jahren	Ekchymosen mit zentraler Blasenbildung und Nekrosen
Embolia cutis medicamentosa	Vorangegangene schmerzhafte intramuskuläre Injektion	Livid-erythematöser, bretthart infiltrierter, bald nekrotisch werdender Herd an der Injektionsstelle
Heparinnekrose	Subkutane Injektionsstelle	Einblutung mit zentraler Blasenbildung und Nekrose
Infektiöse Genese		
Phlegmonös nekrotisierendes Erysipel	Oft nach kleiner Verletzung	Schmerzhafte Rötung und Schwellung mit blasiger Abhebung
Gasbrand	Nach Verletzung plötzlich Schmerzen im Wundbereich	Blaurot bis bronzefarbene Zonen mit serös-hämorrhagischen Blasen, Krepitation
Purpura fulminans	Ausgedehnte, z. T. flächenhafte Einblutung nach vorangegangenem Infekt	Hämorrhagische Blasen mit Verschorfung, eine Schleimhautblutung
Vaskuläre Genese (Angiopathie)		
Nekrotisierende Vaskulitis	Infekte, Medikamente, Nahrungsmittel, Autoantigene	Purpura, Ulzera, Nekrosen
Sonstige Genese		
Kardiolipin-Antikörper-Syndrom	Oft Thrombosen und Thrombophlebitiden	Livedo racemosa, Purpura, periphere Gangrän, Ulzera
Kälteagglutinin-Krankheit	Kälte-, Schmerzempfindlichkeit	Blutung an Haut und Schleimhäuten, Zyanose der Akren, Raynaud-Syndrom, Nekrosen
Nekrotisierende Fasciitis	Meist nach vorangegangener Verletzung Erythem, hämorrhagische Blasen	Nekrosen, Ulzera, regionäre Lymphadenitis

Tab. 14.4: Erkrankungen, bei denen Einblutungen in die Haut auftreten, die sich anschließend in kutane Ulzera (Nekrosen) umwandeln.

Schweregradeinteilung

Man teilt die AVK in insgesamt vier Stadien ein (☞ Tab. 14.5).

Stadium I	Schmerzfreiheit
Stadium II • Stadium IIa • Stadium IIb	Latenzschmerz (= Claudicatio intermittens) • Schmerzfreie Gehstrecke über 200 m • Schmerzfreie Gehstrecke unter 200 m
Stadium III	(nächtlicher) Ruheschmerz ohne Gewebedefekt
Stadium IV	Nekrobiosen bzw. Gangrän mit oder ohne Ruheschmerz

Tab. 14.5: Schweregrade der arteriellen Verschlusskrankheit (nach Fontaine)

Symptome und Befund

Kennzeichen eines **Totalverschlusses** mit vollständigem Gewebeuntergang ist die schwärzliche Verfärbung. Die Unterschiede zwischen einer neuropathischen und einer ischämischen Gangrän bei Diabetes mellitus zeigt Tab. 14.6.

Neuropathisch infizierter Fuß	Ischämisch gangränöser Fuß
Fuß rosig und überwärmt	Fuß kalt und livide
Fußpulse gut tastbar	Fußpulse fehlen
Läsionen schmerzlos	Schmerzhafte Nekrosen an Zehenspitzen und Fersen
Tiefensensibilität vermindert (Stimmgabelversuch)	Keine Tiefensensibilitätsstörung
–	Meist weitere Risikofaktoren für Arteriosklerose
Angiographie nicht indiziert	–
Transkutaner Sauerstoffpartialdruck normal bis erhöht	Transkutaner Sauerstoffpartialdruck stark erniedrigt

Tab. 14.6: Unterschiede zwischen neuropathischer und ischämischer Gangrän bei Diabetes mellitus.

15 Erkrankungen der Anal- und Perianalregion

Diagnostische Möglichkeiten

Mit dem Finger sind Analkanal, Schließmuskel, Prostata und der untere Abschnitt des Enddarms tastbar. Ferner stehen folgende Instrumente für die inspektorische Beurteilung zur Verfügung:
- **Proktoskop** (Proktoskopie): Einsicht des Analkanals bis 7–8 cm
- **Rektoskop** (Rektoskopie): Einsicht des Enddarms bis maximal 30 cm
- **Koloskop** (Koloskopie): Untersuchung des Dickdarms.

15.1 Hämorrhoiden

Hämorrhoiden sind stauungsbedingt erweiterte subkutane Analvenen. Häufig treten sie bei jungen Menschen auf. Im Gegensatz dazu nennt man Hautläppchen unterschiedlicher Größe, die sich nicht mit Blut füllen, Analfalten oder Marisken. Marisken sind oft mit Hämorrhoiden vergesellschaftet.

Ursachen

Die Entstehung des Hämorrhoidalleidens wird begünstigt durch
- Chronische Obstipation, z.B. infolge ballaststoffarmer Ernährung
- Laxanzienabusus
- Forcierte Bauchpresse
- Opulente Mahlzeiten
- Chronisch entzündliche oder allergische Prozesse im Analbereich
- Raumfordernde Prozesse im unteren Pfortaderbereich
- Bewegungsarmut
- „Angeborene Schwäche des Bindegewebes"
- Schwangerschaft.

Symptome und Befund

Oft bereiten Hämorrhoidalknoten keine Schmerzen. In anderen Fällen kommt es zu Jucken, Brennen und Stechen, besonders nach dem Stuhlgang. Bestehen gleichzeitig lästiges Nässen und Brennen, so liegt fast immer eine Mastdarmentzündung vor (Proktitis). Beschwerden:
- Falten- und Taschenbildung mit Juckreiz und Ekzematisation
- Erhöhte Blutungsneigung durch Platzen der erweiterten Venen (häufig)
- Bei frischer Thrombosierung stärkste Schmerzen (Analvenenthrombose).

Bei jeder Mastdarmblutung muss ein Rektumkarzinom ausgeschlossen werden.

Im fortgeschrittenen Stadium wölben die erweiterten Gefäße die Analschleimhaut wulstartig vor und zeigen je nach Blutfüllung oder -stauung eine rote bis dunkelrot-livide Eigenfarbe. Besonders beim Pressen erscheinen die Knoten in der Analöffnung, ziehen sich jedoch auch spontan zurück. Sie sind weich und mit dem Finger nur ausnahmsweise tastbar.

Schweregradeinteilung: Eine Stadieneinteilung der Hämorrhoiden (Grad I bis III) ist in Abb. 15.1 dargestellt.

Lokalisation: Die exakte Lokalisation wird nach dem Uhrzeigersinn (☞ Abb. 15.2) ange-

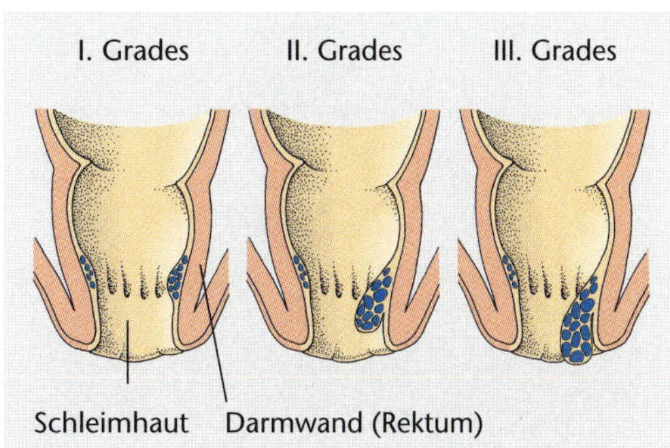

Abb. 15.1: Schematische Darstellung der Hämorrhoiden nach drei Schweregraden (nach Berchtold, Hamelmann, Peiper).

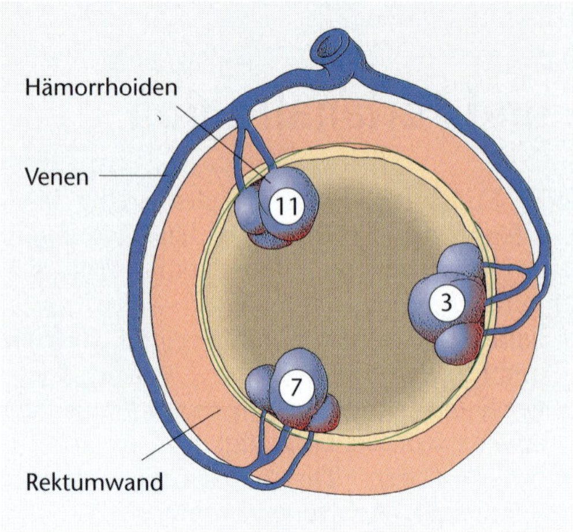

Abb. 15.2: Hämorrhoiden mit typischem Sitz bei 3, 7 und 11 Uhr (in Steinschnittlage).

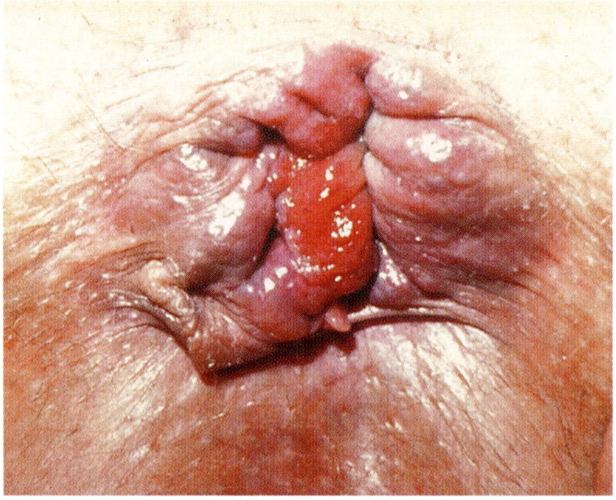

a

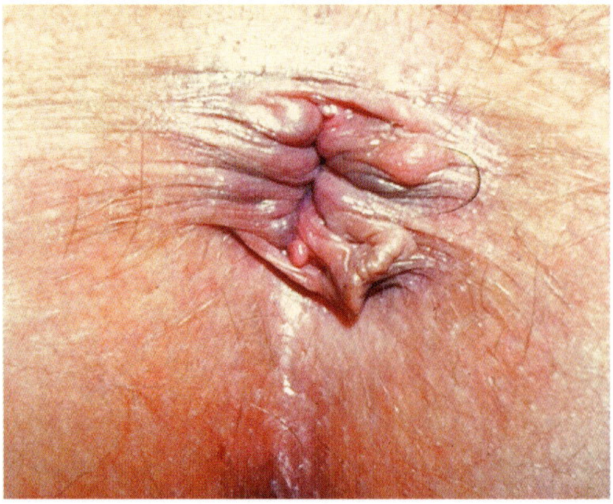

b

Abb. 15.3a–b: Hämorrhoiden. [U127]

geben. Die Hämorrhoidalknoten liegen an der Aufzweigung einer Rektalarterie und sind deshalb bei 3, 7 und 11 Uhr zu finden.

Hämorrhoiden sind nicht tastbar!

Therapie

Eine frische Thrombose sofort inzidieren und den Thrombus auspressen → die Schmerzen lassen sofort nach. Salbenverband.

Therapie bei einfachen Hämorrhoiden

- Sorgfältige Waschungen und Reinigung nach dem Stuhlgang mit weichen Tüchern; Gerbstoff (Tannolact®)-Sitzbäder
- Darmträgheit regulieren
- Kurzfristige Behandlung mit Hämorrhoidalzäpfchen (Procto-Jellin® u.a.)
- Keine anästhesierenden Zäpfchen, da Gefahr der Allergisierung
- Bei Hämorrhoidenbeschwerden: Verödungsbehandlung (s.u.), bei ausgeprägten Hämorrhoiden chirurgische Entfernung.

Vorsicht: Kortikosteroid-Salben im Analbereich nur kurzfristig anwenden!

Hämorrhoidenverödung

Vorgehen: Den Patienten in Steinschnitt- oder Linksseitenlage lagern. Dann rektal mit dem Finger untersuchen, wofür Plastik-Handschuhe, Gummifingerlinge und Gleitsalbe oder Öl bereitgestellt werden. Proktoskop einführen, Beleuchtung anschließen, Hämorrhoidalknoten einstellen. Spezielle Tropfspritze mit Verödungsmittel (z.B. Aethoxysklerol 4 %®) füllen, abgewinkelte, geknöpfte Kanüle aufsetzen. Mit einem Desinfektionsmittel die Schleimhaut desinfizieren. Das Verödungsmittel wird streng darmwärts (proximal) vom Hämorrhoidalknoten injiziert.
Das benutzte Proktoskop wird zunächst mit warmem Wasser abgespült und etwa 20 Minuten lang in eine Desinfektionslösung getaucht, etwa in Propanol (z.B. Sagrosept®).

Anale Blutungen

Die Entleerung von Blut aus dem Analbereich ist ein häufiger Befund. Vielfach handelt es sich dabei um proktologische Notfälle, die ein unmittelbares Eingreifen erfordern. Hier sind chirurgische Maßnahmen (Inzision, Ausräumung, Abszesseröffnung u.a.) notwendig.

Ursachen: Häufige Ursachen für anale Blutungen (frisches Blut) sind
- Hämorrhoiden
- Rupturierte Perianalvenenthrombose
- Analfissuren
- Proktitis (Gonorrhö?)
- Colitis ulcerosa/Morbus Crohn
- Infektiöse Kolitis (z.B. Salmonellen, Shigellen)
- Kolorektale Polypen
- Kolorektale Karzinome
- Sigmadivertikulose/-divertikulitis

Seltener werden anale Blutungen verursacht durch:
- Fremdkörper-Verletzungen
- Invagination
- Mesenterialinfarkt
- Solitäre Ulzera
- Vaskulitiden
- Blutgerinnungsstörungen: angeboren (z.B. Hämophilie) oder erworben (z.B. Marcumar, High-dose-Heparin)
- Angeborene Gefäßerkrankungen (Hämangiom, Morbus Osler)
- Autoimmunerkrankungen.

Proktologische Notfälle

Proktologische Notfälle von **absoluter** Dringlichkeit:
- Massive perianale Blutung:
  - Tumorblutung
  - Entzündliche Darmerkrankung
  - Hämorrhoidalblutung
  - Ulcus simplex recti
  - Nachblutung nach Analoperationen oder Polypektomie
- Perforierende Verletzung
  - Perianal
  - Tansanal
- Fremdkörper.

Proktologische Notfälle von **relativer** Dringlichkeit:
- Thrombose
  - Hämorrhoidalthrombose
  - Perianalc Thrombose
- Abszedierung
  - „Rektumnahe Abszesse"
  - Übrige Abszesse
  - Beckenbodenphlegmone
- Obstruktive Analstenose
- Geburtstraumatische Fistel.

15.2 Analfissur

Analfissuren sind strichförmige, z.T. tiefer reichende Rhagaden mit bevorzugter Lokalisation bei 6 Uhr (Steinschnittlage). Die Umgebung ist meist entzündet und ekzematisiert, der Sphincter ani steht in Dauerkontraktion. Meist findet sich distal eine sog. „Vorpostenfalte".

Symptome und Befund

Starke Schmerzen bei der Defäkation („Sofortschmerz"), die einige Stunden lang anhalten können. Oft bestehen zusätzlich Sphinkterkrampf und Blutungsneigung.

Differenzialdiagnose

Inkomplette Darmfistel – die hierbei auftretenden Schmerzen setzen erst 5–20 Minuten nach der Defäkation ein („Spätschmerz") und sind nicht so heftig wie bei der Analfissur.

Therapie

Unterspritzung der Fissur mit einem Lokalanästhetikum. Bei stärkeren entzündlichen Erscheinungen Zumischung einer Kortikosteroid-Kristall-Suspension (z.B. Volon A®-Kristallsuspension, Celestan Solubile®); evtl. operative Entfernung.

15.3 Perianalthrombose

Ursachen: Veranlagung, Obstipation, langes Sitzen.

Symptome und Befund

Plötzlich auftretende starke Schmerzen im Analbereich, die spontan (unabhängig von der Defäkation) auftreten können. Sie bleiben an Intensität über Stunden gleich. Es zeigen sich dicke, bläuliche, außen sichtbare Hämorrhoidalknoten.

Therapie

Sofortige Stichinzision mit anschließender Entfernung des Blutgerinnsels (Thrombektomie).

15.4 Pruritus ani

Ursache: Für den Juckreiz im Analbereich kommen verschiedene Verursacher infrage.

- Entzündung: Analekzem, Fissur, Proktitis, Papillitis, Marisken, Intertrigo
- Infekt: Candida-Infektion, spitze und breite Kondylome, Oxyuren
- Allergie: Medikamentenallergie, Kontaktallergie gegen Salben, Wasch- und Körperpflegemittel
- Unspezifische Gründe: Adipositas, Diabetes mellitus, psychische Faktoren.

15.5 Analfistel

Analfisteln stellen röhrenförmige, epithelumsäumte Gänge dar, die vielfach mit dem Enddarm verbunden sind. Sie entstehen oft als Folge eines Analabszesses, können sich aber auch unbemerkt entwickeln.

Symptome und Befund

Analfisteln sind im Analkanal und in der Umgebung des Afters erkennbar – eher vereinzelt als multipel – und fallen durch Sekretion (Nässen, Absonderung eitriger Sekrete) und hohe Entzündungsneigung auf. Ekzem, Druckschmerz und Fremdkörpergefühl sind häufig.

Therapie

Operation nach röntgenologischer Darstellung der Fistel; evtl. auch Fadendrainage.

15.6 Marisken (Faltungen der Analschleimhaut)

Ursache: Die innere Wand des Analkanals tritt im Laufe von Monaten oder Jahren langsam tiefer.

Symptome und Befund

Unterschiedlich große, nicht schmerzhafte und nicht entzündliche Falten, die einzeln oder zu mehreren um den After liegen.

Therapie

Bei Beschwerden (häufige Ekzemneigung, Infektionsgefahr) operative Abtragung.

16 Erkrankungen der Mundschleimhaut

16.1 Aphthen

16.1.1 Nichtinfektiöse Aphthen

Ursache: nicht bekannt.

Symptome und Befund

Aphthen sind in Ein- oder Mehrzahl auftretende Erosionen mit einem fest haftenden, gelblichen Fibrinbelag. Typisch ist die hochrote Randzone. Man unterscheidet zwischen
- Nicht rezidivierenden solitären Aphthen
- Chronisch-rezidivierenden Aphthen (habituelle Aphthen), die bevorzugt im Erwachsenenalter auftreten (☞ Abb. 16.1).

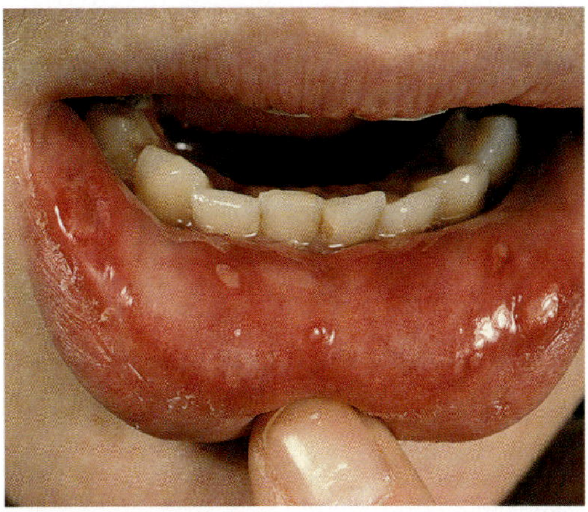

Abb. 16.1: Habituelle Aphthen.

16.1.2 Infektiöse Aphthen (Stomatitis aphthosa)

Ursache: Herpes-simplex-Virus.

Symptome und Befund

Typisch sind zahlreiche oberflächliche kleine Erosionen mit Fibrinbelag und einem schmalen, roten Hof (☞ Abb. 8.13). Die regionären Lymphknoten sind meist geschwollen. Diese Aphthen heilen schnell ab.

16.1.3 Therapie

Mundspülungen mit Kamillenextrakt (z.B. Kamillosan®). Vor dem Essen zur Schmerzausschaltung Subcutin®-Lösung; zusätzlich Volon A®-Haftsalbe.

16.2 Mundschleimhaut- und Zahnfleischentzündung (Stomatitis, Gingivitis)

Ursache: fehlende Mundpflege, Vitaminmangelzustände, Arzneinebenwirkungen.

Symptome und Befund

Entzündliche Rötung der Schleimhaut mit z.T. grauweißen Belägen.

Therapie

Hexoral®-Mundspülungen; in schweren Fällen Solutio Pyoctanini (0,5 %). Ursache klären und möglichst ausschalten.

16.3 Leukoplakie

Ursache: Pathologische Hornbildung; hierdurch verschwindet die normale Durchsichtigkeit des Schleimhautepithels.

Symptome und Befund

Sitz: Mundschleimhaut, Zunge, Eichel, Scheide, Muttermund, Schamlippen.
Man sieht weißliche, scharf begrenzte Flächen von unterschiedlicher Größe und vermehrter Konsistenz (☞ Abb. 16.2), häufig von Furchen durchzogen.

> Im Gegensatz zu den weißlichen Candida-Belägen sind Leukoplakien nicht abstreifbar.
> Leukoplakien können in Spinaliome (☞ 12.2.2) übergehen!

Therapie

Chirurgische Entfernung.

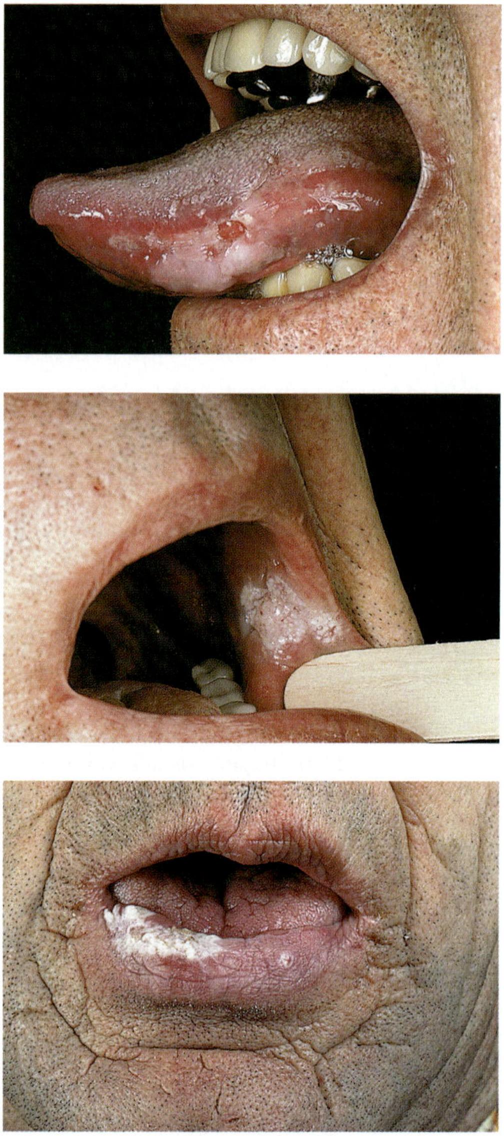

a

b

c

Abb. 16.2: Leukoplakie.
a Lokalisation an der Zunge.
b Lokalisation an der Wangenschleimhaut.
c Lokalisation an der Unterlippe (Spinaliom).

16.4 Faulecken (Angulus infectiosus, Perlèche)

Ursache: Candida-Infektion (☞ 8.3.7), bei Kindern häufig bakteriell; Eisen- und Vitamin-B_{12}-Mangel, schlecht sitzende Prothese, Neurodermitis.

Symptome und Befund

Im Bereich der Mundwinkel befinden sich kleinere Verkrustungen auf entzündlich gerötetem Grund, z.T. von Rhagaden durchzogen.

Therapie

Sie richtet sich nach der Ursache, die behoben werden muss. Touchierung mit 5 %iger Argentum-nitricum-Lösung.

16.5 Mundfäule (Stomatitis ulceromembranosa)

Ursache: schlechter Ernährungszustand, Infekte, Arzneimittelnebenwirkungen.

Symptome und Befund

Bei Fieber und schlechtem Allgemeinbefinden sind Zahn- und Wangenschleimhaut stärker gerötet und von schmierig-eitrigen Ulzerationen durchsetzt; ekelerregender Mundgeruch; leichte Blutungsneigung.

Therapie

Hexetidin-(z.B. Hexoral®)-Spülungen, ggf. Antibiotikagabe, ggf. Vitamingabe; Ursachen beheben.

16.6 Veränderungen an der Zunge

16.6.1 Faltenzunge (Lingua plicata)

Ursache: angeborene Veränderung der Zungenoberfläche.

Symptome und Befund

Die Zungenoberfläche ist von unterschiedlich vielen Falten durchzogen; nicht schmerzhaft, nicht behandlungsbedürftig.

16.6.2 Haarzunge (Lingua villosa nigra)

Ursache: Veränderung von Hornfortsätzen bestimmter Papillen, häufig hervorgerufen durch lang angewandte Antibiotika.

Symptome und Befund

Im mittleren Zungenbereich finden sich grauschwarze, fadenförmige Gebilde, die bis zu 1 cm lang werden können.

Therapie

Mechanische Abtragung mit einem scharfen Löffel. Antibiotika möglichst absetzen.

16.6.3 Wanderplaques (Exfoliatio areata linguae)

Ursache: umschrieben ablaufender, verstärkter Schälungsprozess der Zungenoberfläche.

Symptome und Befund

Typisch sind unterschiedlich große, scharf begrenzte, gerötete, belagfreie Flächen. Ausdehnung nach peripher, dabei zentrale Abheilung. Gelegentlich tritt Zungenbrennen auf.

Therapie

Eine Behandlung kann unterbleiben, da die Plaques meist spontan abheilen. Den Patienten über die Harmlosigkeit der Erscheinungen aufklären.

17 Erkrankungen der Hautanhangsgebilde (Adnexe)

17.1 Akne

Akne ist eine Erkrankung der Jugend und des frühen Erwachsenenalters. Sie setzt in aller Regel mit Beginn der Pubertät ein.
Ursache: die genaue Ursache der Akne ist nach wie vor ungeklärt, jedoch können Hormone, insbesondere Testosteron, anabole Hormone, Gonadotropin, ACTH, Halogene, INH, Vitamine (B_{12}) und Kortikosteroide eine Akne wesentlich verschlimmern.

Symptome und Befund

Sitz: ausschließlich Gesicht, oberer Rücken, seltener über dem Brustbein.
Verlauf: Alle Akneläsionen gehen ursprünglich von Haarfollikeln und den mit ihnen verbundenen Talgdrüsen aus. Sie beginnt mit einer verstärkten Verhornung im Follikel. Daraus entstehen **Mitesser** (Komedonen), kleine schwarze Pünktchen, die aus winzigen, in der Haut liegenden Hornsäckchen bestehen. Bei vollständigem Verschluss dieser Zysten erkennt man nur kleine gelbliche **Papeln** (geschlossene Komedonen).
Unter Vermehrung von Propionibacterium acnes wandelt sich der Komedo entzündlich um, die Zystenwand reißt (☞ Abb. 17.1). Erst dann tritt eine massive Entzündung auf, und es bilden sich größere hellrote, druckschmerzhafte **Knötchen** (Acne vulgaris; ☞ Abb. 17.2 und 17.3).
Bei lang dauernder Akne entwickeln sich z.T. große, maulwurfgangartig verzweigte Zysten in der Haut, die außerordentlich schwer zu

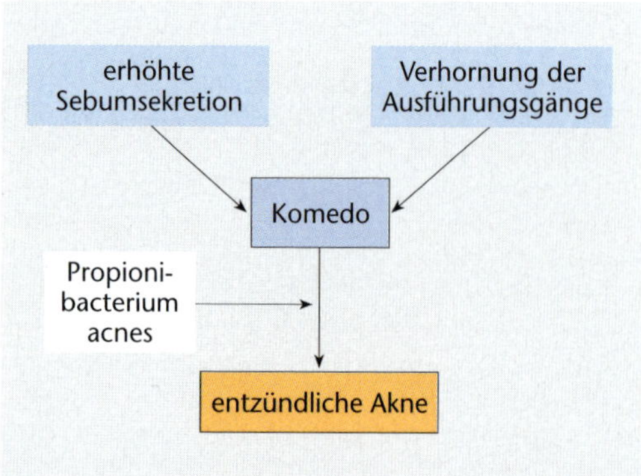

Abb. 17.1: Entstehung der Akne.

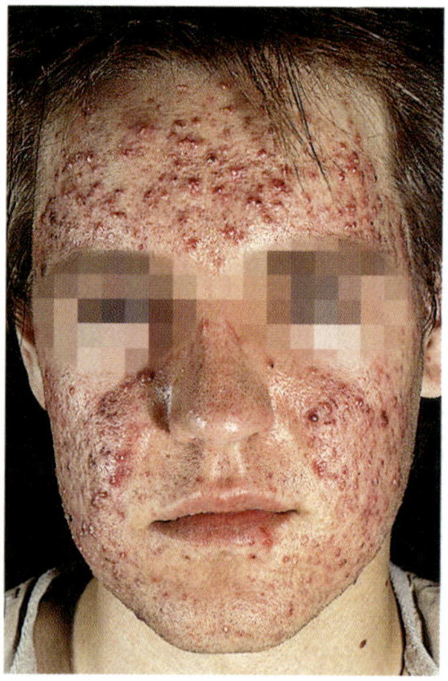

Abb. 17.2: Acne vulgaris.

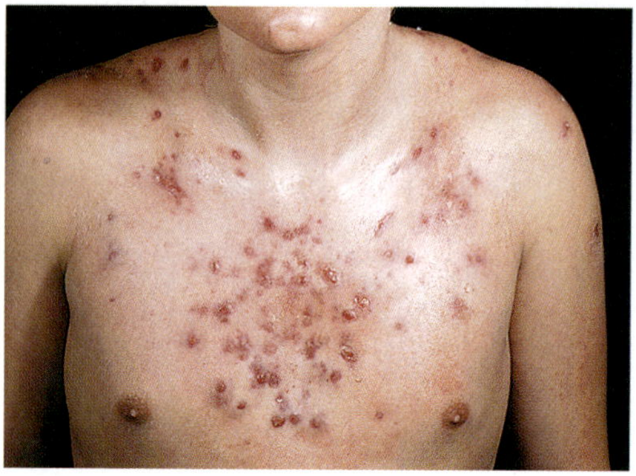

Abb. 17.3: Acne vulgaris.

behandeln sind **(Acne conglobata).** Die tiefer reichende, ausgedehnte Akne heilt nur unter Vernarbung.

Therapie

Allgemeine Lokaltherapie: Reinigung des Gesichts mit synthetischer Seife (z. B. Satina®, Sebamed®). Anschließend Behandlung mit antibiotischem Spiritus, Benzoylperoxid, milder Schälbehandlung (Resorcin-Schwefelpaste); sorgfältige Aknetoilette mit Eröffnung der Pusteln, Herauslösung der Komedonen und Eröffnung der Zysten (durch geschultes Personal). Zusätzlich ggf. Ultraviolett-Bestrahlung des Gesichts (☞ 5.2.1).

- Kortisonsalben helfen bei Akne nicht, sondern verschlimmern das Erscheinungsbild der Haut
- „Pickelquetschen" durch den Betroffenen vermeiden
- Sog. Aknediäten sind von zweifelhaftem Wert.

Komedonenakne: Vitamin-A-Säure-Lösung über 4–6 Wochen. Die sich anfangs zeigende Rötung der Haut verschwindet mit der Dauer der Behandlung.

Zystische/Knotenakne: Zur tief reichenden Desinfektion der zystischen und Knotenakne (Acne conglobata) empfiehlt sich Benzoylperoxid-Gel. Bei Erfordernis zusätzlich Tetrazykline oral, 1 g/Tag, etwa 10 Tage lang, dann 0,25–0,5 g über Wochen oder Minocyclin 50 mg/Tag. Zusätzlich kann 13-cis-Retinsäure (Roaccutan®) bei schweren Fällen zur Anwendung kommen. Die Dosierung beträgt anfangs 40–60 mg und wird dann reduziert.

Vorsicht:
- Kein Tetrazyklin bei Schwangeren und Kindern!
- Roaccutan® ist fruchtschädigend! Bei Frauen im Fortpflanzungsalter nur unter strenger Beachtung antikonzeptiver Maßnahmen verordnen.

17.2 Rosazea

Die Rosazea ist mit der Akne verwandt, unterscheidet sich aber von dieser durch ihr späteres Auftreten (30.–50. Lebensjahr) sowie durch ihre Lokalisation (Nase und angrenzende Wangenpartien; ☞ Abb. 17.4).

Symptome und Befund

Die Rosazea äußert sich als ausgeprägte blaurote Verfärbung der Nase und der angrenzenden Wangen, oft sind erweiterte Gefäße sichtbar (Cuperose). In den Follikeltrichtern bilden sich Papeln und Pusteln. Die gesamte Nase kann sich vergrößern und zu einem Rhinophym (Knollennase) entwickeln (☞ Abb. 17.5).

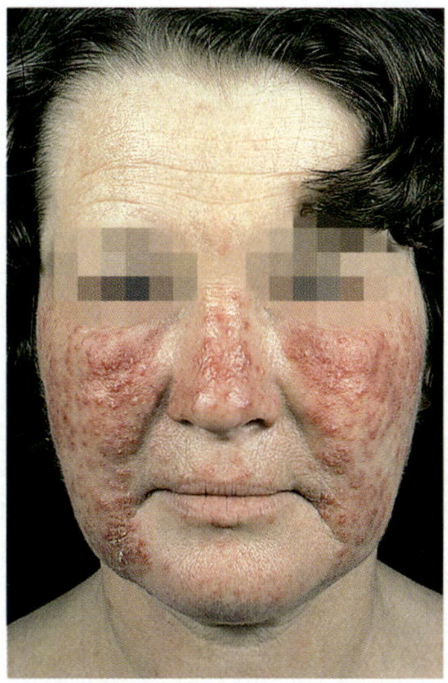
a

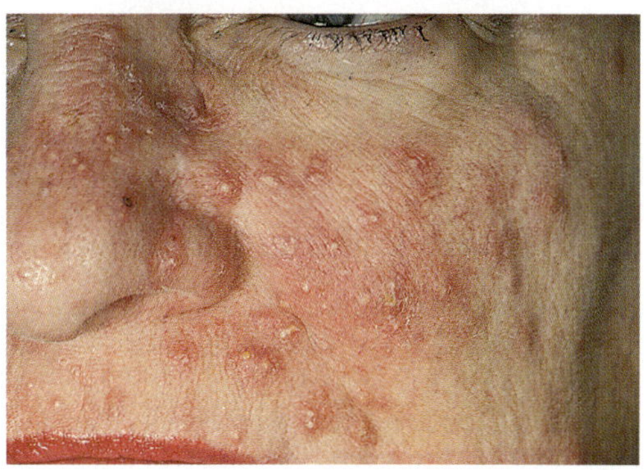
b

Abb. 17.4a–b: Rosazeaartige Dermatitis.

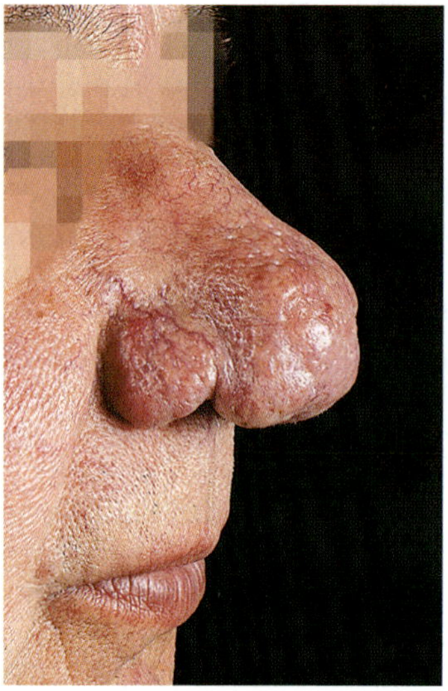

Abb. 17.5: Rhinophym.

Therapie

Äußerlich: Reinigung der Haut wie bei Akne (synthetische Seifen, Antibiotika-Spiritus), nachts Schwefelpaste, elektrische Verödung der Teleangiektasien, kosmetische Behandlung (☞ 7.5.1) sowie 2%ige Metronidazol-Creme.
Innerlich: Tetrazykline wie bei Acne vulgaris über einen längeren Zeitraum. Metronidazol (z. B. Arilin 500®), 1–2 Tabletten über 4–6 Wochen bei sehr therapieresistenten Fällen.
Auch hier kann 13-cis-Retinsäure (Isotretinoin, z.B. Roaccutan®) in einer Dosierung von etwa 40 mg/Tag angewendet werden. Dieses Präparat führt zu einer raschen Verkleinerung der Talgdrüsen und damit zum „Austrocknen" der Rosazea.
Das Rhinophym kann chirurgisch abgetragen werden, sodass die ursprüngliche Form der Nase wieder hergestellt werden kann.

17.3 Periorale Dermatitis

In den letzten Jahren häufig gewordenes Krankheitsbild, vornehmlich bei jungen Frauen.
Ursache: Fluorierte Kortikosteroide, Kosmetika, Seifen, fluorierte Zahnpasta u.a. sind ursächlich in Beziehung gesetzt worden.

Symptome und Befund

Zunächst kommt es im Kinnbereich, dann perioral zu einer sich auf untere Wangenpartien, Stirn und Augenlider ausdehnenden, dichten Aussaat rötlicher Papeln, die sich vielfach in Pusteln umwandeln; subjektiv Spannungsgefühl und Brennen der Gesichtshaut.

Therapie

Äußerlich: Aknebehandlung (z. B. mit Aknichthol soft®, synthetischen Seifen, Teewasserumschlägen u. a.; ☞ 7.5.1).
Innerlich: Tetrazyklin 1 g täglich über etwa 10 Tage, langsame Reduktion der Dosis auf 500 mg für weitere 10 Tage und Weiterbehandlung mit 250 mg über etwa 3 Wochen.

Hautschäden durch Kosmetika und Kortikosteroide sind hier besonders oft zu beobachten.

17.4 Haarerkrankungen

Das menschliche Kopfhaar wächst 2–6 Jahre lang ununterbrochen, danach geht der Haarfollikel (Haarwurzel) in eine Ruhepause, das Haar fällt aus, um nach mehreren Monaten in eine erneute Wachstumsphase einzutreten. Dieses zyklische Wachstum der Haare bedingt, dass ständig Haare ausfallen: Ein Verlust von 80–100 Haaren pro Tag entspricht dabei der Norm.
Die Entwicklung einer männlichen Glatze ist durch die Erbanlage zu erklären und wird durch die Anwesenheit von männlichen Geschlechtshormonen (Androgenen) ausgelöst. Oft tritt auch bei der Frau im Laufe des Lebens ein zunehmender Haarverlust auf, der sich besonders in der postklimakterischen Phase verstärkt; jedoch verteilt sich dieser Haarausfall gleichmäßig über die Mitte des behaarten Kopfes, sodass keine vollständig kahlen Stellen auftreten.

Haarwurzelstatus

Um einen pathologischen Haarausfall zu diagnostizieren, führt man einen Haarwurzelstatus (Trichogramm) durch:

Epilationsstellen (Entnahmestellen):
- 2 cm hinter der Stirn-Haar-Grenze und 2 cm rechts von der Mittellinie
- 2 cm rechts von der Hinterkopfmitte
- Bei herdförmigen Haarausfällen am Herdrand.

Vorgehen: Ein herdförmiges Haarbüschel von etwa 50 Haaren mit einer gummischlauchbezogenen Arterienklemme fassen und bis kurz über den Haarboden aufrollen. Dann mit einem kräftigen Ruck nach oben die Haare epilieren. Die unteren Haaranteile in etwa 2 cm Länge abschneiden und jeweils auf einen mit
- F (frontal = vorderer Kopfbereich) und
- O (okzipital = hinterer Kopfbereich)

bezeichneten Objektträger bringen und mit Eukitt® einbetten.

Beurteilung:
- Telogener Haarausfall: vermehrter Ausfall von Kolbenhaaren (bei geringfügiger Schädigung der Haarmatrix)
- Dystrophischer Haarausfall: spitz zulaufende, in Haarfollikeln abgebrochene Haare (bei starker Schädigung der Haarmatrix)
- Gemischter Haarausfall: Ausfall von Kolbenhaaren und dystrophischen Haaren (bei mäßig starker Schädigung der Haarmatrix).

17.4.1 Alopecia areata (kreisförmiger Haarausfall)

Die Alopecia areata tritt besonders im jungen Erwachsenenalter auf.

Symptome und Befund

Sie ist durch umschriebenen oder (seltener) vollständigen Verlust der Kopfhaare gekennzeichnet, in schweren Fällen auch der Körperhaare und Augenbrauen.

Plötzlich („über Nacht") entstehen kreisrunde kahle Stellen, auf denen die leeren Follikelöffnungen sichtbar sind. Am Rand dieser Herde sieht man besonders anfangs zahlreiche, nach unten spitz zulaufende, abgebrochene Haare („Ausrufezeichenhaare"). Diese Herde können sich weiter ausdehnen.

Patientenberatung

Viele Betroffene sind verunsichert, weil verschiedenste Gerüchte über den kreisrunden Haarausfall umgehen. Hier Aspekte, die einige Vorurteile entkräften: Die Alopecia areata
- ist nicht ansteckend
- ist nicht die Folge eines Vitaminmangels oder einer sonstigen Mangelernährung und deshalb auch nicht durch Diäten beeinflussbar
- wird nicht durch eine Vergiftung oder Belastung durch Umweltschadstoffe verursacht.

Therapie

Kortikosteroide: Unter Okklusivbedingungen, bei starker Ausdehnung auch innerlich, 30 mg/Tag in abfallender Dosierung über 3–4 Wochen. Kleine Herde können auch unterspritzt werden.

Induzierte Dermatitis: Überraschend gut spricht die Alopecia areata auf eine künstlich ausgelöste allergische Kontaktdermatitis an. Dabei wird die Kopfhaut mit einem speziell

	Gute Prognose	Schlechte Prognose
Manifestationsalter	• Postpubertär	• Präpubertär
Klinische Form	• Einzelner umschriebener Herd	• Multiple Herde • Ophiasis-Typ • Alopecia areata totalis • Alopecia areata universalis • Befall der Augenbrauen, Wimpern und Nägel
Krankheitsdauer	• Unter 6 Monate	• Über 1 Jahr
Begleitkrankheiten	• Keine	• Atopie • Autoimmunkrankheiten • Down-Syndrom • Sichelzellenanämie
Familiäre Belastung	• Keine	• Vorhanden

Tab. 17.1: Prognose der Alopecia areata (nach U. Runne in Orfanos, C. E.: Haar und Haarkrankheiten).

hergestellten Kontaktallergen (Diphenylcyclopropenon, 2%ig), das in der Umwelt nicht auftritt, sensibilisiert und nachfolgend in geringer Dosis bis zum klinisch sichtbaren Erythem behandelt. Danach setzt kräftiges Haarwachstum ein, das bei vielen Patienten auch nach Absetzen dieser Behandlung fortbesteht. Die Therapiedauer beträgt mindestens 20 Wochen.

17.4.2 Diffuser Haarausfall

Ursachen des Haarausfalls (nach Zaun)

Diffuser Haarausfall
- Akute und chronische Infektionskrankheiten:
  - Jede hochfieberhafte Erkrankung (z. B. Grippe, Typhus, Erysipel)
  - Lues II
  - Tuberkulose
- Mangelkrankheiten:
  - Eisen- und Kalziummangel
  - Protein- und kalorisches Defizit (z. B. Fehl- und Unterernährung, Malabsorption)
- Endokrin-metabolische Ursachen:
  - Diabetes mellitus
  - Schilddrüsenfehlfunktionen
  - Hypophysenvorderlappeninsuffizienz
  - Hepatopathie
  - Schwangerschaft, postpartal, Klimakterium
  - Alopecia androgenetica
- Nichtinfektiöse konsumierende Allgemeinerkrankungen:
  - Kachexie, maligne Tumoren
  - Dermatomyositis
  - Blutkrankheiten
- Medikamente und andere chemische Verbindungen:
  - Zytostatika, Antikoagulanzien, Antihypercholesterinämika, Vitamin A
  - Schwermetallverbindungen (Thallium, Quecksilber, Arsen, Blei, Gold, Silber)
  - Pflanzentoxine (z. B. Colchicin, Mimosin).

Umschriebener Haarausfall
- Physikalische Einflüsse: Traktion (Haartrachten), Trichotillomanie, Röntgenstrahlen, Verbrennung, Scheuern (z. B. bei Neurodermitis)
- Entzündliche Haarbodenveränderungen: z. B. Ekzem, Tinea, Pyodermien
- Alopecia areata.

> Alle Formen von Haarausfall sind grundsätzlich reversibel, wenn sie frühzeitig behandelt werden und ihre Ursache ausgeschlossen wird. Ausnahmen sind die anlagebedingte Glatzenbildung und vernarbende Alopezien (☞ 17.4.3).

17.4.3 Vernarbende Alopezien

Vernarbende Alopezien sind besondere Formen von Haarausfall, bei denen die Kopfhaut langsam in einen derben, festen Narbenzustand übergeht, z. B. bei Lupus erythematodes, Lichen ruber, Sklerodermie, Pseudopelade. Besonders im fortgeschrittenen Stadium ist eine Behandlung hier aussichtslos.

17.5 Erkrankungen der Schweißdrüsen

Die Schweißdrüsentätigkeit dient der Wärmeregulation des Körpers: Durch Wasserdampfabgabe wird dem Körper Wärme entzogen. Bei starkem Schwitzen, besonders in den Tropen, aber auch bei Säuglingen unter Windeln oder unter feuchten Verbänden (zu lange liegende Plastik-Okklusivverbände!), werden durch Quellung die Schweißdrüsenausführungsgänge dagegen verschlossen.
Schweiß riecht nicht. Der typische Schweißgeruch wird immer durch bakterielle Zersetzung von Schweißbestandteilen wie auch von Horn hervorgerufen. Sauberkeit, Wäsche wechseln, Pudern kann ihn vermindern.

17.5.1 Miliaria rubra

Symptome und Befund

Innerhalb kurzer Zeit aufschießende hochrote, schmerzhafte, kleinste Knötchen, die vielfach von kleinen Bläschen bedeckt sind.

Therapie

Abtrocknung der Haut, Trockenpinselungen (Lotio alba).

17.5.2 Tiefe Schweißdrüsenabszesse

Sie entstehen, wo apokrine Drüsen vorhanden sind, also in Axillen und in der Anogenitalregion. Wiederholt auftretende Schweißdrüsenabszesse, die sich über Jahre hinziehen, verursachen starke, z.T. tief ausgezogene Narben und erfordern meist chirurgische Maßnahmen.

Therapie

Da die Abszesse durchweg bakterieller Natur sind, ist zusätzlich zur Lokalbehandlung eine innerliche Antibiotikamedikation angezeigt.

17.5.3 Hyperhidrosis

Ursache: Übermäßiges Schwitzen (Hyperhidrosis) ist meist anlagebedingt, kann aber auch durch Stresssituationen, Nervosität u.a. ausgelöst werden. Hyperhidrosis ist auch ein Symptom der Schilddrüsenüberfunktion.

Therapie

Äußerlich: Ein brauchbares Antiperspirans ist Aluminiumchlorid, das zu einer Verquellung der oberen Schweißaustrittsporen führt. Aluminiumchlorid ist in zahlreichen Antiperspiranzien enthalten. Die Rezeptur ist einfach: 30 % Aluminiumchlorid in Wasser. Diese Lösung kann nach Entfernung der Axillarhaare mehrfach reichlich aufgetragen werden und wird nach etwa einer halben Stunde mit einer Syndet-Seife abgewaschen.
Innerlich: Tranquilizer sind nur in schweren Fällen und vorübergehend indiziert (Abhängigkeitsgefahr!).
Sehr wirksam sind Botulinum-Toxin-Injektionen (axillär).
Bei Hyperhidrosis infolge chronischen Stresses und vegetativer Labilität sind häufig Entspannungstechniken (autogenes Training) sinnvoller als die medikamentöse Sedierung.
Operativ: Bei sehr starker axillärer Schweißneigung führt eine Exzision der Axillarhaut (ggf. auch Teilexzision) oft zu erheblicher Besserung.

17.5.4 Dyshidrosis

Symptome und Befund

Besonders im Sommer und nach starker nervlicher Beanspruchung zeigen sich an den Handrändern sowie an den seitlichen Fingerarealen plötzlich aufschießende, glasklare Bläschen, die Juckreiz hervorrufen. Beim seltenen schweren Verlauf können sich diese Erscheinungen auf die Handteller und Fußsohlen ausdehnen (☞ Abb. 17.6). Das Aufplatzen der kleinen Bläschen sowie das Reiben rufen gelegentlich eine zunehmende Ekzematisation mit Rötung, Schwellung und vermehrtem Nässen hervor (☞ Abb. 17.7). Auch können sich daraus Sekundärinfektionen (Erysipel) entwickeln.

Therapie

Wie beim Ekzem (☞ 10.3).

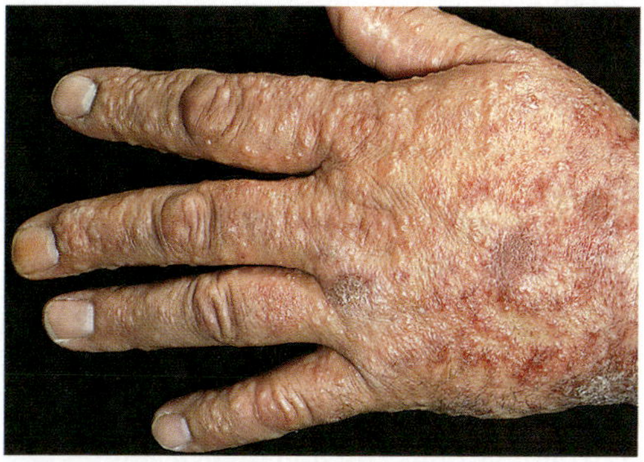

Abb. 17.6: Dyshidrosiformes Ekzem

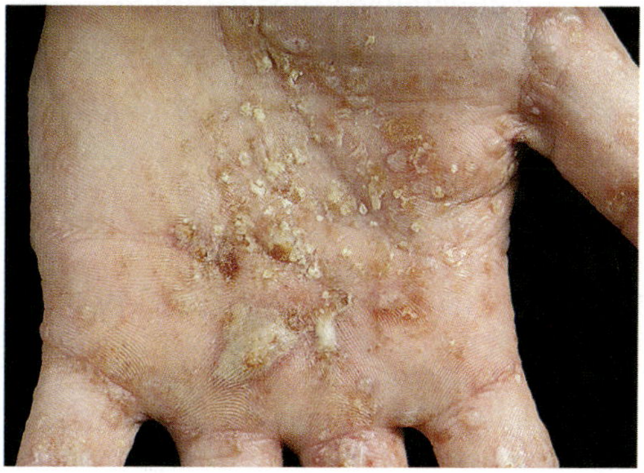

Abb. 17.7: Dyshidrosiformes Ekzem.

17.6 Erkrankungen der Nägel

17.6.1 Nagelwallentzündung (Paronychie)

Vorwiegend bakterielle Entzündung des Nagelwalls, bei der sich gern Candida-Pilze (☞ 3.2.1) als weitere Infektionsträger hinzugesellen. Die Infektion wird durch Manipulieren am Nagelwall, häufiges und länger dauerndes Hantieren in Wasser (Seifenlauge) begünstigt.

Symptome und Befund

An einem, weniger häufig an mehreren Fingern, ist der Nagelwall hochrot geschwollen und sehr schmerzhaft. Je nach der Stärke der Entzündung kann es zur Abszessbildung kommen.

Therapie

Akute Paronychie: Bei Abszessbildung sind die chirurgische Eröffnung und innerlich Antibiotika indiziert. Sonst antibakterielle und fungizide Lösungen (Solutio Castellani, Pyoktanin-Lösung 0,5 %ig) im Wechsel mit Kortikosteroid-Salbenverbänden; Ruhigstellung des befallenen Gliedes.
Chronische Paronychie: Eine Therapie ist oft sehr schwierig. Auch hier sind Pinselungen mit Solutio Castellani u.a. nötig, ebenso Kortikosteroid-Salbenverbände. Nur selten ist eine chirurgische Extraktion des Nagels mit sorgfältiger Reinigung des Nagelbetts sowie der Nagelfalze erforderlich. Die lang dauernde Verabreichung von innerlichen Antibiotika hat wenig Erfolg. Feuchtigkeit vermeiden.

17.6.2 Nagelwachstumsstörungen (Onychodystrophie)

Die Onychodystrophie tritt oft im Zusammenhang mit anderen Hauterkrankungen auf.

Symptome und Befund

Sichtbares Zeichen ist eine entzündliche oder narbige Veränderung des Nagelbetts, wodurch sich der Zusammenhalt zwischen Nagelplatte und Nagelbett aufgelöst hat. Bei narbigen, entzündlichen oder auch sonstigen Prozessen im Bereich der Nagelwachstumszone (Nagelmatrix) wächst die dort gebildete Nagelplatte ungleichmäßig, oftmals splitternd und leicht zerfallend vor. Tiefe Spalten, Richtungsänderung und gelblich-bräunliche Verfärbung können weiterhin dazugehören. Besonders bei Psoriasis, Lichen ruber und bei Pilzinfektionen (Fadenpilze) kann eine Onychodystrophie auftreten.

Therapie

Die Behandlung der Onychodystrophie richtet sich nach dem Grundleiden.

17.6.3 Hörnernägel (Onychogryposis)

Ursache: falscher Druck durch unpassendes Schuhwerk über einen langen Zeitraum.

Symptome und Befund

Die Onychogryposis zeigt sich besonders an den Großzehen älterer Menschen. Die Nagelplatten sind stark verdickt, bräunlich-gelb verfärbt, weisen eine raue, geriffelte Oberfläche auf und wachsen zur Seite hin. Die Nägel sind zudem so hart, dass sie manchmal mit der Schere nicht mehr beschnitten werden können.

Therapie

Die Nagelplatten sind abzuschleifen oder abzufeilen; am besten nach einem längeren, heißen Seifenbad.

17.6.4 Eingewachsener Nagel (Unguis incarnatus)

Ursache: Diese nicht selten zu beobachtende Erkrankung entsteht durch ein Missverhältnis zwischen Nagelbett und Nagelplatte. Oft wird sie durch das Tragen zu engen Schuhwerks ausgelöst.

Symptome und Befund

Das Nagelbett verkleinert sich, und die vorwachsende Nagelplatte gräbt sich an den seitlichen Rändern in die Haut ein. An den Ecken dieser Nagelplatten entstehen Gewebedefekte, die sich entzünden und durch bakterielle Besiedelung rasch zu einer eitrig-entzündlichen, sehr schmerzhaften Paronychie führen.

Therapie

Da das oben beschriebene Missverhältnis grundsätzlich bestehen bleibt, nützt es nichts, die Nagelplatte einfach zu entfernen. Deshalb ist eine chirurgische Verkleinerung der Nagelmatrixzone erforderlich: An beiden Seiten des Nagels werden nach Abtragung der Nagelplatte in Lokalanästhesie zwei tiefe keilförmige Exzisionen durchgeführt. Durch diese Resektion entsteht nach Abheilung der Wunden eine schmalere Nagelplatte, die nunmehr flach dem Nagelbett aufliegt und keine Störungen mehr verursachen kann **(Emmet-Operation).**

17.6.5 Weitere Nagelerkrankungen

Weißfärbung des Nagels (Leukonychie)

Es handelt sich um weiße Flecken in der Nagelplatte, die fast bei jedem Menschen sichtbar sind. Sie haben keine pathologische Bedeutung, ihre Ursache ist unklar.

Brech- und Spaltnägel

Das leichte Splittern und Brechen der Nägel wird oft bei Frauen nach längerem Eintauchen der Hände in heißem Waschwasser beobachtet. Wenn eine solche äußere Verursachung jedoch ausgeschlossen ist, sollten Eisenmangelanämie, Vitaminmangel, Ernährungsstörungen u. a. beachtet werden. Eine Behandlung des Nagels selbst hat wenig Erfolg.

18 Pigmentstörungen

18.1 Vitiligo

Die Vitiligo (Weißfleckenkrankheit) ist durch eine fehlende Bildung von Hautpigment gekennzeichnet, dem Melanin.

Symptome und Befund

Es handelt sich um umschriebene weiße Flecken, die besonders häufig um die Augen, um den Bauchnabel, in der Perianal- und Perigenitalregion, in den Axillen und an den Kniegelenken auftreten, aber grundsätzlich überall lokalisiert sein können. Die Herde setzen sich scharf von der normal pigmentierten Haut ab, können sich ausdehnen (bis zur totalen Vitiligo) und rufen keine subjektiven Beschwerden hervor. Bei Sonnenbestrahlung setzt in diesen Herden rasch ein **Sonnenbrand** ein, da dort kein Pigmentschutz vorhanden ist.

Therapie

Eine spezielle Behandlung gibt es nicht. Versuche mit 8-Methoxypsoralen (z. B. Meladinine®) in Verbindung mit UV-A-Strahlen sind nur teilweise erfolgreich. Sehr wichtig ist deshalb ein effektiver Schutz vor Sonnenlicht (z. B. Contralum®, Eclipse®, Anthelios®). Falls erforderlich, kosmetische Abdeckung mit wasserfestem Make-up (z. B. Covermark®).

18.2 Chloasma

Ursache: Hormoneinflüsse; fast ausschließlich betroffen sind Schwangere oder Frauen, die hormonale Kontrazeptiva einnehmen. Auch Kosmetika können ein Cloasma begünstigen.

Symptome und Befund

Es handelt sich um umschriebene, z. T. flächenhafte Hyperpigmentierungen im Stirn- und Augenbereich, an Wangen und Oberlippe. Sie sind sehr hartnäckig und bleiben manchmal über mehrere Jahre bestehen. Besonders bei Sonnenexposition treten sie verstärkt auf.

Therapie

Versuch mit milden Schälmitteln (Fabry-Spiritus), Pigmanorm Creme Widmer® oder kosmetische Abdeckung (☞ 7.5.1).

19 Hautveränderungen durch äußere Einwirkung

19.1 Mechanische Hautschädigungen

19.1.1 Dekubitus

Ursache: lang anhaltender externer Druck, der über dem Kapillardruck liegt. Daneben gibt es zahlreiche sekundäre Faktoren.
Vorkommen: v.a. bei bettlägerigen, bewegungsarmen Patienten.

Pathogenetische Faktoren (nach Reddy)

Primärfaktoren: lokalisierte Ischämie als Folge von Druck auf dicht unter der Haut liegende Knochenvorsprünge.
Sekundäre Faktoren:
- Sensibilitätsverlust (fehlendes Empfinden von Druck und Schmerz)

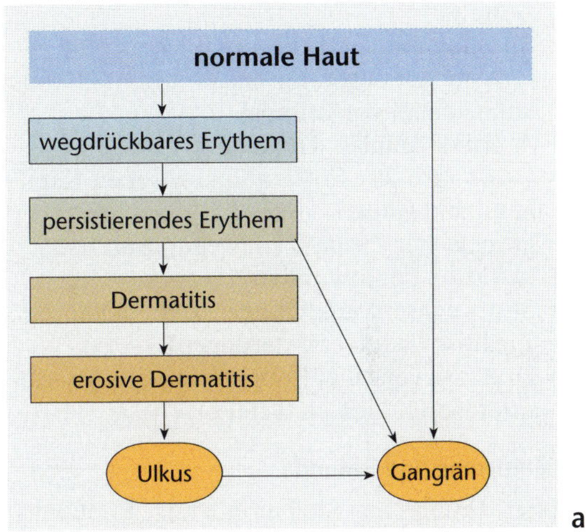

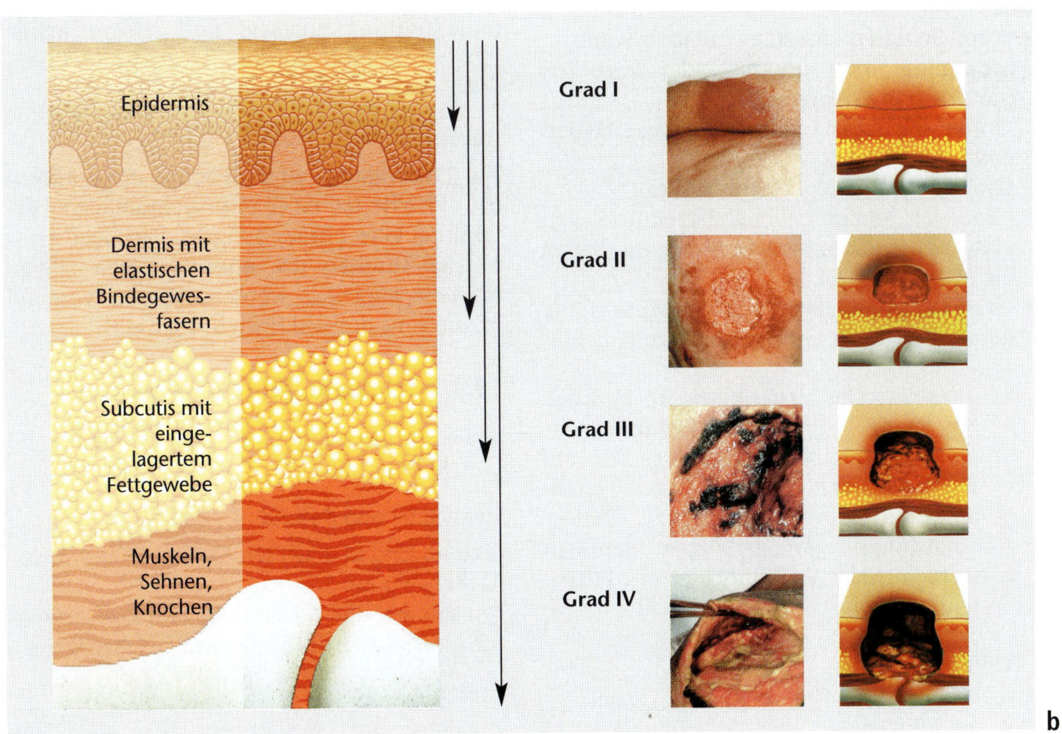

Abb. 19.1a–b: Pathogenese des Dekubitalulkus (nach Parish und Witkowski). [V220]

- Motorische Paralyse (fehlende Reaktion und Druck)
- Mangelernährung (höhere Anfälligkeit der Haut für ischämische Ulzeration)
- Negative Stickstoff- und Kalziumbilanz (metabolische Mangelzustände infolge eines Traumas oder einer prolongierten Immobilisierung)
- Spastik und Gelenkkontrakturen (Interferenz mit der Lagerung; Ausübung von Druck auf Knochenvorsprünge)
- Anämie (zelluläre Hypoxie)
- Ödem (größere Entfernung zwischen Kapillaren und Haut)
- Psychischer Zustand (Bewegungsunlust)
- Infektion (Hautwunden)
- Stoffwechselkrankheiten, z.B. Diabetes, Zirrhose (Hautveränderungen)
- Hohes Lebensalter (möglicherweise Arteriosklerose der kleinen Gefäße).

Symptome und Befund

Sitz: Häufig an Sitzbeinhöcker, Steißbein, Trochanter major, Fersen, Fußaußenknöchel. Seltener an Knie, Wadenbeinköpfchen, Darmbeinkamm, Ellenbogen, Wirbelfortsätzen, Hinterkopf, Schulterblättern, Schienbeinkante.
Ausprägung: Man unterscheidet fünf verschiedene Schweregrade.

- Grad I: seit über 24 Stunden reaktive Hyperämie
- Grad II: Blasen- und Schorfbildung
- Grad III: oberflächliche Ulzeration von Haut und subkutanem Gewebe, die bis an die Muskulatur reicht
- Grad IV: Ulkus, das bis in die Muskulatur, den Knochen, die Gelenkstrukturen reicht.

> **Vorsicht:** Das erste klinische Zeichen für einen beginnenden Dekubitus ist eine anhaltende Hautrötung, die auf Druck abblasst. Diese reaktive Hyperämie muss durch Umlagerung (Druckentlastung!) zum Abklingen gebracht werden. Jeder Dekubitus ist ein Pflegefehler!

Prophylaxe

Druckentlastung! Der maximale Druck besteht in Rückenlage über dem Steißbein, in Bauchlage über den Knien, in Seitenlage über dem Trochanter major sowie im Sitzen unterhalb und hinter dem Tuber ischiadicum.

- Jeden lang anhaltenden Druck durch häufiges Umlagern des Patienten vermeiden.
- Individuell angepasste Sitzkissen können nützliche Hilfsmittel darstellen, sie sollen jedoch die Druckentlastung durch Umlagerung und Drehung des Patienten nicht ersetzen.

Hautpflege:
Die Haut des älteren Menschen ist trocken und daher wenig belastbar. Sie muss sauber und frei von Feuchtigkeit gehalten werden. Regelmäßig sollte die Haut mit Pasten oder Cremes gepflegt werden.

> **Vorsicht:** Jede Hautabschürfung oder -rötung deutet auf eine drohende Ulkusbildung hin.

Therapie

Druckentlastung, radikales Abtragen oberflächlicher Nekrosen, regelmäßiges Reinigen und Verbinden des Geschwürs sowie Infektionskontrolle. Gleichzeitig sollten Bakterienkulturen angelegt und entsprechende lokale und orale Antibiotika verwendet werden.

Wundreinigung

Zur **Reinigung** sind feuchte Kompressen (steriler Streifen einer mit Kochsalzlösung getränkten Gazebinde) geeignet. Die Gaze muss in alle Taschen des unterminierten Ulkusbereichs eingelegt werden. Diesen Verband mindestens dreimal täglich wechseln.

19.1.2 Schwiele (Kallus)

Ursache: wiederholte, nicht zu lang dauernde Druckeinwirkung.

Symptome und Befund

Sitz: an druckbelasteten Stellen (Handinnenflächen, Füße).
Typisch ist die umschriebene Hornvermehrung mit glatter oder aufgerauter Oberfläche.

Therapie

Zunächst die Ursache beheben; dann die Hyperkeratosen mit Salicyl-(z.B. Guttaplast®)-Pflaster abkleben. Die nach 4–5 Tagen aufgeweichte Hornschicht mit dem scharfen Löffel abtragen.

Vorsicht: Schwielen, die oft durch schlechtes Schuhwerk entstehen, nicht mit Fußwarzen verwechseln.

19.1.3 Hühnerauge (Klavus)

Ursache: dauerhafter Druck auf knochennahe Hautgebiete.

Symptome und Befund

Sitz: meist Dorsalseite der Zehengrundgelenke.
Linsengroße, druckschmerzhafte Hornvermehrung, die zentral einen trichterförmigen, in die Tiefe reichenden Dorn aufweist.

Therapie

Entspricht der Kallusbehandlung. Bei Entzündung zunächst offenes Schuhwerk tragen!

19.2 Thermische Hautschädigungen

19.2.1 Verbrennung (Combustio) und Verbrühung

Symptome und Befund

Je nach Intensität und Dauer der Hitzeeinwirkung werden vier Ausprägungsgrade unterschieden (☞ Tab. 19.1, Abb. 19.2 und 19.3).

Zur raschen Beurteilung des Verbrennungsausmaßes dient die sog. „Neuner-Regel" (☞ Tab. 19.2).

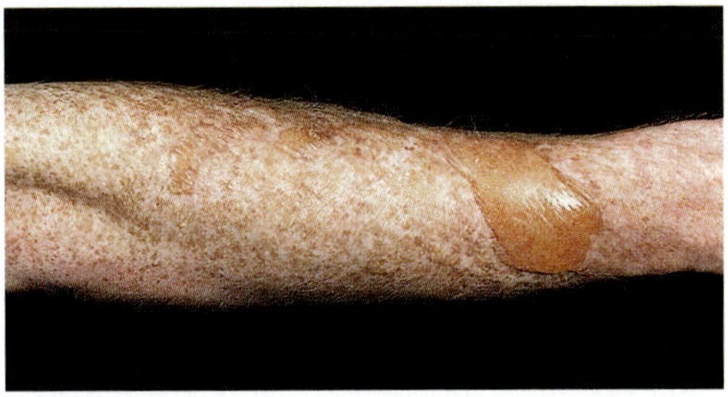

Abb. 19.2: Verbrühung II. Grades.

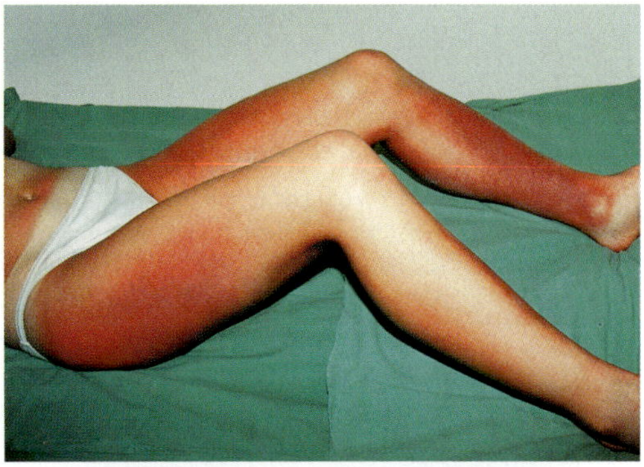

a

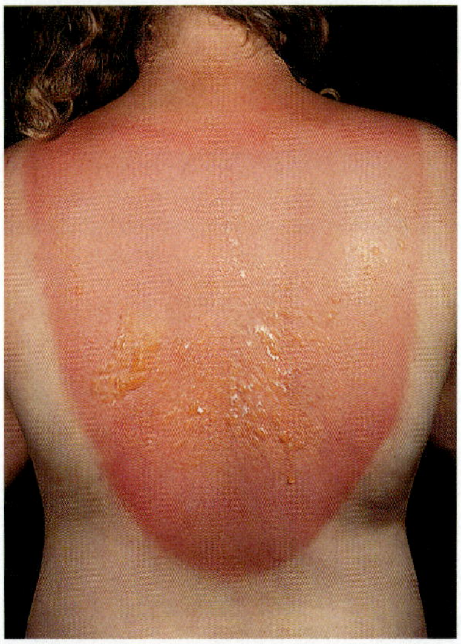

b

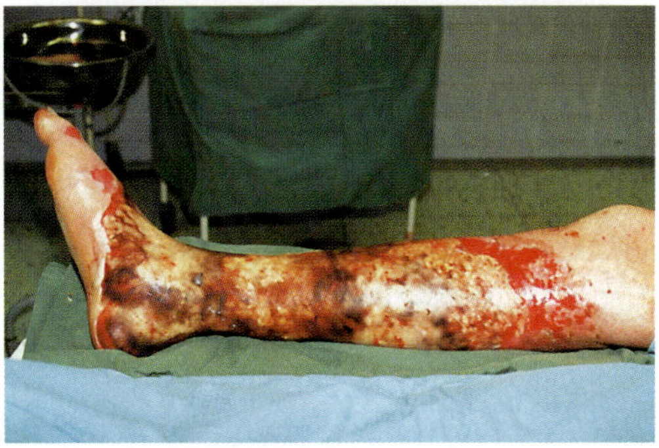

c

Abb. 19.3: Verbrennungen.
a Verbrennung I. Grades. [V220]
b Verbrennung II. Grades
c Verbrennung III. und IV. Grades (Verkohlung). [V220]

Grad I	Rötung der Haut ohne Blasenbildung, lokales Ödem. Heilt ohne Narbenbildung aus.
Grad II, oberflächlich	Lokale Hyperämie, Blasenbildung zwischen Epidermis und Korium. Am Blasengrund ist das Korium sichtbar. Haarwurzeln nicht verbrannt, Entfernung der Haare ist schmerzhaft. Berührungs- und Schmerzsensibilität erhalten. Stichwunden beginnen sofort zu bluten. Kann ohne Narbenbildung ausheilen.
Grad II, tief	Blasenbildung, aber mit nekrotischem, weißem Wundgrund. Durch das Weiß schimmert ein Rotton durch, der wegdrückbar ist. Haare fallen z.T. mühelos heraus. Berührung der Wunde schmerzt nicht, ist aber spürbar. Heilt immer mit Narbenbildung aus.
Grad III, knapp	Wie tief-zweitgradig, aber Rötung des Koriums nicht mehr wegdrückbar, Schmerzempfindung fehlt vollständig. Alle Haare und Nägel fallen aus. Stichkanäle bluten verlangsamt. Heilt immer mit Narbenbildung aus.
Grad III	Trockene dicke Hautfetzen der Haut. Auch in der oberflächlichen Subkutis keine Durchblutung mehr. Keine Schmerzempfindung, keine Blutung bei Inzision in den Schorf. Heilt immer mit Narbenbildung aus.
Grad IV	Zerstörung aller Hautschichten und ggf. tiefer gelegener Gebiete (Verkohlung). Keine Schmerzempfindung

Tab. 19.1: Verbrennungsgrade.

Lokalisation	Säugling	Kleinkind	Schulkind	Erwachsener
Kopf	21 %	19 %	15 %	**9 %**
Arm je	9,5 %	9,5 %	9,5 %	**9 %**
Vorderer Stamm	16 %	16 %	16 %	**18 %**
Hinterer Stamm	16 %	16 %	16 %	**18 %**
Genitoanalregion				**1 %**
Bein je	14 %	15 %	17 %	**18 %**

Tab. 19.2: Abschätzung des Verbrennungsausmaßes in %-Körperoberfläche (Neuner-Regel nach Wallace).

Therapie

Sofortmaßnahmen bei Verbrennungen
- Kleidungsreste vorsichtig entfernen
- Verbranntes Areal unter fließendem Wasser kühlen (bei Verbrennungen I. und II. Grades, solange die Blasen noch geschlossen sind)
- Wundbereich trocken mit sterilen Verbrennungstüchern abdecken
- Nach Bedarf intravenös Analgetika geben
- Für ausreichenden Flüssigkeitsersatz sorgen, Schock- und Sepsisbekämpfung, Tetanusprophylaxe
- Ab 8 % verbrannter Körperoberfläche bei Kindern, ab 15 % bei Erwachsenen und bei allen Verbrennungen III. Grades bzw. Verkohlung (IV. Grad) Krankenhauseinweisung.

- Verbrennungen I. Grades: zunächst kühlende Umschläge, dann Kortison-Cremes verwenden.
- Verbrennungen II. Grades: Bei nicht zu stark ausgeprägten Blasen den Inhalt mit einer sterilen Spritze abpunktieren; nicht eröffnen, da sonst die Gefahr der Sekundärinfektion besteht
- Ausgedehnte Verbrennungen: Betroffene in Spezialabteilungen verlegen.

19.2.2 Erfrierung (Congelatio)

Auch bei der **Erfrierung** hängt der Ausprägungsgrad von der Intensität und Dauer der Kälteeinwirkung ab. Meist handelt es sich um lokale Gewebeschädigungen. Die Einteilung erfolgt wie bei Verbrennungen in Graden (☞ Tab. 19.3). Eine Sonderform stellen die Frostbeulen (☞ 14.2) dar.

Von einer **Unterkühlung** spricht man, wenn die Körperkerntemperatur unter 35 °C gefallen ist. Sie betrifft also den Gesamtorganismus.

Symptome und Befund

Sitz: Erfrierungen betreffen vorwiegend die Akren als kälteempfindlichste Bereiche (Nase, Ohren, Hände, Füße).

Grad I	• Klinisch: Hautblässe, Sensibilitätsstörung • Nur oberflächliche Epidermis betroffen • Heilt nach Ausbildung eines Erythems ohne Residuen ab
Grad II	• Klinisch: Blasenbildung • Epidermis betroffen • Ausbildung eines Schorfs, der nach 2–3 Wochen abgestoßen wird • Narbenbildung
Grad III	• Klinisch: Nekrosen • Geht mindestens bis unter die Dermis • Demarkation nach 6–8 Wochen, dann Defektheilung

Tab. 19.3: Stadien der Erfrierung.

Therapie (nach Kahle et al.)

Sofortmaßnahmen
- Bei unzureichender Spontanatmung Mund-zu-Mund-Beatmung (keine Beatmung mit Atembeutel, sonst weitere Auskühlung)
- Bei Kreislaufstillstand: Herzdruckmassage
- Schutz vor weiterer Auskühlung: nasse Kleidung wechseln. Auf keinen Fall aufstehen lassen.
- Jeder Unterkühlte wird wie ein Schwerverletzter behandelt. Isolationsdecke, wenn möglich Wärmepackung (nur am Rumpf). Nicht mit Schnee und Eis einreiben
- Heiße, gezuckerte Getränke; kein Alkohol
- Warme Glukoseinfusionen, evtl. Natriumbikarbonat-Lösung 8,4 %, evtl. Kortison
- Rascher Transport in eine Klinik mit Reanimationsbereitschaft.

Stationäre Behandlung:
- Erfrorene Hautpartien im Wasserbad bei 31–41 °C erwärmen, ggf. Vollbad (erst lauwarm, dann mit steigenden Temperaturen), anschließend vorsichtige Bäderbehandlung
- Gefäßerweiternde, warme Getränke
- Lokal: trockene Behandlung (Puder).

19.3 Lichtschäden

Sonnenbrand (Dermatitis solaris)

Symptome und Befund

Durch Einwirkung von Sonnenstrahlen auf die Haut kommt es nach 4–6 Stunden zu einem brennenden Erythem, einer leichten Schwellung und evtl. zu Bläschen- und Blasenbildungen.

Prophylaxe: Lichtschutzmittel, geeignete Kleidung, möglichst breitkrempiger Hut. Vermeidung von direkter Sonneneinstrahlung auf ungeschützte Haut, auch sonst Sonne v. a. in der Mittagszeit meiden. Beim Schutz Hautempfindlichkeit und Sonnenintensität („UV-Index“) berücksichtigen.

Therapie

Kortisonhaltige Lotionen (z. B. Ultralan®-Milch). Nach erfolgter Abtrocknung Kortison-Cremes, Indometacin. Zu lichtprovozierten Reaktionen ☞ auch 9.4, 9.5 und 10.3.

Als Sofortmaßnahme kann kaltes Wasser angewandt oder feuchte Umschläge aufgelegt werden.

Wirkstoff	Applikation	Vorgehen
Acetylsalicylsäure	Systemisch	1 g/Tag während der Akutphase (nicht bei Kindern)
Kortikosteroide	Lokal	Als Lotio auftragen
	Systemisch	60–80 mg/Tag sofort nach UV-Überdosis, um einen Sonnenbrand zu unterdrücken
Indometacin	Lokal	Als Alternative zu topischen Steroiden
	Systemisch	Bei schweren Reaktionen bis 200 mg/Tag
Dexpanthenol	Lokal	Zur Unterstützung der Reepithelisierung

Tab. 19.4: Therapie des Sonnenbrands.

19.4 Hautschäden durch ionisierende Strahlen

Hierunter versteht man Hauterscheinungen, die nach Anwendung von Röntgen- oder Gammastrahlen sowie von radioaktiven Substanzen hervorgerufen werden.

Symptome und Befund

Die akute Röntgenentzündung kann drei Stadien erreichen (wie bei Verbrennungen, ☞ 19.2.1):
- Stadium 1: Rötung
- Stadium 2: Rötung mit Bläschenbildungen
- Stadium 3: Erosionen und Ulzerationen.

Die Erosionen und Ulzerationen heilen unter Narbenbildung ab. Als Spätfolge bleibt das sog. Röntgenoderm, das durch De- und Hyperpigmentierungen, erweiterte Gefäße und Narben charakterisiert ist. Es stellt eine mögliche Präkanzerose dar.

Therapie

Im akuten Stadium feuchte Umschläge, dann antibiotika- und kortisonhaltige Cremes. Als Nachbehandlung weiße Vaseline. Lichtschutzsalben! Kleinere geschädigte Stellen exzidieren.

19.5 Hautschäden durch chemische Stoffe

Hautschäden durch chemische Stoffe werden vorwiegend durch Säuren und Laugen hervorgerufen (☞ Tab. 19.5). Die Ausdehnung der Verätzung ist abhängig von:
- Der Konzentration
- Der Einwirkdauer
- Der Dicke der Hornschicht.

19.5.1 Säureverätzung

Gelangen starke Säuren auf die Haut, wird Zelleiweiß ausgefällt. Die Säure wird dabei neutralisiert (Koagulationsnekrose).

Symptome und Befund

Typisch ist ein oberflächlicher, trockener, pergamentähnlicher Ätzschorf. Die Farbe des Schorfes hängt von der einwirkenden Säure ab:
- Schwefelsäure: braun-schwarz
- Salpetersäure: gelb
- Flusssäure: gelbgrün
- Salzsäure: weißlich.

Der Ätzschorf ist am Rande scharf abgegrenzt (☞ Abb. 19.4).

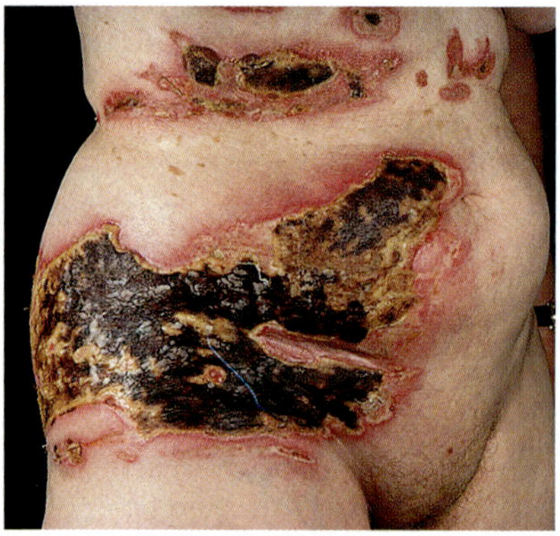

Abb. 19.4: Akute Säureverätzung.

19.5.2 Laugenverätzung

Laugen (z.B. Natron-Kalilauge, Ammoniak, Kalk, Kaliumpermanganat) lösen Zelleiweiß auf und dringen dadurch tiefer in die Haut ein (Kolliquationsnekrose).

Laugenverätzungen sind gefährlicher als Säureverätzungen!

Symptome und Befund

Laugen verursachen unscharf begrenzte, tief reichende Nekrosen von weichgallertiger Konsistenz.

19.5.3 Therapie

- Betroffenen Bereich sofort mit reichlich Wasser abspülen
- Neutralisationsversuche mit schwacher Lauge (verdünnter Salmiakgeist) bei Säureverätzung sowie mit schwacher Säure (Spei-

seessig) bei Laugenverätzungen können durchgeführt werden
- Eventuell lokal Milch (Puffersubstanz für Säuren und Laugen) anwenden
- Weitere Behandlung wie bei Verbrennungen.

Vorsicht: Bei der Neutralisation entsteht immer Wärme, die eine zusätzliche Gewebeschädigung zur Folge hat. Deshalb genau abwägen und behutsam vorgehen.

Noxe	Wirkung	Sofortmaßnahmen
Acrylsäure	Erythem, Ödem, bullöse Dermatitis	Spülung mit Wasser, physiologischer NaCl-Lösung und Seifenwaschung
Äthylenimin	Erytheme, Blasen, Nekrosen (Atemgift)	Sofortige Hydrotherapie
Aluminintriäthyl	Schmerzhafte Blasenbildung	Hydrotherapie und Lokalanästhesie
Ameisensäure	Erythem, Blasen, Ulkus	Hydrotherapie
Brom	Erythem, Blasen, tiefe Nekrosen	Hydrotherapie
Benzoylchlorid	Hautreizungen, Ätzschorf	Hydrotherapie
Kalziumhypochlorid	Ödem, Ulzerationen	Hydrotherapie
Chromsäure	Chronische Ulzerationen	Natriumhypochlorid, gepufferte Lösungen von mono- und dibasischen Phosphatlösungen
Chlor	Erosionen, Ulzerationen	Kortikosteroide, $NHCO_3$-Infusion
Eisen-III-Chlorid	Schwarz-brauner Ätzschorf	Trispuffer
Essigsäure	Bräunlicher Ätzschorf (Hämolyse)	Hydrotherapie
Formaldehyd	Reiz- und Ätzwirkung auf Haut und Scheimhäute, Proteinfällung	Verdünnte Ammoniaklösung oder 1 %ige Ammoniumcarbonat-Lösung
Hydrazin	Erythem, Ulkus	Hydrotherapie
Methyläthylketonperoxid	Ulzerationen, Erblindungsgefahr durch Dämpfe	Zuerst Alkoholabtupfung, dann Hydrotherapie
Phosphorpentachlorid, Salzsäure, Schwefelsäure, Zinkchlorid	Erythem, Ätzschorf, Ulzerationen	Hydrotherapie
Phenol	Lokale Gefäßschädigung, rasche transkutane Resorption	Hydrotherapie, Nachreinigung mit Glycerin und Polyäthylenglycol
Perchlorsäure	Typische Koagulationsnekrose	Hydrotherapie
Peressigsäure	Toxische Ekzemreaktion, Nekrose	Alkoholabtupfung, Spülung mit 10 %iger Natriumbikarbonatlösung
Salpetersäure	Gelber schwarzgelber Ätzstoff (Xanthoproteinbildung)	Hydrotherapie mindestens 1 h, mild gepufferte Lösung
Salpetrige Säure	Ödem, Erythem	Hydrotherapie, kein Neutralisationsversuch
Schweflige Säure	Ödem, Erythem	
Zinkäthyl	Blasen, Nekrosen	Hautreinigung mit Paraffin und Polyäthylenglycol, danach Wasser, kein Fett, kein Alkohol

Tab. 19.5: Wirkungen und Sofortmaßnahmen nach Verätzungen (modifiziert nach Sprossmann/Müller).

20 Psyche und Haut

Besonders ausgeprägte Hauterkrankungen wie Acne vulgaris, Psoriasis oder Neurodermitis können zu psychischen Störungen führen. Mit diesen gehen häufig Probleme des Selbstwertgefühls einher, die sich negativ auf die Sozialbeziehungen des Patienten auswirken, etwa in der Familie oder am Arbeitsplatz. In vielen Fällen ist bei der Therapie die Zusammenarbeit mit einem Psychologen angezeigt.
Psychische Störungen können ihrerseits vielfältige Hautveränderung zur Folge haben, die gelegentlich diagnostische Schwierigkeiten bieten. Die wichtigsten Veränderungen sind nachfolgend aufgelistet.

20.1 Artefakte

Unter Artefakten werden Hautveränderungen verstanden, die sich der Patient aus psychischen Gründen selbst beibringt.

Bei Artefakten ist der Rücken fast immer erscheinungsfrei!

Symptome und Befund

Lokalisation bei Rechtshändern: Gesicht, linke obere Extremität, Brust; bei Linkshändern umgekehrt.
Man sieht völlig unregelmäßig angeordnete, meist bizarre Hautdefekte von unterschiedlicher Ausdehnung und Abheilung.

Therapie

Eine ambulante Behandlung ist meist zwecklos; deshalb stationäre Aufnahme. Schutzverbände anlegen. Beweggründe klären, psychotherapeutische Behandlung.

20.2 Dermatozoenwahn

Es handelt sich hierbei um keine eigentliche Dermatose, vielmehr ist der Patient überzeugt, dass seine Haut von Parasiten befallen ist, was nicht objektivierbar ist. Mitgebrachtes Material (Schuppen, Krusten u.a.) sollen als Beweis dienen. Häufig wird starker Pruritus angegeben. Frauen sind häufiger betroffen. Die Erkrankung tritt überwiegend im höheren Alter auf und nimmt häufig einen chronischen Verlauf.

20.3 Trichotillomanie

Durch eine neurotische zwanghafte Verhaltensstörung werden vorwiegend im Bereich des behaarten Kopfes die Haare extrahiert. Es zeigen sich dann typischerweise unregelmäßige kahle Stellen mit z. T. abgebrochenen Haaren.

20.4 Acne excoreé

Betroffen sind meist junge Mädchen und Frauen. Minimale Akneeffloreszenzen verursachen ein solch starkes Problem, dass diese ständig mit Fingernägeln oder Instrumenten exkoriiert werden. Die Abheilung erfolgt mit eingezogenen Narben mit Hypo- oder Depigmentierung.

21 Hautveränderungen in der Schwangerschaft

Während der Schwangerschaft treten Veränderungen an der Haut auf, die „physiologisch" bedingt und bei fast allen graviden Frauen anzutreffen sind. Andererseits gibt es auch Hauterkrankungen, die durch die Schwangerschaft ausgelöst werden, also schwangerschaftsspezifisch sind.

21.1 Physiologische Hautveränderungen während der Schwangerschaft

21.1.1 Hyperpigmentierungen

Häufig betroffen sind die Axillen, Mamillenhöfe, Genital-Anal-Bereich sowie Innenseiten der Oberschenkel. Diese Erscheinungen bilden sich meist nach der Schwangerschaft zurück.

Chloasma gravidarum (Melasma): In der zweiten Schwangerschaftshälfte auftretende schaft begrenzte braune Pigmentierung des Gesichtes bei 50–75 % der Schwangeren. Sie bildet sich nach der Entbindung langsam zurück und beruht auf einer Stimulation der Pigmentbildung durch Schwangerschaftshormone.

Therapie

Im Sommer Sonnenschutzmittel mit hohem Lichtschutzfaktor (z.B. Anthélios L®); im Winter ggf. Bleichversuch (Hydrochinon, Tetinoin, Hydrokortison (Pigmanorm Widmer®).

21.1.2 Gefäßveränderungen

Vermehrtes Auftreten von Spinnen-Nävi (= Spider-Nävi) besonders im Bereich des Halses, Gesichts, der Augenregion sowie der Arme. Viele bilden sich nach der Gravidität zurück. Möglicherweise spielen erhöhte Östrogenspiegel eine Rolle. Des Weiteren können sich Palmarrötungen, kleine Blutschwämme, Varizen und Hämorrhoiden bilden.

21.1.3 Schwangerschaftsstreifen (Striae distensae)

Bei jeder zweiten Schwangeren treten ab dem 6.–7. Schwangerschaftsmonat im Bereich des Bauches, der Brüste und evtl. der Oberschenkel rötliche Streifen auf, die später blass werden. Als Ursache kommt eine Überdehnung des Hautbindegewebes unter Hormoneinfluss infrage.

Therapie

Rechtzeitig vorbeugende Massage mit Hautölen (z.B. Striatridin®); einmal entstandene Striae bilden sich nicht zurück. Eine prophylaktische Wirkung ist allerdings umstritten.

21.1.4 Stimulierung des Haarwachstums

Besonders im Bereich des Gesichtes, aber auch der Arme, Beine und des Rückens, tritt verstärkte Behaarung auf, die sich nach der Schwangerschaft meist zurückbildet.

21.1.5 Postpartaler Haarausfall

Erhöhte Östrogenmengen verlängern die Anagenphase (☞ 1.2) im Bereich des behaarten Kopfes um fast 100 %. Nachfolgend tritt 4–20 Wochen nach der Entbindung ein verstärkter reversibler Haarausfall auf, der über viele Monate anhalten kann. Das Haar wächst wieder normal nach.

21.1.6 Zahnfleischverdickung

Eine Zahnfleischverdickung tritt meist im Bereich der Schneidezähne und des Unterkiefers auf. Sie bildet sich bereits vor der Entbindung oder kurz danach zurück.

21.2 Schwangerschaftsbedingte Hauterkrankungen

Die überwiegende Zahl von Schwangerschaftsdermatosen tritt im 2. und noch mehr im 3. Trimenon auf. Sie heilen postpartal oft spontan ab (☞ Tab. 21.1).

Erkrankung	Zeit des Auftretens
Autoimmun-Progesterondermatitis	1. Trimenon
Erythema nodosum	1.–2. Trimenon
Impetigo herpetiformis	4.–5. Schwangerschaftsmonat
Prurigo gestationis	4.–9. Schwangerschaftsmonat
Pruritus gravidarum	3. Trimenon
Herpes gestationis	3. Trimenon
Polymorphe Exantheme (inkl. PUPP)	3. Trimenon

Tab. 21.1: Schwangerschaftsdermatosen und Zeitpunkt ihrer Manifestion.

21.2.1 Herpes gestationis

Seltene, stark juckende Hauterkrankung des 2. und 3. Trimenons.

Symptome und Befund

Es zeigen sich gruppierte Papeln, Bläschen oder Blasen auf gerötetem Grund, die konfluieren können. Meist sind Bauch, Ober- und Unterschenkel, Rücken und Unterarme betroffen. Ein schubweiser Verlauf ist typisch, der Allgemeinzustand ist gut. Ein Zusammenhang mit Herpes-Erkrankungen besteht nicht.
Der Herpes gestationis wird auch als „bullöses Pemphigoid" der Schwangerschaft bezeichnet. Im Serum zirkuliert ein IgG-Autoantikörper, der gegen die Basalmembran gerichtet ist. Es besteht Bluteosinophilie; spontane Rückbildung postpartal!

Therapie

Systemisch Kortikosteroide, mit langsamer Reduktion, Antihistaminika und lokal juckreizstillende Lotionen.

21.2.2 Erythema nodosum

Das Erythema nodosum ist eine eher seltene Dermatose des 1.–2. Trimenons. Die Ursache unbekannt (Autoimmunvaskulitis?).

Symptome und Befund

Typisch sind schmerzhafte, bläulich-rote Knoten an den Unterschenkeln (☞ 10.7), die stark druckschmerzhaft sind.

Therapie

Bei stärkeren schmerzhaften Beschwerden Kortikosteroide unter Folienokklusion.

21.2.3 Juckende urtikarielle Papeln

Synonym: Pruritic urticarial papules of pregnancy, PUPP. Relativ häufige (1:200), heftig juckende Dermatose im 3. Trimenon. Die Ursache ist unbekannt.

Symptome und Befund

Zunächst zeigen sich am Abdomen Papeln und Plaques mit urtikarieller Schwellung, die sich über Oberschenkel, Arme und Gesäß ausbreiten. Sie werden häufig aufgekratzt. Die Dermatose klingt postpartal rasch ab.

Therapie

Juckreizstillende Lotionen, bei starkem Juckreiz kurzfristig Kortikosteroide.

21.2.4 Pruritus gravidarum

Die Erkrankung tritt bei 20 % der Schwangeren auf; Beginn meist im 3. Monat. **Ursache:** Gallestau in den intrahepatischen Gallenwegen (Gallenkapillaren), manchmal begleitet von einem Ikterus.

Symptome und Befund

Zunächst lokalisierter, dann generalisierter Pruritus ohne Hauterscheinungen, besonders während der Nacht, der sofort nach der Entbindung aufhört. Bei einer erneuten Gravidität oder bei Einnahme oraler Konzeptiva ist ein verstärktes Rezidiv möglich.

Therapie

Antihistaminika-Gele und -Tabletten.

21.2.5 Impetigo herpetiformis

Dies ist eine seltene Dermatose, die als pustulöse Sonderform der Psoriasis pustulosa in der Schwangerschaft anzusehen ist.

Symptome und Befund

Meist am unteren Abdomen in der Leistengegend, an der Innenseite der Oberschenkel und in den Axillen treten z. T. in herpetiformer Anordnung, sonst disseminiert kleine Pusteln mit gerötetem Untergrund auf. Diese können konfluieren, wobei am Rande neue Pusteln entstehen. Häufig bestehen hohes Fieber, Schüttelfrost, Übelkeit, Brechreiz, Durchfälle, Milz- und Lymphknotenvergrößerung.

Therapie

Systemisch Kortikosteroide; eine mögliche Nebenschilddrüsenstörung ist abzuklären.

21.2.6 Prurigo gestationis

Die Prurigo gestationis tritt relativ häufig auf. Es handelt sich um eine Sonderform der Prurigo simplex subacuta.

Symptome und Befund

An den Streckseiten der Extremitäten, auch an den Schultern und am Bauch, treten z. T. gruppiert angeordnete juckende Knötchen auf, die aufgekratzt werden. Abheilung nach der Schwangerschaft unter Hinterlassung z. T. hyper- oder depigmentierter Bezirke.

21.2.7 Autoimmun-Progesterondermatitis

Ursache: Überempfindlichkeitsreaktion gegen Progesteron.
Die Krankheit beginnt im 1. Trimenon.

Symptome und Befund

Typisch sind nichtjuckende, akneiforme Knötchen im Bereich der Extremitäten und des Gesäßes. Gleichzeitig treten Schmerzen in den großen Gelenken und eine periphere Eosinophilie auf.

Therapie

Symptomatisch.

22 Hautveränderungen bei internistischen Erkrankungen

Eine Reihe von Erkrankungen innerer Organe führt an der Haut zu kennzeichnenden Veränderungen. Diese Symptome zu erfassen ist umso wichtiger, als dadurch oft frühzeitig weitere diagnostische Maßnahmen ergriffen werden können.

22.1 Lebererkrankungen

22.1.1 Spinnennävus (Naevus araneus)

Symptome und Befund

Sitz: Gesicht oder Stamm (meist Oberkörper). Typisch ist ein stecknadelkopfgroßes Gefäßknöpfchen, von dem nach allen Seiten feinste Gefäße ausgehen. Spinnennävi findet man auch, wenn keine Lebererkrankung vorliegt.

Therapie

Mit einer feinen elektrischen Nadel besonders das Gefäßknöpfchen sticheln bzw. mit Laser therapieren. Ggf. Grunderkrankung behandeln.

22.1.2 Andere Hauterscheinungen bei Lebererkrankungen

Weitere Hauterscheinungen bei Lebererkrankungen (z. B. Leberzirrhose) sind

- Palmarerytheme (diffuse Rötung der Hohlhand)
- Juckreiz (Pruritus)
- Verminderung oder Verlust der Geschlechtsbehaarung (axillär und pubisch)
- Ikterus.

22.2 Stoffwechselkrankheiten

22.2.1 Vitaminmangelerkrankungen

Vitamin-B-Mangel kann Pellagra zur Folge haben. Hier sind mahagonifarbene Erytheme an den Händen und am Hals typisch; außerdem Veränderungen an Darm und Nervensystem.

22.2.2 Diabetes mellitus

Als Hauterscheinungen treten auf:

- Candida-Infektionen
- Furunkulose
- Durchblutungsstörungen
- Necrobiosis lipoidica (selten).

22.2.3 Porphyrinkrankheiten (Porphyrien)

Bei den Porphyrien handelt es sich um Stoffwechselkrankheiten mit Störung der Porphyrin- und Hämbiosynthese in Leber und Knochenmark. Als Folge kommt es zu einer hohen Lichtempfindlichkeit gegenüber UV-A und sichtbarem Licht mit lichtabhängiger Schädigung der Haut (Blasenbildung, Nekrosen und chronische Schädigung mit Atrophie, Hyperkeratose, Pigmenteinlagerung). Man unterscheidet:

- Erythropoetische Porphyrien (Porphyrinstörung, Porphyrinansammlung durch Störung der Hämsynthese in Knochenmark) und
- Hepatische Porphyrien (defekte Hämsynthese in der Leber).

Porphyria cutanea tarda

Die Porphyria cutanea tarda (PCT) ist die häufigste Form der Porphyrieerkrankung.
Ursache: Die PCT manifestiert sich vorwiegend im mittleren und höheren Alter und ist in den meisten Fällen mit Alkoholismus vergesellschaftet, seltener mit der dauerhaften Einnahme von Arzneimitteln (vor allem Östrogeneinnahme bei Frauen). Es besteht eine erbliche Bereitschaft zur Entwicklung dieser Erkrankung.

Symptome und Befund

An belichteten Hautarealen (Handrücken, Nacken und Gesicht) bilden sich schon bei geringem Druck dicht stehende, wasserklare Blasen. Bei mechanischer Belastung platzen die Blasen, verkrusten und heilen unter Narbenbildung mit späterer Entwicklung von Milien ab. Weitere Merkmale der PCT sind Hypertrichose (dunkle Haare, besonders in den seitlichen Gesichtsarealen, Wangen), Hyper- und Depigmentierungen sowie disseminierte Milien.
Laborbefunde: Die Uroporphyrine wie auch das Koproporphyrin sind im Urin erhöht, und der Urin ist oftmals rötlich gefärbt. Im Serum finden sich erhöhte Eisenwerte.

> Leichte Verletzbarkeit an den Händen sowie roter Urin sind Hinweise auf eine Hautporphyrie.

Therapie

Alkoholverbot. Aderlasstherapie, bis die erhöhten Eisenwerte auf Normwerte zurückgehen. Chloroquin (z.B. Resochin®) kann Rezidive verhindern, jedoch ist im Hinblick auf den vorhandenen Leberschaden diese Medikation mit Vorsicht anzuwenden.

22.2.4 Ablagerungsdermatosen

Bei einer Reihe von Erkrankungen kommt es zu pathologischen Ablagerungen von körpereigenen Substanzen in der Haut. Die Veränderungen sind charakteristisch für die jeweilige Substanz und führen zu sehr unterschiedlichen Krankheitsbildern.

Kalzinosen

Einlagerung von unlöslichen Kalziumsalzen in die oberen und mittleren Bereiche der Dermis.

Symptome und Befund

Immer zeigen sich einzelne oder mehrere harte, weißliche Knoten und Knötchen, die sich gelegentlich in Form krümeliger Massen nach außen entleeren. Es existieren verschiedene Formen der Kalzinose.

Idiopathische Kalzinose

Ursache unbekannt, Auftreten an Ohrrändern oder in der Haut der Extremitäten. Selten ist eine Kalzinosis universalis.

Dystrophische Kalzinosen

Lokalisierte Verkalkungszonen der Haut, die mit einer erkennbaren Störung verbunden sind:
- Venöse Stase
- Verkalkende Narbenbildung
- Kalzifizierende Tumoren (Epithelium a calcificans Malherbe).

Auch bei Kollagenosen mit Entzündung der Dermis finden sich oftmals plattenartig verkalkte Hautzonen (z.B. Dermatomyositis, systemischer Lupus erythematodes, CREST-Syndrom, Ehlers-Danlos-Syndrom, Pseudoxanthoma elasticum).

Kalzinose bei Störungen des Kalzium- und Phosphatstoffwechsels

Ursachen: Hyperthyreoidismus, medikamentös (Vitamin-D-Überdosierung), chronische Nierenerkrankungen oder Pseudohyperparathyreoidismus.

Gicht

Die Gicht ist eine Störung des Purinstoffwechsels mit polygener Vererbung.

Symptome und Befund

Als Folge einer verstärkten Hyperurikämie treten Gichtkristalle in und an den Gelenken auf (in 80 % der Fälle am Großzehengrundgelenk = Podagra). Starke Schmerzen mit Entwicklung von weißlichen Knötchen in Gelenknähe sind weitere klinische Zeichen.

Therapie

Probenecid (z.B. Beni-med) und Allopurinol.

Xanthomatosen (Fettstoffwechselstörungen)

Xanthelasmen: Gelbliche, flache Plaques, die aus Fetteinlagerungen bestehen, treten vor allem am Oberlid auf (☞ Kap. 11.6).
Xanthome: Flache, knötchenförmige/knotige,

eruptive und Sehnenxanthome finden sich bei Hyperlipidämie (Hypercholesterinämie oder LDL-Vermehrung bei Typ II und III). Eruptive Xanthome treten besonders bei der Hypertriglyceridämie auf (Typ I, III, IV).

Therapie

Diät und Lipidsenker. Internistische Untersuchung erforderlich (Herzinfarkt, Atheromatose).

Angiokeratoma corporis diffusum Fabry

Ererbter Enzymdefekt (α-Galaktosidase A) mit Ablagerung von Trihexosylceramid in den kleinen Gefäßen der Haut und Schleimhaut.

Symptome und Befund

Man findet linsengroße, dunkelrote bis schwarze Knötchen (Angiokeratome).

Amyloidosen und Muzinosen

Dies sind Ablagerungserkrankungen, bei denen sich Amyloid (Glykoprotein) oder Mucopolysaccharide der Haut anlagern.

Symptome und Befund

Typisch ist die Verdickung der Haut mit plattenartigen und knotigen Infiltrationen sowie Juckreiz.

Skleromyxödem

Überwiegend bei Frauen. **Ursache:** Durch ein Plasmozytom (IgG oder IgM) kommt es zu einer sklerodermieartigen Verdickung der Haut.

Symptome und Befund

Flächenhafte Verdickung der Haut mit aufsitzenden Papeln.

Therapie

Behandlung der Grundkrankheit.

22.3 Krebserkrankungen innerer Organe

Sie können zu Geschwulstabsiedelungen in der Haut (rasch wachsende derbe Knoten!) oder zu generalisierten Infiltrationen (Leukämie) führen (☞ 12.4).

22.4 Störungen der Blutgerinnung und der Thrombozytenzahl

22.4.1 Morbus Werlhof

Seltene internistische Erkrankung mit kleinen oder auch großflächigen Blutungen an der Haut und den Schleimhäuten.

22.4.2 Altersblutung (Purpura senilis)

Ursache: degenerative Gefäßveränderungen, Leberzirrhose, langfristige örtliche oder innerliche Kortisonbehandlung.

Symptome und Befund

Vorwiegend an den Handrücken und Unterarmstreckseiten alter Menschen befindliche, bis münzgroße, dunkelschwarze Hautblutungen.

22.4.3 Schamberg-Krankheit (Purpura pigmentosa progressiva)

Ursache: meist durch eine allergische Reaktion auf Arzneimittel bedingte Erkrankung (besonders auf carbamidhaltige Schlaftabletten!).

Symptome und Befund

Verschieden große bräunlichrote Flecken von unregelmäßiger Begrenzung, vor allem an den Unterschenkeln.

22.5 Störungen endokriner Organe

Wenige Hormone können direkt oder indirekt die Haut und ihre Anhangsgebilde beeinflussen. Zu den mannigfaltigen Hautsymptomen bei Diabetes mellitus ☞ 22.2.2.

22.5.1 Schilddrüsenüberfunktion

Besonders an den Händen und Füßen fällt die dünne, feuchte, gut durchblutete, weiche Haut auf. Häufig besteht diffuser Haarausfall.

Gelegentlich kommt es zu flächenhaften oder umschriebenen bräunlichen Pigmentierungen und zu vermehrter Schweißbildung.
Bei 1–4 % der Patienten mit Schilddrüsenüberfunktion treten im Bereich der Schienbeine umschriebene, knotige oder plattenartige Infiltrate von teigiger Konsistenz auf. Die Oberfläche zeigt hier das Bild wie das einer Apfelsinenschale (prätibiales Myxödem).

22.5.2 Schilddrüsenunterfunktion

Bei Schilddrüsenunterfunktion erscheint die Haut aufgedunsen (Myxödem), besonders im Gesicht. Auf Daumendruck bilden sich keine Dellen. Die Haut ist rissig und trocken; die Haare sind dünn, brüchig und glanzlos.

22.5.3 Funktionsstörungen der Keimdrüsen

Durch Hodenschäden kommt es zu einem Mangel an männlichen Hormonen (Testosteron). Die Hauterscheinungen sind vom Zeitpunkt abhängig, zu dem der Hormonmangel eintritt. Typisch ist eine spärliche Körperbehaarung vom femininen Typ bei vollem Kopfhaar.
Durch Geschwülste der Nebennierenrinde und hormonproduzierende Tumoren der Eierstöcke kann eine Vermehrung männlicher Hormone bei der Frau vorkommen. Typisch dafür ist ein dichtes und vermehrtes Haarkleid (Kinn, Wangen, Oberlippe, Brüste, Bauch, Beine) sowie die Neigung zu Seborrhö und Acne vulgaris.

22.5.4 Störungen der Nebennierenrindenfunktion

Diese können durch einen Nebennierenrindentumor sowie durch Störungen der Hypophysenfunktion bedingt sein.

Cushing-Syndrom

Vermehrte Kortisonbildung führt zum Cushing-Syndrom. Typische Kennzeichen:

- Fettansatz am Stamm und im Gesicht, wodurch es in den subepidermalen Hautschichten zu Zerreißungen elastischer Fasern kommt (Dehnungsstreifen oder Striae). Diese sind anfänglich blaurot
- Zahlreiche kleine Hautblutungen, bedingt durch abnorme Gefäßbrüchigkeit.

Addison-Krankheit

Bei einem Mangel an Nebennierenrindenhormonen durch eine primäre Nebennierenrindeninsuffizienz (z. B. Zerstörung durch Tbc oder Tumor) kommt es zu einer vermehrten Ausschüttung von Hypophysenhormonen (ACTH und MSH), was unter anderem zu einer verstärkten Hautbräunung führt, die die Handlinien einschließt.

22.5.5 Karzinoid-Syndrom

Relativ selten sind Tumoren, die aus serotoninproduzierenden Zellen (in der Darmwand, im Pankreas oder an anderen Stellen) bestehen. Äußerliches Kennzeichen ist eine anfallsartige fleckige Rötung („Flush") in Gesicht und Brustbereich, die innerhalb von Minuten verschwindet.

22.6 Andere mit internistischen Erkrankungen assoziierte Hautveränderungen

22.6.1 Livedo racemosa (Livedo-Vaskulitis)

Die Livedo racemosa stellt eine Vaskulitis dar, die oft mit internen Veränderungen, z. B. einem systemischen Lupus erythematodes einhergeht.
Zerebrovaskuläre Gefäßläsionen und andere zentralnervöse Störungen verbunden mit einer Livedo racemosa werden als **Sneddon-Syndrom** bezeichnet.

Symptome und Befund

Sitz: Unterschenkel, Oberschenkel, Gesäß, Bauch, Unterarme, Handrücken.
Die netzförmig bläuliche Zeichnung der Haut, die sich auch in Wärme nicht zurückbildet, ist charakteristisch. Druckschmerz.

22.6.2 Acanthosis nigricans

Die maligne Form der Acanthosis nigricans ist immer mit internen Tumoren assoziiert (meist Magen-Darm-Karzinomen). Benigne Formen können ohne weitere Krankheitsmerkmale, mit verschiedenen erblichen Syndromen oder mit endokrinen Erkrankungen assoziiert sein. Möglich ist auch die Assoziation mit einem Diabetes mellitus; dabei besteht vielfach Insulinresistenz.

Symptome und Befund

Schmutzigbraune hyperkeratotische Veränderungen in den Körperfalten, besonders häufig axillär, genitoanal, auf die Innenseiten der Oberschenkel übergreifend.

22.6.3 Pyoderma gangraenosum

Unterschiedlich große, tiefreichende Gewebedefekte mit randständiger Pustelbildung und einem flottierenden Epidermissaum. Die Ulkusränder sind unterminiert. Schmerzen sind auffallend gering. Das Pyoderma gangraenosum neigt zum Fortschreiten und ist oft assoziiert mit einer IgA-Gammopathie, Colitis ulcerosa und Morbus Crohn.

Therapie

Kortikosteroide, Zytostatika.

22.6.4 Neutrophile Dermatose

Symptome und Befund

Die akute febrile neutrophile Dermatose **(Sweet-Syndrom)** ist ein Krankheitsbild, das sich mit hochroten, z.T. urtikariellen Plaques, besonders im Schulter-, Rückenbereich und Gesicht darstellt. Fieber und Leukozytose sind typisch. Die Krankheit ist oft assoziiert mit myeloproliferativen Erkrankungen (leukämische Vorphasen, myelozytische Leukämie).

Therapie

Tumorsuche, Kortikosteroide.

23 Sexuell übertragbare Krankheiten (venerologische Infektionen)

In der praktischen Dermatologie spielen die sexuell übertragbaren Krankheiten (STD: sexually transmitted diseases) eine besondere Rolle. Zu ihnen zählen Infektionen durch Chlamydien, Gardnerella, Trichomonaden, Herpes-Viren, Mykoplasmen sowie HIV (☞ auch 23.6). Zu den „klassischen" Geschlechtskrankheiten werden gezählt:

- Gonorrhö (Tripper)
- Syphilis (Lues)
- Ulcus molle (weicher Schanker)
- Lymphogranuloma inguinale.

Die Zahl der Gonorrhö- und Syphiliserkrankungsfälle hat wieder zugenommen. Die Behandlung ist ausschließlich dem Arzt vorbehalten und darf nur nach eigener Untersuchung erfolgen.
Ergibt die Untersuchung des Patienten das Vorliegen einer Geschlechtskrankheit oder den begründeten Verdacht, so muss der Patient, gleichgültig, ob er dies wünscht oder nicht, darüber aufgeklärt werden (s. Infektionsschutzgesetz, das seit dem 1.1.2001 das ehemalige Geschlechtskrankheitengesetz ersetzt). Darüber hinaus besteht nach den einschlägigen gesetzlichen Vorschriften eine besondere Belehrungspflicht des Arztes.

Die Benutzung eines Kondoms im Rahmen sexueller Kontakte kann vor den meisten Geschlechtskrankheiten schützen.

Je häufiger man den Partner wechselt, desto größer ist das Ansteckungsrisiko, vor allem wenn keine Schutzmaßnahmen ergriffen werden. Heilungschancen für Geschlechtskrankheiten sind meist gut, vorausgesetzt die Krankheit wird früh erkannt und behandelt.

23.1 Pflegeaspekte bei Geschlechtskrankheiten

Die bereits in Kapitel 7 gegebenen Informationen bezüglich der Lebensaktivitäten und des Pflegeprozesses gelten auch für den Umgang mit geschlechtskranken Patienten. Besonderheiten werden beim jeweiligen Krankheitsbild aufgeführt (☞ 23.2, ☞ 23.3, ☞ 23.7).

Psychosoziale Folgen einer Geschlechtskrankheit

Mit der Diagnosestellung ändern sich das soziale Leben, Wertvorstellungen und die individuelle Lebensqualität der Patienten zunächst erheblich. Oftmals kommt die Diagnose einem Schockerlebnis gleich. Derartige Krisenerlebnisse sollte im interdisziplinären Team aufgearbeitet werden, um die Patienten in der Therapie zu unterstützen.
Aufgabe der Pflegenden ist es unter anderem, die Patienten und deren Bezugspersonen zu beraten und für wichtige Krankheitsaspekte zu sensibilisieren. Dazu gehört auch, pflegerische Tätigkeiten umfassend zu erklären und ferner zu beschreiben, warum bestimmte Schutzmaßnahmen ergriffen werden. Die Patienten müssen lernen, mit der Krankheit und deren Begleiterscheinungen umzugehen. Idealerweise sollten sie sich weder mit Schuldzuweisungen quälen, noch durch Isolation selbst bestrafen. Verbindungen zu Selbsthilfegruppen können dabei helfen, der Krankheit langfristig zu begegnen.

Hygienische Besonderheiten

Beim Umgang mit Blut, Urin, Stuhl, Speichel und sonstigen Körperflüssigkeiten des Patienten sind grundsätzlich Handschuhe anzuziehen. Bei den Arbeiten am Patienten sind davor und danach die Hände gründlich zu desinfizieren. Besteht Gefahr für andere Körperregionen, so ist das Tragen von entsprechender zusätzlicher Kleidung (Schutzbrille, Mundschutz u.Ä.) erforderlich. Besondere Vorsicht gilt beim Umgang mit gebrauchten Kanülen o.Ä.

Indirekte Übertragung, z.B. durch Essgegenstände oder gemeinschaftliche Benutzung von Toiletten, sind dahingegen kaum wahrscheinlich. Nach Möglichkeit sollten infizierte Patienten in Einzelzimmern untergebracht werden, in denen ihre eigenen Pflegeutensilien gefahrlos verbleiben können. Einmalmaterialien werden noch in diesem Zimmer in geeignete Behältnisse entsorgt, Mehrwegmaterial bedarf vor einer Neubenutzung der gründlichen Desinfektion, Reinigung und ggf. Sterilisation.

23.2 Gonorrhö (Tripper)

Erreger: Gonokokken (Neisseria gonorrhoeae) werden durchweg paarig (Brötchenform) im Eiter, vorzugsweise innerhalb von Entzündungsstellen (Leukozyten; ☞ Abb. 23.1) gefunden.
Inkubationszeit: 2–7(–14) Tage. Die Übertragung erfolgt fast ausschließlich von Mensch zu Mensch durch direkten Kontakt.

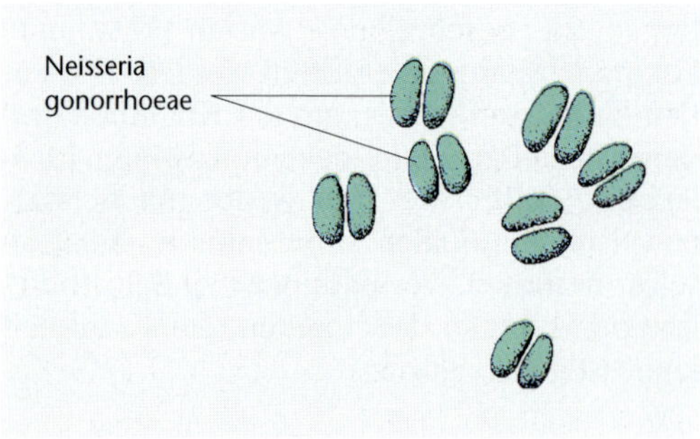

Abb. 23.1: Neisseria gonorrhoeae. [B116]

23.2.1 Erregernachweisverfahren

Mikroskopischer Nachweis

Gonokokken sind ungefärbt nicht sichtbar. Deshalb muss ein Abstrich mit anschließender Färbung durchgeführt werden.

Durchführung eines Abstrichs

Beim Mann:
Das Glied von hinten nach vorne vorsichtig ausdrücken
- Die ersten Eitertropfen abwischen; der folgende Eiter wird mit einer ausgeglühten Platinöse auf einen Objektträger dünn ausgestrichen
- Die Rückseite des Objektträgers 3-mal schnell durch die Flamme eines Bunsenbrenners ziehen
- Mit Methylenblau oder nach Gram färben (weiteres s.u.).

Bei der Frau: Fluor mit der Platinöse aus der Harnröhrenmündung und dem Muttermund entnehmen, der vorher mit dem Scheidenspiegel eingestellt wird.

Färbemethoden

Methylenblau-Färbung

Fixiertes Präparat ganz kurz in eine 1%ige Methylenblau-Lösung halten
- Sofort mit Wasser abspülen
- Trocknen (evtl. mit Filterpapier).

Betrachtung bei Ölimmersion: Gonokokken erscheinen blau als intrazellulär liegende Diplokokken (Abb. 23.1).

Gramfärbung nach Jensen

Wird vorzugsweise bei unklaren Gonorrhöfällen angewandt. Reihenfolge der Färbeschritte:
- Färbung mit 1/2%iger Lösung von Methylviolett 6 B, 15–30 Sekunden
- Mit Jod-Jodkalium-Lösung in der Zusammensetzung 1:2:100,0 abspülen; abgießen
- Neue Jod-Jodkalium-Lösung auftragen, 45 Sekunden einwirken lassen
- Mit absolutem Alkohol abspülen
- Weiter durch absoluten Alkohol unter Hin- und Herschwenken entfärben, abgießen
- Gegenfärbung mit 1‰ Neutralrot-Lösung,

15–30 Sekunden (dieser Lösung sind 0,2 ccm 1 %ige Essigsäure auf 100 cm^3 Lösung zugesetzt)
- Trocknen.

Betrachtung bei Ölimmersion: Gonokokken erscheinen rot (gramnegativ), Staphylokokken, Streptokokken und andere grampositive Bakterien dunkelblau.

Kultureller Nachweis

Die Anlage von Kulturen ist umständlich und erfordert Speziallaboratorien. Der Nachweis ist spezifisch.

> Der kulturelle Nachweis wird bei unklaren Fällen zum Ausschluss einer Gonorrhö sowie bei ungeklärten, langwierigen Harnwegsinfektionen angewandt.

Hierfür verwendet man entweder käufliche Gonorrhö-(Go-)Nährböden oder selbst hergestellte Nährböden (nach Misgeld). Hierzu werden benötigt:
- Go-Agar-Grundsubstanz
- Hämoglobinpuder
- Steriles Go-Supplement
- Sterile Einmal-Petrischalen.

Vorgehen

- 18 g Go-Agar in 200 ml sterilem Wasser aufkochen, mit Aluminiumfolie verschließen
- In einen sterilen Erlenmeyer-Kolben 2,5 g Hämoglobinpuder geben und mit 125 ml warmem, sterilem Aqua dest. etwa 25 Minuten verrühren (Magnetrührer); Verschluss mit Aluminiumfolie
- Lösung 1 und 2 jeweils 15 Minuten bei 121 °C autoklavieren und auf 50 °C abkühlen lassen
- Zwischenzeitlich 5,8 g steriles Go-Supplement in 50 ml sterilem Aqua dest. in sterilisiertem Erlenmeyer-Kolben lösen
- Nach Abkühlung der Agar-Lösung mit 25 ml steriler Supplementlösung mischen und umschwenken; anschließend Hämoglobinlösung hinzufügen (Schaumbildung vermeiden!)
- In sterile Petrischalen ausgießen (ca. 40 Platten)
- Im Kühlschrank lagern.

Nach Ausstrich des Untersuchungsmaterials auf diese Go-Selektivagarplatten (37 °C vorgewärmt) bringt man sie zusammen mit einer brennenden Kerze in ein Einmachglas, das luftdicht mit einer Klammer verschlossen wird (Gonokokken benötigen zur Kultivierung eine 5- bis 10 %ige CO_2-Atmosphäre). Gefäß sogleich in den Brutschrank stellen; Kulturplatten mit dem Deckel nach unten lagern.
Bebrütungszeit: 24–48 Stunden.
Ergebnis: sehr kleine, tautropfenartige, klare bis grauweißliche Kolonien.
Kann der kulturelle Nachweis nicht beim Arzt erfolgen, so sollte ein raumtemperiertes Transportmedium (z. B. Transgrow der Firma Becton, Dickinson & Co. s. u.) beimpft und innerhalb von 24 Stunden in ein Speziallabor gebracht werden.

Weitere Neisserien-Nachweisschritte

Oxidase-Reaktion

Eine Messerspitze Paraphenylendiamin in 1–3 ml Aqua dest. lösen. Die 48 Stunden bebrütete Kultur hiermit übergießen und den Überstand verwerfen. Nach wenigen Minuten färben sich die Go-Kolonien schwärzlich.
Alternativ überträgt man mit einer Platinöse die verdächtigen Kolonien auf einen Cytochrom-Oxidase-Teststreifen (Patho Tec®; Fa. Gödecke AG, Berlin), der sich bei positivem Befund in kurzer Zeit auch grünschwärzlich verfärbt.
Von den oxidasepositiven Kulturen dann eine Gramfärbung anfertigen.

Zuckervergärung

Verschiedene Firmen bieten Spezialnährböden an (z. B. Difco; vertreten von der Fa. Becton, Dickinson & Co), denen verschiedene Zucker (Glukose, Maltose, Saccharose, Lactose) und Phenolrot als Indikator zugesetzt sind. Je nach Zuckervergärung mit den entsprechenden Farbumschlägen können die Gonokokken sicher nachgewiesen werden (Bebrütung 24–48 Stunden in CO_2-Atmosphäre bei 37 °C).

23.2.2 Gonorrhö des Mannes

Symptome und Befund

Akute Form

Nach der Infektion siedeln sich die Keime zunächst im vorderen Teil der Harnröhre an: **„akute vordere Gonorrhö".** Typisch sind Jucken und Prickeln in der Harnröhre, Stechen und Brennen beim Wasserlassen, zuerst schleimiger, dann eitriger (gelbgrüner) Ausfluss.
Wird diese Infektion nicht behandelt, greifen die Erreger auf den hinteren Harnröhrenbereich über: **„akute hintere Gonorrhö".** Die hier liegenden Ausführungsgänge der Prostata, der Samenbläschen und der Samenleiter können miterkranken. Die Patienten klagen dann über:

- Dumpfe, beim Wasserlassen sich steigernde, brennende Schmerzen in der Dammgegend
- Quälenden Harndrang
- Blut im Urin bei Beendigung des Wasserlassens
- Dumpfes Völle- und Schweregefühl mit heftigen Schmerzen im Mastdarm bei Befall der Prostata.

Schließlich kann der **Nebenhoden** erkranken, der unter hohem Fieber und Schüttelfrost innerhalb von 1–2 Tagen zunehmend anschwillt. Es treten dann auch Schmerzen beim Gehen auf.

Chronische Form

Aus der akuten entwickelt sich meist nach 2–3 Wochen die chronische Form. Der Ausfluss wird weniger und dünnflüssiger; oft wird nur in der Frühe ein gonokokkenhaltiger Eitertropfen beobachtet („Bonjour-Tröpfchen"). Die unbehandelte chronische Gonorrhö stellt einen schwelenden Entzündungszustand sämtlicher abführender Samen- und Harnwege dar (Ausnahme: Hoden).

Diagnostik

Akute vordere, hintere und chronische Gonorrhö werden durch das einfache Verfahren der **Zwei-Gläser-Probe** unterschieden. Zur Durchführung soll der Patient 4–5 Stunden kein Wasser gelassen haben. Man nimmt zwei Spitzgläser und gibt die erste Hälfte des Blaseninhaltes in das erste, die restliche Menge in das zweite Glas.

Beurteilung:

- Bei Trübung der 1. Urinprobe: vordere Gonorrhö
- Bei Trübung der 2. Urinprobe: hintere Gonorrhö
- Im Urin befindliche Schleimfäden ohne Trübung können auf eine chronische Gonorrhö hinweisen. Man fischt sie mit der Platinöse heraus und untersucht sie auf Erreger (s. o.).

Eine Harntrübung kann jedoch auch durch Phosphate, Carbonate, Urate und Oxalate bedingt sein und wird durch Zusätze verschiedener Chemikalien näher abgeklärt.

23.2.3 Gonorrhö der Frau

Sämtliche Teile des Urogenital-Systems können erkranken. Bevorzugt werden aber die Organe befallen, die mit Zylinderepithel ausgekleidet sind.

Symptome und Diagnostik

Unkomplizierte Gonorrhö

Im **akuten** Stadium gelblich-grüne Schleimabsonderung aus Harnröhre und Zervikalkanal; im **chronischen** Stadium schleimiger, unauffälliger Ausfluss.

Komplizierte Gonorrhö

Durch Aufsteigen der Gonokokken in die Gebärmutter und vor allen Dingen in die Eileiter kann es plötzlich zu einem akuten Krankheitsbild kommen: kolikartige Unterbauchschmerzen, druckempfindlich gespannter Unterbauch, Brechreiz, hohes Fieber. Diese akuten Erscheinungen klingen nach einigen Tagen wieder ab, jedoch bleibt oft eine beidseitige Eileiterentzündung bestehen, die zu Verwachsungen und damit zu einer Unfruchtbarkeit führen kann.

Gonokokkensepsis

Diese seltene Komplikation mit anfänglich fieberhafter Erregerausschwemmung (Sepsis!) kann zu einer Entzündung verschiedener Organe führen: große Gelenke (Monarthritis gonorrhoica), Herzklappen (Endocarditis gonorrhoica). An der Haut zeigen sich, besonders im Bereich der Hände oder Füße, kleine hämorrhagische Abszesse.

Diagnostik

Im chronischen Stadium der unkomplizierten Gonorrhö schließt ein negativer Abstrich eine Gonorrhö nicht aus! Deshalb Kulturnachweis und wiederholter Abstrich.

23.2.4 Außergenitale Gonorrhö

Diese kann durch äußere Übertragung oder auf dem Blutwege zustande kommen.

- **Mastdarm-Tripper** wird sowohl beim Mann (Homosexuelle) als auch bei der Frau gelegentlich gefunden. Die Mastdarmschleimhaut ist eitrig belegt, gerötet und geschwollen.
- **Gonorrhoische Bindehautentzündung** (Gonoblenorrhö) des Neugeborenen (durch die Credé-Prophylaxe unmittelbar nach der Geburt selten geworden): Eine eitrige Bindehautentzündung durch Ansteckung im Geburtskanal der erkrankten Mutter. Die Inkubationszeit beträgt 2–4 Tage. Unbehandelt besteht Erblindungsgefahr durch Geschwürsbildung mit Übergriff auf die Hornhaut.
- **Gonorrhoische Gelenkentzündung:** akut einsetzende, schmerzhafte Schwellung eines großen Gelenks durch hämatogene Keimabsiedlung.

23.2.5 Therapie

Vor jeder Gonorrhö-Behandlung venerologischer Ausschluss einer Lues mit Wiederholung nach 6 Wochen!

Akute Gonorrhö von Mann und Frau

- Einzeitbehandlung, p. o.:
  - Ofloxazin (Tarivid®) 400 mg
  - Ciprofloxazin (Ciprobay®) 500 mg
- Einzeitbehandlung, i. m.:
  - Spectinomycin (Stanilo®) 2 g
  - Ceftriaxon (Rocephin®) 250 mg
- In der Schwangerschaft:
  - Cefotaxim (Claforan®) 500 mg i. m.
  - Ceftriaxon (Rocephin®) 250 mg i. m.

Gonorrhoische Nebenhodenentzündung

Hoden hoch lagern (Hodenbänkchen s. u.) Lokalbehandlung mit Ichthyolwasser-Umschlägen (Ichthyol® pur bis zur hellbraunen Farbe im Wasser auflösen).

23.2.6 Pflegeaspekte bei Gonorrhö

Die Pflegenden weisen die Betroffenen auf Infektionsrisiken hin, arbeiten anleitend bei der persönlichen Hygiene, geben Ratschläge und Tipps. Einige Lebensaktivitäten werden im Rahmen der Pflege besonders berücksichtigt.

Für eine sichere Umgebung sorgen

Der Schutz vor Komplikationen und vor der Übertragung der Geschlechtskrankheit auf andere Personen steht im Vordergrund dieser Lebensaktivität. Die Vermittlung hygienischer Standards, sowie aufklärende Handlungen bilden dabei pflegerische Schwerpunkte. Darüber hinaus sind wichtig:

- Eine genaue Krankenbeobachtung durch die Pflegenden
- Die Dokumentation und Weitergabe jeder Veränderung im Krankheitsprozess
- Die Einleitung notwendiger Erstmaßnahmen.

Pflegerische Handlungsfelder sind hier z. B. Fieber senkende Maßnahmen. Bei der Nebenhodenentzündung hilft die Anlage einer Hodenbank, die Beschwerden zu reduzieren.

Hodenbank anlegen

Vorbereitung

- Patienten über den Vorgang informieren
- Evtl. für Sichtschutz sorgen
- Hände waschen
- Material bereitlegen: Baumwoll-, Frottee- oder Leinentuch.

Durchführung

- Händedesinfektion
- Tuch zu einem quaderähnlichen Gebilde zusammenlegen
- Handschuhe anziehen
- Genitalregion entkleiden
- Hodenbank unter die Hoden platzieren
- Patienten zudecken.

Kontrollen

- Hodenbank auf Falten überprüfen, gegebenenfalls glatt ziehen
- Patientenklingel in Reichweite legen.

Beenden

- Hodenbänke sind therapiebegleitend indiziert und werden nach Abklingen der Symptome entfernt
- Materialien für Hodenbank mindestens einmal täglich wechseln
- Gebrauchtes Material entsorgen
- Hände waschen und desinfizieren
- Dokumentation (☞ 7.2).

Ausscheiden

Harnwegsinfekte stellen eine weitere Komplikation bei der Gonorrhö dar. Eine gründliche Begutachtung des Urins ist daher stets erforderlich.

Sich sauber halten und kleiden

Die Betroffenen sollen nach jedem Toilettengang gründlich die Hände bürsten und waschen und die Hände nur am persönlichen Handtuch trocknen, das täglich gewechselt wird. Zudem müssen die Hände anschließend desinfiziert werden. Der Intimbereich ist mit klarem Wasser und Einmalwaschlappen zu waschen. Für den Ausfluss werden Einmaleinlagen zur Verfügung gestellt, die regelmäßig gewechselt werden sollen. Der Patient wird entsprechend aufgeklärt.

Sich als Mann oder Frau fühlen und verhalten

Geschlechtskrankheiten gehen mit einer Beeinträchtigung dieser Lebensaktivität einher, da die Krankheit Einschränkungen erzwingt. Zur Einleitung jeder pflegerischen Intervention ist es besonders wichtig, dass die Pflegenden eine akzeptierende, respektvolle Grundhaltung einnehmen.
Angewandte Sexualpraktiken gilt es zu hinterfragen und für die Zukunft präventive Richtmaße zu erarbeiten, z. B. die Anwendung von Kondomen. Generell sollte das soziokulturelle Umfeld in den Veränderungsprozess mit einbezogen werden.

23.3 Syphilis (Lues)

23.3.1 Allgemeine Hinweise

Die Syphilis wurde 1520 in Europa eingeschleppt, der Erreger 1905 entdeckt.

Erreger

Es handelt sich um eine Infektionskrankheit, die durch das Treponema pallidum (oder Spirochaeta pallida) hervorgerufen wird. Dieser Erreger ist kein Blut-, sondern ein ausgesprochener Gewebeparasit, d. h. man findet ihn bevorzugt in Geweben. Der Blutweg wird nur vorübergehend zur Ausbreitung benutzt.
Kennzeichen: 10–20 µm lang mit 8–10 korkenzieherartige Windungen (☞ Abb. 23.2), typische Knick- und Rotationsbewegungen, schlechte Färbbarkeit, deshalb Dunkelfeldnachweis.
Nachweis: Liegt ein typisches Geschwür vor (s. u.), so muss man versuchen, lebende Erreger aus den tieferen Gewebeschichten hervorzuholen (= „Reizserum gewinnen").

- Schutzhandschuhe anziehen und das Geschwür mit Kochsalzlösung säubern
- Mit einem äthergetränkten Tupfer das Geschwür mehrmals abwischen (Patienten vorher aufklären, da schmerzhaft!)
- Das Geschwür von der Seite her vorsichtig zusammendrücken; es darf möglichst kein Blut austreten
- Die austretende klare Flüssigkeit („Reizserum") auf einen Objektträger abtupfen und unmittelbar mit einem Deckgläschen bedecken
- Nachweis im indirekten Licht (Dunkelfeld, Phasenkontrastmikroskop).

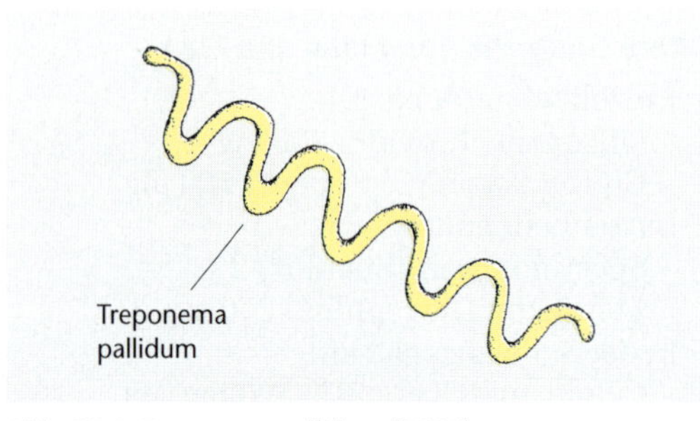

Abb. 23.2: Treponema pallidum. [B116]

Übertragung

Die **direkte Übertragung** der Syphilis erfolgt fast ausschließlich durch den Geschlechtsverkehr, jedoch kann die Eintrittspforte auch jede andere Körperstelle sein. Voraussetzung sind Epitheldefekte. Eine nicht seltene Übertragungsart stellt die berufliche Infektion an den Fingern bei Pflegenden und Ärzten dar.

Vorsicht: Nie an unklaren Hauterscheinungen kratzen; es könnte Lues sein!

Indirekte Übertragungen durch gemeinschaftlichen Gebrauch von Toiletten, Handtüchern, Essgegenständen u.a. sind theoretisch möglich, jedoch kaum wahrscheinlich. Außerhalb des Körpers stirbt die Spirochäte rasch. Syphilisinfizierte Schwangere können ab dem 4.–5. Schwangerschaftsmonat die Frucht anstecken (Totgeburt oder konnatale Syphilis).

23.3.2 Erkrankungsstadien

Der Erkrankungsablauf der Syphilis weist eine Gesetzmäßigkeit auf. Man unterscheidet vier Stadien (☞ Tab. 23.1):

Erstes Stadium (Primärstadium)

Inkubationszeit: 3 Wochen.
Verlauf:
- Am Ort der Infektion Infiltration → Erosion → schmerzloses Ulkus mit derbem Rand (Ulcus durum, **Primäraffekt;** ☞ Abb. 23.3)
- Regionale schmerzlose Lymphknotenschwellung (Bubo).

Ulkus und Bubo werden zusammen auch als **Primärkomplex** bezeichnet. Erfolgt keine Behandlung, so heilt das Ulkus nach 2–6 Wochen ab.

Vorsicht: Bei einem schmerzlosen Ulkus, bevorzugt am Genitale, mit schmerzloser regionaler Lymphknotenschwellung immer an Syphilis denken! Das Ulkus ist hochinfektiös!

Zweites Stadium (Sekundärstadium)

Im zweiten Stadium kommt es zu einer massenhaften Aussaat von Spirochäten im Blut. Erreger können jetzt überall auftreten und führen zu:
- Generalisierter Lymphknotenschwellung
- Generalisiertem Exanthem, meist makulopapulös: rote, rundliche Herde; typischerweise auch an Handtellern und Fußsohlen (☞ Abb. 23.4)
- Lokalisierten Veränderungen:
  - Haarausfall („mottenfraßartig")
  - Angina specifica (plötzlich auftretende Heiserkeit)
  - Flache, breite, nässende Papeln an den intertriginösen Arealen (besonders perianal): breite Kondylome (Condylomata lata).

Ein reduziertes Allgemeinbefinden mit Fieber, Abgeschlagenheit und Kopfschmerzen ist häufig, auch milde meningitische Symptome

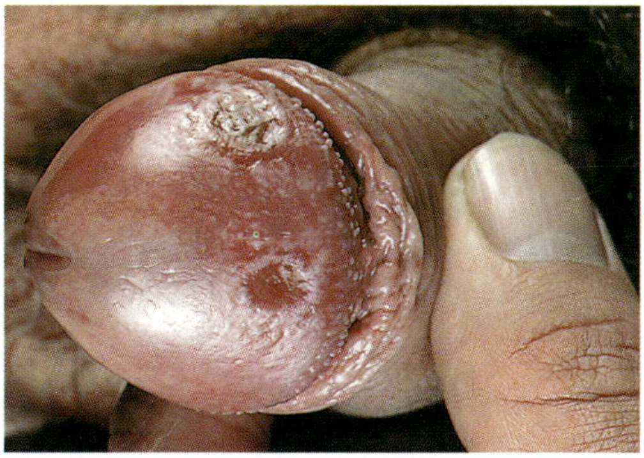

Abb. 23.3: Lues I – Primäraffekt am Penis.

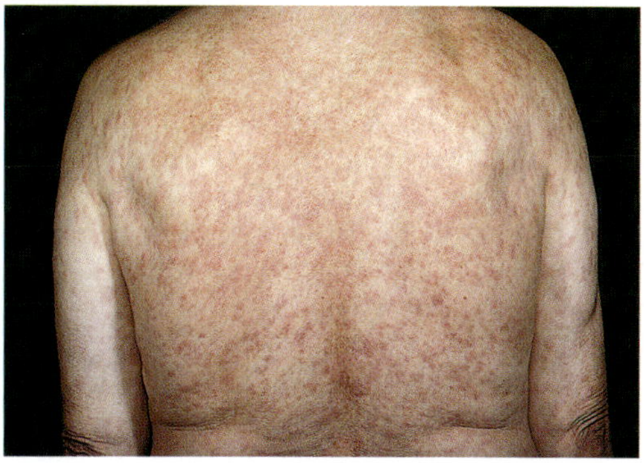

Abb. 23.4: Lues II – Typisches Exanthem am Rücken.

Symptome	Manifestationszeitpunkt
Primärstadium	
Primäraffekt	$3^1/_2$ Wochen (1–7 Wochen)
Regionäre Lymphknoten +	$4^1/_2$ Wochen bis 5 Wochen
Prodromi	8 Wochen
Polyadenitis	$9^1/_2$ Wochen
Sekundärstadium	
Exanthem	$2^1/_2$ Monate
Plaques muqueuses	3 Monate
Condylomata lata	$3^1/_2$ Monate
Abklingendes Exanthem	4 Monate
Alopecia specifica	5 Monate
Leukoderm	$5^1/_2$ Monate
Erste Latenz – erstes Rezidiv – zweite Latenz usw.	
Tertiärstadium	
1. papulosquamös-serpiginöses Syphilid	Nach 2–5 Jahren
2. ulzerokrustös-serpiginöses Syphilid	
3. tiefe ulzeröse Syphilide	
4. Gumma	
Quartärstadium	
Neurosyphilis	Nicht genau zu definieren
Syphilis cerebrospinalis	
Tabes und Paralyse	

Tab. 23.1: Stadien der Syphilis (nach Lutz).

und eine Splenomegalie. Der Befall innerer Organe (Nephritis, Myositis, Iritis) ist dagegen sehr selten.

Hinweise auf eine Lues II sind ein beschwerdeloser, nichtjuckender Ausschlag an Gesicht, Stamm, Handflächen und Fußsohlen, eine generalisierte Lymphknotenschwellung, diffuser Haarausfall, Heiserkeit, breite Kondylome.

Vorsicht: Die Hautveränderungen sind infektiös, erst im späteren Sekundärstadium nimmt die Erregermenge ab.

Verlauf: Die Erscheinungen an der Haut bilden sich nach einiger Zeit wieder zurück, jedoch kann das syphilitische Sekundärstadium 5–10 Jahre dauern. Während dieser Zeit hat man mit einer Reihe von Krankheitsausbrüchen mit dazwischen liegenden freien Intervallen zu rechnen.

Drittes Stadium (Tertiärstadium)

Mit der Dauer der Infektion nimmt die körpereigene Abwehr zu. Deshalb kommt es zur Abnahme der Erregerzahl. Die Erkrankung kann mehrere Organe betreffen. Bei den Hauterscheinungen unterscheidet man zwei Formen der tertiären Syphilis:

Oberflächliche Form: Kleinknotige zerfallende Infiltrate, die unter Narbenbildung abheilen.

Subkutane gummöse Form: Knoten an der Kutis oder Subkutis, die mit der Haut und Unterlage verbacken sind. Einschmelzung, oberflächliche, meist nierenförmige Geschwürbildung. Lymphknotenschwellungen fehlen. Nach einigen Wochen bis Monaten narbige Abheilung.

Die Gummen sind nicht nur in der Haut lokalisiert, sondern können auch im Bereich der Schleimhäute (Mundhöhle), Knochen, Gelenke, Muskeln, Leber, Nieren, Lunge und des Gehirns auftreten. Besonders gefährlich ist die Erkrankung der Aorta, die sich sackförmig ausstülpen kann (Aneurysma).

Nach Einnahme von Jodkali (Rp. Kal. jodat, 10,0; Aqua dest. ad 150,0; DS: 3×1 Teelöffel) bilden sich die Hautveränderungen der tertiären Lues rasch zurück, was differenzialdiagnostisch wichtig ist.

Viertes Stadium (Quartärstadium)

10–20 Jahre nach der Infektion kann es auch zu degenerativen Veränderungen im Gehirn und Rückenmark kommen (Metalues). Keine Hauterscheinungen! Zwei Krankheitsbilder treten dann in den Vordergrund:

- Rückenmarkschwindsucht (Tabes dorsalis) mit Störungen der Sensibilität, der Reflexe, Blasenfunktion und Koordination
- Gehirnerweichung (Paralyse) mit Persönlichkeitsveränderungen (fortschreitende Geistesschwäche, Wahnideen, geistiger Verfall).

23.3.3 Luesserologie

Die Luesserologie beruht auf dem Nachweis spezifischer Treponema-pallidum-Antikörper im Serum (☞ Tab. 23.2). Bei frühzeitiger Behandlung verschwinden innerhalb von 24 Monaten 95 % der IgM-Antikörper.

TPHA **Suchtest**	**Treponema-pallidum-Hämagglutinations-Test** Sehr empfindlich; erregerspezifisch; 2–3 Wochen nach Infektion reaktiv (Nachweis von IgM-Antikörpern nach Agglutinationsprinzip, später auch von IgG) **Indikation:** Einziger sinnvoller Test bei der Suche (Screening) nach aktueller oder früherer Lues. **Bewertung:** • Ergebnis negativ: Der Fall ist erledigt, es sei denn, die Infektion liegt kürzer als 2–3 Wochen zurück • Ergebnis positiv: behandlungsbedürftige oder ausgeheilte Lues → zur Kontrolle FTA-Test durchführen
FTA-ABS **Bestätigungstest**	**Fluoreszenz-Treponema-AK-Absorptions-Test** Gleiche Empfindlichkeit; gleiche Spezifität; etwa zum gleichen Zeitpunkt reaktiv. (Erfasst andere Partialantigene, Antikörpernachweis durch Immunfluoreszenz) **Indikation:** • Sinnvoll zur Bestätigung eines positiven TPHA-Tests (eher als ein 2. TPHA-Test) • Sinnvoll zur Bestätigung eines schwach-reaktiven oder zweifelhaften TPHA-Tests bzw. bei Verdacht auf Laborfehler (TPHA negativ, positiver klinischer Befund)
TPI **Zweifelsfall-Test**	**Treponema-pallidum-Immobilisations-Test** • Gleiche Aussagekraft wie der FTA-ABS-Test, aber sehr viel aufwendiger und nur in wenigen Speziallabors durchführbar • Bei primärer Syphilis noch nicht reaktiv (Immobilisation lebender Lues-Treponemen) **Indikation:** • Heute praktisch ohne Bedeutung, nur bei nach o. g. Tests verbleibenden Zweifelsfällen • Eventuell bei Diskrepanzen zwischen TPHA und FTA • Bei Verdacht auf Neurosyphilis oder Spätlatenz, in denen o. g. Tests negativ sein können
IgM-FTA **Sonderfall-Test**	**IgM-FTA-ABS-Test und IgM-19S-FTA-ABS-Test** • Schon bei der Frühsyphilis positiv (also früher als TPHA etc.) • TPHA, FTA-ABS und TPI bleiben zeitlebens positiv, außer bei Therapie in sehr früher Phase (Frühsyphilis); der FTA-(IgM-)Test ist dagegen bei ausreichend behandelter Syphilis aller Stadien i. d. R. nicht reaktiv Nur in Speziallabors durchführbar **Indikationen:** • Evtl. zum besonders frühen Nachweis einer frischen behandlungsbedürftigen Lues • Zum Nachweis einer Infektion des Kindes bei Lues connata (andere Antikörper können von der Mutter stammen) • Zur Abklärung der Frage der Behandlungsbedürftigkeit bei Fällen mit reaktivem TPH, FTA, TPI, wo nichts über Infektionszeitpunkt, Therapie und Titerverlauf zu ermitteln ist
Cardiolipin-Reaktionen **Verlaufs-kontrolltests**	**VDRL= Veneral Disease Research Laboratory-Tests** **CMT= Cardiolipin-Mikroflockungs-Test** **Cardiolipin-KBR** • unspezifische Tests • quantitative Tests • einfache Technik • internationale Durchsetzung Die klassischen Komplement- und Flockungsreaktionen haben dagegen keine Bedeutung mehr. **Indikationen:** Verlaufs- und Therapiekontrolle durch Titerbeobachtung **Bewertung:** • Ein mehr als zweifacher Abfall im Titer zeigt, dass eine zwischenzeitlich durchgeführte Therapie erfolgreich war • Nur Titeranstieg um zwei Stufen bedeutet z.B. Neuinfektion bzw. Behandlungsbedürftigkeit

Tab. 23.2: Luesserologie (Übersicht).

Beispiele

- TPHA- und FTA-ABS-Test ist reaktiv bei fehlendem Nachweis von IgM-Antikörpern: ausreichend behandelte (oder spontan abgeheilte) Lues. Der Cardiolipin-Test ist schwach positiv
- Spezifische IgG- und IgM-Antikörper werden besonders beim 19-IgM-FTA-ABS-Test-Patientenserum gefunden: behandlungsbedürftige Lues.

Schnelltest

Schnell in der Praxis durchführbar ist der RPR-(Rapid-Plasma-Reagin-)Card-Test (Hynson, Westcott und Dunning, Baltimore, Maryland 21201, Fa. Pesel, Borsigallee 6, 60388 Frankfurt/M), der etwa in der 6. Woche positiv wird. Hierfür benötigt man etwas frisches Patientenserum, das bis zum Strich der mitgelieferten Kapillare aufgezogen wird. Diese Menge auf ein Feld der beiliegenden Karte tropfen. Dazu gibt man im freien Fall einen Tropfen des mitgelieferten Antigens (Fläschchen zuvor gut schütteln!), rührt mit einem Holzstückchen (liegt bei) um und schwenkt schließlich die Karte horizontal bis maximal 4 Minuten und liest ab:

- Positiv: schwarze Schollenbildung
- Negativ: Antigenkohlepartikel bleiben fast homogen verteilt.

Es ist ratsam, eine Positivkontrolle mitlaufen zu lassen.
Die oben angegebenen Tests beruhen auf dem Vorhandensein von Antikörpern im Blut. Sie sind deshalb sehr spezifisch. Weil die Antikörper im Blut bleiben, werden diese Tests auch nach erfolgter Behandlung oft nicht negativ.

23.3.4 Therapie

Antibiotikatherapie

- Clemizol-Penicillin G (Megacillin®, täglich 1 Ampulle i. m.):
  - Bei Frühlues 14 Tage
  - Bei späteren Luesformen über 21 Tage
- Als Alternativpräparat kann Tardocillin® verwendet werden (Benzathin-Penicillin G plus Tolycain-HCl, z. B. Tardocillin 1200®):
  - Bei der Frühlues am 1. und 8. Tag je 2 Ampullen Tardocillin 1200® i. m.
  - Bei Spätlues am 1., 8. und 15. Tag je 2 Ampullen Tardocillin 1200 ® i. m. (rechte und linke Gesäßhälfte)
- Orale Erythromycinbehandlung: z. B. Erycinum® 250 mg (Erythromycin-Glucoheptonat), Erythrocin® 500-mg-Tabletten (Erythromycin-Stearat); Dosierung 500 mg oral alle 6 Stunden, also täglich 2 g
  - über 15 Tage (Frühlues)
  - über 30 Tage (Spätlues)
- Bei Penicillin-Allergie:
  Doxycyclin 2 x 100 mg über 15 Tage oder Erythromycin 4 x 500 mg über 15 Tage.

Komplikation: Jarisch-Herxheimer-Reaktion

Durch frei werdende Giftstoffe infolge Erregerzerfall nach der ersten Antibiotikaspritze kommt es bei 50–80 % der Patienten zu Fieber und verstärkten Hauterscheinungen. Im ersten und zweiten Stadium besteht meist keine Lebensgefahr; im dritten Stadium können jedoch durch eine Aortenaneurysmaruptur lebensbedrohliche Zwischenfälle auftreten.
Prophylaxe: Zur Abschwächung der Jarisch-Herxheimer-Reaktion etwa eine halbe Stunde vor der Penicillin-Injektion 25–30 mg eines Kortikosteroids (z. B. Urbason®, Solu-Decortin® H) intramuskulär und intravenös verabreichen. Anschließend alle 2 Stunden über einen Zeitraum von 8–10 Stunden die Temperatur messen. Bei der zweiten und den nachfolgenden Penicillin-Injektionen sind diese Maßnahmen nicht mehr erforderlich.

Erneute Behandlung

Zweitbehandlungen in voller Dosierung sollten durchgeführt werden, wenn:

- Der Titer der Nebenreaktionen wieder um zwei Stufen ansteigt
- Der Titer der Nebenreaktionen permanent hoch bleibt
- Eine Schwangerschaft vorliegt (zu Beginn des 4. Monats)
- Der 19-IgM-FTA-ABS-Test reaktiv ist.

Vor der Behandlung einer Spätsyphilis sind die Röntgenaufnahme des Brustraumes (Aortenaneurysma?) und eine Liquoruntersuchung dringend erforderlich.

23.3.5 Pflegeaspekte bei Syphilis

Vorsicht: Die Hauterscheinungen im Primär- und Sekundärstadium sind infektiös, sodass Schmierinfektionen eine hohe Gefährdung für alle Kontaktpersonen der Betroffenen darstellen.

Für eine sichere Umgebung sorgen

In jedem Einzelfall ist über notwendige Maßnahmen zu entscheiden, um die Übertragung der Erreger von Mensch zu Mensch zu vermeiden (☞ auch 23.2.6). Besondere Aufmerksamkeit erfordert hier die Syphilis im Stadium II: Der pflegerische Umgang mit dem Betroffenen sollte stets mit Handschuhen erfolgen.

Sich sauber halten und kleiden

Wichtige Aspekte ☞ 23.2.6; bei der Syphilis sind die Hauterscheinungen zu berücksichtigen. Patienten müssen für sich selbst erkennen, welche reinigenden Maßnahmen wichtig für sie sind. Pflegende beraten und unterstützen, beispielsweise indem sie nicht betroffene Hautareale vor Schmierinfektionen schützen. Sie achten auf den Gebrauch von Einmalmaterialien.

Die Körpertemperatur regulieren

Bei der Hälfte der Patienten mit Syphilis I und 90 % der Patienten mit Syphilis II führt der Erregerzerfall unter Antibiotikagabe zu Fieber, Kopf- und Muskelschmerzen (Jarisch-Herxheimer-Reaktion; ☞ 23.3.4). Die Symptome lassen sich mit fiebersenkenden Medikamenten und Bettruhe lindern.

Vorsicht: Im Rahmen der ersten Antibiotikagaben ist die regelmäßige Temperaturkontrolle unverzichtbar, da der Patient auf die Zerstörung der Treponemen mit einer Zustandsverschlechterung mit Fieber bis zur Schocksymptomatik reagieren kann (Herxheimer-Reaktion).

Sich als Mann oder Frau fühlen und verhalten

Hier gilt sinngemäß das bei der Gonorrhö Dokumentierte (☞ 23.2.6).

23.4 Ulcus molle (weicher Schanker)

Ulcus molle ist eine sehr seltene Geschlechtskrankheit.
Erreger: Streptobazillen (Haemophilus ducreyi).
Inkubationszeit: 1–2 Tage.

Symptome und Befund

An der Eintrittspforte bilden sich meist mehrere weiche, schmerzhafte Geschwüre mit unterminierten Rändern. Die Umgebung ist gerötet (Differenzialdiagnose zur Syphilis ☞ Tab. 23.3).
Verlauf: Die Geschwüre zeichnen sich durch eine schlechte Heilungstendenz aus (6–8 Wochen). In etwa 50 % der Fälle kommt es zu Beteiligung der regionalen Lymphknoten mit Tendenz zur Vereiterung (Bubonen). Durch Kontaktinfektionen können an diesen Stellen laufend neue weiche Geschwüre auftreten.

Diagnostik

Man entnimmt Material aus dem Geschwürrand und streicht dieses auf einen Objektträger, den man dann 3-mal kurz durch die

	Ulcus durum	Ulcus molle
Inkubationszeit	3 Wochen	2–4 Tage
Zahl der Ulzera	Meist eines	Meist viele
Konsistenz	Hart	Weich
Ulkusmorphologie	Kein Dreizonenaufbau	Dreizonenaufbau
Ulkusrand	Nicht unterminiert	Unterminiert
Symptome	Schmerzlos	Schmerzhaft
Regionale Lymphknotenschwellung	Nicht entzündlich, hart, schmerzlos	Einschmelzungsneigung, weich, schmerzhaft

Tab. 23.3: Differenzialdiagnose zwischen Ulcus durum bei Syphilis und Ulcus molle (nach Braun-Falco et al).

Flamme eines Bunsenbrenners zieht. Anschließend mit einer Methylgrün-Pyronin-Lösung 5 Minuten färben; abspülen und trocknen. Unter dem Mikroskop betrachtet, liegen die leuchtend rot erscheinenden Streptobazillen fischschwarmartig zwischen Gewebetrümmern.

Antibiotikatherapie

- Erythromycin 500 mg über 7 Tage
- Ceftriaxon (Rocephin®) 1 x 250 mg i. m.
- Ciprofloxazin (Ciprobay®) 500 mg 2 x tägl. über 3 Tage.

23.5 Lymphogranuloma inguinale

Das Lymphogranuloma inguinale (auch: Lymphogranuloma venereum) ist ebenfalls eine seltene Geschlechtskrankheit und tritt vorwiegend in tropischen Ländern auf.
Erreger: Chlamydia trachomatis.
Inkubationszeit: etwa 7–21 Tage.

Symptome und Befund

Zunächst kleine, leicht schmerzhafte Erosionen an den Geschlechtsorganen mit Abheilungstendenz. 7–21 Tage danach schmerzhafte Lymphknotenschwellungen in den Leisten. Durch Verschmelzung können diese sehr groß werden, und es besteht eine ausgesprochene Vereiterungstendenz mit Fistelgängen nach außen. Dieser Erkrankungszustand kann über mehrere Wochen bestehen bleiben.

Diagnostik

- Komplementbindungsreaktion (KBR > 1:64)
- Direkter Nachweis mit monoklonalen Antikörpern
- Impfung von McCoy-Zellen mit Fistelsekret (Nachweis von Einschlusskörperchen)
- Histologische Untersuchung eines verdickten Lymphknotens.

Antibiotikatherapie

- Im Frühstadium Sulfonamide, dann Doxycyclin 2 x 100 mg tägl. über 14–21 Tage
- Erythromycin 4 x 500 mg tägl. über 21 Tage
- Sulfamethoxazol 4 x 500 mg tägl. über 21 Tage
- Tetracyclin 4 x 500 mg tägl. über 14 Tage.

23.6 Weitere sexuell übertragbare Erkrankungen

23.6.1 Übersicht

Eine größere Gruppe von erregerbedingten Erkrankungen, die durch sexuelle Intimkontakte übertragen werden, wird seit einigen Jahren als STD (sexually transmitted diseases) zusammengefasst. Dazu gehören verschiedene Infektionskrankheiten, die nach den verursachenden Erregern klassifiziert werden.

Protozoeninfektionen

- Trichomonadeninfektion
- Infektion mit Entamoeba histolytica
- Giardiasis durch Gardia lamblia.

Bakterielle Infektionen

- Gonorrhö (☞ 23.2)
- Kankroid
- Infekte durch Salmonellen, Campylobacter, Gardnerella vaginalis, Mykoplasmen.

Spirochätosen

- Syphilis (☞ 23.3)

Chlamydienerkrankungen

- Lymphogranuloma inguinale (☞ 23.5)
- Vaginitis
- Unspezifische Urethritis.

Viruserkrankungen

- Herpes genitalis
- Hepatitis A
- Hepatitis B
- Verrucae
- Condylomata acuminata
- Mollusca contagiosa
- Zytomegalie
- AIDS (HIV-Virus; ☞ 23.7).

23.6.2 Trichomonadeninfektion

Symptome und Befund

Beim Mann oft unbemerkt und asymptomatisch, gelegentlich Urethritis-Symptome; bei der Frau weißlicher Fluor und Juckreiz, geringgradig ausgeprägte Kolpitis.

Diagnostik

Lebendnachweis im Durchlichtmikroskop (Nativpräparat).

Therapie

Metronidazol (z.B. Clont®).

23.6.3 Mykoplasmeninfektion

Die Mykoplasmeninfekton ist eine häufige Infektionserkrankung mit Mycoplasma hominis oder Ureaplasma urealyticum. Durch Vermehrung dieser meist transienten Besiedlung der Schleimhaut kann es zu Entzündungserscheinungen kommen (Kolpitis, Urethritis, selten Salpingitis der Frau).

Diagnostik

Kultureller Nachweis auf speziellen Nährböden, fluoreszenzoptischer Nachweis.

Therapie

Doxycyclin 2×100 mg über 10 Tage oder Erythromycin.

23.7 HIV-Infektion und AIDS (Acquired Immunodeficiency Syndrome)

23.7.1 Erreger

Humane Immundefizienz Viren (HIV). HIV sind hitzeempfindlich und finden sich in Blut, Samenflüssigkeit, Vaginalsekret, im Speichel, in Tränenflüssigkeit, Harn, Stuhl und inneren Körperflüssigkeiten (Gelenke, Liquor).

Übertragung: Die Infektion erfolgt durch Geschlechtsverkehr (homo- oder heterosexuell), Bluttransfusion, kontaminierte Injektionsnadeln (z.B. bei Drogenabhängigen), transplazentar durch HIV-infizierte Mütter auf deren Kinder.

Infektiosität, Inkubationszeit: Das HIV zeigt nur geringe Infektiosität: So beträgt das Infektionsrisiko bei kontaminierten Nadeln bei einer Stichverletzung ohne zusätzliche Injektion kontaminierten Materials nur etwa 0,5%. Bei offenen Wunden jedoch ist das Infektionsrisiko bei Kontakt mit virushaltigen Flüssigkeiten hoch. Die Inkubationszeit beträgt bis zu 10 Jahre.

Pathogenese: HIV binden sich an CD4-Rezeptoren von T-Helfer-Lymphozyten (T4-Zellen) und dringen in den Zellkern ein, um hier in das Genom der Wirtszelle integriert zu werden. Die infizierte Zelle ist dann in der Lage, neue Viren zu produzieren, stirbt aber selbst durch die Veränderungen im Genom ab. Der Verlust der T-Helfer-Lymphozyten führt zu schweren Störungen des Immunsystems mit Schwächung der körpereigenen Abwehr.

23.7.2 Symptome und Befund

Die Erkrankung verläuft in mehreren Stadien (☞ Tab. 23.4, CDC-Klassifikation).

Stadium I: Nach dem klinisch unbemerktem Beginn einer HIV-Infektion treten zunächst uncharakteristische Krankheitszeichen wie bei einem grippalen Infekt auf: Fieber, Müdigkeit, Abgeschlagenheit, Appetitlosigkeit, Gelenk- und Muskelschmerzen, Kopfschmerzen und Lymphknotenvergrößerung. An der Haut kann es zu einem vorübergehenden fleckförmigen Exanthem kommen (Dauer ca. 1–3 Wochen).

Stadium II: Nach Abklingen der akuten Symptomatik beginnt die klinische Latenzphase, die mehrere Jahre dauern kann.

Stadium III: Schließlich kommt es über das Lymphadenopathiesyndrom zum AIDS-related-complex.

- Lymphadenopathiesyndrom (LAS): Schmerzlose Vergrößerung der Lymphknoten (axillär, inguinal, Halslymphknoten) über mehrere Monate; allmähliche Rückbildung der Lymphknotenschwellung, bei einigen Patienten Übergang in das Vollbild AIDS
- AIDS-related-complex (ARC): Prodromalstadium der AIDS-Erkrankung (prä-AIDS) mit Müdigkeit, Krankheitsgefühl, Gewichtsabnahme, intermittierenden Temperaturen über mehrere Wochen, Lymphadenopathiesyndrom, Nachtschweiß, unklare, längerfristig bestehende Diarrhöen.

Stadium IV: Erst das Auftreten bestimmter Erkrankungen zeigt den Übergang in das Vollbild AIDS an:

Stadium I, akute Infektion	
	• Mononukleoseähnliches Bild • Mit akuter oder ohne akute Meningoenzephalitis • Serokonversion dokumentiert
Stadium II, positive Serologie	
IIA	Asymptomatisch
IIB	Plus pathologische Laborbefunde (z. B. Thrombopenie, Lymphopenie, T4-/T8-Verminderung, Anergie u. a.)
Stadium III, positive Serologie	
IIIA	Generalisierte Lymphadenopathie
IIIB	Plus pathologische Laborbefunde (s. IIB)
Stadium IV, positive Serologie	
IVA	Allgemeinsymptome (mindestens eines): • Unfreiwilliger Gewichtsverlust über 10% • Fieber länger als einen Monat • Diarrhö länger als einen Monat
IVB	Neurologische Symptome: Demenz, Myelopathie, periphere Neuropathie
IVC1	Opportunistische Infektionen: • Pneumocystis-carinii-Pneumonie • Toxoplasmose mit Pneumonie oder ZNS-Befall • Intestinale Kryptosporidiose, Diarrhö länger als einen Monat • Isopsoriasis, Diarrhö länger als einen Monat • Strongyloidiasis mit Pneumonie oder ZNS-Befall oder disseminiert • Pilzinfektionen: – ösophageale, bronchiale oder pulmonale Candidiasis – Kryptokokkose mit Lungen- oder ZNS-Befall oder disseminiert – Aspergillose mit ZNS-Befall oder disseminiert – Histoplasmose, disseminiert • PBakterielle Infekte: – Typische Mykobakteriose, disseminiert • PVirusinfektionen: – Zytomegalie-Infektionen mit Pneumonie, gastrointestinalem Befall, Retina- oder ZNS-Befall – Herpes-simplex-Infektion mit mukokutaner Beteiligung (mindestens1 °Monat dauernd, ulzerierend) oder Pneumonie, gastrointestinalem Befall oder disseminiert
IVC2	Andere Infektionen: • Orale „hairy leukoplakia" • Herpes zoster (über mehrere Dermatome) • Salmonellensepsis • Nokardiose • Tuberkulose • Candida-Stomatitis
IVD	Malignome: • Kaposi-Sarkom • ZNS-Lymphom • Non-Hodgkin-Lymphom von hohem Malignitätsgrad (diffus, undifferenziert) der B-Zellreihe oder von unbekanntem immunologischem Phänotyp • Malignom des lymphatischen oder retikuloendothelialen Systems (lymphoreticular malignancy), welches mehr als 3 Monate nach einer der oben erwähnten Infektionen auftritt
IVE	Anderes: z. B. chronisch lymphoide, interstitielle Pneumonie; Psoriasis; andere Befunde wie Tumoren, Wasting-Syndrom u. a., die wahrscheinlich HIV-assoziiert sind, aber nicht in den obigen Gruppen zuzuordnen sind

Tab. 23.4: Stadieneinteilung der HIV-bedingten Infektionen (CDC-Klassifikation).

- Infektion mit opportunistischen Erregern (Pneumocystis carinii u.a., ☞ Tab. 23.4), Candida-Infektionen, besonders im Mund und im Ösophagus
- Im späteren AIDS-Stadium Kaposi-Sarkome (☞ Abb. 23.5): linsen- bis fingernagelgroße, anfangs rötliche, dann livid-bräunliche, leicht erhabene Tumoren an Gesichts- oder Körperhaut, Schleimhaut, im Mund, aber auch an inneren Organen (angioblastische Sarkome)
- Seborrhoisches Ekzem (nasolabial, Augenbrauen, behaarter Kopf und Brustregion; ☞ Abb. 23.7)
- Psoriasis (schwere Verlaufsformen mit hoher Therapieresistenz).

Häufig sind auch erregerbedingte Hauterkrankungen, z.B. Herpes simplex (☞ Abb. 23.6), Herpes zoster, Mollusca contagiosa, Dermatomykosen, Condylomata acuminata sowie bakterielle Infektionen (☞ Tab. 23.5).

a

b

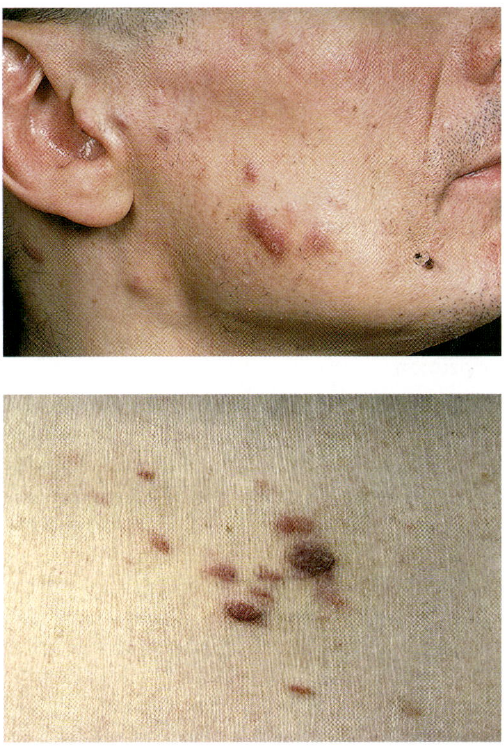

Abb. 23.5a–b: Kaposi-Sarkome bei AIDS.

Dermatologische Befunde

Relevant für die AIDS-Klassifikation nach der diagnostischen Relevanz (nach Schäfer):

- Diagnosen I. Ordnung (manchmal pathognomonisch): epidemisches Kaposi-Sarkom, orale Haarleukoplakie; akutes HIV-Exanthem
- Diagnosen II. Ordnung (deutlich hinweisend): Zoster (im frühen und mittleren Er-

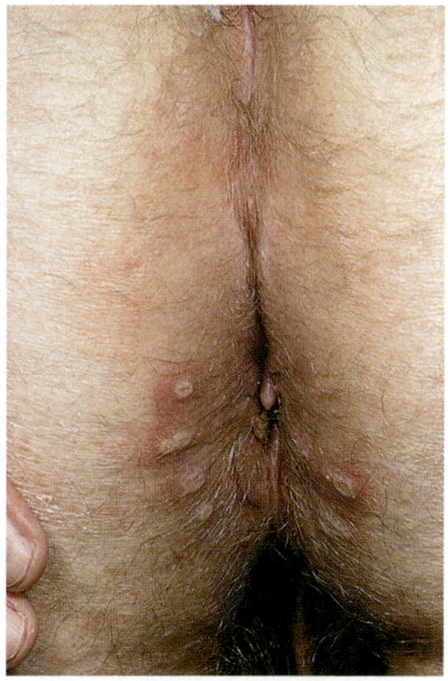

Abb. 23.6: Perianaler Herpes simplex bei AIDS.

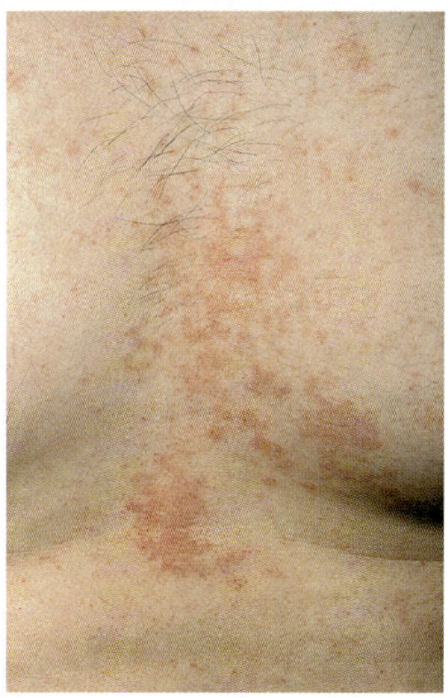

Abb. 23.7: Seborrhoisches Ekzem bei HIV-Infektion.

Seborrhoisches Ekzem	31 %
Pruritus	26 %
Follikulitiden	26 %
Tinea	24 %
Kaposi-Sarkom	24 %
Herpes simplex genitoanalis	18 %
Condylomata acuminata	17 %
Zoster	16 %
Mollusca contagiosa	15 %
Warzen (HPV)	15 %
Bakterielle Infektionen	14 %
Syphilis (keine Seronarben)	13 %
Orale Haarleukoplakie	11 %
Gonorrhö	11 %
Arzneimittelexantheme	9 %
Haarausfall	8 %
Psoriasis	6 %

Tab. 23.5: Häufigkeit dermatologischer Erkrankungen bei HIV-Infizierten (nach Schäfer).

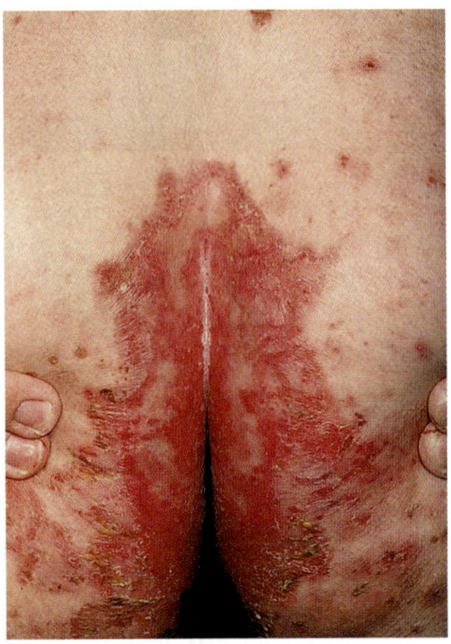

Abb. 23.8: Pyodermie bei HIV-Infektion.

wachsenenalter), extragenitale Mollusca contagiosa, ausschließlich anal lokalisierte Kondylome beim Mann, nekrotisierender Herpes analis exulcerans, orale Candida-Infektion (Soor)

- Diagnosen III. Ordnung (erst in Kombination mit weiteren Diagnosen von Bedeutung): seborrhoisches Ekzem, Xerodermie, generalisierter Pruritus, Dermatophyten-Erkrankungen, akneiforme Follikulitiden, atypische Warzen, Psoriasisexazerbation, wiederholte Gonorrhö und/oder Syphilis, essenzielle Teleangiektasien
- Diagnosen IV. Ordnung (vermutlich zufällig bei HIV-Infektion auftretend): sämtliche bei HIV-Infizierten beschriebenen dermatologischen Befunde, deren Manifestationshäufigkeit, klinisches Bild, Verlauf usw. nicht auffallend vom Befund bei der restlichen Bevölkerung abweichen.

23.7.3 Diagnostik

4–6 Wochen nach der Infektion gelingt i. d. R. der Nachweis von HIV-Antikörpern im Serum. Davor ist allerdings oft schon der direkte Virusnachweis möglich, z. B. mittels PCR.
Nach dem klinischen Bild und den Antikörper- (ELISA) und/oder Immunfluoreszenztests (Western-Blot) erfolgt die Untersuchung auf Antikörper gegen spezifische HIV-Proteine. Weitere Laborbefunde:

- Verringerung der T4-Helfer-Zellen auf weniger als $400/mm^3$, Verhältnis T4-Helfer-/T8-Suppressor-Lymphozyten < 1 : 1 (normal: 1 : 1–1 : 3,5)
- Leukopenie, Anämie, Thrombopenie
- Hypergammaglobulinämie
- Hauttests negativ (Anergie).

23.7.4 Therapie

Prinzipien

Da sich das HI-Virus im Körper kontinuierlich vermehrt und dabei nahezu immer das Immunsystem schwächt, ist ein wichtiges therapeutisches Ziel, mit einer sog. **antiretroviralen Therapie** die Virusvermehrung und damit das Fortschreiten der Erkrankung zu stoppen bzw. zu verlangsamen. Eine Viruselimination ist bislang nicht gelungen.
In aller Regel besteht die Therapie aus einer Kombination von Medikamenten, die an verschiedenen Punkten der Virusvermehrung angreifen. Ein Problem besteht darin, dass die Medikamente ihre Wirkung verlieren können,

weil das Virus dagegen resistent wird. Da es auch Kreuzresistenzen zwischen einigen Medikamenten gibt, ist die Umstellung auf eine andere Kombination nicht unproblematisch.
Die antiretrovirale Therapie erfordert vom Betroffenen große Disziplin und eine hohe Motivation, da Nebenwirkungen häufig sind und eine inkonsequente Medikamenteneinnahme mit besonderen Risiken behaftet ist.
Neben der antiretroviralen Therapie erhalten Betroffene auch immunstimulierende Präparate. Neu auftretende Erkrankungen werden möglichst rasch und effektiv behandelt, v.a. die opportunistischen Infektionen. Um im Fall des Falles schnell handeln zu können, werden Betroffene in regelmäßigen Abständen untersucht.

Infektionsprophylaxe

Die Verhütung einer HIV-Infektion lässt sich durch verschiedene Maßnahmen erreichen (☞ 23.7.5). Bei der Betreuung HIV-Infizierter gilt insbesondere, das Infektionsrisiko des medizinischen Personals zu minimieren. Das Virus ist empfindlich gegenüber den üblichen Desinfektionsmitteln.

23.7.5 Pflegeaspekte bei AIDS

Eine Infektion mit dem HI-Virus bedeutet nicht, dass der Betroffene an AIDS erkrankt ist. AIDS entwickelt sich erst durch den fortschreitenden Immundefekt (Stadieneinteilung ☞ 23.7.2).
Die Übertragung des HIV erfolgt durch Kontakt mit infiziertem Material. Grundsätzlich sind alle Körperflüssigkeiten des Infizierten potenziell infektiös, auch wenn noch keine Krankheitszeichen aufgetreten sind. Ungeschützter Geschlechtsverkehr, Blut, Verletzungen stellen hauptsächliche Infektionswege dar. Von gemeinsam benutzten Toiletten, Essgegenständen oder Kosmetika sowie vom Küssen ist jedoch keine Gefährdung bekannt.
Die Krankheit verläuft stadien- und patientenabhängig sehr unterschiedlich und bedarf deshalb einer individuellen Betrachtungsweise. Entsprechend sind auch die einzelnen **Lebensaktivitäten** zu berücksichtigen.

Für eine sichere Umgebung sorgen

Prinzipien ☞ 23.2.6. Dies geschieht unter Förderung der Selbstdisziplin der Patienten für sich und gegenüber anderen. Wichtigstes Ziel ist es, den zunehmenden Immundefekt hinauszuzögern und Komplikationen durch Sekundärerkrankungen zu vermeiden. Dafür ist die konsequente medikamentöse Behandlung zu gewährleisten. Pflegende unterstützen die Patienten, indem Sie den Patienten zu dieser Konsequenz ermutigen und über die Wichtigkeit der regelmäßigen Einnahme oder Verabreichung informieren. Durch diese Beratung kann die Compliance des Patienten gestärkt werden. Wenn der Patient Hilfe bei der Einnahme der Medikamente benötigt, kümmern sich die Pflegenden um die rechtzeitige Einnahme oder klären mit dem Patienten ab, wer z.B. zu Hause diese Unterstützung gewährleisten kann.

Atmen

Atemwegskrankheiten besitzen für Infizierte ein hohes Gefährdungspotenzial. Besonders wichtig sind daher pflegerische Tätigkeiten, die Lungenentzündungen (Pneumonien) vorbeugen.

- Erkältete Pflegende dürfen nur unter Nutzung von Schutzmaterialien, z.B. Mundschutz, mit den Betroffenen in Kontakt treten. Entsprechend ist auch eine Besucherkontrolle erforderlich
- Sollte der Patient selbst erkältet sein, so achten Pflegende auf ein physiologisches Abhustverhalten. Inhalationen wirken zusätzlich unterstützend.

Eine schwere Form der Lungenentzündung stellt die Pneumocystis-carinii-Pneumonie dar. Pneumocystiis carinii vermehrt sich unter der Voraussetzung eines unreifen oder geschwächten Immunsystems massenhaft in der Lunge. Typische Symptome sind Fieber, trockener, schleimloser (unproduktiver) Husten. Es entsteht schließlich eine schwere Lungenentzündung mit lebensbedrohlichen Atembeschwerden. Eine genaue Krankenbeobachtung ist bei HIV- Infizierten daher unerlässlich.

Essen und Trinken

Die Patienten leiden häufig unter Appetitmangel, Übelkeit und Erbrechen. Entsprechend gering ist die Aufnahme von Nährstoffen, die im Notfall anderweitig substituiert werden müssen. Viele Patienten sind kachektisch. Bei der Auswahl der Speisen sollten Pflegende deshalb bestmöglich auf Patientenvorlieben achten und eine vitamin-, eiweiß- und kalorienreiche Kost zusammenstellen. Bei Candidiasis von Mund und Speiseröhre muss das Essen evtl. in passierter oder flüssiger Form gereicht werden.

Die Bilanzierung der aufgenommenen und ausgeschiedenen Flüssigkeiten, insbesondere auch des Erbrochenen, gibt Aufschluss über den Flüssigkeitshaushalt des Patienten.

Ausscheiden

Neben dem Erbrechen stellt die Diarrhö eine weitere für die Patienten belastende Verdauungsstörung dar, die zu Mangelerscheinungen führen kann. Die Bilanzierung der entleerten Stuhlmenge ist ebenso erforderlich, wie dessen Begutachtung.

Nicht selten finden sich im Analbereich der Patienten wunde Hautareale, die einer lindernden Behandlung bedürfen, beispielsweise durch Sitzbäder. Zusätzlich empfiehlt es sich, das Toilettenpapier anzufeuchten, um das Areal nicht noch weiter zu schädigen.

Sich sauber halten und kleiden

Prinzipien ☞ 23.2.6. Die AIDS-assoziierten Hauterscheinungen bedürfen in der Regel keiner pflegerischen Behandlung, die vom Vorgehen bei Nichtinfizierten abweicht. Bei Pilzinfektionen sorgen die Pflegenden durch anleitende Beratung und Waschkontrolle dafür, dass Schmierinfektionen vermieden werden. Eine intensive Mund- und Zahnpflege hilft, die Verbreitung von Pilzen zusätzlich zu unterbinden.

Die Körpertemperatur regulieren

Prinzipien ☞ 23.3.5. Die Erkrankten leiden oft unter rezidivierendem Fieber. Daher ist eine mehrmals tägliche Temperaturkontrolle unerlässlich. Die Fieberkurve gibt Aufschluss über die individuellen Temperaturschwankungen und ermöglicht notwendige Interventionen, z. B. fiebersenkende Maßnahmen.

Sich bewegen

Gerade bei geschwächten Patienten kommt es aufgrund von Appetitlosigkeit, sozialer Isolation und körperlichen Gebrechen zu einer mangelhaften Nahrungsaufnahme bei eingeschränkter Mobilität. Dies äußert sich in einem Abbau von Körpermasse und führt zur Beeinträchtigung von Stoffwechselvorgängen, v. a. auch an Körperstellen, die beim längeren Liegen einer höheren Druckbelastung ausgesetzt sind. Die Gefahr eines Dekubitus ist deshalb groß. Dem gilt es durch regelmäßige Lagerungsmaßnahmen, Mobilisation und weiteren druckentlastenden Maßnahmen, z. B. durch Sitzkissen oder Antidekubitusmatratzen, zu begegnen.

Sich als Mann oder Frau fühlen und verhalten

Grundlagen ☞ 23.2.6. Unter Berücksichtigung entsprechender Schutzmaßnahmen für sich und den Partner können Patienten trotz ihrer Krankheit ein befriedigendes Sexualleben führen. Dazu ist es nötig, das Krankheitsbild selbst zu akzeptieren und dies im Umgang mit den Partnern zu reflektieren (Safer Sex).

Sinn finden und Sterben

Ein wesentlicher Aspekt dieser Lebensaktivität spiegelt sich bei AIDS in der Auseinandersetzung mit dem Leben und dem Tod wieder. Trotz therapeutischer Fortschritte ist bis heute eine Heilung nicht möglich. Früher oder später werden sie sich dieses Aspekts bewusst und verarbeiten ihn oft in typischen Schritten: Verleugnen, Kämpfen, Handeln und Kapitulieren.

Pflegende sollten dabei zunächst zurückhaltend reagieren, um die Emotionen des Patienten nicht einzuschränken. Sie signalisieren aber Gesprächsbereitschaft, um für ein Gespräch zur Verfügung zu stehen, wenn der Patient über seine Sorgen sprechen möchte. Dies sollte auch mit dem Partner und den Angehörigen des Betroffenen besprochen werden. Befindet sich der Patient erkennbar im Sterbeprozess, so sind vorab mit dem Patienten besprochene Handlungsfolgen zu berücksichtigen (z. B. bestimmte Raumatmosphäre, festgelegte Kleidung).

Diese Lebensaktivität bezieht sich aber auch auf die mit der Erkrankung verflochtenen Wesensveränderungen, beispielsweise Depressionen aufgrund der Prognose, Schädigung von Gehirn und Rückenmark, Vergesslichkeit und ggf. Demenz.

24 Andrologie

Unter dem Begriff Andrologie wird die Lehre von der Zeugungsfähigkeit des Mannes verstanden. Etwa 15–20 % aller Ehen sind primär kinderlos, wobei die Störung genauso häufig beim Mann wie bei der Frau vorkommt.

Diagnostik bei Kinderlosigkeit

Bei Kinderlosigkeit muss der Arzt zunächst eine genaue Krankengeschichte erheben und den Patienten körperlich untersuchen. Sodann erfolgt die Samen- oder Spermauntersuchung (Spermiogramm; zur Nomenklatur ☞ Tab. 24.1).

Vorgehen: In ein Spitzgläschen ist nach 5-tägiger sexueller Karenz Samen zu gewinnen und nach 20 Minuten in Bezug auf folgende Kriterien zu untersuchen:

- Menge (normal: 2–6 ml): abzulesen am graduierten Spitzglas
- Farbe (normal: milchig): bei Vorhandensein von Erythrozyten bräunliche und bei Leukozyten gelbliche Verfärbung
- pH (normal: 6,8–8,0): am frischen Sperma zu untersuchen. Man gibt einen Tropfen des Ejakulats auf Spezialindikator (Fa. Merck; Art.-Nr. 9557)
- Geruch: wie Kastanienblüten
- Konsistenz: Verflüssigung nach 20–30 Minuten.

Beweglichkeitsbestimmung der Spermien; Normwerte:

- Sehr gut beweglich: > 40 %
- Mäßig beweglich: 20 %
- Nicht beweglich: < 40 %.

Beweglichkeits- und morphologische Untersuchungen

Man gibt einen Tropfen Ejakulat auf einen Objektträger und legt ein Deckgläschen darüber. Sodann erfolgt die Betrachtung unter dem Mikroskop, und man schätzt die lebenden und toten Spermien. Liegen nur unbewegliche Spermien vor, so kann man mit Hilfe des Eosintests unterscheiden, ob es sich um tote oder um unbewegliche Spermien handelt: Man setzt zu einem Tropfen Sperma einen Tropfen einer 0,5 %igen wässcrigen Lösung von bläulichem Eosin; mit der Deckgläschenspitze etwas vermischen; Deckgläschen auflegen, 2 Minuten warten und unter 400facher Vergrößerung betrachten.

- Tote Spermien: Rotfärbung
- Unbewegliche Spermien: hellrot oder farblos
- Lebende Spermien: keine Färbung.

Prinzip: Abgestorbene Spermien sind für Eosin durchlässig, unbewegliche, lebende Spermien nicht.

Ermittlung der Spermienzahl

(Normalwert: 20–250 Mio./ml) **Vorgehen:** Das Ejakulat wird zunächst mit einem Glasstab gut umgerührt. Eine Blutmischpipette nach Thoma bis 0,5 füllen und mit Aqua dest. bis 11 aufziehen. Zur Abtötung der Spermien Blutmischpipette 3 Minuten auf einen Vibrator geben. Sodann die ersten Tropfen verwerfen und die Neubauer-Zählkammer beschicken. Es werden unter dem Mikroskop die Spermien in 16 Quadraten gezählt und die Zahl der Spermien pro ml nach folgender Formel bestimmt:

$$\frac{\text{Zahl der Spermien} \times 80\,000\,000}{256}$$

Zelldifferenzierung

Es wird nach Art des Blutausstriches ein Präparat angefertigt und nach Methanolfixierung mit Hämatoxilin-Eosin (nach Mayer-Stiasny) gefärbt. Im Allgemeinen genügt es, normale von nichtnormalen Spermienformen zu unterscheiden. Weitere Differenzierungen beziehen sich auf Veränderungen im Kopf-, Mittelteil- und Schwanzbereich. Eventuell beobachtete Leukozyten deuten auf einen Samenwegsinfekt hin.

Fruktosebestimmung

Sie ist der Energiespender für das Spermium und wird unter Einfluss des männlichen Hormons von den Bläschendrüsen gebildet. Die Fruktosebestimmung erfolgt enzymatisch mit Hilfe eines Photometers. Ist diese Bestimmung in der Praxis nicht möglich, so gibt man dem Ejakulat eine Messerspitze Natriumfluorid zu und verschickt es an ein Speziallabor. Alternativ kann man auch 1 ml einer 0,33-n-Perchlorsäure zu 0,1 ml Ejakulat geben, zentrifugieren und den Überstand einsenden. Normalwert ☞ Tab. 24.1.

Normospermie	Normale Ejakulatmenge (2–6 ml)
Aspermie	Kein Sperma
Hypospermie	Zu wenig Sperma (< 2 ml)
Hyperspermie	Zu viel Sperma (> 6 ml)
Normozoospermie	20–250 Mio. Spermien pro ml Sperma
Oligozoospermie	Unter 20 Mio. Spermien pro ml Sperma
Polyzoospermie	über 250 Mio. Spermien pro ml Sperma
Azoospermie	Keine Spermien im Ejakulat
Nekrozoospermie	Alle Spermien tot (im Eosintest rot eingefärbt)
Asthenozoospermie	Herabgesetzte Spermienmotilität (unter 60 % bei mehr als 60 % normaler Morphologie)
Teratozoospermie	über 40% abnormaler Spermien (bei weniger als 60% normaler Morphologie)
Initialfruktose	> 1200 µg/ml
Viskopathie	Störung der Spermaverflüssigung

Tab. 24.1: Nomenklatur für die Spermauntersuchung.

IV Anhang

Glossar

Affektion: Befall, Erkrankung, Krankheit.

Akren: die Körperenden, v.a. die Enden der Gliedmaßen (i.e.S. Finger-, Zehenendglieder) sowie Nase, Kinn, Ohrmuscheln.

aktinisch: Strahlung, d.h. Licht (insbes. UV), i.w.S. auch ionisierende Strahlung betreffend.

Allergen: allergieauslösendes Antigen.

Androgene: die männlichen Keimdrüsenhormone.

Aneurysma: umschriebene, meist asymmetrische, dauerhafte krankhafte Wandausbuchtung eines vorgeschädigten arteriellen Blutgefäßes oder der Herzwand.

Antigen: Bezeichnung für Substanzen, die vom Organismus als fremd erkannt werden und die fähig sind, eine Immunantwort auszulösen (im Falle der Allergie ein „Allergen").

Aspergillose: eine meist durch Aspergillus fumigatus bedingte Schimmelpilzinfektion, bei der vorwiegend Lungenerscheinungen auftreten.

Axilla: Achselhöhle.

Bubo: sicht- oder tastbare Lymphknotenschwellung.

dendritisch: verzweigt.

Dermabrasion: die Entfernung der obersten Haut- = Kutisschichten durch Abschleifen, z.B. mittels rotierender Fräse.

Dermographismus: „Hautschrift"; die als Reaktion auf eine mechanische Reizung der Haut (Bestreichen nach Art des Schreibens) auftretende örtliche Gefäßreaktion der Haut.

Desmosom (Synonym: Macula adhaerens): eine elektronenmikroskopisch erkennbare Zellmembranverdichtung mit sog. Tonofilamenten entlang interzellulären Spalten von Epithelien.

Diathese, Diathesis: jede erblich-konstitutionelle, i.w.S. aber auch erworbene Bereitschaft (Disposition) des Organismus zu krankhaften Reaktionen an bestimmten Organen oder Organsystemen.

distal: weiter entfernt von der Körpermitte bzw. vom Herzen, vom Zentralnervensystem (vgl. proximal).

Epilation: Entfernung von Kopf- und/oder Körperhaaren.

Erythem: mehr oder weniger umschriebene Hautrötung infolge Erweiterung und vermehrter Füllung der (Haut-)Blutgefäße (nach deren Ursache unterschieden als aktives und passives, d.h. durch arterielle oder venöse Hyperämie bedingtes Erythem).

Exazerbation: neuerliche Verschlimmerung einer Krankheit.

Expositionstest: Probe zur Ermittlung des spezifischen Antigens durch Exposition des Allergikers gegenüber den infrage kommenden Stoffen.

Exsikkation: Austrocknung.

foudroyant: blitzartig einsetzend und rapid verlaufend.

Giemen: trockenes – vorwiegend exspiratorisches – Atemgeräusch von fast pfeifendem Charakter.

Hämorrhagie: Blutung.

Hirsutismus: vermehrte Behaarung vom männlichen Typ bei der Frau.

Hiluslymphknoten: die regionalen Lymphknoten der Lunge und Luftwege am Lungenhilus.

Hyperästhesie: gesteigerte Empfindlichkeit für Sinnesreize, i.e.S. für Berührungsreize, die evtl. als Schmerz empfunden werden.

Hypoxie: i.e.S. herabgesetzter Sauerstoffpartialdruck im arteriellen Blut.

Ikterus: Gelbsucht.

Impetigo (Synonyme: Eiter-, Krusten-, Pustelflechte, feuchter Grind): eitrige, mit Blasen- und Krustenbildung einhergehende Hautinfektion.

Inguinalregion: Leistenregion.

Inokulation: Einbringung (Übertragung) von Erreger- oder Zellmaterial („Inokulum") in einen Organismus oder Nährboden; auch i.S. von Impfung.

Integument: Bedeckung, Hülle.

intestinal: den Darmkanal, i.w.S. auch den Verdauungstrakt betreffend.

Keratinozyt: keratinbildende Zelle der Haut; sog. Stachel- oder Malpighi-Zelle.

Keratitis: Sammelbegriff für Krankheiten der Hornhaut des Auges.

Kolpitis (Synonym: Vaginitis): Entzündung der weiblichen Scheide.

kongenital: angeboren.

Konjunktivitis: Bindehautentzündung, oft unter Beteiligung der Lidränder.

krural: einen Schenkel, i. e. S. den Oberschenkel, betreffend.

Läsion: umschriebene Störung einer Funktion oder des Gewebegefüges im lebenden Organismus (besser: Funktionsstörung).

Leuko(zyto)penie: Verminderung der Leukozytenzahl im peripheren Blut auf Werte < 4000/µl = < 4 G/l.

Lichen (= Flechte, Plural: Lichenes): Sammelbegriff für akute oder chronische Hautkrankheiten mit Bildung kleiner, flacher oder zugespitzter, einzeln oder gruppiert stehender, evtl. leicht schuppender Knötchen („Knötchenflechte“).

livid: bläulich verfärbt, fahl.

Lymphangitis: Lymphgefäßentzündung nach Eindringen von Erregern in die Lymphkapillaren; im Bereich der Haut sichtbar als Schwellung und streifenförmige Rötung.

Malleolus: hammerförmiger Knochenvorsprung; als Handknöchel oder – i. e. S. – als Fußknöchel.

Mazeration: Aufquellung bzw. Erweichung von Geweben durch längeren Kontakt mit Flüssigkeiten; z. B. als Mazeration der Haut durch Schweiß.

Melanozyt: Pigmentzelle, die das als Melaningranula vorliegende Pigment an sonst pigmentlose Epithelzellen (Keratinozyten) abgibt; bildet mit den melaninaufnehmenden Epidermiszellen eine funktionelle Einheit.

Myelopathie: Rücken- bzw. Knochenmarkerkrankung.

Naevus, Nävus (Plural: Naevi, Nävi): i. e. S. jede auf embryonaler Entwicklungsstörung (inkl. Phakomatose) beruhende, meist nichterbliche, angeborene oder später auftretende, scharf umschriebene, flächenhafte oder tumoröse Haut- oder Schleimhautfehlbildung von im Allgemeinen konstanter Form.

Nausea: Übelkeit, Brechreiz.

Noxe (Plural: Noxen): Schädlichkeit, Krankheitsursache.

nummulär: münzenförmig.

Ösophagus: Speiseröhre.

Papillomatose: multiple Haut- oder Schleimhautpapillome; i. e. S. die auf die Oberfläche gerichtete Proliferation der Papillarkörper mit Wellung der Epidermis.

Pollinose: die bei Allergie durch Kontakt (meist Inhalation) mit dem spezifischen Allergen von Pollen ausgelösten Krankheitserscheinungen (in zeitlicher Abhängigkeit von der Blütezeit der Pflanzen).

Prodrom, Prodromalerscheinung: uncharakteristisches Symptom, das den typischen Symptomen als Vorbote des Krankheitsgeschehens vorangeht.

Proliferation: Vermehrung von Gewebe durch Wucherung oder Sprossung, meist im Rahmen von Entzündung, Wundheilung oder Regeneration.

proximal: näher zur Körpermitte (vgl. distal).

Prurigo: Oberbegriff für stark juckende, ätiologisch und morphologisch uneinheitliche Hauterkrankungen mit typisch urtikariellen Papeln, wobei der eigentliche Prozess an korialen Gefäßen nebst Bindegewebe und in der Epidermis abläuft; bei Abheilung evtl. oberflächliche Narben.

pubisch: zum äußeren Genitale gehörend.

Remission: das vorübergehende Nachlassen chronischer Krankheitszeichen, jedoch ohne zu genesen.

Salpingitis: Entzündung des Eileiters.

Seborrhö: übermäßige Entwicklung des Fettmantels der Oberhaut (Hautfett) infolge vermehrter Talgabsonderung.

Sphinkter: Schließmuskel.

Spirochäten: Ordnung der Bakterienklassifikation.

Stratum corneum: die Hornschicht der Epidermis als oberste Hautschicht (Barriere); besteht aus verschmolzenen, keratinenthaltenden, flachen Zellen (ohne Zellorganellen).

Stria (Plural: Striae): Streifen.

Synostose: knöcherne Verwachsung benachbarter Knochen.

Teleangiektasie: Erweiterung der Endstrombahngefäße (Arteriolen, arterieller und venöser Kapillarschenkel); i.e.S. die der Hautgefäße.

Tinea: chronische, mehr ekzemartige, in Schüben verlaufende oberflächliche Hautpilzerkrankung.

Titer: diejenige Antigen- oder Antikörpermenge, die mit dem Reaktionspartner gerade noch eine deutlich positive Reaktion zeigt.

Trimenon: Zeitraum von 3 Monaten (v.a. im Säuglingsalter und in der Schwangerschaft).

Unguentum: Salbe.

Vaskulitis: Gefäßentzündung.

Vasodilatation: Weitstellung von Blutgefäßen.

Viszera: Eingeweide.

viszeral: die Eingeweide betreffend.

Literatur

Braun-Falco, O., Plewig, G., Wolff, H. H.: Dermatologie und Venerologie. 4. Aufl., Springer-Verlag, Berlin – Heidelberg – New York – Tokio 1995.

Fitzpatrick, T. B., Johnson, R. A., Polano, M. K., Suurmond, D., Wolff, K.: Synopsis und Atlas der klinischen Dermatologie. Häufige und gefährliche Krankheiten. Blackwill-Verlag, Berlin 1993.

Much, T.: Leitfaden der praktischen Dermatologie. Springer-Verlag, Wien – New York 1994.

Orfanos, C. E., Garbe, C.: Therapie der Hautkrankheiten. Springer-Verlag, Berlin – Heidelberg – New York 1995.

Rook, A., Wilkinson, D. S., Ebling, F. J. G.: Textbook of Dermatology. Blackwell Scientific Publications, Oxford 1972.

Tebbe B., Goerdt, S., Orfanos, C. E. (Hrsg.): Dermatologie. Heutiger Stand. Thieme-Verlag, Stuttgart – New York 1995.

Für die Pflegeaspekte

Deutsche Aidshilfe e.V.: Heutiger Wissenstand HIV und AIDS. Berlin 2001.

Deutsche Aidshilfe e.V.: „Wenn einer sich verändert, müssen sich die anderen mitverändern.“ In: Broschüre: Hinweise für Eltern und Geschwister von Menschen mit HIV und AIDS. Berlin 1999.

Haeberle, E. J.: Die Sexualität des Menschen. 2. Aufl., Nikol. Verlagsgesellschaft, Hamburg, 1999.

Hirschel, B.: AIDS. 2. Aufl., Hans Huber, Göttingen 1995.

Kübler-Ross, E.: Erfülltes Leben, würdiges Sterben. 2. Aufl., Gütersloher VH, Gütersloh 1998.

Menche, N./ Bazlen, U./ Kommerell, T.: Pflege heute. 2. Aufl., Urban & Fischer, München 2001.

Rombach, J. et al.: Taschen-Lexikon der natürlichen ätherischen Öle. 3. Aufl., Rombach Verlag, Winnert 1995.

Blank, J.: „Die Pflegedokumentation“. In: Die Schwester Der Pfleger. Heft 2/96, S. 171.

Katsambas, A. D., Lotti, T. M.: European Handbook of Dermatological Treatments. 3. Aufl., Springer-Verlag, Berlin – Heidelberg 2000.

Kirschnik, O., Wald, M.: Pflegeleitfaden. Urban & Fischer, München – Wien – Baltimore 1997.

Meinel, M., Minde, A.., Peric-Reiser, J., Reiser, P., Schmalz, H., Zimmermann, R.: „Pflegestandards bei Hauterkrankungen Teil 1 und 2“. In: Pflegezeitschrift. Heft 10/11 1998, S. 757-62, 851-56.

Staab, D., Trentmann, M.: „Dem Juckreiz zu Leibe rücken“. In: Heilberufe. Heft 08/2002, S. 17–18.

Stegmayer A., Maletzki, W.: Klinikleitfaden Pflege. Gustav Fischer, Lübeck – Stuttgart – Jena – Ulm 1997.

Sachregister

I

J

K

L